普通高等教育公共基础课系列教材·信息技术类

计算机应用基础

（第三版）

晋玉星　余　楠　主编

刘文化　茹秀娟　王海翔
胡增顺　张光炎　蔡　峰　参编

科学出版社

北　京

内 容 简 介

本书在《计算机应用基础》（第2版）（晋玉星、余楠主编，科学出版社出版）的基础上，针对当代大学生对计算机知识的实际需求，并结合编者长期的教学经验和读者反馈的建议修订而成。本书定位准确、示例丰富，采用项目驱动的教学理念组织教学内容，突出教材的针对性和实用性，注重学生使用计算机的基本技能、创新能力和综合应用能力的培养，体现高等教育的特点和要求。本书由计算机基础知识、Windows 7操作系统、Internet应用、Word 2010、Excel 2010、PowerPoint 2010 6个模块构成。

本书既可作为高等院校的计算机基础教材，也可作为全国计算机应用技术证书考试的参考用书。

图书在版编目(CIP)数据

计算机应用基础/晋玉星，余楠主编．—3版．—北京：科学出版社，2020.9
（普通高等教育公共基础课系列教材•信息技术类）
ISBN 978-7-03-065936-1

Ⅰ.①计…　Ⅱ.①晋…　②余…　Ⅲ.①电子计算机-高等学校-教材
Ⅳ.①TP3

中国版本图书馆CIP数据核字（2020）第161919号

责任编辑：宋　丽　袁星星 / 责任校对：马英菊
责任印制：吕春珉 / 封面设计：东方人华平面设计部

科学出版社 出版
北京东黄城根北街16号
邮政编码：100717
http://www.sciencep.com

三河市骏杰印刷有限公司印刷
科学出版社发行　各地新华书店经销
*
2014年9月第 一 版　2020年9月第十五次印刷
2016年1月第 二 版　开本：787×1092　1/16
2020年9月第 三 版　印张：21 3/4
字数：516 000

定价：60.00元

（如有印装质量问题，我社负责调换〈骏杰〉）
销售部电话 010-62136230　编辑部电话 010-62135763-2047

第三版前言

随着计算机技术发展日新月异，计算机应用已经渗透到大学各个学科和专业，因此对大学生开展计算机基础教学是非常有必要的。编者根据全国计算机应用技术证书考试（NIT）信息化办公模块的教学大纲，结合行业应用，参照高等院校非计算机专业公共计算机课程改革的新动向，在进行充分的研讨与论证后编写了本书。

编者充分考虑了高等院校非计算机专业对学生计算机知识和应用能力的要求，在编写本书时注重培养学生的动手能力，采用“学中做”“做中学”的教学方法，以学生为主、教师为辅，让学生在体验中掌握技术应用。本书按照项目和任务的方式来组织教学内容。全书由 6 个模块组成，每个模块分成若干个项目，并设计了综合训练。每个项目都有项目要点、技能目标、任务要求、操作步骤、项目小结和项目训练。在项目下又具体划分了任务，从实例入手讲述详细的操作步骤。本书将计算机基础的知识点融入操作过程中，注重学生基本技能、创新能力和综合应用能力的培养，力求提高学生综合分析和解决问题的能力。通过项目训练，学生能够排除常见的软件和硬件故障，熟练地使用办公软件 Office 2010，达到信息化办公的技能要求。

本书第一版阐述的是 Office 2007 版，而第三版则介绍 Office 2010 版的内容。模块 1 为计算机基础知识，包括计算机的发展和计算机系统组成等内容；模块 2 为 Windows 7 操作系统，包括 Windows 7 基本操作、文件管理和调整计算机设置等内容，模块 3 为 Internet 应用，介绍计算机网络相关知识和 Internet 的具体应用；模块 4 为 Word 2010，包括文档的基本操作、文字输入和编辑、版面设计、表格的制作和处理、图文混排等内容；模块 5 为 Excel 2010，介绍 Excel 2010 的基本应用，包括基本操作，数据编辑与格式设置，公式和函数的使用，图表的制作与美化，数据的排序、筛选、分类汇总等内容；模块 6 为 PowerPoint 2010，包括幻灯片主题的使用、幻灯片母版的修改，幻灯片版式、背景设置，幻灯片内容添加和设置，自定义动画效果和幻灯片切换效果设置等。

本书由晋玉星、余楠担任主编，刘文化、茹秀娟、王海翔、胡增顺、张光炎、蔡峰参与编写。其中，模块 1 由胡增顺编写，模块 2 由刘文化编写，模块 3 由王海翔编写，模块 4 由余楠编写，模块 5 由茹秀娟编写，模块 6 由晋玉星、张光炎、蔡峰编写，本书由晋玉星统稿和审校。

由于编者水平有限，书中难免存在不妥之处，恳请读者批评指正。

编　者

2020 年 2 月

第一版前言

编者根据教育部制定的《高职高专教育计算机公共基础课程教学基本要求》，总结多年教学经验，结合行业应用，参照高职院校非计算机专业公共计算机课程改革的新动向并结合全国计算机应用技术证书考试（NIT）信息化办公模块的教学大纲，进行充分的研讨与论证后编写了本书。

编者充分考虑了高职院校非计算机专业对学生计算机知识和应用能力的要求，在编写本书时注重培养学生的实践能力，贯彻基础理论以“实用为主、够用为度”的原则，精心安排内容与实用案例，以实际操作、技能为导入，强调培养学生的动手能力。

在内容组织编排上，编者结合行业应用，分模块采取基于工作过程的教学项目。每个项目都以实际的案例展开，安排有任务要求和详细的操作步骤。学生通过完成各个任务，能快速掌握计算机应用的实际操作技能，在掌握知识与技能的同时提高解决问题的综合能力及团队协作能力。

本书共 6 个模块：Windows XP 的基本操作、Internet 应用、文字处理、应用电子表格、制作演示文稿和常用工具软件。通过对本书的学习，学生能在网上顺畅浏览，能够排除常见的软件和硬件故障，能够熟练地使用办公软件 Office 2007，达到信息化办公的技能要求。

本书由晋玉星担任主编，余楠、茹秀娟担任副主编。本书具体编写分工如下：模块 1 由晋玉星编写，模块 2 由胡增顺、薛铁柱编写，模块 3 由武莹、李俊州编写，模块 4 由茹秀娟编写，模块 5 由余楠编写，模块 6 由王海翔编写，全书由晋玉星统稿和审校。

由于编者水平有限，书中难免有不妥之处，恳请读者批评指正，并将意见和建议及时反馈给我们，以便修订时改进。

编　者

2014 年 6 月

目　　录

模块1

计算机基础知识

计算机是一种能够存储程序，并能按照程序自动、高速、精确地进行大量计算和信息处理的电子机器，又称电脑。它能进行数值计算和逻辑计算，具有存储记忆功能。

计算机对现代社会的发展产生了巨大的影响，而网络和多媒体等技术的发展更加推动了计算机技术在全球、全社会范围内的广泛应用。学会使用计算机已经成为一个现代人必须具备的文化素质，成为衡量人们知识与能力必不可少的重要条件。

项目1　计算机的发展与应用

项目要点

1）计算机的发展。
2）计算机的特点。
3）计算机的分类。
4）计算机的应用。

技能目标

1）了解计算机技术的发展过程及发展趋势，列举各阶段发展的主要特点。
2）了解计算机的特点。
3）了解各类型的计算机。
4）了解计算机在现代社会的工作与生活中的各类应用。

任务1　计算机的发展

1. 计算机的发展史

世界上第一台电子数字式计算机由美国军方定制并于1946年2月14日问世，它的名称为 ENIAC（埃尼阿克），是电子数字积分计算机（electronic numerical and calculator）的缩写，第 2 天在美国宾夕法尼亚大学正式投入运行。ENIAC 奠定了电子计算机的发展基础，开辟了一个计算机科学技术的新纪元。ENIAC 是美国奥伯丁武器试验场为了满足计算弹道需要而研制成的，这台计算机使用了近 18000 支电子管，占地面积约 170m^2，重达 30t，功耗为 170kW，每秒可进行 5000 次的加法运算。ENIAC 的问世具有划时代的意义，表明电子计算机时代的到来。在以后几十年里，计算机技术以惊人的速度发展，没有任何一门技术的性价比能在 30 年内增长 6 个数量级。

在现代计算机科学的发展中，有两位杰出的代表人物。其中一位是现代计算机科学的奠基人，英国科学家艾伦·麦席森·图灵（Alan Mathison Turing，1912—1954）。图灵对计算机科学有两个主要贡献：一是建立了图灵机（Turing machine，TM）的理论模型，这对计算机的总体结构、可实现性和局限性产生了深远的影响；二是提出了定义机器智能的图灵测试，这为人工智能奠定了理论基础。

另一位是美籍匈牙利数学家约翰·冯·诺依曼（John von Neumann，1903—1957），他也被称为“计算机之父”。他参与研制了第二台计算机 EDVAC（electronic discrete variable automatic computer，电子离散变量自动计算机），并且提出了重大的改进理论，主要有两点：一是电子计算机应该以二进制为运算基础，二是电子计算机应采用“存储程序”方式工作，并基于此概念确定了计算机硬件系统的基本结构。因此，“存储程序”的工作原理也被称为冯·诺依曼原理，在体系结构和工作原理上对后来的计算机研发具有重大影响。

冯·诺依曼的这些理论的提出，解决了计算机的运算自动化问题和速度配合问题，对后来计算机的发展起到了决定性的作用。多年来，尽管现代电子计算机系统在性能指标、计算速度、工作方法和应用领域方面与早期的电子计算机有很大的不同，但其基本结构和工作原理并未改变，依然称为诺依曼式计算机。

从 1946 年世界上第一台计算机诞生到目前为止，计算机的发展历程大致可以划分为电子管、晶体管、集成电路、大规模和超大规模集成电路 4 个时代。

（1）电子管计算机时代

电子管计算机时代（1946～1958 年）为以后的计算机发展奠定了技术基础，其主要特点如下：

1）采用真空电子管作为基本逻辑部件，缺点是体积大、功耗高、可靠性差、寿命短、成本高和速度慢（一般为每秒数千次至数万次）。

2）采用电子射线管作为存储部件，容量很小；后来外存储器使用了磁鼓存储信息，扩充了容量。

3）输入/输出装置落后，主要使用穿孔卡片，速度慢，容易出错且使用十分不便。

4）没有系统软件，只能用机器语言和汇编语言编程。

（2）晶体管计算机时代

晶体管计算机时代（1958～1964 年）的主要特点如下：

1）采用晶体管制作基本逻辑部件，体积减小、质量减小、能耗降低、可靠性提高及成本下降，计算机运算速度得到提高（一般为每秒数 10 万次，最高可达 300 万次）。

2）普遍采用磁芯作为存储器，容量达到几十万字节；采用磁盘/磁鼓作为外存储器。

3）开始有了系统软件，提出了操作系统（operating system，OS）概念，出现了高级语言（Fortran、COBOL 等）。该时代计算机的应用领域以科学计算和事务处理为主，已经开始进入工业自动控制方面。

（3）集成电路计算机时代

集成电路计算机时代（1964～1970 年）的主要特点如下：

1）采用中小规模集成电路制作各种逻辑部件，从而使计算机体积更小、质量更小、耗电更省、寿命更长和成本更低，运算速度有了更大的提高（一般为每秒数百万次至数千万次）。

2）采用半导体存储器作为主存储器，取代了原来的磁芯存储器，使存储器容量的存取速度有了大幅度的提高，增加了系统的处理能力。

3）系统软件有了很大发展，出现了分时操作系统，多用户可以共享计算机软硬件资源。

4）在程序设计方面采用了结构化程序设计，为研制更加复杂的软件提供了技术上的保证。它已应用于许多领域，如科学计算、数据处理和过程控制，并已进入文字处理和图形图像处理领域。

（4）大规模和超大规模集成电路计算机时代

大规模和超大规模集成电路计算机时代（1970 年至今）的主要特点如下：

1）基本逻辑部件采用大规模、超大规模集成电路，使计算机体积、质量、成本均大幅度降低，同时推出了微型计算机。

2）作为主存储器的半导体存储器，其集成度越来越高，容量越来越大；外存储器除广泛使用软、硬磁盘外，还包括光盘、U 盘。

3）各种使用方便的输入/输出设备相继出现。

4）软件产业高度发达，各种实用软件层出不穷，极大地方便了用户。

5）计算机技术与通信技术相结合，计算机网络把世界紧密地联系在一起。

6）多媒体技术崛起，计算机集图像、图形、声音、文字处理于一体，在信息处理领域掀起了一场革命。

由于集成技术的发展，半导体芯片的集成度更高，每块芯片可容纳数万乃至数百万个晶体管，并且可以把运算器和控制器都集中在一块芯片上，从而出现了微处理器。另外，可以用微处理器和大规模、超大规模集成电路组装成微型计算机，即微电脑或 PC 机。微型计算机体积小，价格便宜，使用方便，但它的功能和运算速度已经达到甚至超过了过去的大型计算机。另外，利用大规模、超大规模集成电路制造的各种逻辑芯片，已经制成了体积并不很大，但运算速度每秒可达一亿次甚至几十亿次的巨型计算机。我国继 1983 年研制成功每秒运算一亿次的银河Ⅰ型巨型机以后，又于 1992 年研制成功每秒运算十亿次的银河Ⅱ型通用并行巨型计算机，2013 年研制成功每秒运算千万亿次的“天河二号”，2016 年研制成功每秒运算亿亿次的“神威·太湖之光”。这一时期还产生了新一代的程序设计语言及数据库管理系统和网络软件等。

2. 计算机的发展趋势

计算机从出现至今，运行速度得到了极大的提升，第 4 代计算机的运算速度已经达到每秒几十亿次。计算机也由原来的仅供军事科研使用发展到人人拥有，计算机强大的应用功能产生了巨大的市场需要，未来计算机性能向着微型化、网络化、智能化、巨型化和多媒体化等方向发展。

（1）微型化

微型中央处理器（central processing unit，CPU）的出现，使计算机体积缩小了，成本降低了。同时，软件行业的飞速发展提高了计算机内部操作系统的便捷性，计算机外部设备也趋于完善。计算机理论和技术上的不断完善促使微型计算机很快渗透到全社会的各个行业和部门中，并成为人们生活和学习的必需品。几十年来，计算机的体积不断缩小，台式机、笔记本电脑、掌上电脑、平板电脑的体积逐步微型化，为人们提供了便捷的服务。因此，未来计算机仍会不断趋于微型化，体积将越来越小。

（2）网络化

互联网将世界各地的计算机连接在一起，从此进入了互联网时代。计算机网络化彻底改变了人类世界，人们通过互联网进行沟通、交流（微信、QQ、微博等）、教育资源共享（文献查阅、远程教育等）、信息查阅共享（百度、谷歌）等。特别是无线网络的出现，极大地提高了人们使用网络的便捷性，未来计算机将会进一步向网络化方向发展。

（3）智能化

计算机人工智能化是未来发展的必然趋势。现代计算机具有强大的功能和运行速度，但与人脑相比，其智能化和逻辑能力仍有待提高。人类不断在探索如何让计算机能够更好地反映人类思维，使计算机能够具有人类的逻辑思维判断能力，可以通过思考与人类沟通交流，抛弃以往的依靠编码程序来运行计算机的方法，直接对计算机发出指令。

（4）巨型化

巨型化是指为了适应尖端科学技术的需要，发展高速度、大存储容量和功能强大的超级计算机。人们对计算机的依赖性越来越强，特别是在军事和科研教育方面对计算机的存储空间和运行速度等要求会越来越高。此外，计算机的功能更加多元化。

（5）多媒体化

传统计算机处理的信息主要是字符和数字。事实上，人们更习惯的是图片、文字、声音等多种形式的多媒体信息。多媒体技术可以集图形、图像、音频、视频、文字于一体，使信息处理的对象和内容更加接近真实世界。

3. 未来的计算机

计算机微型 CPU 以晶体管为基本元件，随着处理器的不断完善和更新换代的速度加快，计算机结构和元件也会发生很大的变化。光电技术、量子技术和生物技术的发展，对新型计算机的发展将具有极大的推动作用。

光子计算机是一种使用光信号进行数据计算、处理、传输和存储的新型计算机。在光子计算机中，使用光子代替电子，并且使用不同波长的光表示不同的数据，通过电子的 0 和 1 状态变化，其性能远远优于电子计算机中的二进制操作。光子计算机的运行速度可高达每秒一万亿次。它的存储量是现代计算机的几万倍，还可以对语言、图形和手势进行识别与合成。

量子计算机是利用原子所具有的量子特性进行信息处理的一种全新概念的计算机，它使用原子的多能态表示不同的数据并执行操作。量子计算机以处于量子状态的原子作为 CPU 和内存，其运算速度可能比奔腾 4 芯片快 10 亿倍。

20 世纪 80 年代以来，生物工程学家对人脑、神经元和感受器的研究倾注了很大精力，以期研制出可以模拟人脑思维、低耗、高效的新一代计算机——生物计算机。用蛋白质制造的计算机芯片，其存储量可以达到普通计算机的 10 亿倍。生物计算机元件的密度比大脑神经元的密度高 100 万倍，传递信息的速度也比人脑思维的速度快 100 万倍。

分子计算机体积小、耗电少、运算快、存储量大。分子计算机吸收分子晶体上以电荷形式存在的信息，并以更有效的方式进行组织排列。分子计算机的运算过程就是蛋白质分子与周围物理化学介质的相互作用过程。其转换开关为酶，而程序则在酶合成系统本身和蛋白质的结构中极其明显地表示出来。

纳米计算机是用纳米技术研发的新型高性能计算机。纳米管元件尺寸在几到几十纳米范围，质地坚固，有着极强的导电性，能代替硅芯片制造计算机。应用纳米技术研制的计算机内存芯片，其体积只有数百个原子大小，相当于人的头发丝直径的 1/1000。纳米计算机不仅几乎不需要耗费任何能源，而且其性能要比今天的计算机强大许多倍。

任务 2　计算机的特点

计算机具有处理速度快、运算精度高、记忆能力强、能进行逻辑判断、支持人机交互及通用性强等特点，且具有控制能力，具体表现在以下几个方面：

1）运算速度快。运算速度是计算机的一个重要性能指标。计算机的运算速度是用单位时间内执行的基本指令条数（million instructions per second，MIPS，每秒百万条指令数）来表示的。计算机内部电路系统，可以高速准确地完成各种算术运算。当今计算机系统的时钟频率已由早期的每秒几千次达到每秒万亿次，微型计算机也可达每秒亿次以上，使大量复杂的科学计算问题得以解决。例如，卫星轨道的计算、大型水坝的计算、24 小时天气计算在以前可能需要几年甚至几十年才能完成，而在现代社会里，用计算机只需几分钟就可完成。

2）计算精确度高。科学技术的发展，特别是尖端科学技术的发展，需要高度精确的计算。计算机控制的导弹能准确地击中预定的目标，是与计算机的精确计算分不开的。一般计算机可以有十几位甚至几十位（二进制）有效数字，计算精度可由千分之几到百万分之几，是任何计算工具所望尘莫及的。

3）具有记忆能力，存储容量大。计算机的存储器可以存储大量数据，这使计算机具有了“记忆”功能。目前计算机的存储容量越来越大，已高达千兆数量级。计算机具有“记忆”功能，这是与传统计算工具的一个重要区别。计算机不仅可以存储各类数据、运算结果，还可以存储加工这些数据的程序。

4）逻辑运算能力强。计算机不仅能进行基本的算术运算，还具有逻辑运算功能，能对信息进行比较和判断，这种能力是计算机处理逻辑推理问题的前提。计算机能把参加运算的数据、程序及中间结果和最后结果保存起来，并能根据判断的结果自动执行下一条指令。

5）能进行自动控制，通用性强。由于计算机具有存储记忆能力和逻辑判断能力，因此人们可以将预先编好的程序组放入计算机内存，在程序控制下，计算机可以连续、自动地工作，不需要人为干预，因而自动化程度高。

计算机通用性的特点表现在几乎能求解自然科学和社会科学中一切类型的问题，因此其被广泛地应用在各领域。

任务3 计算机的分类

1. 根据原理划分

根据原理划分，计算机可分为模拟电子计算机和数字电子计算机两大类。

模拟电子计算机的主要特点：参与运算的数值由不间断的连续量表示，其运算过程是连续的。模拟电子计算机由于受元器件质量影响，其计算精度较低，应用范围较窄，目前已很少生产。

数字电子计算机的主要特点：参与运算的数值用断续的数字量表示，其运算过程按二进制数字位进行计算。数字电子计算机由于具有逻辑判断等功能，以近似人类大脑的“思维”方式进行工作，因此又被称为电脑。

2. 根据用途划分

根据用途划分，计算机可分为专用计算机和通用计算机。专用计算机与通用计算机在效率、速度、配置、结构复杂程度、造价和适应性等方面是有区别的。

专用计算机功能单一，针对某类问题能显示出高效、快速和经济的特性，但它的适应性较差，不适于其他方面的应用，如工业控制机、银行专用机、超市收银机POS。

通用计算机功能多样，适应性很强，应用面很广，但其运行效率、速度和经济性依据不同的应用对象会受到不同程度的影响。

3. 根据规模和处理能力划分

根据规模和处理能力划分，计算机可分为巨型机、大型机、中型机、小型机和微型机。这些计算机类型之间的基本区别通常在于其体积、结构复杂程度、功率消耗、性能指标、数据存储容量、指令系统和设备及软件配置等的不同。

目前所使用的计算机主要如下。

(1）超级计算机（巨型机）

超级计算机（supercomputers）通常是指由数百、数千甚至更多的处理器（机）组成的、能计算普通 PC 机和服务器不能完成的大型复杂课题的计算机。超级计算机是计算机中功能最强、运算速度最快、存储容量最大的一类计算机，是国家科技发展水平和综合国力的重要标志。超级计算机拥有最强的并行计算能力，主要用于科学计算，在气象、军事、能源、航天和探矿等领域承担大规模、高速度的计算任务。在结构上，虽然超级计算机和服务器都可能是多处理器系统，二者并无实质区别，但是现代超级计算机较多采用集群系统，更注重浮点运算的性能，可看作一种专注于科学计算的高性能服务器，而且价格非常昂贵。

2019 年 6 月 17 日，第 53 届全球超算 TOP500 名单在德国法兰克福举办的“国际超算大会”（International Supercomputer Conference，ISC）上发布。部署在美国能源部旗下橡树岭国家实验室及利弗莫尔实验室的两台超级计算机“顶点”（Summit）和“山脊”（Sierra）仍占据前两位，中国超级计算机“神威・太湖之光”和“天河二号”分列三、四名。

（2）网络计算机

1）服务器。服务器是指能通过网络对外提供服务的计算机。相对于普通计算机来说，服务器的稳定性、安全性等方面都要求更高，因此其 CPU、芯片组、内存、磁盘系统、网络等硬件和普通计算机有所不同。服务器是网络的节点，存储、处理网络上 80%的数据、信息，在网络中起到举足轻重的作用。它们是为客户端计算机提供各种服务的高性能的计算机，其高性能主要表现在高速度的运算能力、长时间的可靠运行、强大的外部数据吞吐能力等方面。服务器的构成与普通计算机类似，也有处理器、硬盘、内存、系统总线等，但因为它是针对具体的网络应用特别定制的，所以其与微型机在处理能力、稳定性、可靠性、安全性、可扩展性、可管理性等方面存在很大差异。服务器主要有 Web 服务器、DNS（domain name system，域名系统）服务器、DHCP（dynamic host configuration protocol，动态主机配置协议）服务器、打印服务器、终端服务器、磁盘服务器、邮件服务器和文件服务器等。

2）工作站。工作站是一种以个人计算机和分布式网络计算为基础，主要面向专业应用领域，具备强大的数据运算与图形、图像处理能力，为满足工程设计、动画制作、科学研究、软件开发、金融管理、信息服务和模拟仿真等专业领域而设计开发的高性能计算机。工作站最突出的特点是具有很强的图形交换能力，因此在图形图像领域特别是计算机辅助设计领域得到了迅速应用。

（3）工业控制计算机

工业控制计算机是一种采用总线结构，对生产过程及其机电设备、工艺装备进行检测与控制的计算机系统的总称，简称工控机。它由计算机和过程输入/输出（input/output，I/O）通道两大部分组成。计算机由主机、输入/输出设备和外部磁盘机、磁带机等组成。在计算机外部又增加一部分过程输入/输出通道，用来完成工业生产过程的检测数据送入计算机进行处理。另外，将计算机要行使对生产过程控制的命令、信息转换成工业控制对象的控制变量的信号，再送往工业控制对象的控制器去。由控制器行使对生产设备运行控制。工业控制计算机的主要类别有 IPC（PC 总线工业计算机）、PLC（programmable logic controller，可编程控制系统）、DCS（distributed control system，分散型控制系统）、FCS（field bus control system，现场总线控制系统）及 CNC（computer numerical control，数控系统）5 种。

（4）个人计算机

个人计算机主要有台式机（desktop）、电脑一体机、笔记本电脑（notebook）、掌上电脑（PDA）和平板电脑等。

1）台式机。台式机是一种独立相分离的计算机，其主机、显示器等设备一般都是相对独立的，常放置在电脑桌或专门的工作台上。台式机是非常流行的微型计算机，多数人家里和公司用的机器都是台式机。台式机的性能相对笔记本电脑要强。台式机具有如下特点：

① 散热性。台式机的机箱因空间大、通风条件好而一直被人们广泛使用。

② 扩展性。台式机的机箱方便用户硬件升级。例如，台式机机箱的光驱驱动器插槽是4～5个，硬盘驱动器插槽是4～5个，非常方便用户日后的硬件升级。

③ 保护性。台式机全方面保护硬件不受灰尘的侵害。

④ 明确性。台式机机箱的开关键、重启键、USB、音频接口都在机箱前置面板中，方便用户的使用。

2）电脑一体机。电脑一体机是由一台显示器、一个键盘和一个鼠标组成的计算机。它的芯片、主板与显示器集成在一起，显示器就是一台计算机，因此只要将键盘和鼠标连接到显示器上，机器就能使用。随着无线技术的发展，电脑一体机的键盘、鼠标与显示器可实现无线连接，机器只有一根电源线，这就解决了一直为人诟病的台式机线缆多而杂的问题。有的电脑一体机还具有电视接收、AV功能，也可以整合专用软件，可作为特定行业专用机。

3）笔记本电脑。笔记本电脑也称手提电脑或膝上型电脑，是一种小型、可携带的个人计算机。笔记本电脑除了键盘外，还提供了触控板（touch pad）或触控点（pointing stick），具有更好的定位和输入功能。笔记本电脑大体上分为6类：商务型、时尚型、多媒体应用型、上网型、学习型和特殊用途型。

4）掌上电脑。掌上电脑是一种运行在嵌入式操作系统和内嵌式应用软件之上的、小巧、轻便、易带、实用和价廉的手持式计算设备。它无论在体积、功能和硬件配备方面都比笔记本电脑简单轻便。掌上电脑的核心技术是嵌入式操作系统，各种产品之间的竞争也主要在此。

在掌上电脑基础上加上手机功能，就成了智能手机（smartphone）。智能手机除了具备手机的通话功能外，还具备掌上电脑分功能，特别是个人信息管理及基于无线数据通信的浏览器和电子邮件功能。智能手机为用户提供了足够的屏幕尺寸和带宽，既方便随身携带，又为软件运行和内容服务提供了广阔的舞台，很多增值业务可以就此展开，如股票、新闻、天气、交通、商品、应用程序下载和音乐图片下载等。

5）平板电脑。平板电脑是一款无须翻盖、没有键盘、大小不等、形状各异但功能完整的计算机。其构成组件与笔记本电脑基本相同，但它是利用触笔在屏幕上书写，而不是使用键盘和鼠标输入。它除了拥有笔记本电脑的所有功能外，还支持手写输入或语音输入，在移动性和便携性上更胜一筹。

（5）嵌入式计算机

嵌入式计算机是一种以应用为中心、以微处理器为基础，软硬件可裁剪的，适应应用系统对功能、可靠性、成本、体积和功耗等综合性严格要求的专用计算机。它一般由嵌入式微处理器、外围硬件设备、嵌入式操作系统及用户的应用程序4个部分组成。它是在计算机市场中增长最快的领域，其种类繁多，形态多种多样。嵌入式系统应用于生活中的很多电器设备，如计算器、电视机顶盒、手机、数字电视、多媒体播放器、汽车、微波炉、数字相机、家庭自动化系统、电梯、空调、安全系统、自动售货机、蜂窝式电话、消费电子设备和工业自动化仪表与医疗仪器等。

嵌入式系统的核心部件是嵌入式处理器，其分成 4 类，即嵌入式微控制器（micro controller unit，MCU，俗称单片机）、嵌入式微处理器（micro processor unit，MPU）、嵌入式数字信号处理器（digital signal processor，DSP）和嵌入式片上系统（system on chip，SOC）。

任务 4　计算机的应用

计算机用途广泛，归纳起来有以下几个方面。

1. 科学计算

科学计算（数值计算）是计算机最早的应用领域，是指利用计算机来完成科学研究和工程技术中提出的数值计算问题。在现代科学技术工作中，科学计算的任务是大量的和复杂的。利用计算机的运算速度高、存储容量大和连续运算的能力，可以解决人工无法完成的各种科学计算问题，如卫星运行轨迹、气象预报、油田布局等。计算机可为问题求解带来质的进展，以前往往需要几百名专家几周、几月甚至几年才能完成的计算，使用计算机只要几分钟就可得到正确结果。

2. 数据处理

数据处理（信息处理）是对原始数据进行采集、整理、分类、加工、存储、检索和输出等的加工过程。数据处理已成为当代计算机的主要任务，是现代化管理的基础。80%以上的计算机主要应用于信息处理，是计算机应用的主导方向。信息处理已广泛应用于办公自动化、企事业计算机辅助管理与决策、情报检索、图书馆、电影电视动画设计和会计电算化等各行各业。

3. 过程控制

过程控制（实时控制）是利用计算机实时采集数据、分析数据，按最优值迅速地对控制对象进行自动调节或自动控制。采用计算机进行过程控制，不仅可以大大提高控制的自动化水平，而且可以提高控制的时效性和准确性，从而改善劳动条件，提高产量及合格率。因此，计算机过程控制已在机械、冶金、石油、化工和电力等部门得到广泛应用。

4. 辅助技术

计算机辅助技术包括计算机辅助设计（computer aided design，CAD）、计算机辅助制造（computer aided manufacturing，CAM）和计算机辅助教学（computer aided instruction，CAI）。

（1）CAD

CAD 是利用计算机系统辅助设计人员进行工程或产品设计，以实现最佳设计效果的一种技术。CAD 技术已应用于飞机设计、船舶设计、建筑设计、机械设计和大规模集成电路设计等方面。采用 CAD 可缩短设计时间，提高工作效率，节省人力、物力和财力，更重要的是可提高设计质量。

（2）CAM

CAM 是利用计算机系统进行产品的加工控制过程，输入的信息是零件的工艺路线和工程内容，输出的信息是刀具的运动轨迹。将 CAD 和 CAM 技术集成，可以实现设计产品生产的自动化，这种技术被称为计算机集成制造系统。有些国家已把 CAD 和 CAM、计算机辅助测试（computer aided testing，CAT）及计算机辅助工程（computer aided engineering，CAE）组成一个集成系统，使设计、制造、测试和管理有机地组成为一体，形成高度的自动化系统，因此产生了自动化生产线和“无人工厂”。

（3）CAI

CAI 是利用计算机系统进行课堂教学。教学课件可以用 PowerPoint 或 Flash 等软件制作。CAI 不仅能减轻教师的教学负担，还能使教学内容生动、形象逼真，能够动态演示实验原理或操作过程，激发学生的学习兴趣，提高教学质量，为培养现代化高质量人才提供了有效方法。

5. 人工智能

利用计算机模拟人类智力活动，以替代人类部分脑力劳动，这是一个很有发展前途的学科方向。第 5 代计算机，将成为智能模拟研究成果的集中体现。具有一定“学习、推理和联想”能力的机器人的不断出现，正是智能模拟研究工作取得进展的标志。智能计算机作为人类智能的辅助工具，将被越来越多地用到人类社会的各个领域。

6. 多媒体应用

随着电子技术特别是通信和计算机技术的发展，人们已经有能力把文本、音频、视频、动画、图形和图像等各种媒体综合起来，构成一种全新的概念——“多媒体”（multimedia）。在医疗、教育、商业、银行、保险、行政管理、军事、工业、广播、交流和出版等领域中，多媒体的应用发展很快。

7. 网络通信

计算机网络是由一些独立的和具备信息交换能力的计算机互联构成，以实现资源共享的系统。计算机在网络方面的应用使人类之间的交流跨越了时间和空间障碍。计算机网络已成为人类建立信息社会的物质基础，它给我们的工作带来极大的方便和快捷，如在 Internet 上进行浏览、检索信息、收发电子邮件、阅读书报、玩网络游戏、选购商品、参与众多问题的讨论和实现远程医疗服务等。

8. 虚拟现实

虚拟现实（virtual reality，VR）技术囊括计算机、电子信息、仿真技术于一体，其基本实现方式是计算机模拟虚拟环境，从而给人以环境沉浸感。随着社会生产力和科学技术的不断发展，各行各业对 VR 技术的需求日益旺盛。VR 技术也取得了巨大进步，并逐步成为一个新的科学技术领域。

9. 电子商务

电子商务通常是指在全球各地广泛的商业贸易活动中，在 Internet 开放的网络环境下，基于客户端/服务端应用方式，买卖双方不谋面地进行各种商贸活动，实现消费者的网上购物、商户之间的网上交易和在线电子支付及各种商务活动、交易活动、金融活动和相关的综合服务活动的一种新型的商业运营模式。电子商务分为 ABC、B2B、B2C、C2C、B2M、M2C 和 B2A 等。

项目小结

从 1946 年世界上第一台计算机诞生到目前为止，计算机的发展历程大致可以划分为电子管、晶体管、集成电路、大规模和超大规模集成电路的四个时代。

计算机具有运算速度快、计算精度高、具有记忆能力、存储容量大、逻辑运算能力强、能进行自动控制、通用性强等特点。

根据计算机的规模和处理能力划分为巨型机、大型机、中型机、小型机和微型机。

计算机已被广泛应用在各行各业，了解计算机的应用，可以提高学习和运用计算机知识的兴趣和认识。

项目训练

1. 简述计算机的特点。
2. 简述计算机的主要应用。
3. 计算机的发展历程划分为哪四代？

项目 2　数制与信息编码

1）二进制数。

2）编码。

3）数据计量单位。

技能目标

1）理解二进制的基本概念及常用数制之间的转换方法。

2）了解编码，理解 ASCII 码的基本概念。

3）会利用数据存储单位区分存储空间大小。

人们习惯于十进制数，而现实社会中其他进制数如十六进制、二进制数等都是为某种需要而产生的。计算机执行的程序和处理的数据都采用由 0 和 1 两个数码来表示的二进制数。

任务 1　数制与运算

数制是人们用以表示数的进位方式和计数的方法。数字系统中常采用的数制有十进制、二进制、八进制和十六进制等。

1. 十进制数

十进制是人们最习惯采用的一种数制。十进制数是用 0～9 这 10 个符号（称为数码）按一定规律排列起来表示的数。通常把这些符号的个数称为基数，十进制数的基数为 10。

十进制数有两个基本特征：

1）十进制数由 0、1、2、3、4、5、6、7、8、9 这 10 个数码组成。

2）相同位上的两个十进制数码相加，遵循“逢 10 向高位进 1”的原则，即左边的一位所代表的数值是右边紧邻同一符号所代表的数值的 10 倍。

> **提示**
> 十进制数中，低位向高位借位的规则是“借 1 当 10”。

数码处于不同位置（或称数位），所代表的数量的含义是不同的。例如，572.34 中，数码 5 处于百位，它代表的数为 500；7 处于十位，它代表的数为 70；2 处于个位，它代表的数为 2；3 处于十分位，它代表的数为 0.3；4 处于百分位，它代表的数为 0.04。

不同位置的数码代表不同数值的数的表示方法称为位置计数法。把表示某一数位上单位有效数字所代表的实际数值称为位权，简称权。十进制数的权是以 10 为底的幂。位置计数法的权以小数点为分界点，整数部分的权离小数点越近，权越小；小数部分的权离小数点越近，权越大。

十进制数 572.34 的权的顺序分别为 10^2、10^1、10^0、10^{-1}、10^{-2}。数位上的数码称为系数。权乘以系数称为加权系数。

任意一个十进制数都可以用加权系数展开式来表示。对于有 n 位整数和 m 位小数的十进制数 N，可用加权系数展开式表示，即

$$\begin{aligned}(N)_{10} &= a_{n-1}\times 10^{n-1} + a_{n-2}\times 10^{n-2} + \cdots + a_1\times 10^1 + a_0\times 10^0 + a_{-1}\times 10^{-1} \\ &\quad + a_{-2}\times 10^{-2} + \cdots + a_{-m}\times 10^{-m} \\ &= (a_{n-1}a_{n-2}\cdots a_1 a_0 a_{-1}a_{-2}\cdots a_{-m})_{10}\end{aligned}$$

式中，$(N)_{10}$ 中的 10 表示 N 为十进制数；a_i 为第 i 位的系数，其中 a_i 是 0、1、…、9 中的某一个数。

例如，把十进制数 5634.28 表示成加权系数展开式为

$$(5634.28)_{10} = 5\times 10^3 + 6\times 10^2 + 3\times 10^1 + 4\times 10^0 + 2\times 10^{-1} + 8\times 10^{-2}$$

2. 二进制数

二进制数是用 0、1 两个数码按一定规律排列起来表示的数，2 是这个二进制数制的基数。

与十进制数相似，二进制数同样有两个基本特征：

1）二进制数由0和1两个数码组成。

2）相同位上的两个二进制数码相加，遵循“逢2向高位进1”的原则。

相邻两个符号之间遵循“逢2进1”原则，即左边的一位所代表的数值是右边紧邻同一符号所代表的数值的2倍。

提示

二进制数中，低位向高位借位的规则是“借1当2”。

任意一个二进制数都可以用加权系数展开式来表示。例如，把二进制数101.101表示成加权系数展开式为

$$(101.101)_2 = 1\times 2^2 + 0\times 2^1 + 1\times 2^0 + 1\times 2^{-1} + 0\times 2^{-2} + 1\times 2^{-3}$$

二进制的四则运算规则如下：

加法：0+0=0，0+1=1+0=1，1+1=10。

减法：0-0=0，1-0=1，1-1=0，0-1=-1。

乘法：0×0=0，0×1=0，1×0=0，1×1=1。

除法：0÷1=0，1÷1=1。

例如：

$$(1101)_2 + (1011)_2 = (11000)_2$$
$$(1101)_2 - (1011)_2 = (10)_2$$
$$(1101)_2 \times (101)_2 = (1000001)_2$$
$$(1101)_2 \div (101)_2 = (10.1001\cdots)_2$$

3. 二进制数与十进制数之间的转换

（1）二进制数转换为十进制数

二进制数转换为十进制数是将每个二进制数按权展开后，再求和。例如，把二进制数101.101转换为十进制数为

$$(101.101)_2 = 1\times 2^2 + 0\times 2^1 + 1\times 2^0 + 1\times 2^{-1} + 0\times 2^{-2} + 1\times 2^{-3} = (5.625)_{10}$$

（2）十进制数转换为二进制数

十进制数转换为二进制数，一般需要将十进制数的整数部分与小数部分分开处理。

1）十进制数的整数部分转换为二进制数。十进制数的整数部分转换为二进制数的方法是“除2取余法”，即将十进制整数除以2得到商和余数，再不断地将商除以2得到新的商与余数，直到商等于0为止，将余数从下到上排列即为对应的二进制数码。

2）十进制数的小数部分转换为二进制数。十进制数的小数部分转换为二进制数的方法是“乘2正序取整”，即将小数部分乘以2，得到积，所得积的小数点左边的整数部分的数字（0或1）作为二进制表示法中的数字；再将小数部分继续乘以2，第一次乘法所得的整数部分为最高位。

例如，十进制数$(6)_{10}$的二进制数值为$(110)_2$，其转换算式如下：

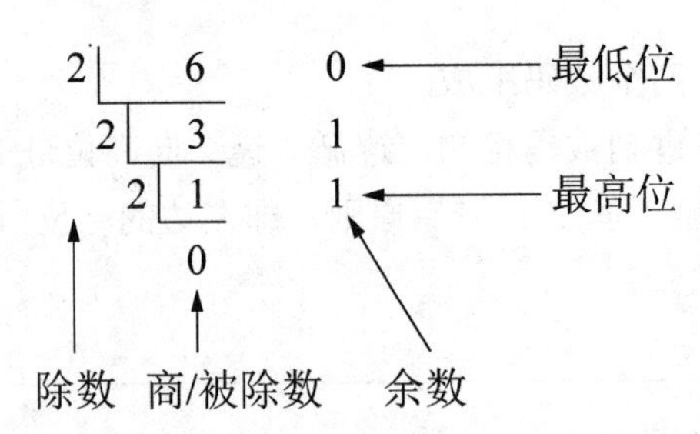

十进制数$(0.5125)_{10}$的二进制数值为$(0.101)_2$，其转换方法如下。

第 1 步：小数部分 0.5125×2=1.25，得到小数点左边的整数为 1，即得到 1，得到二进制小数部分 0.1。

第 2 步：余下的小数部分为 0.25，继续计算 0.25×2=0.5，得到小数点左边的整数为 0，即得到 0，得到二进制小数部分 0.10。

第 3 步：余下的小数部分为 0.5，继续计算 0.5×2=1.0，得到小数点左边的整数为 1，即得到 1，得到二进制小数部分 0.101。小数点右边的数字已为 0。

第 4 步：由于小数点右边的数字已为 0，因此转换结束，得到二进制小数部分最终结果 0.101。

十进制数转换为二进制数，也可以先将十进制数表示成二进制数的加权系数展开式，再从高位开始取其系数的排列。例如：

$$(5.5)_{10} = 1\times 2^2 + 0\times 2^1 + 1\times 2^0 + 1\times 2^{-1} = (101.1)_2$$

任务 2　数据计量单位

1. 数据计量单位概述

在计算机中，常用的数据计量单位有位（bit）、字节（byte）和字（word）。

（1）位

位是指二进制数的一位，又称比特，是计算机存储数据的最小单位。每一位的状态只能是 0 或 1，可以表示两种不同的信息。计算机中最直接、最基本的操作就是对二进制的位进行操作。

计算机采用二进制，运算器运算的是二进制数，控制器发出的各种指令是二进制数，存储器中存放的数据和程序也是二进制数。显然，在计算机内部到处都是由 0 和 1 组成的数据流。

（2）字节

一个字节由 8 位二进制位组成，简写为 B。字节是计算机信息的基本计量单位，也是存储空间的基本计量单位。1B 可以储存 1 个英文字母，1 个汉字占据 2B 的存储空间。

（3）字

字是计算机存取、传送、处理数据的基本单元，其包含的二进制位的个数称为字长。例如，一台 32 位机，它的字长为 32 位二进制数。目前主流的计算机都是 64 位的，即其一次可以处理 64 位的数据。

字长是计算机性能的一个重要指标。字长越大，计算机一次处理的信息位就越多，精度就越高，速度也越快。

字与字长的区别在于字是单位，而字长是指标，指标需要用单位去衡量。

2. 计量单位换算

字节是最常用的单位。计算机存储单位一般用B、KB、MB、GB、TB、PB等来表示，它们之间的关系如下：

1B（Byte，字节）=8bit

1KB（Kilobyte，千字节）=1024B

1MB（Mega byte，兆字节）=1024KB

1GB（Giga byte，吉字节）=1024MB

1TB（Tera byte，太字节）=1024GB

1PB（Peta byte，拍字节）=1024TB

1EB（Exa byte，艾字节）=1024PB

市面上销售的硬盘都是按1000计算的，即500GB硬盘=500×1000×1000×1000B。

任务3　二进制编码

日常生活中人们所说的“数据”大多是指可以比较其大小的一些数值。但在计算机中，通常意义下的数字、文字、图像、声音、动画和视频等都可以认为是数据。

计算机内部数据可以分为数值型数据和非数值型数据。数值型数据是指用来表示数量多少和数值大小的数据，对它们可以进行各种数学运算和处理；其他数据统称为非数值型数据，包括其他所有类型的数据，如文字、图像、声音、动画和视频等。对非数值型数据一般不进行数学运算，而是进行其他更复杂的操作。

计算机要处理各种信息，首先要将信息表示成具体的数据形式。计算机内的信息都以二进制数的形式表示，这是因为二进制数具有在电路上容易实现、可靠性高、运算规则简单、可直接用作逻辑运算等优点。因此，我们对各种形式的信息的存储、处理和传输，在计算机中最终都转化为对二进制编码的存储、处理和传输。

凡是用0和1两个符号表示信息的编码统称为二进制编码。例如，如果用0表示“关灯”，则可以用1表示“开灯”。也就是说，一位二进制编码可以表示2种不同的信息；两位二进制编码有4种排列，可以表示4（2^2）种不同的信息；而三位二进制编码有8种排列，可以表示8（2^3）种不同的信息。

提示

计算机内部采用二进制数，即计算机内部使用二进制编码或二进制数码来表示信息。其原因是运算简便，逻辑元器件容易实现，二进制数恰与逻辑电路硬件相适应。

以二进制编码为基础设计、制造计算机，可以做到速度快、元件少，既经济又可靠。

1. ASCII 码

ASCII 码（American Standard Code for Information Interchange，美国标准信息交换代码）是由美国国家标准学会（American National Standard Institute，ANSI）制定的，是一种标准的单字节字符编码方案，用于基于文本的数据。它最初是美国国家标准，供不同计算机在相互通信时用作共同遵守的西文字符编码标准；后来它被国际标准化组织（International Organization for Standardization，ISO）定为国际标准，称为 ISO 646 标准，适用于所有拉丁字母。

ASCII 码是用 7 位二进制数来表示共 128 个字符，其中包括数字 0～9、26 个大写英文字母、26 个小写英文字母、各种运算符（如+、-、*、/、=等）及各种控制符。

ASCII 码 8 位二进制数组合（1B）用来表示 256 种可能的字符。标准 ASCII 码也称基础 ASCII 码，字节的最高位为 0，低 7 位二进制数（十进制数 0～127）用来表示所有的大写和小写字母、数字符号 0～9、标点符号及在美式英语中使用的特殊控制字符。标准 ASCII 码如表 1-1 所示。

表 1-1　标准 ASCII 码

二进制	十进制	符号	二进制	十进制	符号	二进制	十进制	符号
0010 0000	32	空格	0011 0011	51	3	0100 0110	70	F
0010 0001	33	!	0011 0100	52	4	0100 0111	71	G
0010 0010	34	"	0011 0101	53	5	0100 1000	72	H
0010 0011	35	#	0011 0110	54	6	0100 1001	73	I
0010 0100	36	$	0011 0111	55	7	0100 1010	74	J
0010 0101	37	%	0011 1000	56	8	0100 1011	75	K
0010 0110	38	&	0011 1001	57	9	0100 1100	76	L
0010 0111	39	'	0011 1010	58	:	0100 1101	77	M
0010 1000	40	(	0011 1011	59	;	0100 1110	78	N
0010 1001	41	)	0011 1100	60	<	0100 1111	79	O
0010 1010	42	*	0011 1101	61	=	0101 0000	80	P
0010 1011	43	+	0011 1110	62	>	0101 0001	81	Q
0010 1100	44	,	0011 1111	63	?	0101 0010	82	R
0010 1101	45	-	0100 0000	64	@	0101 0011	83	S
0010 1110	46	.	0100 0001	65	A	0101 0100	84	T
0010 1111	47	/	0100 0010	66	B	0101 0101	85	U
0011 0000	48	0	0100 0011	67	C	0101 0110	86	V
0011 0001	49	1	0100 0100	68	D	0101 0111	87	W
0011 0010	50	2	0100 0101	69	E	0101 1000	88	X

续表

二进制	十进制	符号	二进制	十进制	符号	二进制	十进制	符号
0101 1001	89	Y	0110 0110	102	f	0111 0011	115	s
0101 1010	90	Z	0110 0111	103	g	0111 0100	116	t
0101 1011	91	[	0110 1000	104	h	0111 0101	117	u
0101 1100	92	\	0110 1001	105	i	0111 0110	118	v
0101 1101	93	]	0110 1010	106	j	0111 0111	119	w
0101 1110	94	^	0110 1011	107	k	0111 1000	120	x
0101 1111	95	_	0110 1100	108	l	0111 1001	121	y
0110 0000	96	`	0110 1101	109	m	0111 1010	122	z
0110 0001	97	a	0110 1110	110	n	0111 1011	123	{
0110 0010	98	b	0110 1111	111	o	0111 1100	124	|
0110 0011	99	c	0111 0000	112	p	0111 1101	125	}
0110 0100	100	d	0111 0001	113	q	0111 1110	126	~
0110 0101	101	e	0111 0010	114	r			

扩展ASCII码（128～255）的最高位是1。许多基于Windows X86的系统都支持使用扩展ASCII码。扩展ASCII码允许将每个字符的第8位用于确定附加的128个特殊符号字符、外来语字母和图形符号。

2. 汉字编码

我国使用的汉字不是拼音文字，而是象形文字。与西文字符相比，汉字的数量巨大，总数超过6万字，因此使用7位二进制编码是不够的，必须使用更多的二进制位。

目前的汉字字符编码方案的国家标准主要有《信息交换用汉字编码字符集　基本集》（GB 2312—1980）、《信息技术　中文编码字符集》（GB 18030—2005）等。

GB 2312—1980是中国汉字编码国家标准，共收录7445个字符，其中汉字6763个。GB 2312—1980兼容标准ASCII码，采用扩展ASCII码的编码空间进行编码，一个汉字占用2B（16位二进制数），每个字节（8位二进制数）的最高位为1。其具体办法是：收录7445个字符组成94×94的方阵，每一行称为一个“区”，每一列称为一个“位”，区号、位号的范围均为01～94，区号和位号组成的代码称为区位码，即用区位码表示一个汉字。

在汉字处理系统中，输入、内部处理、输出对汉字代码要求不尽相同，所以用的代码也不尽相同。下面介绍主要的汉字编码。

（1）输入码

由于汉字的输入需要依靠键盘来完成，而标准的键盘不具备直接输入汉字的功能，因此必须对汉字进行编码，即利用几个英文字母或数字的组合来表示一个汉字，这样的汉字编码称为汉字输入码。已有的汉字输入法很多，常用的有拼音输入法和五笔字型输入法等。

每一种输入法对同一汉字的编码各不相同，但输入计算机后经过转换，都变成统一的机内码，即内码。

（2）机内码

汉字机内码是计算机系统内部存储、处理和传输汉字所使用的编码。一般用两个字节来存放汉字的机内码，两个字节共有16位，可以表示65536个可区别的码。汉字机内码中两个字节的最高位均为“1”。将汉字国标码前后两个字节的最高位置1。

（3）字形码

字形码（输出码）是汉字笔画构成的图形编码，是为实现汉字输出而制定的。每一个汉字的字形都必须预先存放在计算机内，一套汉字（如GB 2312—1980）的所有字符的形状描述信息集合在一起称为字形信息库，简称字库。不同的字体，如宋体、楷体、黑体等对应不同的字库。例如，用24×24点阵表示汉字时，将一个汉字的图形划分为24列24行，则共有24×24个点，其中1表示对应位置处是黑色点，0表示对应位置处是白色点。这24×24个0或1的排列，就是这个汉字对应的字形码。

一个完整的汉字信息处理都离不开从输入码到机内码，再由机内码到字形码的转换。虽然汉字输入码、机内码、字形码目前并不统一，但是只要在信息交换时使用统一的国家标准，就可以达到信息交换的目的。

3. 音频编码

声音是一种通过空气传播的连续的波，而计算机中表示的声音则是将声波进行采样和量化之后得到的数字化的声音。为了方便声音文件的存储和传输，声音数据必须事先压缩，到播放时再进行解压。

音频编码就是通过特定的编码技术，将声音转换成二进制编码文件的方法。音频编码格式有多种，这里仅介绍PCM、MP3、WMA（Windows Media Audio）等几种编码格式。

（1）PCM（pulse code modulation，脉冲编码调制）

PCM编码的最大优点就是音质好，最大缺点就是体积大。我们常见的Audio CD就采用了PCM编码，一张光盘只能容纳72min的音乐信息。

（2）MP3

MP3是目前最为普及的音频压缩格式，为大家广泛接受。各种与MP3相关的软件产品层出不穷，而且更多的硬件产品也开始支持MP3，我们能够买到的VCD/DVD播放机都支持MP3，还有更多的便携的MP3播放器等。虽然几大音乐供应商极其反感这种开放的格式，但也无法阻止这种音频压缩格式的生存与流传。

（3）WMA

WMA由微软公司开发，其针对网络市场，可以达到接近CD的音质。WMA支持流技术，即一边读一边播放，因此WMA可以很轻松地实现在线广播。由于WMA是微软公司的产品，因此微软公司在Windows中加入了对WMA的支持。WMA有着优秀的技术特征，在微软公司的大力推广下，这种格式被越来越多的人所接受。

4. 图像编码

图像是指模拟、记录、再现自然景物的图片，如照片，常用位图法表示。位图图像是由许许多多像素组成的，每个像素就是一个点。图像中包含像素的数目越多，图像的色彩越丰富，那么图像也就越逼真，该图像文件占据的存储空间也越大，计算机处理它耗费的时间也越多。计算机中常用的图像文件格式有 BMP（Bitmap）、JPEG（joint photo graphic experts group）、GIF（graphics interchange format）、TIF（tagged image file format）等。

例如，JPEG 是一个由 ISO 和 IEC 两个组织机构联合组成的一个专家组，负责制定静态的数字图像数据压缩编码标准，这个专家组开发的算法称为 JPEG 算法。JPEG 算法是国际上通用的标准，因此又称为 JPEG 标准。JPEG 是一个适用范围很广的静态图像数据压缩标准，既可用于灰度图像，又可用于彩色图像。

5. 视频编码

视频由一系列快速连续显示的图像组成。视频中的每一帧就是一幅图像，当图像连续播放的速度在 20 帧/s 之上时，人的眼睛就察觉不出画面之间的不连续。

视频编码就是指通过压缩技术，将原始视频转换成视频格式文件的方式。常见视频格式有 AVI、DV-AVI、MPEG 等。

（1）AVI 格式

AVI（audio video interleaved，音频视频交错格式）格式可以将视频和音频交织在一起进行同步播放。这种视频格式的优点是图像质量好，可以跨多个平台使用，但是其缺点是体积过于庞大，而且压缩标准不统一。

（2）DV-AVI 格式

DV（digital video format）是由索尼、松下、JVC 等多家厂商联合提出的一种家用数字视频格式。非常流行的数码摄像机就是使用这种格式记录视频数据的。DV 可以通过计算机的 IEEE 1394 端口传输视频数据到计算机，也可以将计算机中编辑好的视频数据回录到数码摄像机中。这种视频格式的文件扩展名一般也是.avi，所以我们习惯地称它为 DV-AVI 格式。

（3）MPEG 格式

MPEG（moving picture expert group，运动图像专家组）文件格式是运动图像压缩算法的国际标准，它采用了有损压缩方法，从而减少运动图像中的冗余信息。MPEG 格式有 3 个压缩标准，分别是 MPEG-1、MPEG-2 和 MPEG-4。

项目小结

二进制数由 0 和 1 两个数码组成；相同位上的两个二进制数码相加，遵循“逢 2 向高位进 1”的原则。计算机执行的程序和处理的数据都采用二进制数，这是因为二进制数具有在电路上容易实现、可靠性高、运算规则简单、可直接用作逻辑运算等优点。

在计算机中，常用的数据度量单位有位、字节等，一个字节由 8 位二进制位组成。

在计算机中，数字、文字、图像、声音、动画、视频等都是数据。计算机处理这些数据时，需要将这些数据转换为由 0 和 1 组成的编码来表示，即二进制编码。常用的字符编码方案是 ASCII 码，而汉字编码有输入码、机内码和字形码。

项目训练

1．将二进制数 1001001 转换成十进制数，将十进制数 56 转换成二进制数。
2．大写字母“A”对应的标准 ASCII 码是多少？
3．1MB 等于多少 B？

项目 3　计算机系统

项目要点

1）计算机系统组成。
2）硬件系统。
3）软件系统。

技能目标

1）了解计算机硬件系统与软件系统的组成，以及软硬件在系统中的作用。
2）了解计算机的主要部件及其作用。
3）了解计算机硬件的主要技术指标。
4）了解输入/输出设备的作用，会正确连接和使用这些设备。
5）了解操作系统的功能。

任务 1　计算机系统的组成

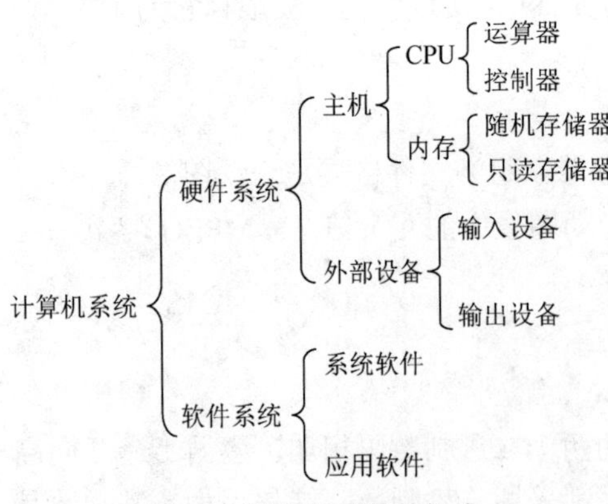

图 1-1　计算机系统的组成

计算机系统是由硬件系统和软件系统两大部分组成的，如图 1-1 所示。计算机通过硬件与软件的交互进行工作。

硬件指的是计算机中可以看到和触摸到的部件，包括机箱及其内部的一切部件。硬件中最重要的部分是称为 CPU 的芯片或微处理器，它是计算机的大脑，是翻译指令并执行计算的部分。显示器、键盘、鼠标、打印机和其他组件等硬件项目通常称为硬件设备。

软件指的是告诉硬件进行何种操作的程序和用于开发、使用和维护的有关文档的总称。

注意

现在的计算机都符合冯·诺依曼计算机模型。

硬件和软件是一个完整的计算机系统互相依存的两大部分，它们的关系主要体现在以下几个方面：

1）硬件和软件互相依存。硬件是软件赖以工作的物质基础，软件的正常工作是硬件发挥作用的唯一途径。计算机系统必须要配备完善的软件系统才能正常工作，且充分发挥其硬件的各种功能。

2）硬件和软件无严格界线。随着计算机技术的发展，在许多情况下，计算机的某些功能既可以由硬件实现，也可以由软件实现。因此，从一定意义上来说，硬件和软件没有绝对严格的界线。

3）硬件和软件协同发展。计算机软件随硬件技术的迅速发展而发展，而软件的不断发展和完善又促进了计算机硬件的更新，两者密切地交织发展，缺一不可。

任务 2　硬件系统

冯·诺依曼计算机的硬件由运算器、控制器、存储器、输入设备和输出设备五大部分组成。

1. CPU

CPU 也称中央处理器、中央处理单元、微处理器或芯片，是整个微型计算机系统的核心，就像微型计算机的“大脑”一样。整个系统的程序运行、数据处理都在 CPU 中完成，各种设备和软件的控制也是由 CPU 发出指令完成的。

（1）CPU 简介

CPU 由控制器、运算器及少量寄存器等组成。其中控制器类似于人的大脑，是计算机的指挥者；运算器是计算机计算和加工数据的场所。

CPU 是计算机的核心部件，是微型计算机系统的核心。CPU 基本上决定了微型计算机的性能，也成为微型计算机型号的基本标记，人们常说的 486、奔腾、奔腾 4 计算机就是指微型计算机上使用的 CPU 型号。

运算器由算术逻辑单元（arithmetic logic unit，ALU）、累加器、状态寄存器、通用寄存器组等组成，主要完成算术运算和逻辑运算。

控制器（control unit）是整个计算机系统的控制中心，它指挥计算机各部分协调地工作，保证计算机按照预先规定的目标和步骤有条不紊地进行操作及处理。控制器从存储器中逐条取出指令，分析每条指令规定的是什么操作及所需数据的存放位置等，然后根据分析的结果向计算机其他部件发出控制信号，统一指挥整个计算机完成指令所规定的操作，保证各部件协调工作。

寄存器用来存放当前运算所需的各种操作数、地址信息、中间结果等。将数据暂时存于 CPU 内部寄存器中，可加快 CPU 的处理速度。

运算器、控制器和寄存器这 3 个部件相互协调，共同完成 CPU 的分析、判断和运算功能，并控制微型计算机的其他部件协调工作。

CPU 是由封闭的陶瓷芯片封装起来的。在陶瓷芯片内部有指甲壳大小的硅晶片，这是 CPU 的核心部件，CPU 的主要电路都集成在这块硅晶片上，陶瓷芯片主要起保护和帮助硅晶片散热的作用。在 CPU 的背面有一些连接在主板 CPU 插座上的插脚，根据型号不同，插脚的数量和作用也有所区别。

由于 CPU 工作时会发出大量的热量，导致 CPU 的温度上升，为了防止温度过高损坏 CPU 和保证 CPU 能够正常工作，一般在 CPU 上还要安装散热片和散热风扇。这些散热装置是通过卡子卡在 CPU 的陶瓷片平面上的。

（2）CPU 的主要性能指标

作为微型计算机系统的核心部件，CPU 性能对整个微型计算机系统性能的影响往往是决定性的。衡量 CPU 性能的指标主要有主频、外频、运算速度和字长等。

1）主频。CPU 的主频即时钟频率，实际上是 CPU 中的频率发生器在单位时间内发出的脉冲数，即 CPU 内核工作的时钟频率，单位为 MHz 或者 GHz。

主频反映了计算机的运行速度，一般来说，CPU 的主频越高，运算速度也就越快。这是因为在不改变其他条件的情况下，缩短时钟周期，CPU 的工作频率得到提高，这就意味着在同样的时间内可以处理更多的指令和数据，也就相当于提高了 CPU 的性能。目前 CPU 产品的主频已经达到 3GHz 以上，并且还在不断提升。

在微型计算机的组装中，流行一种将 CPU 的主频强制提升到额定主频以上的做法，称为超频。超频可以在一定程度上提高 CPU 的工作性能，但一定要有较好的散热措施和超出量限制，否则就会对 CPU 的稳定性和安全构成威胁。

2）外频。外频是指主板上的总线时钟频率，也是 CPU 与外部设备进行数据传输的时钟频率。该指标一般由主板提供，对于 CPU 产品来说主要是看能否支持这一频率。早期的微型计算机上没有外频和 CPU 主频之分，即两者是一致的。后来出现了 CPU 的倍频技术，使 CPU 可以在主板频率的数倍下运行，以提高计算机的运行效率。

需要指出的是，外频、主频和倍频都不是在 CPU 内进行调整的，而是通过主板上的跳线或者 CMOS（complementary metal oxide semiconductor，互补金属氧化物半导体）设置的。主频不用设置，外频和倍频设置好后，两者相乘等于主频。这些指标对于 CPU 来说只是能否支持的问题。

3）运行速度。虽然主频决定了 CPU 的工作性能，但是用主频来标记 CPU 的处理速度并不合理。这是因为主频只是提供了一个可能的性能空间，CPU 在实际工作中不可能达到这种极限状态，即不可能达到每一个时钟频率都能够有效地执行一条指令。要衡量一台微型计算机系统的实际处理能力，还有一个更合理的指标——运行速度。

CPU 的运行速度是用单位时间内执行的基本指令条数（MIPS）来表示的，即每秒百万条指令数。

4）字长。CPU 的字长是指 CPU 能够同时处理的数据的二进制数据位数，是用于表示处理器运算性能的主要技术指标，单位为bit。

5）工作电压。早期的CPU工作电压为5V，为了降低能耗和减少发热量，这一工作电压不断下降，目前已经下降到了1.7V以下。

6）高速缓存容量和速度。高速缓存（cache）可以有效地提高微型计算机的运行速度，高速缓存就像是处理器与内存之间的缓冲区，最近执行过的指令都暂时保存在缓冲区中，下次要执行时先到缓冲区中寻找。由于程序的运行机制，能够在缓冲区中找到目标指令的概率非常高，而缓冲区的读/写速度一般比内存快一个数量级，因此这种技术可以有效地提高微型计算机的处理速度。

（3）CPU散热

CPU是产生热量的源头，热量由CPU源源不断地流出来。由于散热片接触的是CPU表面，因此热量就会被带离CPU而传到散热片上，再由风扇转动所造成的气流将热量带走。

2. 存储器

存储器是存储程序和数据的部件，计算机中的全部信息，包括输入的原始数据、计算机程序、中间运行结果和最终运行结果都保存在存储器中。它根据控制器指定的位置存入和取出信息。有了存储器，计算机才有记忆功能，才能保证正常工作。

存储器分为内部存储器（简称内存）和外部存储器（简称外存）两种。内存直接与CPU协同工作，主要为半导体内存；外存则起扩大容量的作用，如磁盘、磁带、光盘、U盘等。

（1）内部存储器

一般存储器指的是内存，又称主存。内存和CPU构成了计算机的主机。内存用来存放当前正在运行的程序、数据、运算结果等信息，它直接与CPU交换信息。

我们对计算机进行操作时，所有输入的信息都被存放在计算机的内存中，而屏幕上显示的一些信息或由打印机打印出的信息也都是从内存中取出的。内存一般固定在主板上，并可按照实际应用的需要来扩充。

内存的特点是存取速度快，但容量较小。

1）衡量内存性能的主要指标。

① 存储容量：可以给CPU提供的最大存储字节数。存储容量的大小直接影响微型计算机的运行速度。目前普通微型计算机的内存为8GB。

② 时钟周期：内存所能运行的工作频率的倒数，即频率越高，时钟周期越小。时钟周期能够反映从内存读/写数据所需要时间的长短，时钟周期越小，内存读/写数据的时间就越短，微型计算机的运行速度就越快。目前内存的工作频率在100MHz以上，时钟周期低于10ns，读/写时间为5ns，甚至更低。

③ 内存带宽：单位时间内传输数据容量的大小。内存带宽反映内存传输数据的能力，对微型计算机的整体性能有较大影响。

2）内存的分类。常用的内存有只读存储器（read-only memory，ROM）和随机存储器（random access memory，RAM）两种。

ROM是一种只能读出而不能写入和修改其内容的存储器，其存储的信息是在制作该存储器时就被写入的。计算机断电后，ROM 中的信息不会丢失；计算机重新加电后，其中保存的信息依然是断电前的信息，仍可被读出。ROM 常用来存放一些固定的程序、数据和系统软件等，如检测程序、BIOS（basic input output system，基本输入/输出系统）等。

RAM 是一种读/写存储器，其内容可以随时根据需要读出，也可以随时重新写入新的信息。当电源断开时，RAM 中保存的信息将会丢失。RAM 在微型计算机中主要用来存放正在执行的程序和临时数据。内存一般指的是 RAM。

（2）外部存储器

外存又称为辅助存储器。目前，计算机中常用的外存有固态硬盘（solid state disk，SSD）、磁盘、光盘和闪存等。

内存的存取速度比较快，但它的价格昂贵，而且只能固定在机箱内，因此计算机中配置的内存容量一般是有限的。外存的容量一般比较大，并且可以无限制地扩充。外存还可以移动，便于不同计算机之间进行信息交流。

1）硬盘驱动器。硬盘驱动器（hard disk）也称硬盘存储器，是目前微型计算机上使用的最基本的外存。由于其在结构上将驱动器和刚性的存储介质盘片固定在一起，因此也常常将其简称为硬盘。硬盘是微型计算机选配的一种高速度、大容量的外存。

目前世界上生产硬盘的厂家主要有希捷（Seagate）、昆腾（Quantum）、迈拓（Maxtor）和西部数据（Western Digital）、IBM 等，硬盘产品的名称也以各制造公司来命名。

对于个人计算机而言，目前最流行的硬盘是温式（Winchester）硬盘。按硬盘内部盘片尺寸划分，常见的有硬盘 5.25in（in=0.0254m）、3.5in、2.5in 和 1.8in 4 种。5.25in 的硬盘由于速度较慢，目前已经淘汰；微型计算机上使用的硬盘大多数为 3.5in 硬盘；2.5in 和 1.8in 这两种规格的硬盘常用于笔记本电脑及部分袖珍精密仪器中。

① 硬盘的指标。衡量硬盘的常见指标有容量、转速、硬盘自带高速缓存容量等。转速越高，硬盘存取信息速度越快。普通硬盘转速为 5400r/min，高速硬盘转速为 7200r/min。高速缓冲容量越大，数据交换速度越快。普通硬盘有 256KB 的高速缓冲容量，目前微型计算机常用硬盘容量在 10GB 以上，而高速硬盘有 2MB 高速缓冲容量。

② 硬盘的容量。容量越大，硬盘存储信息量越多，单位存储容量的成本就越低。最初的硬盘只有几十兆字节，目前的硬盘产品容量都在几十到几百吉字节，可见硬盘容量的发展是非常快的。制约硬盘容量的因素主要是高密度存储技术，即硬盘指标中的单盘容量。

硬盘的容量可以通过下面的公式计算：

硬盘的容量（B）=磁头数×每面的磁道数（也称柱面数）×每磁道扇区数×512B

硬盘由很多个磁片叠在一起。柱面是指多个磁片上具有相同编号的磁道，它的数目和磁道是相同的。每个盘片被分成若干个同心圆磁道，每个磁道被分成若干个扇区，每个扇区的容量通常是 512B。

在使用之前，硬盘需要进行两级格式化，即低级格式化和高级格式化。硬盘的低级格式化是指在每个磁片上划分出一个个同心圆的磁道，是物理格式化。现在的硬盘在出厂前已完成了这项工作，因此不必再对它进行低级格式化。低级格式化需要特殊的软件，会彻底清除硬盘里的内容，有些主板的 BIOS 里也有这种程序。低级格式化次数过多会对硬盘造成伤害。平时在给微型计算机安装软件之前，对硬盘所做的格式化一般指的是高级格式化。硬盘的高级格式化的操作是右击硬盘，在弹出的快捷菜单中选择“格式化”命令。

2）固态硬盘。固态硬盘现在主要是指基于 NAND Flash（与非闪存）的半导体存储驱动器，由于被认为可以替代传统机械硬盘而得名。其主要由控制单元和存储单元（Flash 芯片）组成，简单地说，固态硬盘就是用固态电子存储芯片阵列而制成的硬盘。固态硬盘的接口规范和定义、功能及使用方法与普通硬盘几近相同，外形和尺寸也基本与普通的 2.5in 硬盘一致。

固态硬盘具有传统机械硬盘不具备的快速读写、质量小、能耗低及体积小等特点，同时其劣势也较为明显。目前来说，尽管 IDC（Internet Data Center，互联网数据中心）认为固态硬盘已经进入存储市场的主流行列，但其具有价格仍较为昂贵，容量较低，一旦硬件损坏，数据较难恢复等缺点；同时，固态硬盘的耐用性（寿命）相对较差。影响固态硬盘性能的几个因素主要是主控芯片、NADN Flash 介质和固件。在上述条件相同的情况下，采用何种接口也可能会影响固态硬盘的性能。目前主流的接口是 SATA（包括 3Gb/s 和 6Gb/s 两种）接口，也有 PCI-E 3.0 接口的固态硬盘问世。

3）闪存。确切地说，闪存应该归类为内存，属于非挥发性内存，即断电数据也能保存，具有电擦除的特性。它的特点是相对电压低、随机读取快、功耗低和稳定性高。

闪存的存储单元是晶体管的集合。随着技术的进步，这些晶体管被集成在很小的一块芯片上。将这些芯片加上相应的载体、接口、控制机构和协议，就诞生了各种各样的闪存产品。在微型计算机上使用最多的 U 盘就是闪存的一种产品，它采用 USB 接口与主机相连。目前，常见 U 盘的存储容量在 1GB 以上，采用 USB 2.0 协议。

除了 U 盘之外，闪存卡也是闪存的一种产品。闪存卡外观小巧，如一张卡片大小，一般应用在数码照相机、掌上计算机和 MP3 等小型数码产品中作为存储介质。

提示

外存中的程序和数据只有先装入内存，计算机才能够运行和处理。

3. 输入设备

计算机的输入设备和输出设备称为计算机的外部设备。

输入设备是外界向计算机输入信息的装置，程序或数据都要使用输入设备输入。常见的输入设备有键盘、鼠标、光笔、手写板、麦克风、摄像机和扫描仪等，目前在微型计算机上最常用的输入设备是键盘和鼠标。

4. 输出设备

输出设备是将计算机中的数据信息传送到外部媒介，并转化成人们需要的某种表示形式的装置。常见的输出设备有显示器、打印机、扫描仪等。

（1）显示器

显示系统包含图形显示适配器（显示卡）和显示器两大部分，只有将两者有机地结合起来，才能获得良好的显示效果。

显示器的作用是将电信号表示的二进制编码信息转换为直接可以看到的字符、图形或图像。显示器与键盘是人机对话的主要工具。

显示器分为采用电子枪产生图像的阴极射线管（cathode ray tube，CRT）显示器和液晶显示器（liquid crystal display，LCD）。目前 CRT 显示器已经被淘汰。

LCD 的技术参数如下：

1）亮度。LCD 的最大亮度通常由背光源来决定，技术上可以达到高亮度，但是这并不代表亮度值越高越好，因为太高亮度的显示器有可能使观看者眼睛受伤。

2）分辨率。分辨率是指单位面积显示像素的数量。LCD 的物理分辨率是固定不变的，要改变不同的分辨率，必须通过运算来模拟出显示效果，但实际上的分辨率是没有改变的。

由于屏幕上的点、线和面都是由像素组成的，分辨率越高，显示器可显示的像素就越多，画面就越精细，同样屏幕区域内能显示的信息也越多，因此分辨率是一个非常重要的性能指标。可以把整个图像想象成一个大型的棋盘，而分辨率的表示方式就是所有经线和纬线交叉点的数目，如分辨率为 1024×768，就是 1024 列×768 行=786432 像素。

3）色彩度。LCD 的一个重要指标是色彩度。自然界的任何一种色彩都是由红、绿、蓝（R、G、B）3 种基本色组成的，每个独立的像素色彩由红、绿、蓝 3 种基本色来控制。大部分厂商生产出来的 LCD，每个基本色（R、G、B）达到 6 位，即 64 种表现度，那么每个独立的像素就有 64×64×64=262144 种色彩。

4）对比度。对比度是最大亮度值（全白）与最小亮度值（全黑）的比值。LCD 制造时选用的控制 IC、滤光片和定向膜等配件与面板的对比度有关。

5）可视面积。LCD 所标示的尺寸就是可视面积。显示器的大小以 in 单位，通常以显像管对角线的长度来衡量，一般有 15in、17in、19in、22in、23in 和 24in 的显示器等。

（2）打印机

打印机是计算机的重要输出设备。显示器上的输出内容只能当时查看，为了将计算机输出的内容留下书面记录以便保存，则要用打印机打印输出。

常见的打印机有针式打印机、激光打印机和喷墨打印机。

1）针式打印机。针式打印机又称点阵打印机，主要由打印头、字车机构、色带机构、输纸机构和控制电路等组成。打印头上有纵向排列的打印针。人们常说的 24 针打印机是指打印头中有 24 根针的针式打印机。针式打印机在进行打印时，由打印针撞击色带，将色带上的墨打印到纸上，形成文字或图形。针式打印机是使用最为广泛的一种打印机，它具有价格便宜、耐用、可打印多种类型纸张，能进行多层打印等特点。但它的噪声很大，而且打印质量不好，所以在普通家庭及办公应用中已逐渐被喷墨打印机和激光打印机所取代。

2）激光打印机。激光打印机用激光扫描主机送来的信息，将要输出的信息在磁鼓上形成静电潜像，并转换成磁信号，使碳粉吸附在纸上，经显影后输出。由于激光打印机的打印速度快，分辨率高，无击打噪声，因此颇受用户欢迎。随着技术的进步，激光打印机的价格不断降低，已成为普通办公室的基本配置，并正在成为主流打印机。

3）喷墨打印机。喷墨打印机与针式打印机相比，其打印速度快，打印质量好，噪声小，并有较强的彩色功能，其价格也在不断下降。喷墨打印机利用特殊技术将带电的墨水喷出，并由偏转系统控制很细的喷嘴喷出微粒射线在纸上扫描，绘出文字与图像。喷墨打印机分为单色喷墨打印机和彩色喷墨打印机。喷墨打印机的体积小、质量小、噪声低、打印精度较高，但专用打印纸与专用墨水的消耗使喷墨打印机的打印成本较高，且喷头容易出现堵塞故障，故适合于小批量打印。

（3）扫描仪

扫描仪是一种可将静态图像输入计算机内的图像采集设备。它可以将照片、图片、图形输入计算机中，并转换成图像文件存储于硬盘。扫描仪对于桌面排版系统、印刷制版系统都十分有用。如果配上文字识别（optical character recognition，OCR）软件，则用扫描仪可以快速方便地把各种文稿录入计算机内，大大加速了计算机文字的录入过程。

扫描仪主要有手持式和平板式。手持式扫描仪体积较小、质量小、携带方便，但扫描精度较低，扫描质量较差，多用于自选商场、图书馆等条码扫描；平板式扫描仪的性能要优于手持式扫描仪，是市场上的主力军，主要应用于A3和A4幅面图纸的扫描，其中又以A4幅面的扫描仪用途最广、种类最多。平板式扫描仪的分辨率通常为600～1200DPI；高的可达2400DPI；色彩数一般为30位，高的可达36位。扫描仪的主要性能指标如下：

1）分辨率：衡量扫描仪的关键指标之一，表明系统能够达到的最大输入分辨率，以每英寸扫描像素点数（DPI）表示。制造商常用“水平分辨率×垂直分辨率”来表征扫描仪的分辨率。其中水平分辨率又称光学分辨率，垂直分辨率又称机械分辨率。光学分辨率越高，扫描仪解析图像细节的能力越强，扫描的图像越清晰。

2）色彩位数：影响扫描仪表现的另一个重要因素。色彩位数越高，对颜色的区分就越细腻。若扫描仪拥有36位颜色，则大约能表达687亿种颜色。

3）灰度：图像亮度层次范围。灰度级数越多，图像层次越丰富，目前多数扫描仪为256级灰度。

4）速度：在指定的分辨率和图像尺寸下的扫描时间。

5）幅面：扫描仪支持的幅面大小，如A4、A3。

5. 适配器

适配器是CPU与外部设备的控制电路和接口设备，用以实现CPU和外部设备的通信。常用的适配器有显卡（显示适配器）、声卡（音频卡）和网卡（网络适配器）等。

（1）显卡

显卡是CPU与显示器的通信接口，是连接显示器和个人计算机主板的重要组件。显卡负责将主机要显示的数字信息进行转换而驱动显示器，并向显示器提供逐行或隔行扫描信号，控制显示器的正确显示。显卡由字符库、刷新存储器、控制电路和接口等部分组成。

提示

显卡的性能和驱动程序主要取决于显示卡上使用的显示芯片。

显示芯片是显卡的主要处理单元，因此又称为图形处理器（graphic processing unit，GPU）GPU是NVIDIA公司在发布GeForce256图形处理芯片时首先提出的概念。尤其是在处理 3D 图形时，GPU 使显卡减少了对 CPU 的依赖，并完成部分原本属于 CPU 的工作。GPU 所采用的核心技术有硬件 T&L（几何转换和光照处理）、立方环境材质贴图和顶点混合、纹理压缩和凹凸映射贴图、双重纹理四像素 256 位渲染引擎等，而硬件 T&L 技术可以说是 GPU 的标志。

显卡所支持的各种 3D 特效由显示芯片的性能决定，采用什么样的显示芯片大致决定了这块显卡的档次和基本性能，如 NVIDIA 的 GT 系列和 AMD 的 HD 系列。

衡量显卡性能的方法有很多，除了使用测试软件测试比较外，还有很多指标可供用户比较显卡性能。影响显卡性能的主要指标有显卡频率、显示存储器等。

1）显卡的性能指标。

① 显卡频率。显卡频率主要指显卡的核心频率，以 MHz 为单位。

显卡的核心频率是指显示核心的工作频率，其工作频率在一定程度上可以反映出显示核心的性能，但显卡的性能是由核心频率、流处理器单元、显存频率、显存位宽等多方面的情况综合决定的。在同样级别的芯片中，核心频率高的显卡性能要好一些。

② 显示存储器。显示存储器简称显存，主要功能是暂时储存显示芯片处理过或即将提取的渲染数据，类似于主板的内存，是衡量显卡的主要性能指标之一。与系统内存一样，显存容量越大越好。图形核心的性能越强，所需要的显存也就越大，因为显存越大，可以存储的图像数据就越多，支持的分辨率与颜色数也就越高。

显存类型即显存采用的存储技术类型，市场上主要的显存类型有 SDDR2、GDDR2、GDDR3 和 GDDR5 几种，但主流显卡大都采用 GDDR3，也有一些中高端显卡采用的是 GDDR5。与 GDDR3 相比，GDDR5 类型的显卡拥有更高的频率，性能也更加强大。

显存位宽指的是一次可以读入的数据量，表示显存与显示芯片之间交换数据的速度。位宽越大，显存与显示芯片之间数据的交换就越顺畅。通常说某个显卡的规格是 2GB128bit，其中 128bit 指的就是这块显卡的显存位宽。

③ 流处理器单元。微软公司的 DirectX10 首次提出了“统一渲染架构”，显卡取消了传统的“像素管线”和“顶点管线”，统一改为流处理器单元，它既可以进行顶点运算，也可以进行像素运算。这样在不同的场景中，显卡就可以动态地分配进行顶点运算和像素运算的流处理器数量，实现资源的充分利用。

流处理器数量的多少已经成为决定显卡性能高低的一个很重要的指标，NVIDIA 和 AMD 也在不断地增加显卡的流处理器数量，以使显卡的性能达到跳跃式增长。但是，它们的架构并不一样，对于流处理器数的分配也不一样，因此双方没有可比性。

2）显卡的分类。

① 集成显卡。集成显卡是将显示芯片、显存及其相关电路都集成在主板上，与其融为一体的元件。一些主板集成的显卡也在主板上单独安装了显存，但其容量较小。集成显卡的显示效果与处理性能相对较弱，不能对显卡进行硬件升级。

② 独立显卡。独立显卡是指将显示芯片、显存及其相关电路单独做在一块电路板上，自成一体而作为一块独立的板卡存在，它需占用主板的扩展插槽（AGP 或 PCI-E）。独立显卡的优点是单独安装，有显存，一般不占用系统内存，在技术上也较集成显卡先进得多，容

易进行显卡的硬件升级。由于显卡性能的不同对于显卡要求也不一样，因此独立显卡实际分为两类，一类是专门为游戏设计的娱乐显卡，另一类则是用于绘图和3D渲染的专业显卡。

③ 核芯显卡。核芯显卡是Intel产品新一代图形处理核心。和以往的显卡设计不同，Intel凭借其在处理器制程上的先进工艺及新的架构设计，将图形核心与处理核心整合在同一块基板上，构成一个完整的处理器，即核芯显卡。智能处理器架构设计上的这种整合大大缩减了处理核心、图形核心、内存及内存控制器间的数据周转时间，有效提升了处理效能并大幅降低了芯片组整体功耗，有助于缩小核心组件的尺寸，为笔记本、一体机等产品的设计提供了更大的选择空间。

（2）声卡

声卡是实现声波/数字信号相互转换的一种硬件，具有播放与录制音响数据的功能，也是计算机多媒体系统中最基本的组成部分。

声卡将话筒或线性输入的声音信号经过模/数（D/A）转换变成数字音频信号进行数据处理，然后经过数/模（D/A）转换变成模拟信号，送往混音器中放大，最后输出驱动扬声器发声。

提示

声卡的性能和驱动程序主要取决于声卡上使用的处理芯片。

1）声卡的组成。

① 数字信号处理芯片。数字信号处理芯片可以完成各种信号的记录和播放任务，还可以完成许多处理工作，如音频压缩与解压缩运算、改变采样频率、解释MIDI（musical instrument digital interface，乐器数字接口）指令或符号及控制和协调直接存储器访问（direct memory access，DMA）工作。

② A/D转换器和D/A转换器。由于声音原本以模拟波形的形式出现，因此必须将声音转换成数字形式才能在计算机中使用。为实现这种转换，声卡含有把模拟信号转成数字信号的A/D转换器，使数据可存入磁盘中。为了把声音输出信号送给扬声器或其他设备播出，声卡必须使用D/A转换器，把计算机中以数字形式表示的声音转变成模拟信号播出。

③ 总线接口芯片。总线接口芯片在声卡与系统总线之间传输命令与数据。

④ 音乐合成器。音乐合成器负责将数字音频波形数据或MIDI消息合成为声音。

⑤ 混音器。混音器可以将不同途径，如话筒或线路输入、CD输入的声音信号进行混合。此外，混音器还为用户提供了软件控制音量的功能。

2）声卡的主要作用。

① 录音。通过声卡及相应的驱动程序的控制，采集来自话筒、收录机等音源的信号，压缩成数字声音文件。

② 播放声音。将压缩的数字声音文件还原成高质量的声音信号，放大后通过扬声器放出。

③ 音量。对各种音源进行组合，实现混响器的功能。

④ 电子乐器。MIDI是一种将电子乐器与计算机连接的标准，MIDI接口可以连接32种不同的乐器，利用MIDI音序软件，可以创作自己的交响乐，同时也可将演奏的乐曲录

制下来。

3）接口。

① 标记为 Line In 的线形输入接口。Line In 端口将品质较好的声音、音乐信号输入，通过计算机的控制将该信号录制成一个文件。通常该端口用于外接辅助音源，如影碟机、收音机、录像机及 VCD 回放卡的音频输出。

② 标记为 Mic In 的扬声器输入端口。它用于连接扬声器（话筒）。

③ 标记为 Speaker 或 SPK 的扬声器输出端口。它用于插外接音箱的音频线插头。

④ 标记为 MIDI 的游戏摇杆接口。很多声卡上带有一个游戏摇杆接口来配合模拟飞行、模拟驾驶等游戏软件，该接口与 MIDI 共用一个 15 针的 D 形连接器（高档声卡的 MIDI 接口可能还有其他形式）。该接口可以配接游戏摇杆、模拟方向盘，也可以连接电子乐器上的 MIDI，实现 MIDI 音乐信号的直接传输。

（3）网卡

网卡是用来实现计算机联网进行通信的适配器。每块网卡都有一个世界上独一无二的 48 位二进制数，即 48 位 MAC（medium access control，媒体访问控制）地址（物理地址），它被写在卡上的一块 ROM 中。没有任何两块被生产出来的网卡拥有同样的地址，这是因为电气电子工程师协会（institute of electrical and electronics engineers，IEEE）负责为网络接口控制器（网卡）销售商分配唯一的 MAC 地址。

网卡通过总线与微型计算机相连，再通过电缆接口与网络传输介质相连接，网卡要与网络软件相兼容。

1）网卡的分类。根据网卡所支持的物理层标准与主机接口的不同，网卡可以分为以太网卡和令牌环网卡等。目前主要使用的是以太网卡。

按照网卡支持的传输速率分类，网卡主要分为 10Mb/s 网卡、100Mb/s 网卡、10/100Mb/s 自适应网卡、100/1000Mb/s 自适应网卡和 1000Mb/s 网卡。其中 100/1000Mb/s 自适应网卡是由网卡自动检测网络的传输速率，保证网络中两种不同传输速率的兼容性。

根据传输速率的要求，100Mb/s 网卡需要使用的传输介质为 5 类 UTP（unshielded twisted pair，非屏蔽双绞线）。1000Mb/s 网卡需要使用的传输介质为 6 类 UTP（shielded twisted pair，屏蔽双绞线）或光纤。

2）以太网卡的接口。以太网卡主要使用的接口是 RJ-45 接口和 SC 光纤接口。

① RJ-45 接口。RJ-45 接口就是我们现在最常见的网络设备接口，俗称水晶头，专业术语为 RJ-45 连接器，属于双绞线以太网接口类型。RJ-45 插头只能沿固定方向插入，设有一个塑料弹片与 RJ-45 插槽卡住以防止脱落。这种接口在 10Base-T 以太网、100Base-TX 以太网、1000Base-TX 以太网中都可以使用。

RJ-45 接口的传输介质是双绞线，但其根据带宽的不同对介质也有不同的要求。特别是 1000Base-TX 千兆以太网连接时，至少要使用超 5 类线，如果要保证稳定高速还要使用 6 类线。

② SC 光纤接口。SC 光纤接口在 100Base-TX 以太网上就已经得到了应用，随着业界大力推广千兆网络，SC 光纤接口重新受到人们的重视。

SC 光纤接口外壳采用模塑工艺，用铸模玻璃纤维塑料制成，呈矩形；插头套管（也称插针）由精密陶瓷制成，耦合套筒为金属开缝套管结构；紧固方式是插拔销闩式，不需旋转。此类连接器价格低廉，插拔操作方便，介入损耗波动小，抗压强度较高，安装密度高。

SC 光纤接口的传输介质是光纤。

任务 3 软件系统

软件是指为计算机运行而开发的程序及用于开发、使用和维护的有关文档。

软件系统可分为系统软件和应用软件两大类。

1. 系统软件

系统软件由一组控制计算机系统并管理其资源的程序组成，其主要功能包括启动计算机，存储、加载和执行应用程序，对文件进行排序、检索，将程序语言翻译成机器语言等。实际上，系统软件可以看作用户与计算机的接口，它为应用软件和用户提供了控制、访问硬件的手段，这些功能主要由操作系统完成。此外，编译系统和各种工具软件也属此类，它们从另一方面辅助用户使用计算机。

（1）操作系统

操作系统是管理计算机硬件资源与软件资源的计算机程序，同时也是计算机系统的内核与基石。操作系统需要处理如管理与配置内存、决定系统资源供需的优先次序、控制输入设备与输出设备、操作网络与管理文件系统等基本事务。操作系统也提供一个让用户与系统交互的操作界面。

1）操作系统的功能。操作系统具有进程与处理器管理、存储管理、文件管理、设备管理、作业管理和用户接口管理等功能。

① 进程与处理器管理。操作系统确定对处理器的分配策略，实施进程调度。在单用户单任务的情况下，处理器仅为一个用户的一个任务所独占，进程管理的工作十分简单；但在多道程序或多用户的情况下，组织多个作业或任务时，就要解决处理器的调度、分配和回收等问题。

② 存储管理。存储管理分为存储分配、存储共享、存储保护和存储扩张等。操作系统协调管理计算机内存的数据和程序，为各个程序所使用的数据分配存储空间，并保证它们互不干扰。

③ 文件管理。文件管理包括文件存储空间管理、目录管理、文件操作管理和文件保护等，为用户提供方便的文件操作。

④ 设备管理。设备管理分为设备分配、设备传输控制和设备独立性等，通过 I/O 接口对和主机相连的所有外部设备进行统一管理。

⑤ 作业管理。作业管理也称任务管理，是指管理、组织完成正在使用和运行某个独立任务的程序及其所需的数据，并对所有进入系统的作业进行调度和控制，尽可能高效地利用整个系统的资源。

⑥ 用户接口管理。操作系统为用户提供了良好的人机交互界面，以便用户不需要了解计算机软硬件相关细节就可以方便地使用计算机。

2）操作系统的分类。计算机的操作系统根据不同的用途分为不同的种类，从功能角度分析，分别有实时系统、批处理系统、分时系统、网络操作系统等。

① 实时系统。实时系统主要是指系统可以快速地对外部命令进行响应，在对应的时间里处理问题，协调系统工作。

② 批处理系统。批处理系统在 1960 年左右出现，其可以将资源进行合理利用，并能够提高资源的利用率和系统的吞吐量。

③ 分时系统。分时系统可以实现用户的人机交互需要，多个用户共同使用一个主机，很大程度上节约了资源成本。分时系统具有多路性、独立性、交互性、可靠性等优点。

④ 网络操作系统。网络操作系统是一种能代替操作系统的软件程序，是网络的“心脏”和“灵魂”，是向网络计算机提供服务的特殊的操作系统。网络操作系统借由网络互相传递数据与各种消息，其可分为服务器及客户端。服务器的主要功能是管理服务器和网络上的各种资源及网络设备的共用，加以统合并控管流量，避免有瘫痪的可能性；而客户端可以接收服务器传递的数据，方便客户端清楚地搜索所需资源。

3）典型的操作系统。

DOS 是微软公司开发的基于磁盘管理、命令行（字符）界面方式的操作系统，在 1981～1995 年间被广泛应用于个人计算机上。

Windows 7 是由微软公司开发的操作系统，内核版本号为 Windows NT 6.1。Windows 7 操作系统可供家庭及商业工作环境，如笔记本电脑 、多媒体中心等使用。

Windows 10 是由微软公司开发的应用于计算机和平板电脑的操作系统，于 2015 年 7 月 29 日发布正式版。

UNIX 是多任务、多用户操作系统，支持多处理器架构，是一种分时操作系统，主要使用于服务器系统。

Linux 是多任务、多用户，支持多线程和多处理器的操作系统，主要使用于服务器或单机上。

Android 是一种基于 Linux 的自由及开放源代码的操作系统，主要使用于移动设备，如智能手机和平板电脑，由 Google 公司和开放手机联盟领导及开发。

iOS 是由苹果公司开发的手持设备操作系统。其最初是设计给 iPhone 使用的，后来陆续套用到 iPod Touch、iPad 及 AppleTV 等产品上。

（2）语言处理系统

人和计算机交流信息使用的语言称为计算机语言或程序设计语言。

计算机语言通常分为机器语言、汇编语言和高级语言 3 类。

1）机器语言。机器语言是用二进制代码表示的计算机能直接识别和执行的一种机器指令的集合。

计算机指令是一串由 0 和 1 组成的二进制代码，指令的格式和含义是设计者规定的，它能被计算机硬件直接理解和执行。它与计算机硬件的逻辑电路有关，不同类型的计算机的指令的编码不同，拥有的指令多少也不同。

指令的基本格式是操作码字段和地址码字段，其中操作码指明了指令的操作性质及功能，地址码则给出了操作数或操作数的地址。

机器语言的缺陷：难编程序，难以记忆，通用性差。

2）汇编语言。汇编语言用助记符代替机器指令的操作码，用地址符号或标号代替指令或操作数的地址。这样就可用一些容易理解和记忆的字母、单词来代替一个特定的指令。通过这种方法，人们更加便于识别、记忆和编写程序，同时又保留了机器语言高速度和高效率的特点。然而，汇编语言依赖于特定计算机的指令集，与计算机硬件有关，程序的可移植性差。因此，汇编语言与机器语言一样，也是一种低级语言。

计算机只能识别用机器语言编写的程序，而不能直接执行用汇编语言编写的程序，所以必须将汇编语言程序翻译成机器语言程序才能被计算机执行。翻译工作一般由计算机完成，用来翻译汇编语言程序的翻译程序称为汇编程序，用汇编语言编写的程序称为源程序，源程序经汇编程序翻译后得到的机器语言程序称为目标程序。目标程序是机器语言程序，当它被安置在内存的预定位置上后，就能被计算机的 CPU 处理和执行。

汇编语言的缺陷：在不同厂商生产的计算机中，汇编语言对应着不同的机器语言指令集，通过汇编过程转换成机器指令。特定的汇编语言和特定的机器语言指令集是一一对应的，不同平台之间不可直接移植。

3）高级语言。高级语言主要是相对于汇编语言而言的，由于机器语言和汇编语言与计算机硬件直接相关，用这两种语言编写的程序可移植性差，编程也很困难，因此人们创造出与计算机指令无关、表达方式更接近被描述的问题、更易于被人们掌握和书写的语言，即高级程序设计语言，简称高级语言。高级语言基本脱离了机器的硬件系统，用人们更易理解的方式编写程序。用高级语言编写的程序称为源程序。

高级语言并不是特指的某一种具体的语言，而是包括很多编程语言，如流行的 Java、C、C++、Pascal 等，这些语言的语法、命令格式都不相同。

高级语言与计算机的硬件结构及指令系统无关，它有更强的表达能力，可方便地表示数据的运算和程序的控制结构，能更好地描述各种算法，而且容易学习掌握。

用高级语言编写的程序与汇编语言程序一样，不能被计算机识别。因此，如果要在计算机上运行高级语言程序，就必须配备高级语言翻译程序，不同的高级语言都有相应的翻译程序。

源程序是指未编译的按照一定的程序设计语言规范书写的文本文件，是一系列人类可读的计算机语言指令。

目标程序是源程序经编译可直接被计算机运行的机器码集合。目标程序需要与库函数连接，才能形成完整的可执行程序。

翻译高级语言的方法有两种：解释和编译。

源程序进行解释和编译任务的程序分别称为编译程序和解释程序。例如，Fortran、COBOL、Pascal 和 C 等高级语言，使用时需有相应的编译程序；Basic、LISP 等高级语言，使用时需用相应的解释程序。

解释方式不保留目标程序代码，即不产生可执行文件。每次运行都由解释程序对高级语言源程序逐句进行分析，边翻译边执行，直至程序的结束。

编译方式是先由编译程序将高级语言编写的源程序翻译成机器语言程序，生成目标代码；再将目标代码与子程序库相连接，生成可执行程序，由计算机来执行。可执行文件可以离开翻译程序独立运行，且能够反复执行，速度较快。运行程序时只要输入可执行程序的文件名，再按 Enter 键即可。

与解释方式相比，采用编译方式，程序执行的速度快，而且一旦编译完成后，生成的可执行程序可以脱离编译程序而独立运行，所以大多数高级语言采用编译方式。

（3）服务程序

服务程序可以方便用户管理和使用计算机，能够提供一些常用的服务性功能，它们为用户开发程序和使用计算机提供了方便，如微型计算机上经常使用的诊断程序、调试程序、编辑程序均属此类。

（4）数据库管理系统

数据库（data base，DB）是指按照一定联系存储的数据集合，可为多种应用共享。数据库管理系统（data base management system，DBMS）则是能够对数据库进行加工、管理的系统软件，其主要功能是建立、消除、维护数据库及对库中数据进行各种操作。数据库系统主要由数据库、数据库管理系统及相应的应用程序组成。数据库系统不但能够存放大量的数据，更重要的是能迅速、自动地对数据进行检索、修改、统计、排序、合并等操作，以得到所需的信息。常用的数据库管理系统软件有 Visual Foxpro、PowerBuilder、SQL Server 等。

2. 应用软件

应用软件是为解决计算机的各类问题而编写的软件。应用软件可以拓宽计算机系统的应用领域，放大硬件的功能。

应用软件的种类繁多，用途非常广泛，下面介绍几种典型的应用软件。

（1）文字处理软件

文字处理软件的功能是对文字进行格式化和排版，文字处理软件的发展和文字处理的电子化是信息社会发展的标志之一。目前现有的中文文字处理软件主要有微软公司的 Word 和金山公司的 WPS。微软公司的 Office、金山公司的 WPS Office 是常用的办公软件套件。

（2）图形图像处理软件

图形图像处理软件是被广泛应用于广告制作、平面设计、影视后期制作等领域的软件。常见的图形图像处理软件有 ACDsee、PhotoShop、CleanSkinFX、Digital Film、PhotoSEAM、CorelDRAW。而由 Adobe 公司开发的 PhotoShop 以其强大的功能和友好的界面成为当前流行的产品之一。

（3）声音处理软件

声音处理软件是一类对音频进行混音、录制、音量增益、高潮截取、男女变声、节奏快慢调节和声音淡入/淡出处理的多媒体音频处理软件。声音处理软件的主要功能在于实现音频的二次编辑，达到改变音乐风格、多音频混合编辑的目的。Cool Edit Pro 是比较热门的声音处理软件。

（4）工具软件

工具软件就是指在使用计算机进行工作和学习时经常使用的软件。随着计算机应用的普及，工具软件已经成为应用软件的一个重要组成部分，包括压缩软件、电子阅读、文档管理、教学软件等。

3. 计算机病毒

计算机病毒是编制者在计算机程序中插入的破坏计算机功能或者破坏数据、影响计算机使用并且能够自我复制的一组计算机指令或者恶意的程序代码。

计算机病毒不是天然存在的，是某些人利用计算机软件和硬件所固有的脆弱性编制的一组指令集或程序代码。它能通过某种途径潜伏在计算机的存储介质（或程序）里，当达到某种条件时即被激活，通过修改其他程序的方法将自己精确地复制或者以可能演化的形式放入其他程序中，从而感染其他程序，对计算机资源进行破坏。计算机病毒是人为造成的，对其他用户的危害性很大。

（1）计算机病毒的特征

计算机病毒具有繁殖性、破坏性、传染性、潜伏性和可触发性。

1）繁殖性。计算机病毒可以像生物病毒一样进行繁殖。当正常程序运行时，它也进行自身复制。是否具有繁殖、感染的特征是判断某段程序是否为计算机病毒的首要条件。

2）破坏性。计算机感染计算机病毒后，可能导致正常的程序无法运行，把计算机内的文件删除或受到不同程度的损坏，通常表现为增、删、改、移等。

3）传染性。一旦计算机病毒被复制或产生变种，其传染速度之快令人难以预防。传染性是计算机病毒的基本特征。计算机病毒也会通过各种渠道从已被感染的计算机扩散到未被感染的计算机。计算机病毒是一段人为编制的计算机程序代码，这段程序代码一旦进入计算机并得以执行，就会搜寻其他符合其传染条件的程序或存储介质，确定目标后再将自身代码插入其中，达到自我繁殖的目的。

4）潜伏性。一个编制精巧的计算机病毒程序进入系统之后一般不会马上发作，因此计算机病毒可以在磁盘或磁带里待上几天甚至几年，一旦时机成熟，得到运行机会，就会四处繁殖、扩散，对计算机进行破坏。计算机病毒的内部往往有一种触发机制，不满足触发条件时，计算机病毒除了传染外不做其他破坏。

5）可触发性。因某个事件或数值的出现，诱使计算机病毒实施传染或进行攻击的特性称为可触发性。计算机病毒的触发机制就是用来控制传染和破坏动作的频率的。计算机病毒具有预定的触发条件，这些条件可能是时间、日期、文件类型或某些特定数据等。计算机病毒运行时，触发机制检查预定条件是否满足，如果满足，启动传染或破坏动作，使计算机病毒进行传染或攻击；如果不满足，则计算机病毒继续潜伏。

（2）计算机感染计算机病毒后的症状

1）在特定情况下屏幕上出现某些异常字符或特定画面。

2）一些文件打开异常或突然丢失。

3）系统无故进行大量磁盘读写或未经用户允许进行格式化操作。

4）系统出现异常的重启现象，经常死机，或者蓝屏无法进入系统。

5）可用的内存或硬盘空间无故变小。

6）打印机等外部设备出现工作异常。

7）磁盘上无故出现扇区损坏。

8）程序或数据神秘地消失了、文件名不能辨认等。

（3）计算机病毒的传染渠道

根据当前的计算机病毒特点，其传染途径有两种：一种是通过网络传播，另一种是通过硬件设备传播。

（4）计算机病毒的预防

计算机病毒的种类繁多，特性不一，只要掌握了其流通传播方式，便不难进行监控和查杀。预防计算机病毒的具体措施如下：

1）注意对系统文件、重要可执行文件和数据进行写保护。

2）不使用来历不明的程序或数据。

3）尽量不用软盘进行系统引导。

4）不轻易打开来历不明的电子邮件。

5）使用新的计算机系统或软件时，要先杀毒后使用。

6）备份系统和参数、建立系统的应急计划等。

7）专机专用。

8）安装杀毒软件。

项目小结

计算机系统是由硬件系统和软件系统两大部分组成的。硬件是构成计算机的物理部件；软件是指控制硬件按指定要求进行工作的、由有序命令构成的程序和有关文档的总称。

硬件是由运算器、控制器、存储器、输入设备和输出设备五部分组成的。CPU 是由控制器、运算器及少量寄存器组成的，是计算机的核心部件，它类似于人的大脑，是计算机的指挥者；运算器是计算机计算和加工数据的场所。

软件系统可分为系统软件和应用软件两大类。操作系统是系统软件，它具有进程与处理机管理、存储管理、文件管理、设备管理、作业管理和用户接口管理等功能。

计算机的工作原理如下：首先将人设计的、解决问题的指令序列（称为程序）和原始数据通过输入设备输送到计算机内存储器中，然后由计算机根据指令进行处理，最后将处理结果输出到外存储器或显示在输出设备上。

项目训练

1. 计算机硬件包括哪五大部件？
2. 简述操作系统的功能。
3. 简述计算机的工作原理。

综 合 训 练

单项选择题

1．运算器的组成部分中，不包括（　　）。

A．寄存器　　B．控制线路　　C．加法器　　D．译码器

2．汉字系统中，拼音码、五笔字型码等统称为（　　）。

A．交换码　　B．字形码　　C．输入码　　D．机内码

3．计算机自诞生以来，在性能、价格等方面发生了巨大的变化，都没有发生太大变化的是（　　）。

A．基本工作原理　　B．体积

C．运算速度　　D．耗电量

4．某单位自行开发的工资管理系统，按计算机应用的类型划分属于（　　）。

A．科学计算　　B．实时控制　　C．数据处理　　D．辅助设计

5．现代信息技术的主要标志是（　　）。

A．计算机技术的大量应用　　B．人口的日益增长

C．汽车的大量使用　　D．自然环境的不断改善

6．在个人计算机中，应用最普遍的字符编码是（　　）。

A．BCD 码　　B．ASCII 码　　C．国际码　　D．区位码

7．配置高速缓存是为了解决（　　）。

A．内存与外存之间速度不匹配问题

B．主机与外部设备之间速度不匹配问题

C．CPU 与内存之间速度不匹配问题

D．CPU 与外存之间速度不匹配问题

8．计算机内部识别的代码是（　　）。

A．十进制数　　B．十六进制数　　C．八进制数　　D．二进制数

9．在工作中，个人计算机电源突然中断，则（　　）全部不丢失。

A．ROM 和 RAM 中的信息　　B．RAM 中的信息

C．RAM 中的部分信息　　D．ROM 中的信息

10．下列有关计算机病毒的说法中，错误的是（　　）。

A．尽量做到专机专用或使用正版软件，是预防计算机病毒的有效措施

B．用杀毒软件将一个 U 盘杀毒后，就不再有计算机病毒了

C．计算机病毒在某些条件下被激活后，才开始干扰和破坏

D．盗版软件通常是计算机病毒的载体

11．在计算机中，用来存放中间数据结果和最后数据结果的装置分别是（　　）。

A．外部设备和高速缓存　　B．RAM 和外存

C．RAM 和 ROM　　D．ROM 和高速缓存

12．操作系统是一种（　　）。

A．实用软件　　B．应用软件　　C．编辑软件　　D．系统软件

13．早期的计算机用来进行（　　）。

A．科学计算　　B．系统仿真　　C．自动控制　　D．动画设计

14．计算机最主要的工作特点是（　　）。

A．存储程序与自动控制　　B．高速度与高精度

C．可靠性与可用性　　D．有记忆能力

15．目前普遍使用的微型计算机所采用的主要元器件是（　　）。

A．电子管　　B．大规模、超大规模集成电路

C．晶体管　　D．极大规模和巨大规模电路

16．用高级程序设计语言编写的程序称为（　　）。

A．目标程序　　B．可执行程序　　C．源程序　　D．伪代码程序

17．在计算机领域中通常用 MIPS 来描述（　　）。

A．计算机的运算速度　　B．计算机的可靠性

C．计算机的可运行性　　D．计算机的可扩充性

18．计算机病毒是可以造成计算机故障的（　　）。

A．一种微生物　　B．一种特殊程序

C．一块特制芯片　　D．一个程序逻辑错误

19．在计算机应用中，计算机辅助设计的英文缩写为（　　）。

A．CAD　　B．CAM　　C．CAE　　D．CAT

20．在计算机中，存储信息速度最快的设备是（　　）。

A．内存　　B．高速缓存　　C．软盘　　D．硬盘

21．在计算机中，一个字节是由（　　）个二进制位组成的。

A．4　　B．8　　C．16　　D．24

22．第一台电子计算机是 1946 年在美国研制的，该机的英文缩写名是（　　）。

A．ENIAC　　B．EDVAC　　C．EDSAV　　D．MARK-II

23．ASCII 码是（　　）。

A．国标码　　B．二-十进制编码

C．二进制编码　　D．美国国家标准信息交换码

24．CPU 的主要组成部分是运算器和（　　）。

A．控制器　　B．存储器　　C．寄存器　　D．编辑器

25．RAM 具有的特点是（　　）。

A．海量存储

B．存储在其中的信息可以永久保存

C．一旦断电，存储在其上的信息将全部消失

D．存储在其中的数据不能改写

26．操作系统的作用是（　　）。

A．解释执行源程序　B．编译源程序

C．进行编码转换　D．控制和管理系统资源

27．个人计算机属于（　　）。

A．巨型机　B．小型计算机　C．微型计算机　D．中型计算机

28．计算机采用二进制数最主要的理由是（　　）。

A．符合人们的习惯　B．存储信息量大

C．结构简单，运算方便　D．数据输入/输出容易

29．计算机的内存比外存（　　）。

A．便宜　B．存储容量大　C．存储速度快　D．存储速度慢

30．计算机的软件系统可分为（　　）。

A．程序和数据　B．操作系统和语言处理系统

C．程序、数据和文档　D．系统软件和应用软件

31．计算机内存中，每个基本储存单元都赋予了一个工作序号，这个序号称为（　　）。

A．名称　B．编号　C．编码　D．地址

32．一个完整的计算机系统由（　　）。

A．主机和系统软件组成　B．硬件系统和应用软件组成

C．硬件系统和软件系统组成　D．微处理器和软件系统组成

33．计算机硬件能直接识别和执行的只有（　　）。

A．高级语言　B．符号语言　C．汇编语言　D．机器语言

34．计算机硬件组成部分主要包括运算器、存储器、输入设备、输出设备和（　　）。

A．控制器　B．显示器　C．磁盘驱动器　D．鼠标

35．计算机内部用来传送、存储、加工处理的数据或指令的形式是（　　）。

A．二进制数　B．八进制数　C．十进制数　D．十六进制数

36．世界上首次提出存储程序计算机体系结构的是（　　）。

A．莫奇莱　B．艾仑·图灵　C．乔治·布尔　D．冯·诺依曼

37．微型计算机系统中的 Pentium4 1G，其中 1G 代表（　　）。

A．内存的容量　B．内存的存取速度

C．CPU 型号　D．CPU 的运算速度

38．微型计算机内存是（　　）的。

A．按十进制编址　B．按字节编址

C．按字长编址　D．按十进制位编址

39．下列存储器中，存取速度最快的是（　　）。

A．内存　B．硬盘　C．光盘　D．软盘

40．下列等式中，正确的是（　　）。

A．1KB=1024B×1024B　B．1MB=1024B

C．1KB=1024MB　D．1MB=1024B×1024B

41．显示器显示图像的清晰程度主要取决于显示器的（　　）。

A．对比度　　B．亮度　　C．尺寸　　D．分辨率

42．第 3 代计算机的逻辑器件采用的是（　　）。

A．晶体管　　B．中、小规模集成电路

C．大规模集成电路　　D．CPU 集成电路

43．世界上第一台电子数字计算机采用的主要逻辑部件是（　　）。

A．电子管　　B．晶体管　　C．继电器　　D．光电管

44．下列选项中，不属于计算机病毒特征的是（　　）。

A．破坏性　　B．潜伏性　　C．传染性　　D．免疫性

45．对微型计算机性能发展影响最大的是（　　）。

A．存储器　　B．输入/输出设备　　C．CPU　　D．操作系统

46．关于计算机病毒，下列叙述不正确的是（　　）。

A．计算机病毒是人为制造的一种破坏性程序

B．大多数病毒程序具有自身复制功能

C．安装防病毒软件，可以完全杜绝病毒的侵入

D．不使用来历不明的软件才是防止病毒侵入的有效措施

47．属于微型计算机外存的是（　　）。

A．RAM　　B．ROM　　C．磁盘驱动器　　D．虚盘

48．下列叙述中正确的是（　　）。

A．计算机系统由硬件系统和软件系统组成

B．Office 办公软件是常用的系统软件

C．CPU 可以直接处理外存中的数据

D．如果计算机的 CPU 型号相同，则不管其他配置如何，运算速度都是一样的

49．微型计算机的性能主要取决于（　　）。

A．RAM 的存储容量　　B．CPU 的性能

C．内存的质量　　D．硬盘的存储容量

50．在下列设备中，属于输入设备的是（　　）。

A．显示器　　B．打印机　　C．绘图仪　　D．扫描仪

模块 2

Windows 7 操作系统

Windows 是微软公司推出的微型计算机视窗操作系统，随着计算机硬件和软件系统的不断升级，微软的 Windows 操作系统也在不断升级，从 16 位、32 位升级到 64 位操作系统，从最初的 Windows 1.0 到大家熟知的 Windows 95、Windows NT、Windows 97、Windows 98、Windows 2000、Windows XP、Windows Server、Windows Vista、Windows 7、Windows 8、Windows 10 等各种版本的持续更新，微软公司一直在致力于 Windows 操作系统的开发和完善。

Windows 7 是微软公司推出的直接运行在“裸机”上的操作系统，是管理计算机软件资源、硬件资源的程序，是控制、支持其他程序运行并为用户提供操作界面的系统软件。

Windows 7 旗舰版属于微软公司开发的 Windows 7 系列中的终结版本。另外，Windows 7 还有简易版、家庭普通版、家庭高级版、专业版。相比之下，Windows 7 旗舰版是功能最完善和丰富的一款操作系统。本书将主要介绍 Windows 7 旗舰版。

Windows 7 做了许多方便用户的设计，如快速最大化、窗口半屏显示、跳转列表、系统故障快速修复等，这些新功能令 Windows 7 成为较易操作的操作系统。Windows 7 大幅缩减了 Windows 的启动时间。

编者所提供的操作素材都包含在“素材”文件夹中，读者操作时，应先将“素材”文件夹安装到“D:\”中。

项目 1　Windows 7 操作系统基本操作

项目要点

1）计算机的启动与关机。
2）桌面组成。
3）鼠标的使用。

4）窗口操作。

5）使用“开始”菜单。

6）键盘操作。

7）获取 Windows 7 帮助。

技能目标

1）熟练使用鼠标完成对窗口、菜单、工具栏、任务栏和对话框等基本元素的操作。

2）了解组成常用操作系统图形界面的基本元素。

3）能熟练使用“开始”菜单，会进行“开始”菜单的设置。

4）熟悉键盘布局，掌握英文键盘输入要领，熟练进行中英文录入。

5）会使用操作系统的“帮助”。

任务 1 认识 Windows 7 操作系统桌面

1. 启动 Windows 7 操作系统

先打开外部设备如显示器电源开关，再打开主机电源开关，显示屏上将出现用户计算机的自检信息，如主板型号、内存大小、显示卡缓存等，然后计算机将运行 Windows 7 操作系统，显示登录 Windows 7 操作系统界面。用户选择一个账户（多账户时），输入密码后，进入 Windows 7 操作系统桌面，便完成 Windows 7 操作系统的启动，如图 2-1 所示。

图 2-1 Windows 7 操作系统桌面

2. 桌面

桌面就是登录到 Windows 7 操作系统之后看到的主屏幕区域。就像现实生活中的桌面一样，打开的程序或文件夹会出现在桌面上。用户也可以将一些项目（如文件和文件夹）放在桌面上，并且随意排列它们。

桌面由桌面背景、图标和任务栏 3 部分组成。

（1）桌面背景

桌面背景也称为桌面壁纸，用户可以根据个人的喜好设置背景图片和显示效果。

（2）图标

图标是代表文件、文件夹、程序或其他项目的小图片。桌面上的每个图标都与 Windows 操作系统提供的一个功能相关联，图标是进入程序的主要途径。每个图标下面的文字称为图标名称。将鼠标指针放在图标上，将出现信息框，标示其名称和所关联的功能。

如图 2-1 所示，Windows 7 桌面上常见的图标如下：

1）Administrator 图标：这是账户为 Administrator（管理员）的个人文件夹，主要用来保存 Administrator 用户的各种文档、图片、视频、音乐、收藏夹和桌面等个人文件夹。

2）“计算机”图标：用来查看和管理计算机的各种文件、文件夹和设备等资源。

3）“网络”图标：用来访问网络中其他计算机、设备等网络资源。

4）“回收站”图标：计算机硬盘中划出的一块存储区域，用于存放用户从硬盘上删除的文件或文件夹。

5）Internet Explorer 图标：微软公司的 Windows 操作系统的一个组成部分，是互联网上较常用的浏览器。

Windows 图标默认排列在桌面左侧。用户可以通过将其拖动到桌面上的新位置来移动图标；也可以右击桌面空白处，在弹出的快捷菜单中选择“排列方式”命令，选择排列方式。

（3）任务栏

任务栏是位于屏幕底部的狭窄条带，显示了系统正在运行的程序，如打开的窗口、当前时间等，用户可以通过任务栏完成许多操作，还可以对它进行一系列的设置。详细内容见本模块项目 2 任务 4。

任务 2　使用鼠标

鼠标是图形界面下操作计算机的主要工具之一。使用鼠标可以对计算机屏幕上的对象进行移动、打开、更改等操作。目前常用的鼠标是光电式鼠标。

1. 鼠标的基本部件

鼠标一般有两个按钮：主要按钮（通常为左按钮）和次要按钮（通常为右按钮）。大多数鼠标在按钮之间还有一个滚轮，帮助用户自如地滚动翻阅文档和网页。

在移动鼠标时，屏幕上的鼠标指针沿相同方向移动。将鼠标指针移动到屏幕上某个对象时即指向对象，当指向对象时，会出现一个描述该对象的信息框。例如，在指向桌面上的回收站时，会出现如下信息框：“包含您已经删除的文件和文件夹”。

2. 鼠标的基本操作

将鼠标置于键盘旁边干净的表面（如鼠标垫）上，轻轻握住鼠标，食指放在主要按钮上而拇指放在侧面。若要移动鼠标，可沿任意方向慢慢滑动它。

鼠标的基本操作有指向、单击、右击、双击及拖动等，具体介绍如下：

1）指向：移动鼠标指针到对象处，此时指针并未选中对象，但看起来已接触到该对象。在指向某对象时，经常会出现一个描述该对象的信息框。

2）单击：若要单击某个对象，则应将鼠标指针指向屏幕上的对象，敲击鼠标主要按钮一次，选中该图标。

3）右击：若要右击某个对象，则应将鼠标指针指向屏幕上的对象，敲击鼠标的次要按钮，将弹出能对该对象进行操作的操作列表（右键快捷菜单）。

4）双击：将鼠标指针指向屏幕上的对象，然后快速地单击两次。双击对象将打开一个该对象窗口。

注意

如果两次单击间隔时间过长，它们就可能被认为是两次独立的单击，而不是一次双击。

5）拖动：将鼠标指针指向任一对象，按住鼠标左键不放开，移动指针至另一位置，放开鼠标左键。拖动通常用于将文件和文件夹移动到其他位置，以及在屏幕上移动窗口和图标等操作。

注意

单击对象可以选中该对象，双击图标可以启动该图标相应的应用程序窗口，右击则可以通过选择快捷菜单中的命令而对该对象进行相关操作。

任务 3　窗口操作

1. 认识窗口

每当打开程序、文件或文件夹时，它们都会在屏幕上被称为窗口的框或框架中（这是 Windows 操作系统获取其名称的位置）显示。

虽然每个窗口的内容各不相同，但所有窗口都有一些共同点。一方面，窗口始终显示在桌面（屏幕的主要工作区域）上；另一方面，大多数窗口具有相同的基本组成部分。

双击 Windows 图标，便可以打开该图标对象的窗口。

【任务要求】

打开 C 盘。

【操作步骤】

第 1 步：在桌面上双击“计算机”图标，打开“计算机”窗口。

第 2 步：双击“本地磁盘（C:）”图标，打开图 2-2 所示的“本地磁盘（C:）”窗口。

窗口由标题栏、菜单栏、工具栏等部分组成。

1）标题栏：位于窗口顶部第一行，用于显示窗口标题（应用程序名或文档名。如果正在操作文件夹，则显示文件夹的名称）。标题栏上除窗口名外还有“最小化”按钮、“最大化”按钮或“恢复”按钮及“关闭”按钮。这些按钮分别可以隐藏窗口、放大窗口使其填充整个屏幕及关闭窗口。当打开多个窗口时，标题栏以蓝色显示，则表明该窗口为活动窗口（正在操作的当前窗口）。

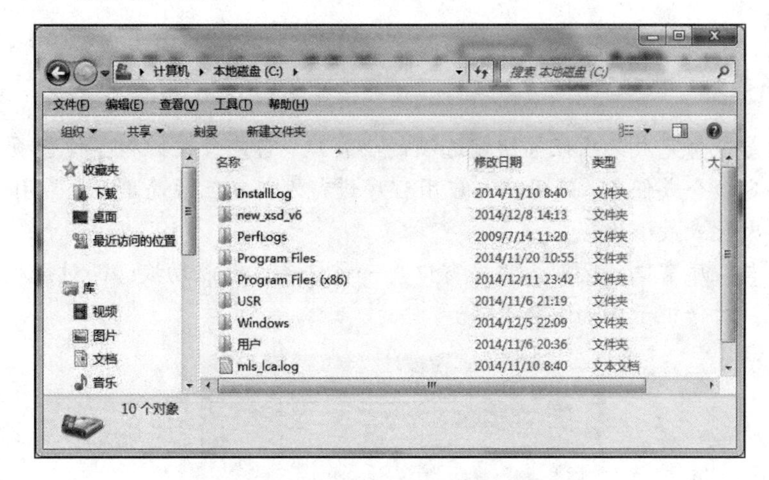

图 2-2　“本地磁盘（C:）”窗口

2）菜单栏：位于标题栏的下方，用来显示该窗口可以使用的所有菜单。每个菜单都有下拉菜单，下拉菜单由一个个命令组成，有的命令还含有级联菜单。

使用菜单：单击某个菜单将打开其下拉菜单。例如，单击“查看”菜单，打开“查看”下拉菜单。此时，选择某命令如“排列方式”，则执行该命令，如图 2-3 所示。

① 级联菜单标记：菜单命令后面的“▸”，表示该命令包含级联菜单。鼠标指针指向该命令，即打开级联菜单，如图 2-3 所示的“排列方式”的级联菜单。

② 复选标记：菜单命令前的“√”表示该命令已被选中；再次单击此命令，其前面的“√”标记消失，则表示已取消选中。

③ 选项按钮：菜单命令前的“●”表示该命令已被选中；单击其他项，则同类菜单将更改为选中项。

④ 省略标记：菜单命令后面的“…”符号表示执行该命令将会打开一个对话框。

⑤ 灰色命令：灰色显示的命令，表示该命令在当前状态下不能使用。

⑥ 快捷键标记：菜单和菜单命令后括号中带下画线的字母。直接按标记字母，即可执行该项命令。例如，如图 2-3 所示，按 D 键，将“递减”排列图标。

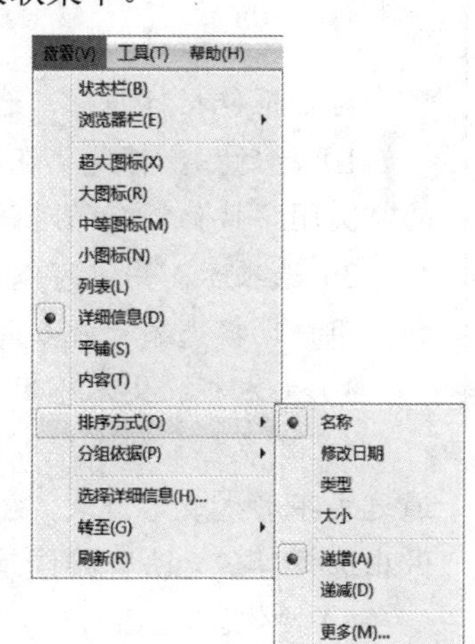

图 2-3　打开“查看”下拉菜单

⑦ 键盘操作：菜单命令后面的键名或组合键名称，称为热键或快捷键。例如，打开“编辑”下拉菜单后，可看到其级联菜单有“全选（A）Ctrl+A”，此时直接按 Ctrl+A 组合键即可执行全部选择命令。

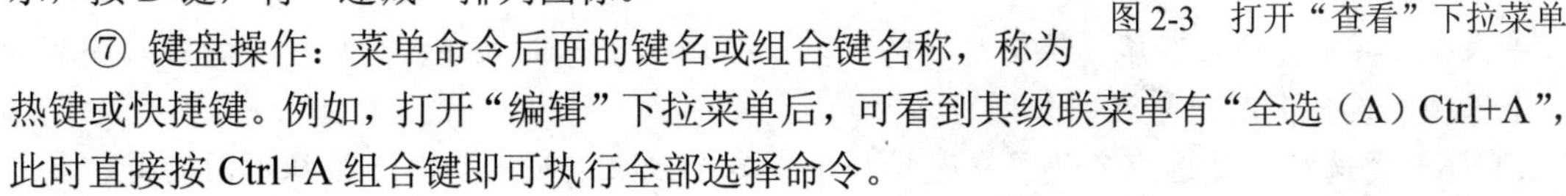

注意

选择“计算机”窗口工具栏中的“组织”→“布局”命令，勾选“菜单栏”复选框，可以显示或隐藏窗口的菜单栏。

知识扩展：认识对话框

对话框是包含完成某项任务所需选项的小窗口。它包含按钮和各种选项，通过它们可以完成特定命令或任务，是用户与应用程序进行人机交互最简单、最常用的方式。对话框不能最大化或最小化。

对话框与程序窗口的区别：程序窗口是一种任务，可以切换；而对话框不是任务，是操作过程。对话框示例如图 2-4 所示。

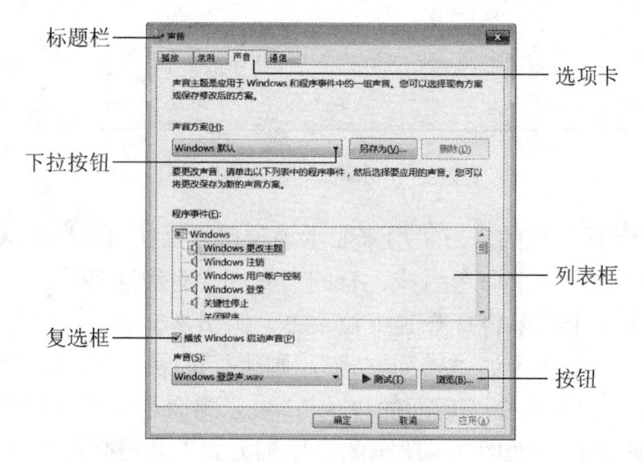

图 2-4　对话框示例

对话框包括标题栏、选项卡、文本框、列表框、按钮和复选框等元素。

1）标题栏。标题栏在对话框的顶部，它的左边有对话框的名称，右边有该对话框的“关闭”按钮，有的对话框还有“帮助”按钮。

2）选项卡。用户可以在多个选项卡之间进行切换，同时选项卡的名称是完全可见的，用户切换选项卡就如同在图书馆中查阅书目卡一般。

3）文本框。文本框用于输入文本信息。

4）列表框。列表框可以使用户在列出的对象中选择需要的对象。这些对象既可以通过文字形式表示出来，也可以是图形。列表框为用户提供了参考对象，用户可以从中做出选择，但无法直接修改列表中对象的内容。

5）按钮。Windows 为不同用途的操作提供了形式多样的按钮，这些按钮形象易懂，便于操作。按钮分为命令按钮（执行某操作）、单选按钮、数字增减按钮、滑动式按钮等类型。其中，单选按钮可使用户在两个或多个选项中只能选择一个选项。若要选择某个选项，选中其对应单选按钮即可。

6）复选框。复选框可使用户选择一个或多个独立选项。与单选按钮不同的是，复选框可以同时选择多个选项。

3）工具栏：菜单命令的一种快速使用方式，位于菜单栏下。工具栏上的每个图形按钮与一个常用菜单命令相对应，利用工具栏按钮启动命令与利用菜单启动命令是一样的，只是利用工具栏启动命令更快、更方便。当然，并非所有的窗口都有工具栏。

① 工具栏中的按钮呈灰色，表示该命令在当前状态下不能执行。

② 按钮右侧有下拉按钮“▼”，表示该按钮有下拉列表，单击下拉按钮“▼”即可打开对应的下拉列表。

③ 鼠标指针指向某按钮，稍停，即可浮现该按钮的名称和功能提示，俗称浮标。

4）地址栏：位于工具栏的下方。地址栏中的地址是窗口所显示对象的位置，包含了到达该对象所经过的路径。

地址栏含有下拉列表。单击其右侧的下拉按钮⌄，将打开对应的下拉列表，此时选中列表中的某个项目即可直接跳转到该项目的超链接上。

5）状态栏：在窗口底部，显示该窗口的状态。

6）滚动条：当窗口包含的对象太多而无法显示所有的内容时，窗口的右边或下边就会出现垂直或水平滚动条。滚动条由滚动按钮和滚动滑块组成。可以滚动窗口的内容以查看当前视图之外的信息。

7）“最小化”按钮：将窗口缩成图标放在任务栏中，以便显示桌面或其他窗口。

8）“最大化”或“还原”按钮：“最大化”按钮对于应用程序来说，是将窗口充满整个屏幕；对于文档窗口来说，是将窗口充满整个应用程序的工作区。当窗口最大化后，单击“还原”按钮，即将窗口还原成原来大小。

9）“关闭”按钮：用来关闭窗口，关闭窗口的同时也将该窗口对应的应用程序关闭。

10）工作区：窗口内除去上述各部分外的其他区域就是工作区，是应用程序实际工作的区域。资源管理器窗口的工作区还可分为左、右两个窗格。

2. 窗口的基本操作

每个窗口的风格及操作方法大同小异，对窗口的操作包括移动窗口，改变窗口的大小，最大化、最小化及关闭窗口等。

【任务要求】

打开“计算机”窗口，移动窗口，改变窗口的大小，将窗口最大化、最小化及关闭。

【操作步骤】

第 1 步：双击桌面上的“计算机”图标，打开“计算机”窗口，如图 2-5 所示。

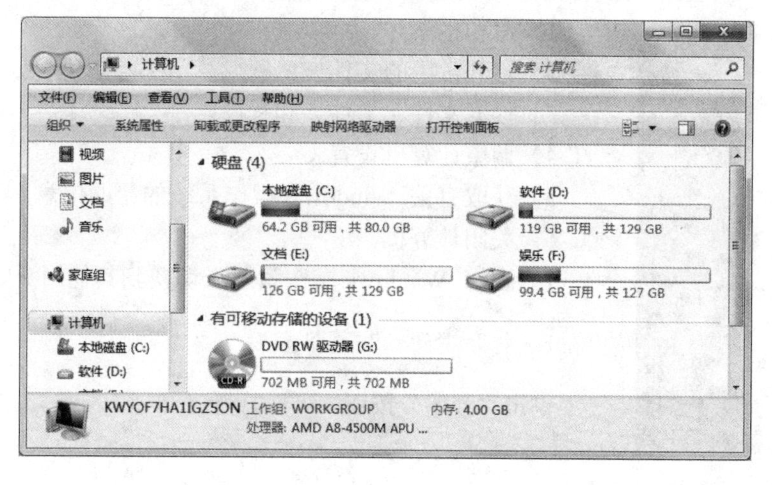

图 2-5 “计算机”窗口

第 2 步：移动窗口。将鼠标指针指向“计算机”窗口标题栏的空白处，按住鼠标左键，拖动窗口至合适的位置，然后放开左键，完成“计算机”窗口的移动。

第 3 步：改变窗口大小。将鼠标指针指向图 2-5 所示“计算机”窗口的右边框（或其他边框或角），当鼠标指针变为双向箭头↔时，按住鼠标左键并拖动边框，窗口的大小将随着鼠标指针的拖动而缩小或放大。拖动鼠标指针至合适的位置，放开左键，则窗口的大小被改变。

第 4 步：最小化窗口。单击“最小化”按钮，“计算机”窗口将缩小成任务栏上的一个按钮。

第 5 步：单击任务栏上“计算机”按钮，则桌面上将显示“计算机”窗口。

第 6 步：最大化窗口。单击“最大化”按钮，“计算机”窗口将放大到占据整个桌面，此时“最大化”按钮变为“还原”按钮。

> **注意**
>
> 最大化的窗口是不能进行移动操作的。

第 7 步：还原窗口。单击“还原”按钮，“计算机”窗口将还原为最大化之前的尺寸。

第 8 步：关闭窗口。单击“关闭”按钮，则关闭“计算机”窗口。

> **提示**
>
> 单击要保持打开状态的窗口的标题栏，然后快速前后拖动（或晃动）该窗口，可以将其他窗口最小化而只打开该晃动窗口。

任务 4 使用“开始”菜单

“开始”菜单是计算机程序、文件夹和设置的主门户，包含使用 Windows 操作系统需要开始的所有工作。之所以称之为菜单，是因为它提供了一个选项列表，就像餐馆里的菜单那样；至于“开始”的含义，在于它通常是用户要启动或打开某项内容的位置。

使用“开始”菜单可执行的常见活动如下：

1）启动程序。

2）打开常用的文件夹。

3）搜索文件、文件夹和程序。

4）调整计算机设置。

5）获取有关 Windows 操作系统的帮助信息。

6）关闭计算机。

7）注销 Windows 操作系统或切换到其他用户账户。

1. 打开“开始”菜单

单击“开始”按钮，可以打开“开始”菜单，如图 2-6 所示。

图 2-6 “开始”菜单

“开始”菜单左侧显示计算机上程序的一个短列表，选择“所有程序”命令可显示程序的完整列表。此时，选择某菜单列表项，计算机将执行该操作。

左侧的底部是搜索框，通过输入搜索项可在计算机上查找程序或文件。

右侧提供对常用文件夹、文件、设置和功能的访问。在这里还可注销 Windows 操作系统或关闭计算机。

“开始”菜单上的一些项目带有向右箭头，这意味着它有级联菜单（下级菜单），此菜单上还有更多的选项。将鼠标指针放在有向右箭头的项目上时，将会出现它的级联菜单。

提示

除使用鼠标操作外，还可通过键盘打开“开始”菜单，即按 Ctrl+Esc 组合键或单独按 Windows 徽标键（键盘上标有微软公司标志）。

（1）注销

打开“开始”菜单后，将鼠标指针放在“关机”按钮右侧的箭头▶上，在打开的下拉列表中选择“注销”命令。如果此时选择“切换用户”命令，则不关闭当前的用户账户，同时可以用其他账户登录 Windows 操作系统。

用户从 Windows 操作系统注销后，正在使用的所有程序都将被关闭，但计算机不会关闭。

当计算机运行较长一段时间后，可用系统资源会变少，运行速度会降低；重新启动计算机后，可以找回失去的系统资源，恢复到原来的运行速度。

注意

为了方便不同的用户快速登录计算机，Windows 7 操作系统提供了注销功能。使用注销功能，可以使用户在不重新启动计算机的情况下实现多用户快速登录，这种登录方式不但方便快捷，而且减少了对硬件的损耗。

（2）关机

用完计算机以后应将其正确关闭，这一点很重要，这样做不仅节能，而且有助于使计算机更安全，并确保数据得到保存。

打开“开始”菜单，单击“关机”按钮，即可关闭计算机。

提示

Alt+F4 组合键经常被用来关闭当前程序窗口，也可用来关闭计算机。

关闭计算机时，计算机将关闭所有打开的程序及 Windows 操作系统本身，然后完全关闭计算机和显示器。关机不会保存用户的工作，因此用户关机前必须首先保存文件。

（3）锁定与解锁程序图标

默认情况下，“开始”菜单中不会锁定任何便于启动的程序或文件。第一次打开某个程序或项目之后，该程序或项目将出现在“开始”菜单中，用户既可以选择删除它，也可以将其锁定到“开始”菜单，令其始终出现在此处。用户还可以调整出现在“开始”菜单中的快捷方式数量，以免数量太大。

如果定期使用程序，可以通过将程序图标锁定到“开始”菜单以创建程序的快捷方式，被锁定的程序图标将出现在“开始”菜单的左侧。

将程序图标锁定到“开始”菜单的操作方法：右击想要锁定到“开始”菜单中的程序图标，在弹出的快捷菜单中选择“附到「开始」菜单”命令。

若要解锁程序图标，则右击“开始”菜单中的该程序图标，在弹出的快捷菜单中选择“从「开始」菜单解锁”命令即可。

（4）删除程序图标

在“开始”菜单中右击想要删除的程序图标，在弹出的快捷菜单中选择“从列表中删除”命令。

从「开始」菜单删除程序图标不会将它从“所有程序”列表中删除或卸载该程序。

（5）使用跳转列表

Windows 7 操作系统为“开始”菜单和任务栏引入了跳转列表。跳转列表是每个程序最近使用的项目列表，如文件、文件夹或网站，这些项目在它们的程序项中进行组织。除了能够使用跳转列表打开最近使用的项目之外，还可以将收藏夹项目锁定到跳转列表，以便可以轻松地访问经常使用的程序和文件。

2. 清除“开始”菜单中最近打开的文件和程序

右击“开始”按钮，在弹出的快捷菜单中选择“属性”命令，弹出“任务栏和「开始」菜单属性”对话框，如图 2-7 所示。在该对话框中可以清除“开始”菜单中最近打开的文件或程序。若要清除最近打开的程序，应取消勾选“存储并显示最近在「开始」菜单中打开的程序”复选框，单击“确定”按钮；若要清除最近打开的文件，应取消勾选“存储并显示最近在「开始」菜单和任务栏中打开的项目”复选框，单击“确定”按钮。

3. 自定义“开始”菜单

在“任务栏和「开始」菜单属性”对话框中单击“自定义”按钮，弹出“自定义「开始」菜单”对话框，如图 2-8 所示。

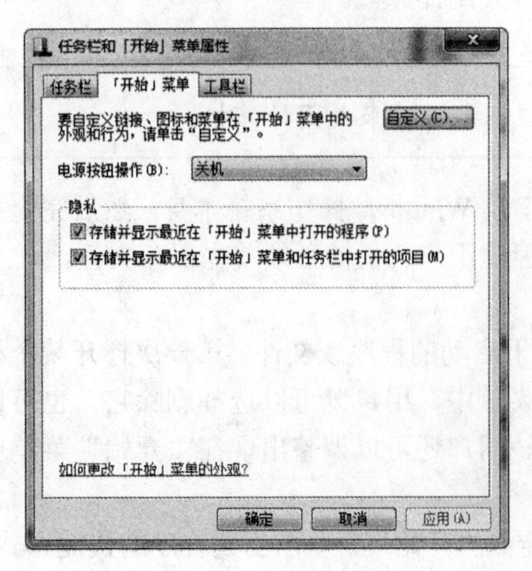

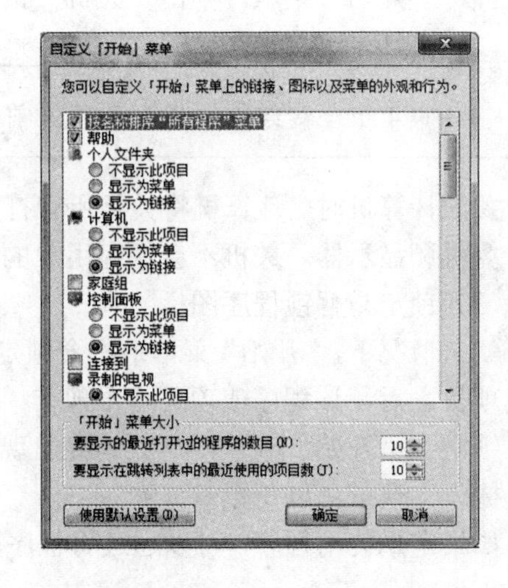

图 2-7 “任务栏和「开始」菜单属性”对话框　　　　图 2-8 “自定义「开始」菜单”对话框

注意

清除“开始”菜单中最近打开的文件或程序不会将它们从计算机中删除。

（1）自定义“开始”菜单的右侧项目

用户可以添加或删除出现在“开始”菜单右侧的项目，如计算机、控制面板和图片；还可以更改一些项目，以使它们显示为超链接或菜单。

在图 2-8 所示的对话框中，从列表中选择所需的选项，选中其下的单选按钮（如“不显示此项目”单选按钮），单击“确定”按钮，再次单击“确定”按钮，便定义了“开始”菜单的右侧项目。

（2）还原“开始”菜单默认设置

在图 2-8 所示的对话框中单击“使用默认设置”按钮，可以将“开始”菜单还原为最初的默认设置。

（3）将“最近使用的项目”添加至“开始”菜单

在图 2-8 所示的对话框中下拉滚动条，勾选“最近使用的项目”复选框，单击“确定”按钮。

在“任务栏和「开始」菜单属性”对话框中勾选“隐私”选项组中的“存储并显示最近在「开始」菜单和任务栏中打开的项目”复选框，单击“确定”按钮。

4. 打开常用程序

单击“开始”按钮，在弹出的“开始”菜单中选择“所有程序”→“附件”命令，可以看到 Windows 操作系统提供的常用程序列表，如“画图”“计算器”“记事本”等程序列表。此时单击某列表项，则可以打开这个程序。

任务 5　使用键盘

键盘是最常用、最主要的输入设备，通过键盘可以将英文字母、数字、标点符号和汉字等信息输入计算机中，从而实现向计算机发出命令、输入数据等操作。

1. 键盘布局

目前在微型计算机上常用的键盘（图 2-9）通过 PS/2 接口或 USB 接口与主板相连，键盘分为 4 个键区：主键区、小键盘区、编辑键区和功能键区。

1）主键区：键盘的主要使用区，它的键位排列与英文打字机的键位排列是相同的。该键区包括所有的数字键、英文字母及标点符号等。此外，还有几个特殊的控制键。

2）小键盘区：又称数字键区，可以提高输入数字的效率。

3）编辑键区：用于移动光标，进行插入、改写、删除和翻页等操作。

4）功能键区：共有 12 个功能键 F1～F12，每个功能键可以由软件进行定义，以方便操作。

一些键位的功能和符号的含义如表 2-1 所示。

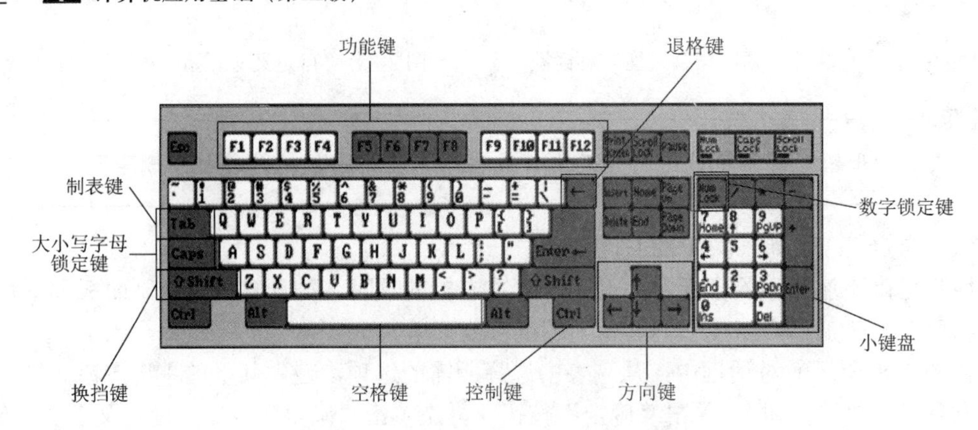

图 2-9　微型计算机上常用的键盘

表 2-1　一些键位的功能和符号的含义

键位或符号	功能或含义
@	英文 at
$	美元符，中文输入法下按 $ 键输入的是人民币符号￥
&	英文 and，表示“和”
\	在中文输入法中输入顿号（、）
*	四则运算中表示乘
/	四则运算中表示除
Backspace 键	退格键，光标前移，删除前面的字符
Tab 键	制表键，按下此键向右移动 8 个字符
Enter 键	回车键，下达确定命令；文字处理软件中用于回车换行
Caps Lock 键	键盘英文字母大小写状态切换
Shift 键	换挡键，用于输入双字符键的上挡字符；临时输入大写字母
Space 键	空格键，用于输入空格
Ctrl 键	控制键，一般与其他键组合起来使用
Esc 键	取消某项操作；DOS 下常用于关闭某个程序
Print Screen 键	用于抓取当前屏幕，Alt+Print Screen 组合键用于抓取当前活动窗口
Insert 键	在一些软件中用于插入字符；Word 中用于转换到改写状态，简写为 Ins
Delete 键	用于删除所选择的对象，简写为 Del
Page Up/Page Down 键	文字处理软件中用于上/下翻页
上、下、左、右方向键	文字处理软件中用于上、下、左、右移动光标
Num Lock 键	小键盘的数字开启状态与关闭状态切换键
F1～F12 键	功能键，不同的软件赋予它们不同的功能，用于快捷地下达某项操作命令

2. 键盘操作要领

指法练习对一个初学计算机的用户来说是非常重要的，也是操作计算机的基础。因此，要用一定的时间严格按照正确的指法去训练，为提高键盘输入速度打好基础。

注意

熟练的指法是计算机输入的钥匙，要掌握这门技术，必须遵守操作规范，按训练步骤循序渐进地练习。

（1）键盘指法分区

键盘指法分区如图 2-10 所示。

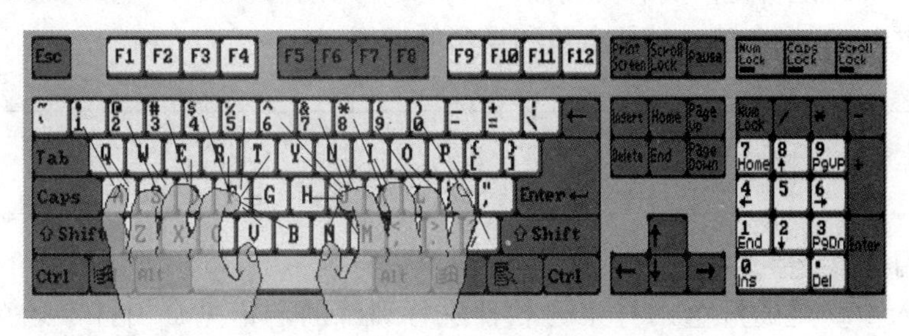

图 2-10　键盘指法分区

1）基准键位。准备打字时，两个大拇指放在 Space 键上，其他 8 个手指分别放置在基准键位 A、S、D、F、J、K、L 和；键上。其中两个食指应分别定位在均有突起的 F 键和 J 键上，左手食指负责分工 F 键和 G 键，右手食指负责分工 H 键和 J 键，要包键到手指。

2）其他排键位。其他排键位分别由左右手向手指的左上方或右下方包键到手指。键位与数字键盘指法练习详见金山打字通中的打字教程。

（2）正确的姿势

打字时一定要端正坐姿，如果坐姿不正确，不但会影响打字速度，而且很容易疲劳、出错。正确的打字姿势如下：

1）上身挺直，肩膀放平，肌肉放松，两脚平放于地上。

2）两臂自然下垂，两肘贴于腋边。肘关节呈垂直弯曲，手腕平直，手腕及肘部呈一直线，手指自然弯曲，轻放于基准键上，手臂不要张开。

3）打字稿放在键盘的左边，或用专用夹夹在显示器旁边。平视打字稿，尽量不要看键盘，应默念文稿，尽量练习盲打。

（3）击键的手法

1）击键前，除大拇指外其余的 8 个手指分别放在 8 个基准键位上。两个食指应分别定位在均有突起的 F 键和 J 键上，两个大拇指放在 Space 键上。十指分工明确，包键到指。

2）手指自然弯曲，手臂不要张开太大。

3）击键要短促，有节奏，有弹性，速度均匀。

4）击键时手指要用“敲击”的方法去轻轻地击打字键，手指击键力度要适当，击键之后立即退回到基准键上，这样才能熟悉各键位之间的实际距离，实现盲打。

5）Space 键要用左大拇指或右大拇指侧击，右手小拇指则敲击 Enter 键。

注意

按指法要求输入字符，要做到逐渐凭手感而不是凭记忆去体会每一个键的准确位置，实现盲打。

3. 中英文输入

采用以下组合键可以实现键盘输入法的切换：

1）Ctrl+Shift 组合键：在已装入的各个输入法之间进行切换。

2）Ctrl+Space 组合键：实现英文输入和中文输入法的切换。

3）Shift+Space 组合键：进行全角和半角的切换。

> **注意**
>
> 通过语言栏也可以选择输入法。

（1）利用金山打字通练习输入英文

英文输入主要是通过金山打字通软件进行训练的，详见金山打字通菜单“其他功能”→“打字教程”。依次浏览“认识键盘”、“打字姿势”、“打字指法”和练习方法的内容和要求。

1）键位练习。在金山打字通中单击“英文打字”按钮，然后选择“键位练习”选项。反复进行键位输入练习，切记要眼看屏幕，边敲键边默念，直至熟悉键位的分布为止。

2）进行英文打字练习。在金山打字通中单击“英文打字”按钮，然后选择“文章练习”选项，反复练习，眼看屏幕，边敲键边默念，直至可以熟练输入英文文章。

> **提示**
>
> 英文输入是键盘输入的基础，一定要循序渐进，才能达到熟练的程度。切记要以键位练习为主。

（2）搜狗输入法

汉字的输入方法比较多，Windows 操作系统提供了区位、全拼、双拼、智能 ABC、表形码和五笔字型等多种中文输入法。

全拼输入法（音码）相对容易学一些，只要会说普通话就可以进行汉字输入，但缺点是单字重码率高，汉字的输入速度较慢；而五笔字型（形码）输入法的优势在于适用面广，速度较快，只要见到汉字就可以输入，但它相对其他输入法难学、难记。

本书仅介绍易于被初学者掌握的搜狗拼音输入法。搜狗拼音输入法是国内现今主流汉字拼音输入法之一。

1）搜狗输入法界面。选择搜狗输入法后，可看到输入法的状态条，如图 2-11（a）所示，从左到右分别为“搜狗输入法”“输入状态（中文）”“全角/半角符号（半角）”“中文/英文标点（中文标点）”等按钮。

从键盘敲入 sougoushurufa 时，输入窗口如图 2-11（b）所示，其上排是用户输入的拼音，下排是候选字词，输入所需的候选字词对应的数字，即可输入该词。第一个词按 1 键（或 Space 键）即可输入。

（a）搜狗输入法的状态条

sou'gou'shu'ru'fa　6. 搜狗输入法：pinyin.sogou.com

1.搜狗输入法 2.搜狗输入法智慧版 3.搜狗 4.搜 5.嗖

（b）输入窗口

图 2-11　搜狗输入法界面

提示

在搜狗拼音输入法状态下，按 Ctrl+Shift+A 组合键可以实现屏幕截图。

2）全拼。键盘处于搜狗拼音输入状态时，输入某汉字或词的全部拼音，然后依次选择该字（或词）前的数字即可。当该屏看不到需要的汉字时，需要单击默认的翻页键 , 和 .（或按 Page Up 和 Page Down 键），直到找到需要的汉字为止。

提示

在搜狗拼音输入法中，采取以双字词组录入为主的输入能大大加快汉字的录入速度。

3）简拼。简拼是输入声母或声母的首字母来进行输入的一种方式。有效地利用简拼，可以大大地提高输入效率。搜狗输入法支持声母简拼和声母的首字母简拼，如“计算机”的简拼可以是“jsj”。

由于简拼候选词过多，在实际录入时多采用简拼和全拼混用模式，这样能够兼顾最少输入字母及输入效率。搜狗输入法支持简拼和全拼的混合输入。例如，输入“光盘行动”，则输入“gpanxd”“gpxingd”等都是可以的。打字熟练的人会经常使用简拼和全拼混用的方式。

注意

在搜狗拼音输入法中，隔音符采用英文单引号“'”。例如，“上海”的全拼是“shanghai”，但它的简拼不能是“sh”，因为这是一个复合声母。“上海”的简拼可用“shhai”或“s' h”，而“方案”则可以输入“fang' an”。

4）自定义短语。自定义短语是通过特定字符串来输入自定义好的文本，也可以通过输入框上拼音串的“添加短语”来完成。例如，要自造词组“开封大学”，需要它对应的全部拼音“kaifengdaxue”，翻页选字，组成词组“开封大学”，系统就记住了。

知识扩展：获取 Windows 7 操作系统帮助

在使用 Windows 7 操作系统过程中，不可避免地会遇到各种各样的问题，那么如果遇到问题要如何获取帮助呢？下面介绍获取帮助的方法。

1. 万能的 F1 帮助键

任何时候在 Windows 7 操作系统的任何界面遇到问题了，都可以按 F1 键，将打开图 2-12 所示“Windows 帮助和支持”窗口。此时，单击蓝色的超链接，即可进入相应的帮助窗口。

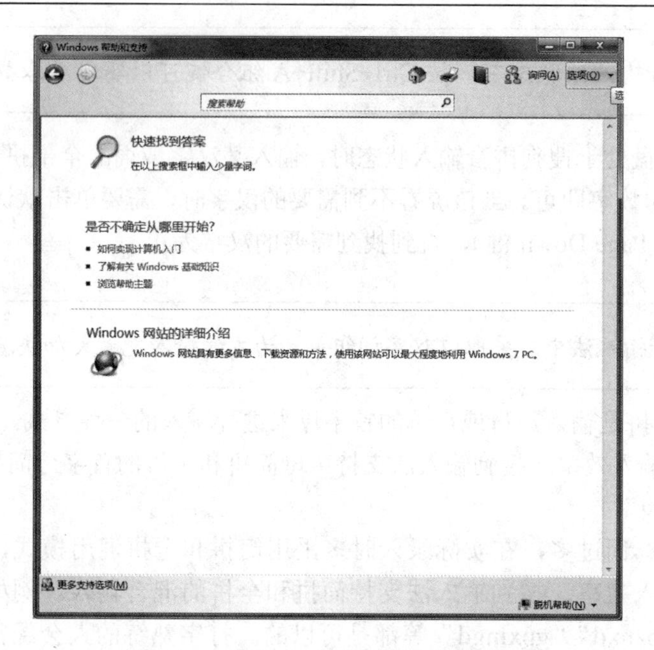

图 2-12 “Windows 帮助和支持”窗口

也可以在图 2-12 中的“搜索帮助”文本框中输入需要帮助的信息，如“附件”，按 Enter 键，将显示相应的帮助信息，如图 2-13 所示。

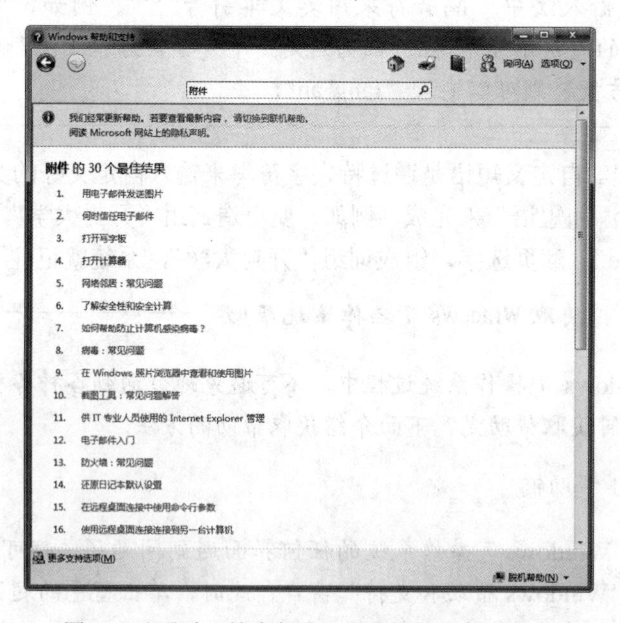

图 2-13 通过“搜索帮助”文本框搜索帮助信息

2. 使用菜单

在文件夹窗口中选择“帮助”→“查看帮助”命令，也可以打开图 2-12 所示的“Windows 帮助和支持”窗口。

项目小结

桌面是打开计算机并登录到 Windows 操作之后看到的主屏幕区域。

对窗口可以进行打开、关闭、最大化、还原、最小化等操作。要体会并理解窗口与对话框的不同之处及操作要领。

“开始”菜单是计算机程序、文件夹和设置的主门户，它提供了一个选项列表，用户通过该列表可以启动程序、打开常用的文件夹、搜索文件和程序、调整计算机设置、关闭计算机和注销用户账户。

熟练使用“开始”菜单是操作计算机的基础。

熟练使用键盘和鼠标是计算机的基本操作需求。使用金山打字通软件，反复进行键位练习，只有经过刻苦训练，才能够达到盲打的水平。通过本项目的学习，学生应学会使用键盘或鼠标选择汉字输入法，通过反复练习达到快速录入中、英文的目的。

项目训练

1．将桌面上的图标按照“项目类型”重新排列。

2．设置桌面仅显示“计算机”图标，再设置桌面显示“计算机”“Administrator”“网络”“Internet Explorer”“控制面板”图标。

3．在“开始”菜单上显示最近打开程序数目为 5 个，将“最近使用的项目”添加至“开始”菜单。

4．打开 D:\素材\Word 文件夹窗口，练习移动窗口、改变窗口大小、最大化、最小化及关闭等操作。

5．运行金山打字通软件，选择“英文打字”选项，反复进行键位练习。

6．运行金山打字通软件，选择“拼音打字”选项，使用键盘选择搜狗输入法，练习汉字输入。

7．在“记事本”程序中练习键盘中、英文输入状态的切换，练习英文、数字、全角字符、半角字符、汉字输入。

项目 2　个性化设置计算机

项目要点

1）桌面操作。

2）设置桌面主题。

3）设置屏幕分辨率。

4）任务栏操作。

技能目标

1）会选择或自定义桌面主题。

2）熟练设置桌面背景。

3）熟练设置屏幕保护程序。

4）会更改窗口边框颜色。

5）会添加桌面小工具。

6）熟练设置屏幕分辨率、颜色质量。

7）熟练使用和设置任务栏。

8）会创建快捷方式。

用户可以对个人 Windows 操作系统的显示做很多更改，计算机的主题、颜色、声音、桌面背景、屏幕保护程序和字体大小，甚至是错误信息发出的声音都可以定制，这就是个性化设置。

桌面的个性化设置是从桌面进入的，在桌面的空白处右击，在弹出的快捷菜单中选择“个性化”命令，即进入个性化设置界面。个性化设置也可以从控制面板进入。

任务 1 桌面操作

双击桌面图标，会启动或打开它所代表的项目，其对应的窗口便会出现在桌面上。

1. 查看图标

右击桌面空白区域，在弹出的快捷菜单中选择“查看”命令，在“查看”级联菜单中可以选择“小图标”“中等图标”或“大图标”，设置桌面图标的显示方式。

2. 隐藏或显示桌面图标

如果想要临时隐藏所有桌面图标，而实际并不删除它们，则应进行如下操作：右击桌面空白区域，在弹出的快捷菜单中选择“查看”命令，在“查看”级联菜单中取消勾选“显示桌面图标”复选框，将隐藏所有桌面图标。

若桌面上没有显示任何图标，则可通过勾选“显示桌面图标”复选框来显示桌面图标。

3. 添加或删除常用的桌面图标

【任务要求】

删除常用的桌面图标 “计算机”、个人文件夹、“回收站”和“控制面板”。

【操作步骤】

第 1 步：右击桌面空白区域，在弹出的快捷菜单中选择“个性化”命令，打开“个性化”窗口，如图 2-14 所示。

第 2 步：在“个性化”窗口的左窗格中单击“更改桌面图标”超链接，弹出“桌面图标设置”对话框，如图 2-15 所示。

第 3 步：取消勾选“计算机”“用户的文件”“回收站”“控制面板”复选框，单击“确定”按钮。

若在图 2-15 所示的对话框中勾选想要添加到桌面的图标的复选框，单击“确定”按钮后，被选中的图标将再次显示到桌面上。

图 2-14　“个性化”窗口

图 2-15　“桌面图标设置”对话框

提示

单击图 2-15 中的“更改图标”按钮，在弹出的“更改图标”对话框中可以更换桌面图标的图片。

4. 创建桌面快捷方式

快捷方式图标是一个表示与某个项目超链接的图标，而不是项目本身。双击快捷方式图标便可以打开它所超链接的项目。如果删除快捷方式图标，则只会删除这个图标，而不会删除原始项目。快捷方式图标可以通过其图标上的箭头来识别。

如果想要从桌面上轻松访问自己偏好的文件或程序，可创建它们的快捷方式。向桌面上添加快捷方式的操作步骤如下：选中要为其创建快捷方式的项目，右击该项目，在弹出的快捷菜单中选择“发送到”→“桌面快捷方式”命令，则该快捷方式图标便出现在桌面上。

任务 2　设置桌面主题

桌面主题是桌面图标、背景图片、窗口颜色和声音的组合，形成了 Windows 操作系统用户界面。用户可以更改整个主题，极大地改变计算机桌面的呈现和感觉。

Windows 7 操作系统提供了多个主题，用户可以选择 Aero 主题，使计算机个性化；如果计算机运行缓慢，可以选择 Windows 7 操作系统基本主题；如果希望屏幕更易于查看，可以选择高对比度主题。

1. 选择桌面主题

【任务要求】

将桌面主题设置为“Aero 主题”中的“中国”，且桌面背景的图片更改时间为“5 分钟”，无序播放。

【操作步骤】

第 1 步：右击桌面空白处，在弹出的快捷菜单中选择“个性化”命令，打开“个性化”窗口，此时在“主题”框中有多个主题，如图 2-16 所示。

图 2-16 “个性化”窗口中的主题

在“个性化”窗口中可以进行桌面主题、桌面背景、窗口颜色、声音及屏幕保护程序等个性化设置。

第 2 步：单击“Aero 主题”中的“中国”，单击“桌面背景”图标，打开图 2-17 所示的“桌面背景”窗口。

图 2-17 “桌面背景”窗口

第 3 步：勾选所喜欢的图片，设置“更改图片时间间隔”为“5 分钟”，勾选“无序播放”复选框，单击“保存”按钮，完成桌面主题设置。

2. 设置桌面背景

桌面背景就是用户打开计算机，进入 Windows 7 操作系统后出现的桌面背景颜色或图片。用户可以选择单一的颜色作为桌面背景，也可以选择 BMP、JPG 等格式的图片文件作为桌面的背景图片。

【任务要求】

将文件夹 D:\素材\W7 中的图片 win72.jpg 设置为桌面背景，设置“图片位置”为“填充”。

【操作步骤】

第 1 步：设置桌面背景。在图 2-17 所示的“桌面背景”窗口中单击“浏览”按钮，弹出“浏览文件夹”对话框，如图 2-18 所示。

使用该对话框，可以选中所需图片所在的文件夹。

第 2 步：选择“计算机”→“D 盘”→“素材”→“W7”文件夹，单击“确定”按钮，将显示 D:\素材\W7 文件夹中的所有图片文件，如图 2-19 所示。

第 3 步：勾选图片 win72.jpg（取消勾选其他图片），在“图片位置”下拉列表中选择“填充”选项，单击“保存修改”按钮，完成桌面背景的设置。

> **提示**
>
> 单击“图片位置”下拉按钮，可以在其下拉列表的“填充”、“适应”、“拉伸”、“平铺”或“居中”选项中选择一种作为背景图片的填充方式。

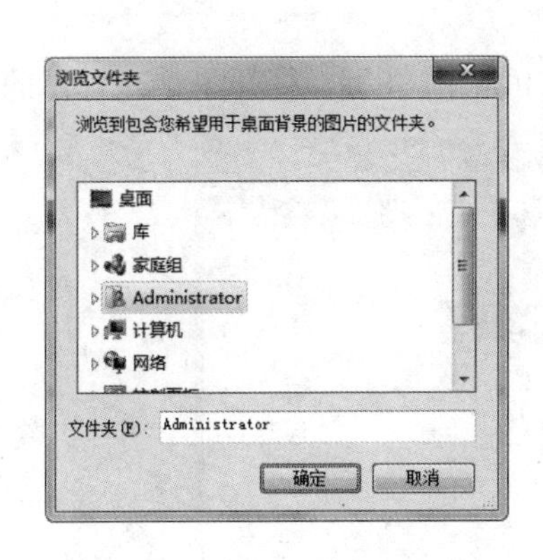

图 2-18　“浏览文件夹”对话框

图 2-19　“D:\素材\W7\”文件夹中的所有图片文件

3. 设置屏幕保护程序

当在指定的一段时间内没有使用鼠标或键盘时，屏幕保护程序就会出现在计算机的屏幕上，此程序为移动的图片或图案。屏幕保护程序最初用于保护较旧的单色显示器免遭损坏，但现在它们主要是个性化计算机或通过提供密码保护来增强计算机安全性的一种方式。Windows 操作系统提供了多个屏幕保护程序。用户既可以使用保存在计算机上的个人图片来创建自己的屏幕保护程序，也可以从网站上下载屏幕保护程序。

图 2-20 “屏幕保护程序设置”对话框

【任务要求】

设置屏幕保护程序为“变幻线”，等待时间为“5分钟”，使用密码恢复。

【操作步骤】

第 1 步：右击桌面空白处，在弹出的快捷菜单中选择“个性化”命令，打开“个性化”窗口。

第 2 步：单击“屏幕保护程序”图标，弹出“屏幕保护程序设置”对话框，如图 2-20 所示。

第 3 步：在“屏幕保护程序”下拉列表中选择“变幻线”选项，在“等待”数值框中输入或选择等待时间为“5”，勾选“在恢复时显示登录屏幕”复选框，单击“确定”按钮，则完成屏幕保护程序的设置。这样恢复桌面时需要输入登录时的用户密码。

若要关闭屏幕保护程序，应在“屏幕保护程序设置”对话框的“屏幕保护程序”下拉列表中选择“(无)”选项，然后单击“确定”按钮。

4. 更改计算机上的颜色

不同的窗口颜色可以给我们带来不同的视觉体验。一些用户在使用计算机时为了追求个性化，会自己对计算机窗口的颜色进行设置，变成自己想要的效果。

【任务要求】

更改窗口边框、“开始”菜单和任务栏等颜色。

【操作步骤】

第 1 步：在图 2-16 所示的“个性化”窗口中单击“窗口颜色”图标，打开图 2-21 所示的

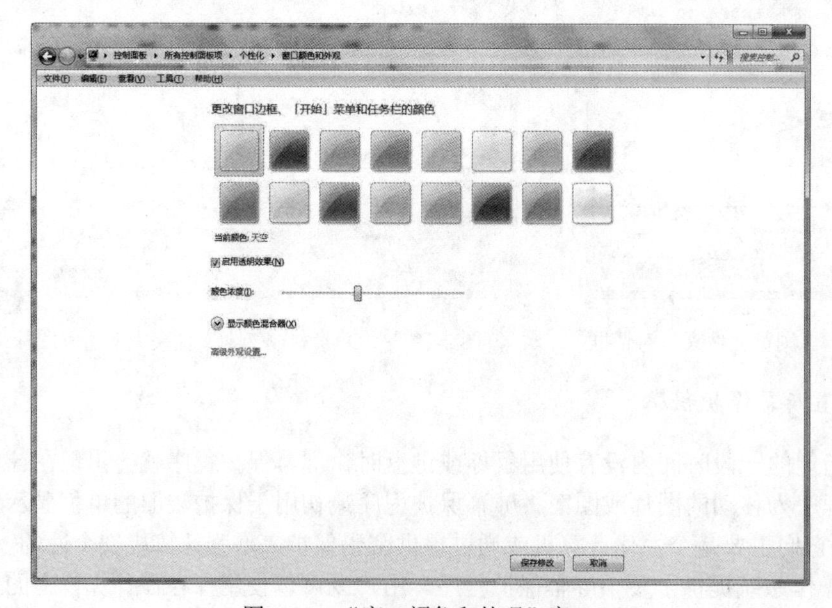

图 2-21 “窗口颜色和外观”窗口

“窗口颜色和外观”窗口，选择自己喜欢的颜色，单击“保存修改”按钮，便可将窗口边框、“开始”菜单和任务栏更改为相应的颜色。

第 2 步：单击图 2-21 中的“高级外观设置”超链接，弹出图 2-22 所示的“窗口颜色和外观”对话框。在“项目”下拉列表中选择相应项目，可以进行大小、颜色、字体等方面的设置。

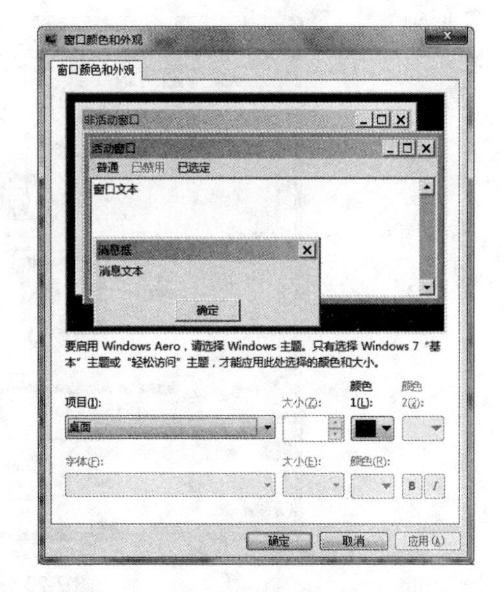

图 2-22　“窗口颜色和外观”对话框

任务 3　设置屏幕分辨率

Windows 操作系统根据监视器选择最佳的显示设置，包括屏幕分辨率、刷新频率和颜色。这些设置根据所用的监视器是 LCD 或 CRT 而有所不同。

LCD 监视器（也称为平面显示器或液晶显示器）已经在很大程度上取代了 CRT 监视器。与体积庞大的 CRT 监视器（包含大量玻璃管）相比，LCD 更轻便、更薄。LCD 监视器采用广泛的形状和大小，其中包括宽屏幕和标准宽度屏幕，宽屏幕模型的宽度和高度之比为 16∶9，而标准宽度模型的宽度和高度之比为 4∶3。

对于 LCD 和 CRT 监视器而言，通常在屏幕上设置显示的每英寸点数（DPI）越高，字体看上去效果越好。增加 DPI 时，也就增加了屏幕分辨率。屏幕分辨率越高（如 1900 像素×1200 像素），项目越清楚，同时屏幕上的项目显示的越小，屏幕就可以容纳更多的项目。屏幕分辨率越低（如 800 像素×600 像素）；在屏幕上显示的项目越少，但尺寸越大。

Windows 操作系统允许用户在保持监视器设置为其最佳分辨率的同时增加或减小屏幕上文本和其他项目的大小。

【任务要求】

设置屏幕区域的分辨率为“1366×768”，监视器颜色为“增强色（16 位）”，屏幕刷新频率为“60 赫兹”；在桌面上添加一个“时钟”小工具，且显示秒针。

【操作步骤】

第 1 步：设置屏幕分辨率。右击桌面空白处，在弹出的快捷菜单中选择“屏幕分辨率”命令，打开“屏幕分辨率”窗口，如图 2-23 所示。

第 2 步：单击“分辨率”下拉按钮，显示图 2-24 所示的“分辨率”下拉列表，移动滑块到所需的分辨率“1366×768”，单击“应用”（或“确定”）按钮，完成屏幕分辨率的设置。

> **提示**
>
> 影响分辨率大小的因素主要有显示器的性能、显卡的性能、屏幕显示的色彩数量及刷新频率。

第 3 步：设置监视器颜色。在“屏幕分辨率”窗口中单击“高级设置”超链接，在弹出的对话框中选择“监视器”选项卡，如图 2-25 所示。

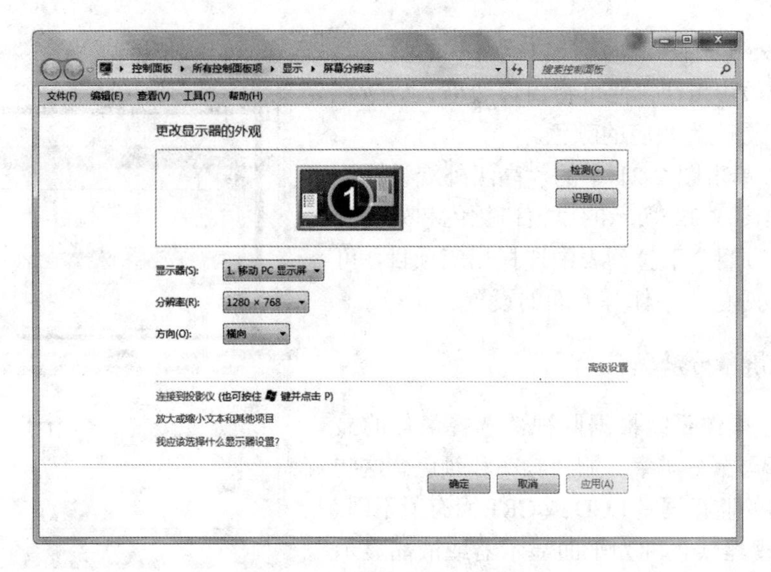

图 2-23 “屏幕分辨率”窗口

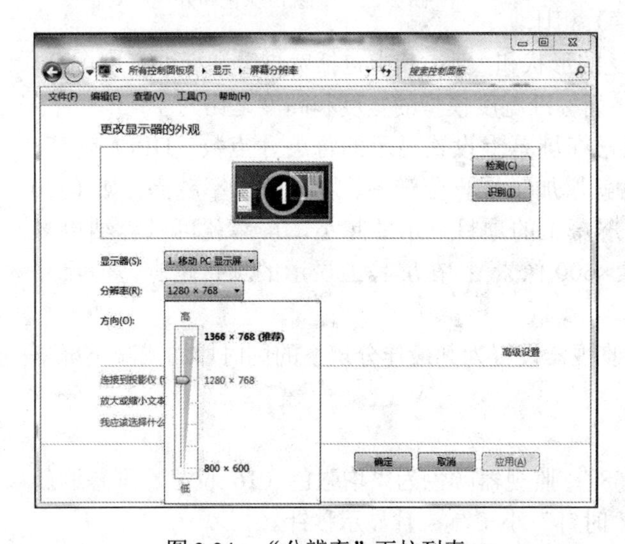

图 2-24 “分辨率”下拉列表

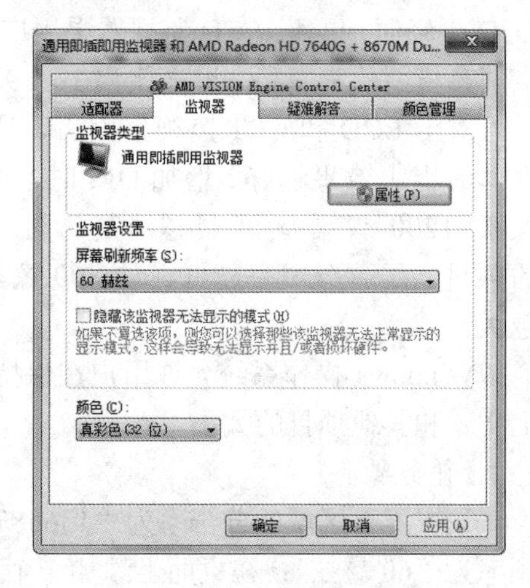

图 2-25 “监视器”选项卡

第 4 步：在“颜色”下拉列表中选择“增强色（16 位）”选项，单击“确定”按钮，完成监视器颜色的设置。

第 5 步：设置屏幕刷新频率。在图 2-25 所示的“屏幕刷新频率”下拉列表中选择“60 赫兹”选项，单击“确定”按钮，完成屏幕刷新频率的设置。

第 6 步：在桌面上添加小工具。右击桌面空白处，在弹出的快捷菜单中选择“小工具”命令，打开“小工具”窗口，双击“时钟”图标，则桌面上将显示时钟，如图 2-26 所示。

第 7 步：移动鼠标指针到时钟上，将显示时钟“选项”按钮，单击该按钮，在弹出的“时钟”对话框中勾选“显示秒针”复选框，单击“确定”按钮，完成添加“时钟”设置。

移动鼠标指针到时钟上，单击“关闭”按钮，将关闭“时钟”小工具。

图 2-26 “时钟”小工具

任务 4 任务栏操作

默认情况下，在屏幕底部有一条狭窄条带，称为任务栏。任务栏与桌面不同，桌面可以被打开的窗口覆盖，而任务栏几乎始终可见。任务栏从左至右依次由“开始”按钮、应用程序任务区、通知区域和显示桌面按钮组成。

任务栏中间部分的应用程序任务区显示的是已打开的窗口，是在多任务工作时的主要区域之一。每当一个程序运行时，该区域就会增加一个按钮，亮色的按钮表示当前窗口。单击该区域中的按钮，就可方便地切换各个窗口。

通知区域用于指示某些应用程序的状态和计算机设置状态的图标，它通过各种小图标形象地显示计算机软硬件的重要信息，通知区域的时钟则显示当前日期与时间。

1. 跟踪窗口

如果有多个程序或文件被打开，则可以将打开窗口快速堆叠在桌面上，这种情况下使用任务栏会很方便。无论何时打开程序、文件夹或文件，Windows 操作系统都会在任务栏上创建对应的按钮。

单击任务栏按钮是在多个窗口之间进行切换的方式之一。将鼠标指针指向任务栏按钮，会显示已打开程序的预览图（也称为缩略图）。

2. 利用任务栏最小化窗口和还原窗口

当窗口处于活动状态（突出显示其任务栏按钮）时，单击其任务栏按钮将最小化该窗口，这意味着该窗口将从桌面上消失；再次单击任务栏上的该按钮，将还原窗口。

最小化窗口并不是将其关闭，只是暂时将其从桌面上隐藏。

3. 查看桌面

“显示桌面”按钮位于任务栏最右侧，呈小矩形。单击“显示桌面”按钮，立刻最小化所有已打开的窗口而显示桌面。

4. 跳转列表

使用跳转列表可直接访问喜爱的内容。右击任务栏中的某个程序按钮，可显示其跳转列表，借助该跳转列表，即可访问用户最常使用的文档、图片、歌曲或网站。用户还可以在“开始”菜单上找到跳转列表，即单击程序名称右侧的箭头。

5. 将程序锁定到任务栏

将程序锁定到任务栏后可以更方便地访问该程序。通过单击锁定到任务栏的程序可以快速、方便地启动该程序，而无须在“开始”菜单中浏览该程序。

将程序锁定到任务栏的操作方法如下：

1）如果此程序已在运行，则右击任务栏上此程序的图标，在弹出的快捷菜单中选择“将此程序锁定到任务栏”命令。

2）如果此程序没有运行，则单击“开始”按钮，浏览到此程序的图标，右击此图标，在弹出的快捷菜单中选择“锁定到任务栏”命令。

6. 自定义任务栏

有很多方法可以自定义任务栏来满足用户的偏好。例如，可以将整个任务栏移向屏幕的左侧、右侧或顶部，可以使任务栏变大，也可以让 Windows 操作系统在用户不使用任务栏的时候自动将其隐藏，还可以添加工具栏。

自定义任务栏的操作包括改变任务栏的高度、移动任务栏、自动隐藏任务栏等。

【任务要求】

改变任务栏的高度、移动任务栏、自动隐藏任务栏、更改图标在任务栏上的显示方式和使用 Aero Peek 预览打开的窗口。

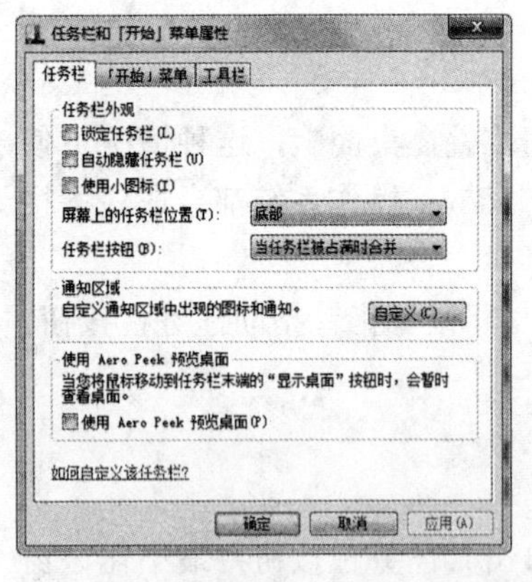

图 2-27 “任务栏和「开始」菜单属性”对话框

【操作步骤】

第 1 步：改变任务栏的高度。缓慢移动鼠标指针至任务栏的上边界，当鼠标指针变为↕形状时，向上拖动指针，任务栏高度增加。

第 2 步：移动任务栏。右击任务栏空白处，在弹出的快捷菜单中选择“属性”命令，弹出“任务栏和「开始」菜单属性”对话框，选择“任务栏”选项卡，如图 2-27 所示。在“屏幕上的任务栏位置”下拉列表中选择“左侧”选项，单击“应用”按钮，则任务栏被移动到左侧；若再选择“底部”选项，单击“应用”按钮，则任务栏又被移动到底部。

> **提示**
>
> 任务栏的移动也可以直接通过鼠标拖动其来实现。

第 3 步：自动隐藏任务栏。在“任务栏和「开始」菜单属性”对话框中勾选“自动隐藏任务栏”复选框，单击“应用”按钮，则任务栏将被自动隐藏在已打开的窗口后。

若此时鼠标指针指向任务栏所在的屏幕底部处，将显示已隐藏的任务栏。

第 4 步：更改图标在任务栏上的显示方式。在“任务栏和「开始」菜单属性”对话框的“任务栏按钮”下拉列表中选择“始终合并、隐藏标签”“当任务栏被占满时合并”或“从不合并”选项可设置对应的显示方式。

第 5 步：使用 Aero Peek 预览打开的窗口。在“任务栏和「开始」菜单属性”对话框中勾选“使用 Aero Peek 预览桌面”复选框，此时将鼠标指针指向任务栏图标，与该图标关联的所有打开窗口的缩略图预览都将出现在任务栏的上方。用鼠标指针指向该缩略图，即可全屏预览该窗口。如果希望切换到正在预览的窗口，只需单击该窗口的缩略图即可。

7. 通知区域

通知区域位于任务栏的最右侧，包括一个时钟和一组图标。

这些图标表示计算机上某程序的状态，或提供访问特定设置的途径。用户看到的图标集取决于已安装的程序或服务及计算机制造商设置计算机的方式。

将鼠标指针移向特定图标时，会看到该图标的名称或某个设置的状态。例如，指向音量图标，将显示计算机的当前音量级别；而指向网络图标，将显示是否连接到网络、连接速度及信号强度等信息。

双击通知区域中的图标，通常会打开与其相关的程序或设置。例如，双击音量图标会打开音量控件，双击网络图标会打开“网络和共享中心”窗口。

有时，通知区域中的图标会显示小的弹出窗口（称为通知），向用户通知某些信息。

为了减少混乱，如果在一段时间内没有使用图标，Windows 操作系统会将其隐藏在通知区域中。如果图标变为隐藏，则单击“显示隐藏的图标”按钮▲可临时显示隐藏的图标。

某些程序在安装过程中会自动将图标添加到通知区域。用户可以更改出现在通知区域中的图标和通知。

【任务要求】

更改图标在任务栏通知区域中的显示方式。

【操作步骤】

第 1 步：在图 2-27 所示的“任务栏和「开始」菜单属性”对话框中单击“自定义”按钮，打开“通知区域图标”窗口，如图 2-28 所示。

第 2 步：此时取消勾选“始终在任务栏上显示所有图标和通知”复选框，则可以在“选择在任务栏上出现的图标和通知”列表框中每个图标的“行为”下拉列表中进行选择，以便更改图标在任务栏通知区域中的显示方式。

在“控制面板”窗口中单击“通知区域图标”超链接，也可打开“通知区域图标”窗口。

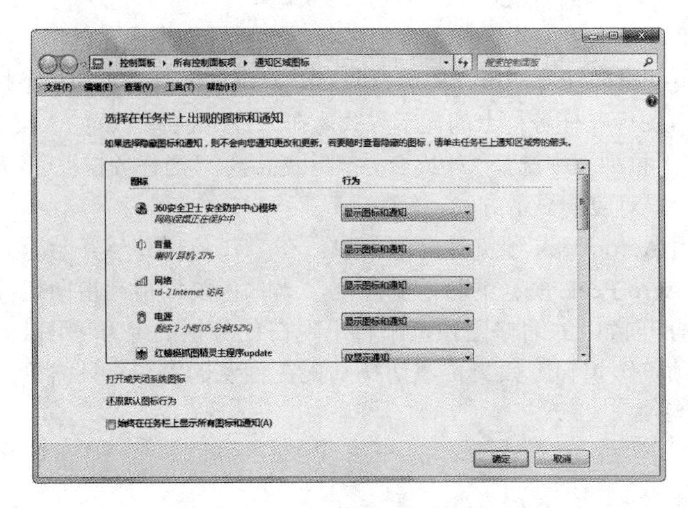

图 2-28　“通知区域图标”窗口

8. 打开或关闭系统图标

对于某些特殊图标如“时钟”“音量”“网络”等，用户可以选择是否在任务栏中显示它们。其操作步骤如下：

在图 2-28 所示的“通知区域图标”窗口中单击“打开或关闭系统图标”超链接，打开图 2-29 所示的“系统图标”窗口。此时可以在每个系统图标的“行为”下拉列表中选择打开或关闭这个系统图标。

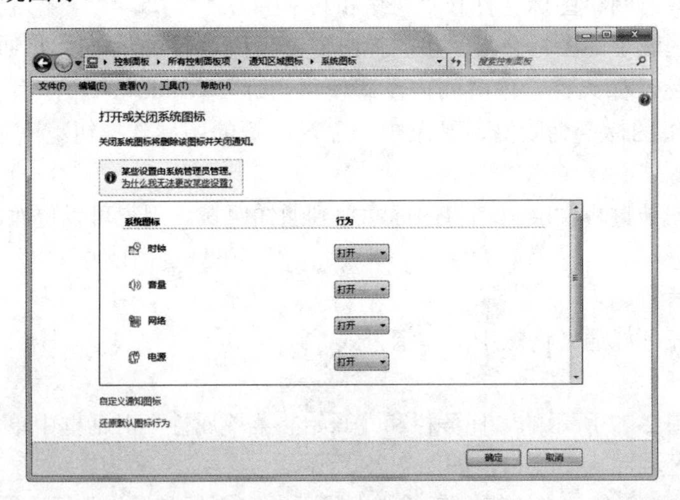

图 2-29　“系统图标”窗口

例如，在时钟的“行为”下拉列表选择“关闭”选项，则通知区域中将不会显示“时钟”图标。

项目小结

用户可以向桌面添加或删除常用的桌面图标、重新排列图标，或向桌面上添加快捷方式图标。

了解屏幕分辨率、颜色质量、刷新频率等概念。熟练设置屏幕分辨率、颜色质量；熟练设置桌面背景、屏幕保护程序等；能添加桌面小工具；是个性化设置的基础。

使用任务栏可以跟踪窗口、最小化窗口和还原窗口。通知区域位于任务栏最右侧，包括一个时钟和一组图标。这些图标表示计算机上某程序的状态，或提供访问特定设置的途径。

项目训练

1．自定义“计算机”的“组织”→“布局”工具栏，显示“菜单”栏。

2．为文件夹 D:\素材\W7 中的图片 win73.jpg 创建一个快捷方式，命名快捷方式为“图片”，并将该快捷方式放置在桌面上。

3．将桌面主题设置为“Aero 主题”中的“Windows 7”，且桌面背景的图片更改时间为“1 分钟”，无序播放。

4．选择文件夹 D:\素材\W7 中的图片 win71.jpg（拉伸）作为桌面背景，将屏幕保护程序设置为“彩带”，等待时间为 10 分钟；设置屏幕区域的分辨率为“1024×768”，颜色为“真彩色（32 位）”。

5．改变任务栏的高度，移动任务栏至桌面右侧、底部；设置任务栏为自动隐藏，将程序 Internet Explorer 锁定到任务栏。

6．在桌面上添加一个“日历”小工具，并以较大尺寸显示。

项目 3　文 件 管 理

项目要点

1）文件和文件夹的概念。
2）创建文件夹或文件。
3）管理文件夹或文件。
4）库的操作。
5）回收站的应用。
6）文件或文件夹的属性操作。
7）搜索文件和文件夹操作。
8）使用压缩工具 WinRAR。

技能目标

1）熟练建立文件或文件夹。
2）熟练地对文件或文件夹进行复制、移动、删除、重命名等操作。
3）能灵活地运用库。
4）会查找文件。
5）会更改文件或文件夹属性。
6）能够设置和使用回收站。
7）能够熟练运用 WinRAR 工具。

文件和文件夹是计算机中比较重要的概念，在 Windows 7 操作系统中，绝大多数的任务会涉及文件和文件夹操作。在学习管理文件和文件夹的知识之前，用户应首先了解有关文件和文件夹的概念，只有清楚了它们之间的关系，才能更好地对它们进行管理操作。

在以前版本的 Windows 操作系统中，管理文件意味着在不同的文件夹和子文件夹中组织这些文件。在 Windows 7 操作系统中，还可以运用库按类型组织和访问文件，而不管其存储位置如何。

任务 1　认识文件和文件夹

文件是指存储在磁盘上的一组相关信息的集合，是包含信息（如文本、图像或音乐）的项，是计算机储存数据、程序或资料的基本单位。计算机在存放数据时，把相关的数据按一定的结构组织成文件，以文件的形式存取。每个文件都有一个文件名。文件打开后，其状态类似于桌面上或文件柜中看到的文本文档或图片。

一个磁盘上可能会存放许多文件，如果不分门别类地存放文件，将来查找起来会很不方便。为此，Windows 7 操作系统采用文件夹形式来组织和管理文件，把相关的文件存放在同一个文件夹中，以便查找。一个文件夹里可以有多个文件，同时还可以包括另外的文件夹（称为子文件夹或子目录）。

提示

文件是计算机管理和存储数据的基本单位，而文件夹是存储文件的容器。

1. 文件和文件夹的命名

文件名（文件夹名）一般由文件主名和扩展名两部分组成，这两部分由一个圆点隔开。

扩展名是用来标示文件格式的一种机制。在计算机上，文件用图标表示，这样便于通过查看其图标来识别文件类型。一些常见文件的扩展名和图标如下：.docx（Word 文档）、.xlsx（Excel 电子表格）、.pptx（PowerPoint 演示文稿）、.jpg（图片）、.bmp（位图）、.txt（文本）、.rar（WinRAR 压缩文件）、.htm（网页文件）、.exe（可执行文件）、.wav（波形声音文件）、.cda（CD 音乐格式文件）、.MP3（MP3 格式文件）、.vob（DVD 文件）等。

提示

每种文件的创建、编辑或播放都需要有支持该文件格式的软件。

【任务要求】

隐藏文件的扩展名。

【操作步骤】

第 1 步：在 Windows 7 窗口中选择“工具”→“文件夹选项”命令，弹出“文件夹选项”对话框，选择“查看”选项卡，如图 2-30 所示。

第2步：找到并勾选“隐藏已知文件类型的扩展名”复选框，单击“确定”按钮，将隐藏所有文件的扩展名。

取消勾选“隐藏已知文件类型的扩展名”复选框后，将显示文件的扩展名。

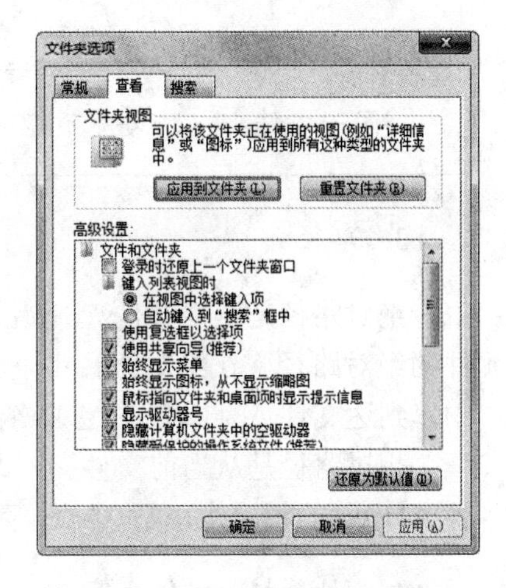

图2-30 “文件夹选项”对话框

文件和文件夹的命名规则如下：

1）文件名和文件夹名最多可以拥有255个字符，其中包括驱动器名、路径名、文件名和扩展名等。

2）所使用字符可以是字母、空格、数字、汉字或一些特定符号。

3）英文字母不区分大小写。

4）不能使用斜线（/）、反斜线（\）、大于号（>）、小于号（<）、星号（*）、问号（?）、引号（“”）、管道符号（|）、英文冒号（:）或英文分号（;）等。

2. 文件管理方式

文件管理采用树形结构体系，如图2-31所示。

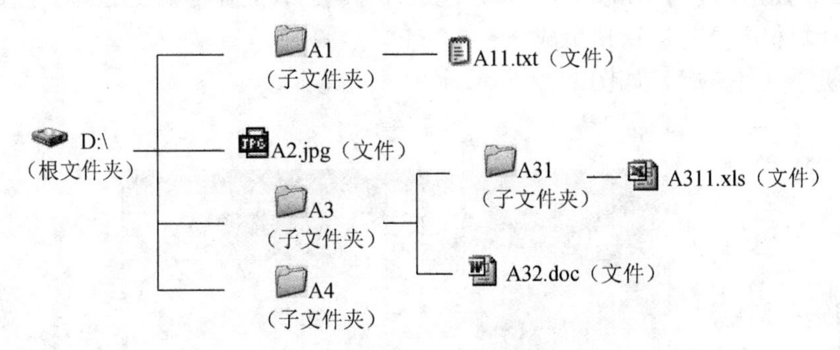

图2-31 文件管理的树形结构体系

文件夹树中每一个结点都有一个名称以供访问。树的结点分成3类：树根（表示磁盘）、树枝结点（表示子文件夹）、树叶（表示普通文件）。

1）根文件夹：又称为系统文件夹，每个磁盘上都必须有一个根文件夹，也只有一个根文件夹。根文件夹是在格式化磁盘时系统自动建立的，常以“\”表示。在图2-31中，D盘的根文件夹为“D:\”。

2）子文件夹：包含该文件夹的上级文件夹（父文件夹）中的文件夹，子文件夹是操作人员根据应用的需要而建立的。每个子文件夹根据所处位置的不同，又分为一级子文件夹、二级子文件夹等。

在图2-31中，A1、A3、A4是D盘的一级子文件夹，A31是一级子文件夹A3的一个二级子文件夹。A11.txt是子文件夹A1中的文件。

两个特殊的文件夹项：“.”表示该文件夹自身；“..”表示该文件夹的上级文件夹（父文件夹）。这两个特殊“文件夹”是系统建立子文件夹时自动形成的。

> **注意**
>
> 同一文件夹中的文件不能同名，不在同一文件夹中的文件可以同名。

3. 路径

绝对路径是从根文件夹开始到目标文件夹的路径，是唯一的。在地址栏显示的就是文件的绝对路径。在绝对路径中，子文件夹与其父文件夹之间是以“\”分隔的。在图 2-31 中，到达文件 A311.xls 的绝对路径是 D:\A3\A31\。

相对路径是从当前文件夹开始到目标文件夹的路径。在图 2-31 中，从 A3 出发到达文件 A11.txt 的相对路径是..\A1\，而从 A3 出发到达文件 A311.xls 的相对路径是 A31\。

4. “计算机”文件夹窗口

从“计算机”文件夹中可以访问各个位置，如硬盘或 DVD 驱动器及可移动媒体；还可以访问可能连接到计算机的其他设备，如 USB 闪存驱动器等。

在打开 Windows 7 操作系统的“计算机”文件夹时，可以看到该窗口。此窗口的各个不同部分旨在帮助用户围绕 Windows 操作系统进行导航，或更轻松地使用文件、文件夹和库。

（1）“计算机”文件夹窗口组成

“计算机”文件夹窗口如图 2-32 所示。

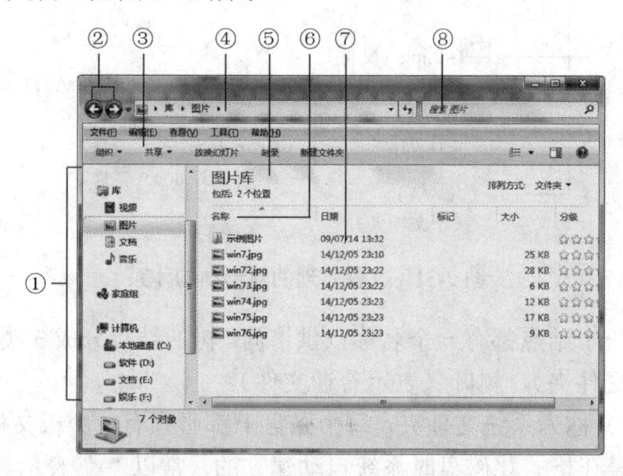

图 2-32 “计算机”文件夹窗口

① 导航窗格。使用导航窗格可以访问库、文件夹、保存的搜索结果，甚至可以访问整个硬盘。使用“收藏夹”可以打开最常用的文件夹和搜索，使用“库”可以访问库。用户还可以使用“计算机”文件夹浏览文件夹和子文件夹。

② “后退”和“前进”按钮。使用“后退”按钮 和“前进”按钮可以导航至已打开的其他文件夹或库，而无须关闭当前窗口。这些按钮可与地址栏一起使用，如使用地址栏更改文件夹后，单击“后退”按钮可返回前一文件夹。

③ 工具栏。使用工具栏可以执行一些常见任务，如更改文件和文件夹的外观、将文件刻录到 CD 或启动数字图片的幻灯片放映。工具栏的按钮可更改为仅显示相关的任务。例

如，如果单击图片文件，则工具栏显示的按钮与单击音乐文件时不同。

④ 地址栏。使用地址栏可以导航至不同的文件夹或库，或返回上一文件夹或库。

⑤ 库窗格。在某个库（如文档库）中时，库窗格才会出现。使用库窗格可以自定义库或按不同的属性排列文件。

注意

若要打开文档、图片或音乐库，则单击“开始”按钮，然后选择“文档”、“图片”或“音乐”选项即可。

⑥ 列标题。只有在“详细信息”视图中才有列标题。使用列标题可以更改文件列表中文件的整理方式。例如，可以单击列标题的左侧以更改显示文件和文件夹的顺序，也可以单击右侧以采用不同的方法筛选文件。

⑦ 文件列表。此为显示当前文件夹或库内容的位置。如果通过在搜索框中输入内容来查找文件，则仅显示与当前视图相匹配的文件（包括子文件夹中的文件）。

⑧ 搜索框。在搜索框中输入词或短语可查找当前文件夹或库中的项。一开始输入内容，搜索就开始了。例如，当输入 B 时，所有名称包含文字 B 的文件都将显示在文件列表中。

（2）选择文件或文件夹

需要先选择，再操作文件或文件夹。

选择文件或文件夹后，可以执行许多常见任务，如复制、删除、重命名、打印和压缩。只需右击选择的项目，然后在弹出的快捷菜单中选择相应的命令即可。

有多种方式可以选择多个文件或文件夹：

1）选择单个对象：单击任一图标。

2）选择多个连续对象：单击任一图标，按住 Shift 键后单击其他图标，则可以选择两次单击对象之间的多个连续对象。若要选择相邻的多个文件或文件夹，也可以拖动鼠标指针，通过在要包括的所有项目外围划一个框来进行选择。

3）选择多个不连续的对象：按住 Ctrl 键并单击其他图标，则可以选择多个不连续的对象。

4）选择全部对象：按 Ctrl+A 组合键可选择全部对象。

（3）查看文件信息

在打开文件夹或库时，可以更改文件在窗口中的显示方式。例如，可以首选较大（或较小）图标或者首选允许查看每个文件的不同种类信息的视图。若要执行这些更改操作，则应使用工具栏中的视图按钮。

每次单击视图按钮时都会更改显示文件和文件夹的方式，可以在不同的视图间循环切换，如大图标、列表、详细信息（显示有关文件的多列信息）、内容（显示文件中的部分内容）等。

如果单击视图按钮右侧的下拉按钮（▼），还有更多选项。向上或向下移动滑块可以微调文件和文件夹图标的大小。

【任务要求】

查看 C 盘文件夹树，查看 Windows 文件夹的详细信息，按照“修改时间”重排图标。

【操作步骤】

第 1 步：双击“计算机”图标，打开“计算机”窗口。

第 2 步：在“计算机”窗口中双击“本地磁盘（C:）”图标，打开本地磁盘 C。双击 Windows 文件夹，打开 Windows 窗口，如图 2-33 所示。

图 2-33　Windows 窗口

第 3 步：选择查看方式。单击视图按钮右侧的下拉按钮，打开视图下拉列表，如图 2-34 所示。向下移动滑块选择“详细信息”选项，则显示 C:\Windows 文件夹的详细信息，如图 2-35 所示。

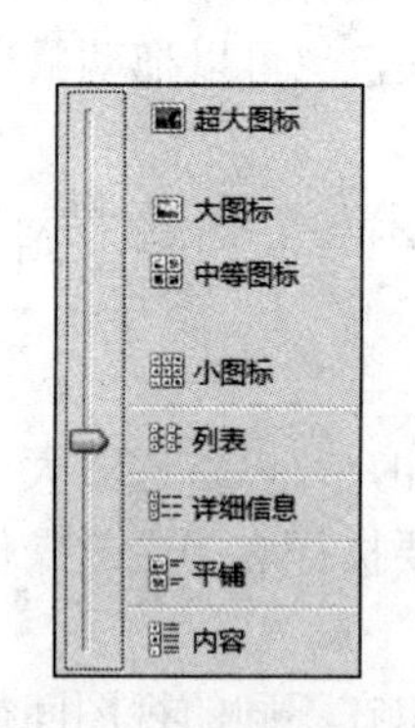

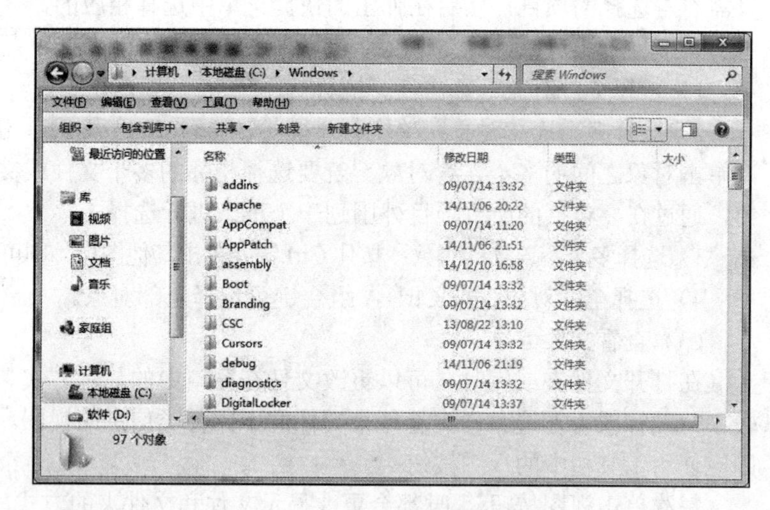

图 2-34　视图下拉列表　　　　图 2-35　Windows 文件夹的详细信息

第 4 步：排列图标。在图 2-35 所示窗口中选择“查看”→“排列方式”→“修改时间”命令，对 C:\Windows 文件夹按“修改时间”重排图标。

提示

在“计算机”窗口中，选择“查看”菜单，可以选择缩略图、平铺、图表、列表、详细信息等方式查看文件信息。

任务 2　创建文件或文件夹

用户可以创建新的文件夹用来存放具有相同类型或相近形式的文件，也可以在当前文件夹中创建某种类型的文件以保存信息。

创建新文件的最常见方式是使用程序。例如，可以在字处理程序中创建文本文档或者在视频编辑程序中创建电影文件。

有些程序一经打开就会创建文件。例如，打开写字板时，使用空白页启动，这表示空（且未保存）文件；开始输入内容，输入完成后，单击“保存”按钮；在弹出的对话框中输入文件名，单击“保存”按钮。

默认情况下，大多数程序会将文件保存在常见文件夹（如“我的文档”和“我的图片”等）中，以便于下次再次快速查找文件。

创建文件夹一般可以通过右键菜单完成。

【任务要求】

利用“计算机”在 D 盘中新建一个文件夹，并以自己的学号命名该文件夹；在该文件夹中创建一个子文件夹，以自己的姓名命名；在学号文件夹中创建一个文本文件 ABC.txt，内容为“创建和保存文本文件”。

【操作步骤】

第 1 步：打开目标文件夹。双击“计算机”图标，打开“计算机”窗口。双击要新建文件夹的磁盘，打开该磁盘，这里打开 D 盘。

第 2 步：创建文件夹。右击 D 盘空白处，在弹出的快捷菜单中选择“新建”→“文件夹”命令，创建一个文件夹，其默认名称为“新建文件夹”。

第 3 步：命名新文件夹。在新建的文件夹名称框中输入文件夹的名称，这里输入自己的学号（如 2014014014），将替换原来的文件夹名称，按 Enter 键或单击其他地方，则在 D 盘上创建了 2014014014 文件夹。

第 4 步：双击打开 2014014014 文件夹，重复第 2 步和第 3 步操作，在 2014014014 文件夹中创建一个以自己的姓名命名的文件夹，这里命名为“学生”，如图 2-36 所示。

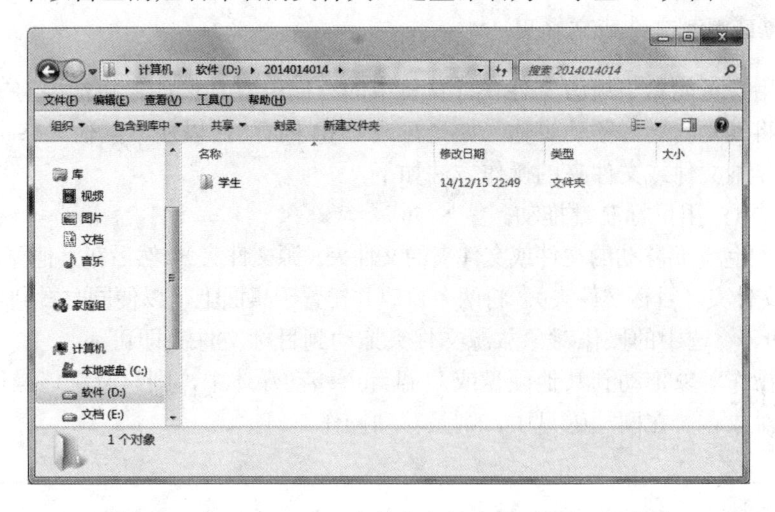

图 2-36　在 2014014014 文件夹中创建了“学生”文件夹

选择“文件”→“新建”→“文件夹”命令，也可新建一个文件夹。

第 5 步：创建文本文件。打开“开始”菜单，选择“附件”→“记事本”命令，打开记事本窗口，如图 2-37 所示。选择搜狗输入法，输入文字内容“创建和保存文本文件”。

此时可以选择“编辑”→“时间/日期”命令，插入系统的时间和日期。

第 6 步：保存文件。在记事本窗口中选择“文件”→“保存”命令，弹出“另存为”对话框，如图 2-38 所示。

通过“另存为”对话框可以设置文件保存的位置和文件类型及文件名称。

第 7 步：选择保存位置。滑动左侧导航窗格中的滚动条，找到并选择“D:”，在右侧窗格“文件列表”中双击 2014014014 文件夹。

第 8 步：输入文件名。在“文件名”文本框中输入 ABC，单击“保存”按钮。关闭记事本窗口，即可完成 ABC.txt 文件的创建。

图 2-37 记事本窗口

图 2-38 “另存为”对话框

任务 3 移动或复制文件或文件夹

有时，用户可能希望更改文件在计算机中的存储位置。例如，可能要将文件移动到其他文件夹或将其复制到可移动媒体（如光盘或 USB 闪存），以便与其他人共享。

移动和复制文件或文件夹的操作方法如下。

操作方法 1：用鼠标左键拖动。

1）先打开包含要移动的文件或文件夹的文件夹（源文件夹），然后在其他窗口中打开要将其移动到的文件夹（目标文件夹）。将两个窗口并排置于桌面上，以便同时看到它们的内容。

2）移动。将选中的操作对象从源文件夹拖动到目标文件夹即可。

如果将操作对象拖动到其他硬盘或 U 盘等可移动媒体中，则只复制该操作对象，而不会移动操作对象。若在同一磁盘中，则是移动操作。

慎重使用移动操作，以免造成混乱。

3）复制。选中操作对象后，按住 Ctrl 键，再用鼠标拖动操作对象从源文件夹到目标文件夹，将实现操作对象的复制操作。

操作方法 2：用鼠标右键拖动。

1）选择要移动或复制的对象，按住鼠标右键拖动其到目的文件夹后释放按键，弹出图 2-39 所示的快捷菜单。

2）移动。若选择“移动到当前位置”命令，则完成移动操作。

3）复制。若选择“复制到当前位置”命令，则完成复制操作。

复制到当前位置(C)
移动到当前位置(M)
在当前位置创建快捷方式(S)
取消

图 2-39　“文件和文件夹”右键快捷菜单

操作方法 3：使用鼠标右键菜单。

剪贴板是内存中一个临时数据存储区，是应用程序之间交换信息的中介。

在进行剪贴板操作时，总是通过“复制”或“剪切”命令将选择的对象送入剪贴板（从外存送入内存），然后在需要接收信息的窗口内通过“粘贴”命令从剪贴板中复制出信息并保存到目标文件夹（从内存送到外存）。

注意

剪贴板只保留最后一次用户送入的信息。

1）右击移动或复制的对象，弹出该对象的快捷菜单。

2）移动：选择“剪切”命令，打开目标文件夹，右击，在弹出的快捷菜单中选择“粘贴”命令，完成移动操作。

3）复制：选择“复制”命令，打开目标文件夹，右击，在弹出的快捷菜单中选择“粘贴”命令，完成复制操作。

提示

可以使用 Ctrl+C 组合键进行复制，Ctrl+X 组合键进行剪切，Ctrl+V 组合键进行粘贴。

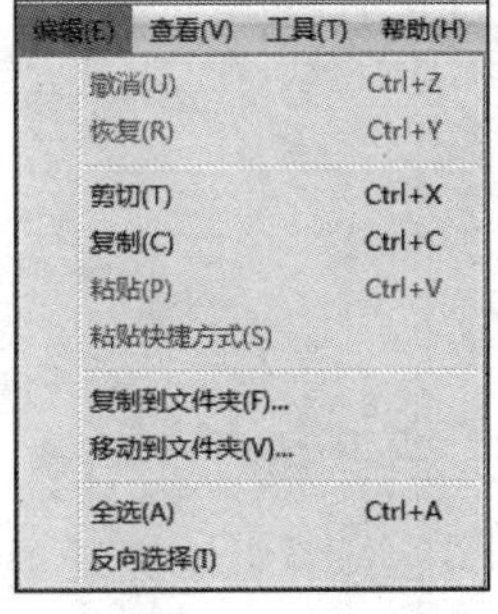

图 2-40　“编辑”菜单

操作方法 4：使用“编辑”菜单。

1）选择移动或复制的对象，打开“编辑”菜单，如图 2-40 所示。

2）移动。选择“移动到文件夹”命令，弹出“移动项目”对话框，选中目标文件夹后，单击“移动”按钮，则完成对象的移动。

3）复制。选择“复制到文件夹”命令，弹出“复制项目”对话框，选中目标文件夹后，单击“复制”按钮，完成对象的复制。

【任务要求】

在 D:\2014014014 文件夹中创建文件夹 WIN7，在 D:\2014014014\WIN7 文件夹中再创建文件夹 W。将 D:\素材\W7 中所有扩展名为.doc 的文件复制到文件夹 D:\2014014014\WIN7\W 中，将 D:\素材\W7 中的文件夹 W1 复制到文件夹 D:\2014014014\WIN7 中，将 D:\2014014014\WIN7\W1 中的文件夹 W11 移动到文件夹 W12 中。

【操作步骤】

第 1 步：创建文件夹 WIN7。打开“计算机”窗口，双击打开 D 盘，再打开 2014014014 文件夹。右击 2014014014 文件夹空白处，在弹出的快捷菜单中选择“新建”→“文件夹”

命令，然后在新文件夹的名称框中输入 WIN7，按 Enter 键，则创建了文件夹 WIN7。

第 2 步：创建文件夹 W。打开 WIN7 文件夹，右击 WIN7 文件夹空白处，在弹出的快捷菜单中选择“新建”→“文件夹”命令，然后在新文件夹的名称框中输入 W，按 Enter 键，则创建了 WIN7 的子文件夹 W。

第 3 步：复制文件。打开 D:\素材\W7，按住 Ctrl 键，分别单击选取扩展名为.doc 的文件，如图 2-41 所示。右击选中的对象，在弹出的快捷菜单中选择“复制”命令。

第 4 步：打开目标文件夹 D:\2014014014\WIN7\W，右击空白处，在弹出的快捷菜单中选择“粘贴”命令，则将 D:\素材\W7 中的所有扩展名为.doc 的文件复制到了文件夹 W 中，如图 2-42 所示。

第 5 步：复制文件夹。打开 D:\素材\W7，如图 2-41 所示，选中 W1 文件夹，选择“编辑”→“复制到文件夹”命令，在弹出的“复制项目”对话框中选择目标文件夹 D:\2014014014\WIN7 后，单击“复制”按钮，则将 W1 文件夹复制到 WIN7 文件夹中。

图 2-41　选择并复制 D:\素材\W7 中的项目

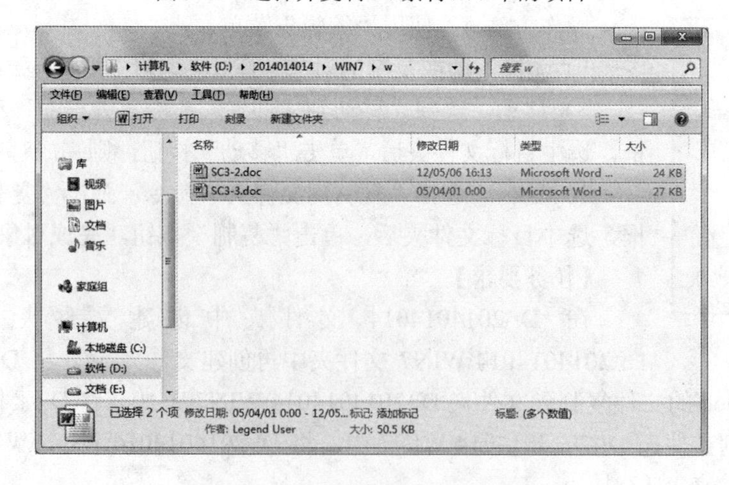

图 2-42　粘贴项目后的 W 文件夹

第 6 步：移动文件。打开文件夹 D:\2014014014\WIN7\W1，选中文件夹 W11，如图 2-43 所示。

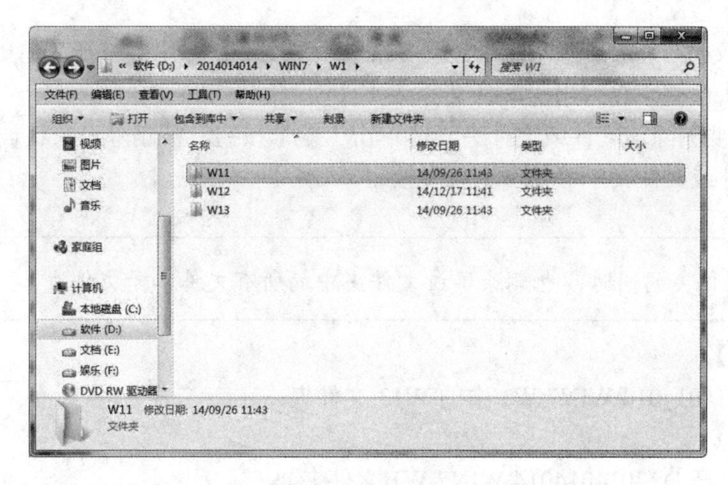

图 2-43　在 D:\2014014014\WIN7\W1 中选择项目

第 7 步：按住鼠标左键，拖动 W11 到 W12 文件夹中，释放左键，则将 W11 文件夹移动到了 W12 文件夹中。

任务 4　重命名文件或文件夹

重命名文件或文件夹就是给文件或文件夹重新命名一个新的名称，使其更符合用户的要求。其操作方法如下：

1）选择要重命名的文件或文件夹。

2）选择“文件”→“重命名”命令或右击选中对象，在弹出的快捷菜单中选择“重命名”命令。这时文件或文件夹的名称处于编辑状态（蓝色反白显示），用户可直接输入新的名称，然后按 Enter 键即可。

> **提示**
>
> 在文件或文件夹名称处直接单击两次，使其处于编辑状态，输入新的名称，也可以实现重命名操作。

【任务要求】

将 D:\2014014014\WIN7\W1\W12 中的 W11 文件夹更名为 WLX。

【操作步骤】

第 1 步：打开 D:\2014014014\WIN7\W1\W12 文件夹。

第 2 步：右击 W11 文件夹，在弹出的快捷菜单中选择“重命名”命令，直接输入新的名称 WLX，按 Enter 键，则将 W11 文件夹更名为 WLX。

任务 5　删除文件或文件夹

当不再需要某个文件时，可以从计算机中将其删除以节约存储空间，以利于对文件或文件夹进行管理。删除后的文件或文件夹将被放到回收站中。

删除操作如下：

1）选择要删除的文件或文件夹。

2）选择“文件”→“删除”命令；或右击选中对象，在弹出的快捷菜单中选择“删除”命令；或按 Delete 键，将弹出“确认文件或文件夹删除”对话框。

3）若确认要删除该文件或文件夹，可单击“是”按钮，被删除对象将被送入回收站；若不删除该文件或文件夹，可单击“否”按钮。

注意

在删除文件夹的同时，也删除了该文件夹中的所有文件和子文件夹。

【任务要求】

删除 D:\2014014014\WIN7\W1 中的 W13 文件夹。

【操作步骤】

第 1 步：打开 D:\2014014014\WIN7\W1 文件夹。

第 2 步：右击 W13 文件夹，在弹出的快捷菜单中选择“删除”命令，弹出“确认文件或文件夹删除”对话框，单击“是”按钮，被删除对象 W13 被送入回收站。

提示

将文件或文件夹移动到回收站，也可以实现文件或文件夹的删除操作。

任务 6　认识回收站

回收站是硬盘上的一个特殊文件夹，应及时清空回收站以回收无用文件所占用的硬盘空间。

被删除的文件或文件夹会被临时存储在回收站中。回收站可视为最后的安全屏障，可用来恢复意外删除的文件或文件夹。

用户可以选择回收站中的文件或文件夹进行删除（彻底删除）或还原操作，还原后的文件或文件夹仍可正常使用。

若要在不打开回收站的情况下将其清空，则右击回收站，在弹出的快捷菜单中选择“清空回收站”命令。

删除回收站中的项目意味着将该项目从计算机中永久删除，从回收站中删除的项目不能还原，还原回收站中的项目将使该项目返回其原来的位置。

注意

从网络位置删除的项目或超过回收站存储容量的项目将不被放到回收站中而被彻底删除，因此不能被还原。

【任务要求】

设置 C 盘回收站的空间最大为 6000MB，恢复被删除的 W13 文件夹。

【操作步骤】

第 1 步：设置 C 盘回收站的最大空间。右击桌面上的“回收站”图标，在弹出的快捷菜单中选择“属性”命令，弹出“回收站　属性”对话框，如图 2-44 所示。

第 2 步：选择“本地硬盘（C:）”选项，在“最大值”文本框中输入 6000，单击“确定”按钮，完成 C 盘回收站的最大空间设置。

第 3 步：恢复被删除的文件夹。双击桌面上的“回收站”图标，打开“回收站”窗口，如图 2-45 所示。选择 W13 文件夹，选择“文件”→“还原”命令，则 W13 文件夹被还原到 D:\2014014014\WIN7\W1 文件夹中。

提示

在“回收站”窗口中选择文件或文件夹图标，选择“文件”→“删除”或“清空回收站”命令，将彻底、永久删除被选对象，因此使用时应慎重。

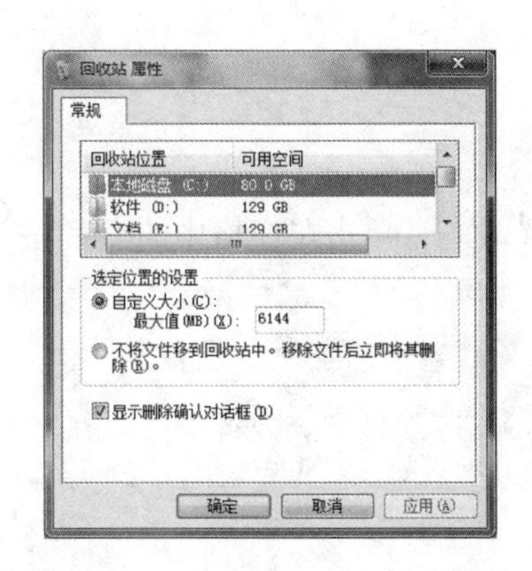

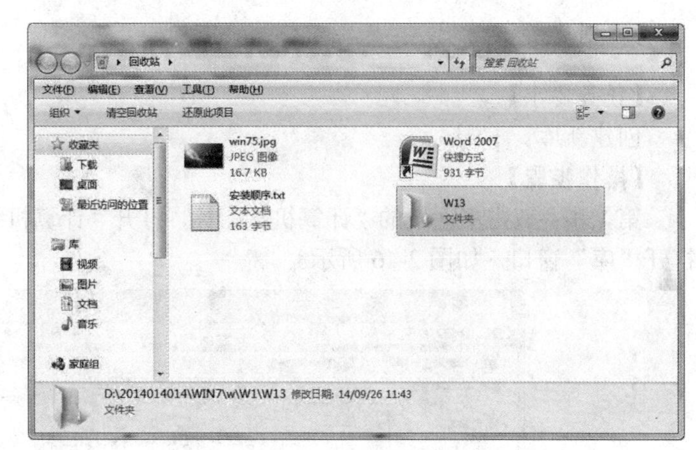

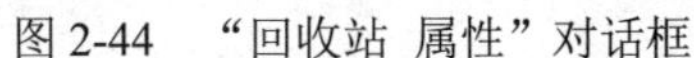

图 2-44　“回收站 属性”对话框

图 2-45　“回收站”窗口

任务 7　认识库

库被用于管理文档、音乐、图片和其他文件。库可以收集不同位置的文件，并以单一集合方式显示，而无须从其存储位置移动这些文件。

在某些方面，库类似于文件夹。例如，打开库时将看到一个或多个文件。但与文件夹不同的是，库可以收集存储在多个位置中的文件。这是一个细微但重要的差异。库实际上不存储项目，它们监视包含项目的文件夹，并允许以不同的方式访问和排列这些项目。例如，如果在硬盘和外部驱动器上的文件夹中有音乐文件，则可以使用音乐库同时访问所有音乐文件。

可以使用库来查看和排列位于不同位置的文件，整理文件时无须从头开始。用户可以使用库来访问文件和文件夹并且可以采用不同的方式组织它们。

Windows 7 操作系统有 4 个默认库（文档、音乐、图片和视频），但用户也可以新建库用于其他集合。默认情况下，文档库、音乐库和图片库显示在“开始”菜单中。

1）文档库。使用该库可组织和排列字处理文档、电子表格、演示文稿及其他与文本有关的文件。默认情况下，移动、复制或保存到文档库的文件都存储在“我的文档”文件夹中。

2）音乐库。使用该库可组织和排列数字音乐，如从音频 CD 翻录或从 Internet 下载的歌曲。默认情况下，移动、复制或保存到音乐库的文件都存储在“我的音乐”文件夹中。

3）图片库。使用该库可组织和排列数字图片，图片可从照相机、扫描仪或者从其他人的电子邮件中获取。默认情况下，移动、复制或保存到图片库的文件都存储在“我的图片”文件夹中。

4）视频库。使用该库可组织和排列视频，如取自数码照相机、摄像机的剪辑，或者从Internet 下载的视频文件。默认情况下，移动、复制或保存到视频库的文件都存储在“我的视频”文件夹中。

若要将文件复制、移动或保存到库，必须首先在库中包含一个文件夹，以便让库知道存储文件的存放位置。此文件夹将自动成为该库的默认保存位置。

1. 创建新库

【任务要求】

创建新库。

【操作步骤】

第 1 步：双击桌面上的“计算机”图标，打开“计算机”窗口，单击左窗格中的“库”，打开“库”窗口，如图 2-46 所示。

图 2-46 “库”窗口

第 2 步：在“库”窗口工具栏上单击“新建库”按钮。

第 3 步：输入库的名称，按 Enter 键。

2. 文件夹包含到库中

库可以收集不同文件夹中的内容，一个库最多可以包含 50 个文件夹。不同位置的文件夹可以被包含到同一个库中，然后以一个集合的形式查看和排列这些文件夹中的文件。例如，如果在外部硬盘驱动器上保存了一些图片，则可以在图片库中包含该硬盘驱动器中的文件夹，然后在该硬盘驱动器连接到计算机时，可随时在图片库中访问该文件夹中的文件。

【任务要求】

将 D:\素材文件夹包含到文档库中。

【操作步骤】

第1步：双击“计算机”图标，打开“计算机”窗口。

第2步：找到并选择某文件夹，如D:\素材。

第3步：在工具栏（位于文件列表上方）中单击“包含到库中”下拉按钮，然后在其下拉列表中选择某个库如“文档”，则将D:\素材文件夹包含到文档库中。

3. 从库中删除文件夹

当不再需要监视库中的文件夹时，可以将其删除。从库中删除文件夹时，不会从原始位置中删除该文件夹及其内容。

【任务要求】

从“文档”库中删除D:\素材文件夹。

【操作步骤】

第1步：双击“计算机”图标，打开“计算机”窗口。

第2步：在左侧导航窗格中找到要从中删除文件夹的库，如包含D:\素材文件夹的文档库。

第3步：在库窗格（文件列表上方）中单击“包括”右侧的“位置”超链接，弹出库位置对话框。

第4步：在显示文档库的对话框中选择要删除的文件夹，如D:\素材，单击“删除”按钮，然后单击“确定”按钮。

4. 更改默认保存位置

默认保存位置是将项目复制、移动或保存到库时默认的存储位置。

【任务要求】

更改默认保存位置。

【操作步骤】

第1步：打开要更改的库。

第2步：在库窗格（文件列表上方）中单击“包括”右侧的“位置”超链接。

第3步：在弹出的库位置对话框中右击当前不是默认保存位置的库位置，在弹出的快捷菜单中选择“设置为默认保存位置”命令，单击“确定”按钮。

任务8 设置文件或文件夹属性

文件或文件夹具有只读、隐藏等属性。

将文件设置为只读属性，可以保护文件不会被意外更改或未授权更改，即将文件设置为只读后，将无法更改该文件的内容。

将文件夹设置为只读属性，会使当前位于该文件夹内的所有文件变为只读文件。将文件夹设置为只读属性后，再添加到该文件夹中的任何文件不会自动变为只读文件。

若将文件或文件夹设置为隐藏属性，则该文件或文件夹在常规显示中将不被看到。

【任务要求】

将D:\2014014014\WIN7\W1\W12文件夹中的LX1.doc设置为只读属性，将LX2.doc设置为隐藏属性，显示隐藏的LX2.doc文件；将“D:\”文件夹共享，共享名为“共享数据”。

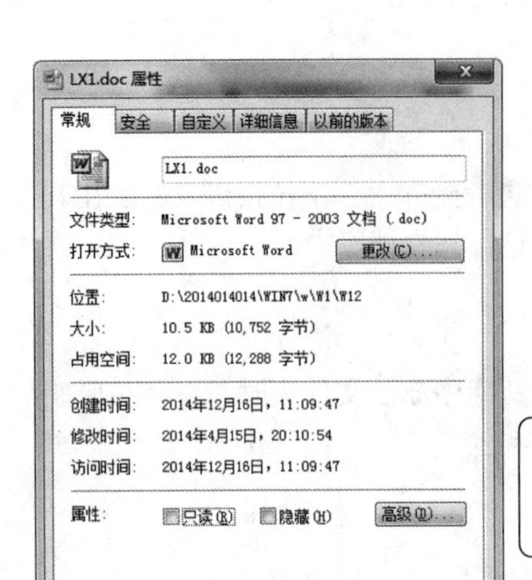

图 2-47　文件属性对话框

【操作步骤】

第 1 步：设置“只读”属性。选择 D:\2014014014\WIN7\W1\W12 文件夹中的 LX1.doc 文件。

第 2 步：右击 LX1.doc，在弹出的快捷菜单中选择“属性”命令，弹出文件属性对话框，选择“常规”选项卡，如图 2-47 所示。

第 3 步：勾选“只读”复选框，单击“确定”按钮。

> **提示**
>
> 如果以后需要更改文件内容，可以通过取消勾选“只读”复选框来关闭只读设置。

第 4 步：设置“隐藏”属性。右击 LX2.doc，在弹出的快捷菜单中选择“属性”命令，弹出文件属性对话框，选择“常规”选项卡，勾选“隐藏”复选框，单击“确定”按钮。

> **提示**
>
> 默认情况下，具有隐藏属性的文件或文件夹是不显示的。当需要查看隐藏的文件或文件夹时，必须设置为显示所有文件和文件夹。

第 5 步：显示隐藏的文件或文件夹。在工具栏中选择“组织”→“文件夹和搜索选项”命令，弹出“文件夹选项”对话框，选择“查看”选项卡，如图 2-48 所示。

第 6 步：在“高级设置”列表框中找到“隐藏文件和文件夹”选项，选中“显示隐藏的文件、文件夹和驱动器”单选按钮，单击“确定”按钮，便可以显示隐藏的 LX2.doc 文件。

第 7 步：设置“D:\”文件夹共享。打开“计算机”窗口，选择左侧导航窗格中的“计算机”选项，右击右侧窗格中的“D:”，在弹出的快捷菜单中选择“共享”→“高级共享”命令，弹出 D 盘属性对话框，如图 2-49 所示。

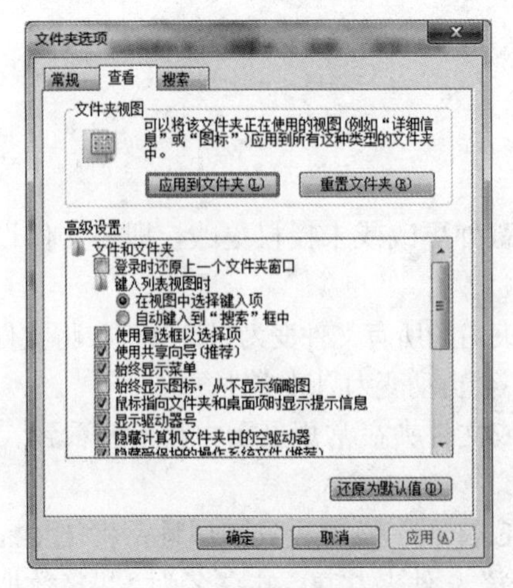

图 2-48　“文件夹选项”对话框

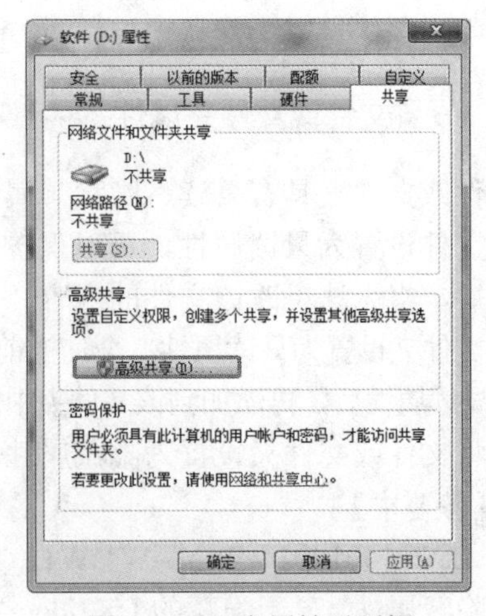

图 2-49　D 盘属性对话框

第 8 步：单击“高级共享”按钮，弹出“高级共享”对话框。勾选“共享此文件夹”复选框，在“共享名”文本框中输入“共享数据”，单击“确定”按钮。

任务 9　搜索文件和文件夹

Windows 7 操作系统提供了查找文件和文件夹的方法。有时用户需要使用某个文件或文件夹，却忘记了该文件或文件夹存放的位置，这时 Windows 7 操作系统提供的搜索文件或文件夹功能就可以帮助用户查找该文件或文件夹。

搜索文件或文件夹的具体操作如下：打开“计算机”窗口，在“搜索 计算机”文本框中输入想要搜索的文件或文件夹的文件名，搜索将自动开始。

当然，用户不可能记住每个文件的文件名，而在该文本框中只要输入文件名中包含的数字或文字就能搜索到含有该字的文件和文件夹。

如果想提高准确率和搜索速度，可在相应的盘符或文件夹中进行搜索。例如，如果要搜索的文件在 D 盘的“素材”文件夹中，就需要从导航窗格中选择 D 盘，在右侧窗格中双击打开“素材”文件夹，然后输入要搜索的项目，这样就会只在指定的文件夹中进行搜索，速度和准确率会提高很多。

> **提示**
> 在“文件夹选项”对话框中的“搜索”选项卡中可以设置搜索范围。

【任务要求】

在 D 盘中搜索 2014014014 文件夹的子文件夹中文件名为 FOX.PRG 的文件，并将搜索到的文件重命名为 FOXBASE.PRG。

【操作步骤】

第 1 步：打开“计算机”窗口，从左侧导航窗格中选择 D 盘，双击打开 2014014014 文件夹。

第 2 步：在右上角的搜索文本框中输入 FOX.PRG，搜索将自动开始，搜索结果如图 2-50 所示。

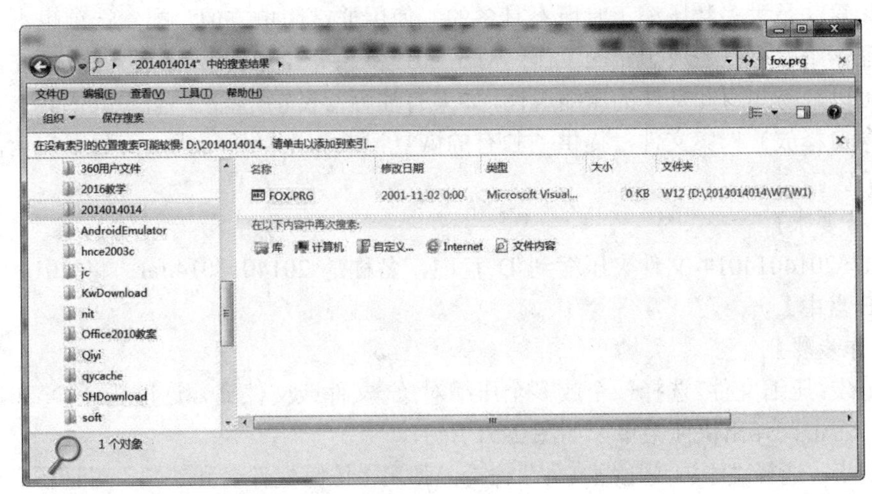

图 2-50　搜索结果

第 3 步：在右侧窗格的搜索结果中选中搜索到的 FOX.PRG 文件（后面可以看到该文件存储在 D:\2014014014\WIN7\W1\W12 文件夹中），右击，在弹出的快捷菜单中选择“重命名”命令，输入文件名 FOXBASE.PRG，按 Enter 键。

如果在特定库或文件夹中无法找到要查找的内容，则可以扩展搜索范围，即在图 2-50 的搜索结果列表底部的“在以下内容中再次搜索”下执行下列操作之一：

1）选择“库”选项，将在每个库中进行搜索。

2）选择“计算机”选项，将在整个计算机中进行搜索。这是搜索未建立索引的文件（如系统文件或程序文件）的方式。但是应注意，搜索会变得比较慢。

3）选择“自定义”选项，将搜索特定位置。

4）选择 Internet 选项，将使用默认 Web 浏览器及默认搜索程序进行联机搜索。

用户也可以使用“开始”菜单中的“搜索程序和文件”文本框来查找存储在计算机上的文件、文件夹、程序和电子邮件。若要使用“开始”菜单查找项目，应执行下列操作：单击“开始”按钮，打开“开始”菜单，然后在“搜索程序和文件”文本框中输入字词或字词的一部分，将立即显示搜索结果。

提示

从“开始”菜单搜索时，搜索结果中仅显示已建立索引的文件。计算机上的大多数文件会自动建立索引，如包含在库中的所有内容都会自动建立索引。

任务 10　使用压缩工具 WinRAR

WinRAR 是一款功能强大的压缩包管理器，是目前流行的压缩工具，其界面友好，使用方便，在压缩率和速度方面都有很好的表现，压缩率比较高。

WinRAR 内置程序可以解开 CAB、ARJ、LZH、TAR、GZ、ACE、UUE、BZ2、JAR、ISO 等多种类型的档案文件、镜像文件和 TAR 组合型文件，具有历史记录和收藏夹功能；利用新的压缩和加密算法，压缩率进一步提高，而资源占用相对较少，并可针对不同的需要保存不同的压缩配置；固定压缩和多卷自释放压缩及针对文本类、多媒体类和 PE 类文件的优化算法是大多数压缩工具所不具备的；使用非常简单方便，配置选项也不多，仅在资源管理器中就可以完成想做的工作；对于 ZIP 和 RAR 的自释放档案文件，单击“属性”按钮就可以轻易知道此文件的压缩属性，如果有注释，还能在属性中查看其内容；对于 RAR 格式（含自释放）档案文件，提供了独有的恢复记录和恢复卷功能，使数据安全得到更充分的保障。

【任务要求】

将 D:\2014014014 文件夹压缩到 D 盘中，名称是 2014014014.rar；将 2014014014.rar 解压到 E 盘中。

【操作步骤】

第 1 步：压缩文件。选择一个或多个压缩对象（文件或文件夹），这里选择 D:\2014014014 文件夹，右击，弹出快捷菜单，如图 2-51 所示。

第 2 步：选择“添加到压缩文件”命令，弹出“压缩文件名和参数”对话框，选择“常规”选项卡，如图 2-52 所示。

第 3 步：选择目标文件的存放路径，输入目标压缩文件名或直接选择默认名称，这里选默认路径及默认文件夹名，单击“确定”按钮，便开始压缩。完成压缩后，生成的压缩文件 2014014014.rar 被保存到 D 盘中。

图 2-51　文件或文件夹右键快捷菜单

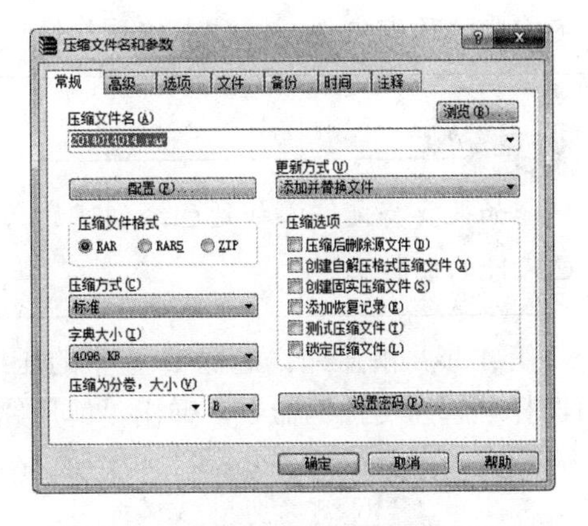

图 2-52　“压缩文件名和参数”对话框

知识扩展

根据需要，压缩参数还可以进行如下设置：

1）压缩文件格式：选择新建压缩文件的格式为 RAR 或 ZIP。当然，若选择了 ZIP 格式，不支持这种压缩文件格式的一些高级选项将不会启用。

2）压缩分卷大小：如果要创建分卷压缩，可以输入卷的大小。

3）更新方式：可以选择“添加并替换文件”“添加并更新文件”“只刷新已存在的文件”“同步压缩文件内容”中的一项。

①“添加并替换文件”（默认）选项：当添加的文件有相同名称时，始终替换已压缩的文件。在压缩文件中不存在时，始终添加这些文件。

②“添加并更新文件”选项：仅在添加的文件较新时才替换已压缩的文件。在压缩文件中不存在时，总是添加这些文件。

③“只刷新已存在的文件”选项：仅在添加的文件较新时才替换已压缩的文件。在压缩文件中不存在时，不添加这些文件。

④“同步压缩文件内容”选项：仅在添加的文件较新时才替换已压缩的文件。在压缩文件中不存在时，总是添加这些文件。在添加的文件不存在压缩文件时，删除这些文件。这类似于创建一个新压缩文件，但其有一个重要的不同之处，即如果在上次备份后没有文件被修改过，则这项操作会比创建新压缩文件还要快。

4）压缩选项：仅可用于 RAR 格式。其常用选项如下。

①“压缩后删除源文件”选项：压缩成功后删除原始文件。

② “创建自解压格式压缩文件”选项：创建自解压文件（.exe 文件），这是一种不使用任何其他程序便能解压的方式。

③ “添加恢复记录”选项：添加恢复记录，这可在压缩文件损坏时帮助还原。

④ “测试压缩文件”选项：压缩后测试。该功能在“压缩后删除”时非常有用，所以只有压缩文件已经被成功测试后文件才会被删除。

⑤ “锁定压缩文件”选项：锁定的压缩文件无法再被 WinRAR 修改。用户可以锁定重要的压缩文件，以防止被意外修改。

提示

如果要将文件添加到已经创建的压缩包中，则可以直接将文件拖到已经创建的压缩包文件的图标上。

第 4 步：解压缩。选择 D 盘中的压缩文件 2014014014.rar，右击，在弹出的快捷菜单中选择“解压文件”命令，弹出“解压路径和选项”对话框，如图 2-53 所示。

（a）压缩文件的右键快捷菜单

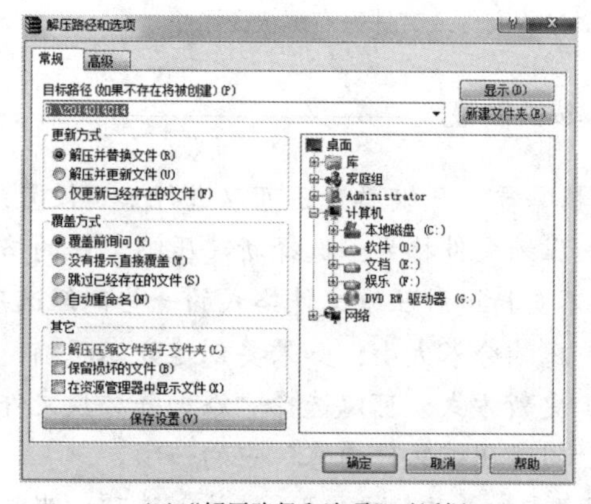

（b）“解压路径和选项”对话框

图 2-53　压缩文件的右键快捷菜单与“解压路径和选项”对话框

注意

选择“解压到当前文件夹”命令可直接将压缩包中的文件解压到当前文件夹中。不建议大家选择该操作，因为如果压缩包的内容过多，往往会给当前的文件夹的管理带来不便。

第 5 步：默认的文件夹与压缩文件所在位置的文件夹相同，此时，根据需要可以改变解压文件存放的目标文件夹，这里选择解压文件目标路径 E:\，单击“确定”按钮，便开始解压缩，将 2014014014.rar 解压到 E 盘中。

提示

双击压缩文件，压缩文件将在 WinRAR 中打开，它所包含的文件或文件夹会显示出来。此时，在主窗口双击文件或文件夹就可以查看双击对象的内容。

项目小结

文件是包含信息的项。文件夹是可以存储文件的容器，便于快速存放和查找文件。文件夹还可以存储其他文件夹（子文件夹）。

使用库可以访问文件和文件夹。使用库整理文件时，无须从头开始。可以使用库来访问文件和文件夹并且可以采用不同的方式组织它们。

通过文件及文件夹的创建、查找、选中、复制、移动、删除、重命名和恢复操作训练，经过文件及文件夹属性设置和搜索文件实训，掌握 WinRAR 工具的使用方法后，才能得心应手地操作和应用计算机。

项目训练

1．在 D 盘中新建一个文件夹，以自己的学号命名该文件夹。

（1）在学号文件夹中分别建立其子文件夹 W71、W72、W73。

（2）将 W72 文件夹复制到 W71 文件夹中，将 D:\素材\W7\W1 文件夹复制到学号文件夹中。

（3）将 W73 文件夹移动到 W71 文件夹中。

（4）删除学号文件夹中 W1 的子文件夹 W11。

（5）将学号文件夹中的 W72 文件夹重命名为 PPT。

2．运行“附件”中的“记事本”程序，在自己的学号文件夹中建立一个文件 WB.txt，在记事本中插入系统“时间/日期”和“Windows 操作”，格式为“自动换行”。

3．在自己的学号文件夹中，利用画图工具创建一个图形文件 TU.bmp，内容为一个椭圆。

4．将学号文件夹中的 PPT 文件夹的属性设置为隐藏和只读。设置文件夹选项，在查看时显示所有文件和文件夹（显示隐藏文件），并显示已知文件类型的扩展名。

5．将 E 盘文件夹共享，共享名为“共享 E”。

6．在 C 盘中查找 mspaint.exe 文件，并为找到的 C:\Windows\System32\mspaint.exe 创建一个名为“画图”的快捷方式，将该快捷方式附到“开始”菜单中。

7．设置 D 盘回收站的空间最大为 9000MB，恢复被删除的 W11 文件夹，然后对回收站进行清空操作。

8．将自己的学号文件夹压缩，并将压缩后的文件（扩展名为.rar）复制到教师指定的文件夹中。

项目 4 计算机常规设置

1）设置鼠标。

2）设置区域和语言。

3）设置系统日期和时间。

4）用户账户管理。

5）设置文件夹选项。

6）设置电源选项。

7）设置声音。

8）安装打印机。

技能目标

1）会设置鼠标。

2）能够熟练添加或删除输入法程序。

3）能够设置系统日期和时间。

4）掌握用户账户的创建方法。

5）了解硬件的安装方法，掌握驱动程序的安装方法。

6）能够安装和卸载应用程序。

7）能够进行电源、系统等的设置。

用户在使用计算机的过程中，有时会因为工作和学习的需要而添加各种新的硬件，安装和卸载应用程序，设置鼠标、输入法等。这些设置涉及有关 Windows 操作系统外观和工作方式的绝大多数设置，并允许对 Windows 操作系统进行设置，使其适合用户的需要。

调整计算机设置基本上是通过控制面板进行的。

任务 1 设置鼠标

鼠标是操作计算机过程中使用最频繁的设备，绝大多数操作要用到鼠标。在安装 Windows 7 时系统已自动对鼠标进行了设置，但这种默认的设置可能并不符合用户个人的使用习惯，这时用户可以按个人喜好对鼠标设置进行调整。

用户可以通过多种方式自定义鼠标。例如，可以交换鼠标按钮的功能，使鼠标指针可见效果较好；还可以更改鼠标滚轮的滚动速度。

【任务要求】

将鼠标按钮设置为“切换主要和次要的按钮”；调整适合自己的双击速度；选择鼠标指针移动速度为“中速”，并显示指针移动轨迹，其指针轨迹显示长度为“短”；每移动一个鼠标滚轮齿格，屏幕滚动 5 行。

【操作步骤】

第 1 步：打开“控制面板”窗口。在“开始”菜单中选择“控制面板”命令，打开“控制面板”窗口，如图 2-54 所示，在“查看方式”下拉列表中选择“小图标”选项。

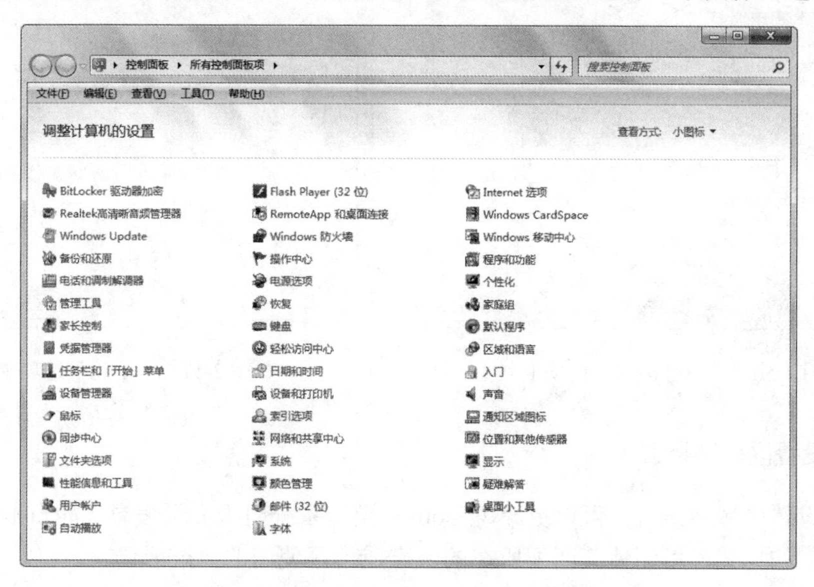

图 2-54　“控制面板”窗口

第 2 步：设置鼠标按钮。单击“鼠标”图标，弹出“鼠标　属性”对话框，选择“鼠标键”选项卡，如图 2-55 所示。

第 3 步：在“鼠标键配置”选项组中，系统默认为“单击”为左按钮（主要按钮）；勾选“切换主要和次要的按钮”复选框，将鼠标右键设置为“单击”（主要按钮）。将“速度”滑块向“慢”或“快”方向移动。通过双击右侧的演示文件夹找到适合自己的双击速度。

通过双击右侧的“文件夹”块，可以检验双击速度的设置。

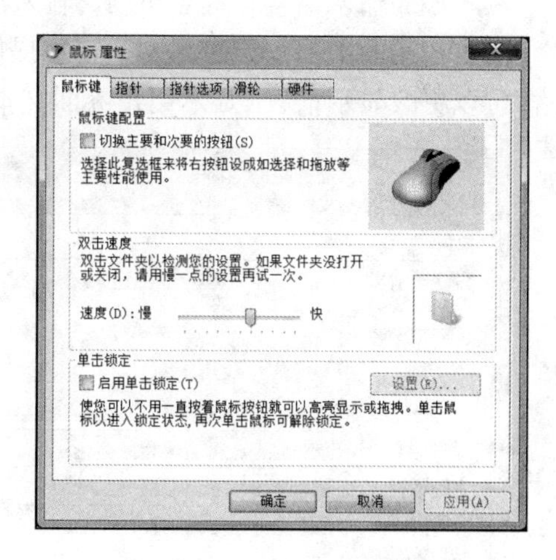

图 2-55　“鼠标键”选项卡

第 4 步：设置指针。在“鼠标　属性”对话框中选择“指针选项”选项卡，如图 2-56 所示，在“移动”选项组中拖动滑块至中间，设置指针移动速度为“中速”；在“可见性”选项组中勾选“显示指针轨迹”复选框，设置显示指针移动轨迹，拖动滑块至“短”位置，则指针移动轨迹长度为短。

第 5 步：设置滑轮。在“鼠标　属性”对话框中选择“滑轮”选项卡，如图 2-57 所示，在“垂直滚动”选项组中选中“一次滚动下列行数”单选按钮，并在下面的数值框中输入要滚动的行数 5，单击“确定”按钮，完成设置。

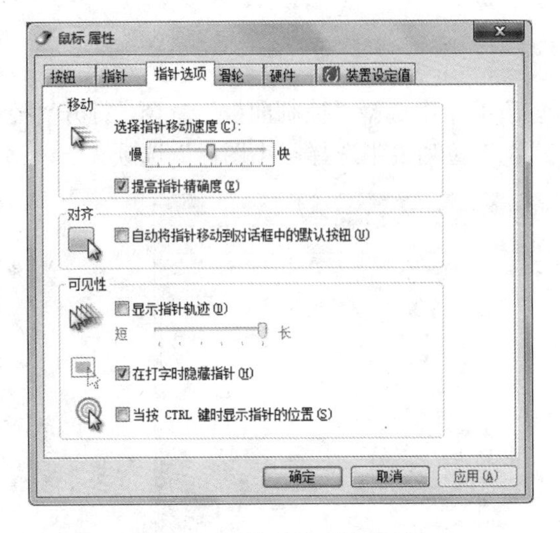

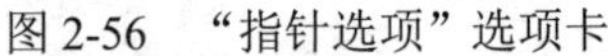
图 2-56 “指针选项”选项卡

图 2-57 “滑轮”选项卡

任务 2 设置区域和语言

通过设置区域和语言，可以更改 Windows 操作系统用于显示信息（如日期、时间、货币和度量）的格式，以便使其匹配所在的国家或地区使用的标准或语言。

如果需要输入和编辑多种语言的文档，则可以添加输入语言（输入法）。

添加输入语言、键盘布局、输入法编辑器、语音或手写识别程序时，Windows 操作系统会在桌面上显示语言栏。语言栏提供了从桌面快速更改输入语言或键盘布局的方法；也可以更改显示语言（显示用户界面文本的语言），以便可以使用不同语言查看向导、对话框、菜单和其他项目。一部分显示语言是在默认情况下安装的，除此以外的其他语言则需要安装语言文件。

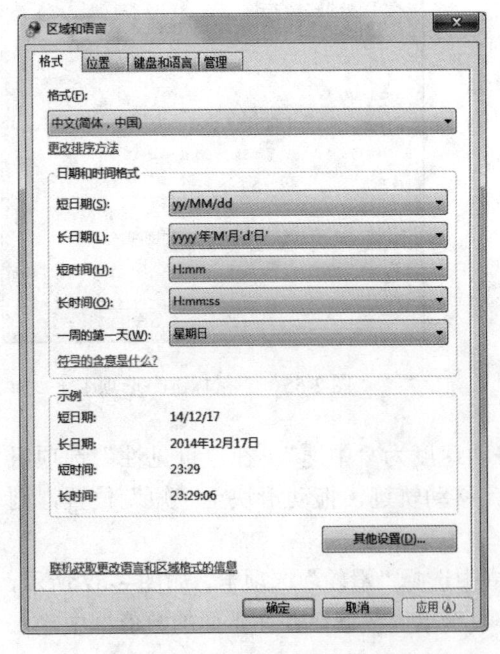

图 2-58 “区域和语言”对话框

【任务要求】

将区域设置为“英语（美国）”，数字的小数位数为 4 位，时间显示方式为“hh:mm:ss”，货币符号为“$”；添加“微软拼音-简捷 2010”输入法，在桌面上显示语言栏。

【操作步骤】

第 1 步：设置区域。在“控制面板”窗口中单击“区域和语言”超链接，弹出“区域和语言”对话框，如图 2-58 所示，在“格式”下拉列表中选择为“英语（美国）”选项。

第 2 步：设置数字、货币等格式。单击“其他设置”按钮，弹出“自定义格式”对话框，如图 2-59 所示。

第 3 步：选择“数字”选项卡中，设置数字的小数位数为 4 位；选择“时间”选项卡，设置时间显示方式为“hh:mm:ss”；选择“货币”选项卡中，设置货币符号为“$”，单击“确定”按钮。

第 4 步：设置输入法。在图 2-58 所示的“区域和语言”对话框中选择“键盘和语言”选项卡，单击“更改键盘”按钮，弹出“文本服务和输入语言”对话框，如图 2-60 所示，选择“常规”选项卡。

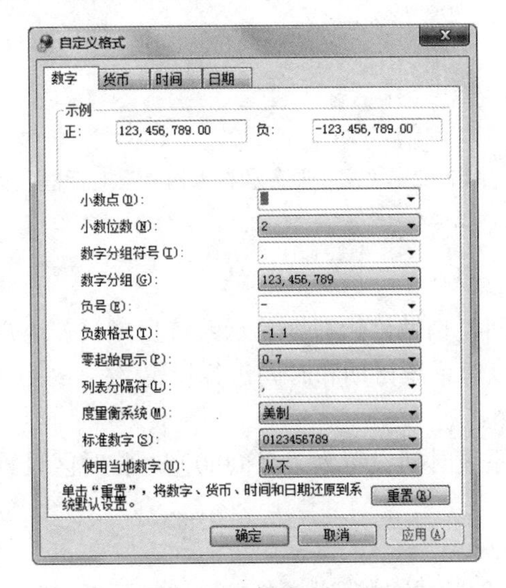

图 2-59　“自定义格式”对话框

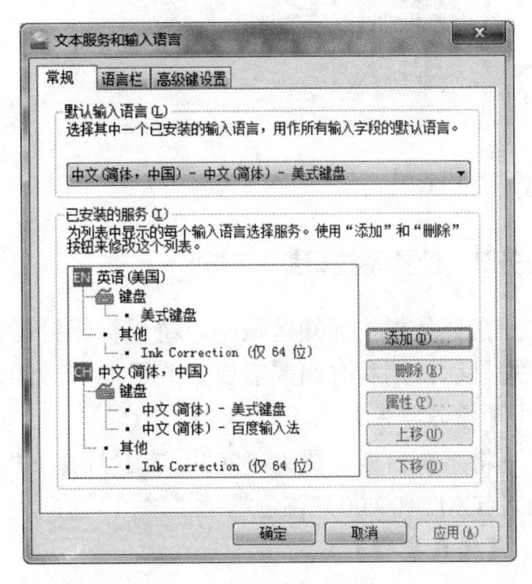

图 2-60　“文本服务和输入语言”对话框

提示

右击通知区域上的语言栏，在弹出的快捷菜单中选择“设置”命令，也可弹出“文本服务和输入语言”对话框。

第 5 步：添加输入法。单击“添加”按钮，弹出“添加输入语言”对话框，如图 2-61 所示。单击要添加的语言“中文（简体，中国)”前的“+”按钮，展开“中文（简体，中国)”选项，选择“键盘”→“微软拼音-简捷 2010”选项，单击“确定”按钮，即可添加“微软拼音-简捷 2010”输入法。

提示

在图 2-60 中，选择某一输入法如“百度”输入法，单击右侧的“删除”按钮，将删除该输入法。

第 6 步：在桌面上显示语言栏。在“文本服务和输入语言”对话框中选择“语言栏”选项卡，如图 2-62 所示，选中“悬浮于桌面上”单选按钮，连续单击“确定”按钮，完成在桌面上显示语言栏的设置。

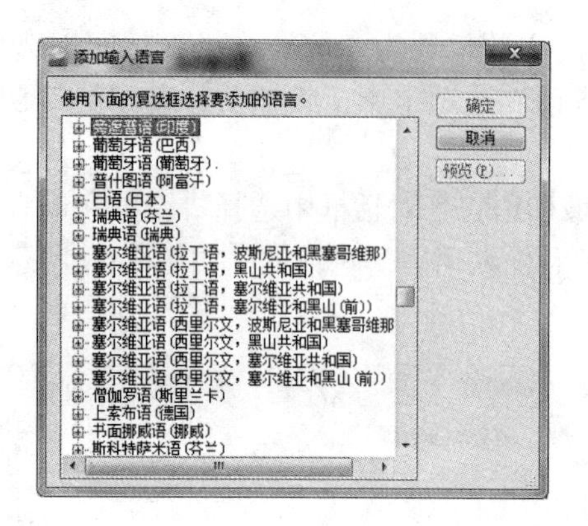

图 2-61 “添加输入语言”对话框

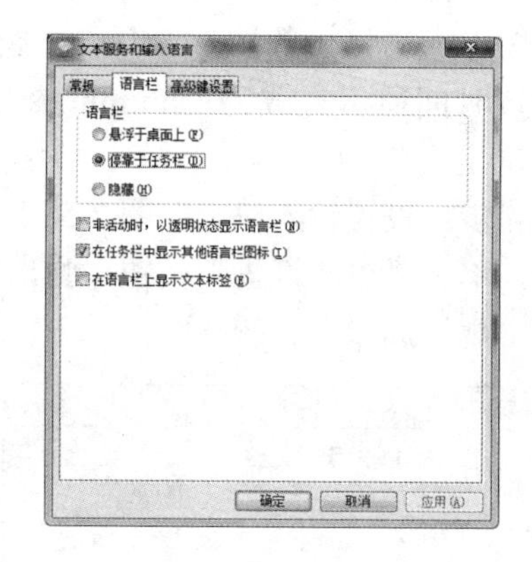

图 2-62 “文本服务和输入语言”对话框

任务 3 设置系统日期和时间

在任务栏的通知区域中，将鼠标指针指向时间栏稍做停顿即会显示系统日期。若用户不想显示日期和时间或需要更改日期和时间，可以对系统日期和时间进行设置。

【任务要求】

将系统日期设置为“2020 年 1 月 1 日”，将系统时间设置为“11:00:00”，将时区设置为“（GMT+09:00）首尔”。

【操作步骤】

第 1 步：更改系统时间。双击任务栏上通知区域中的时间栏或单击“控制面板”窗口中的“日期和时间”超链接，弹出“日期和时间”对话框，如图 2-63 所示，选择“日期和时间”选项卡。

第 2 步：单击“更改日期和时间”按钮，弹出“日期和时间设置”对话框，如图 2-64 所示。此时可以更改日期和时间：在“日期”框中单击年月两端的按钮，更改年月为“2020 年 1 月”，选择日期“1”，在“时间”选项组的数值框中输入或调节时间为“11:00:00”，单击“确定”按钮。

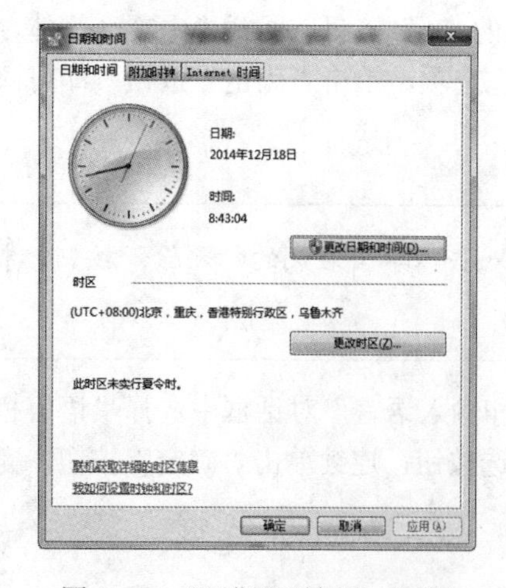

图 2-63 “日期和时间”对话框

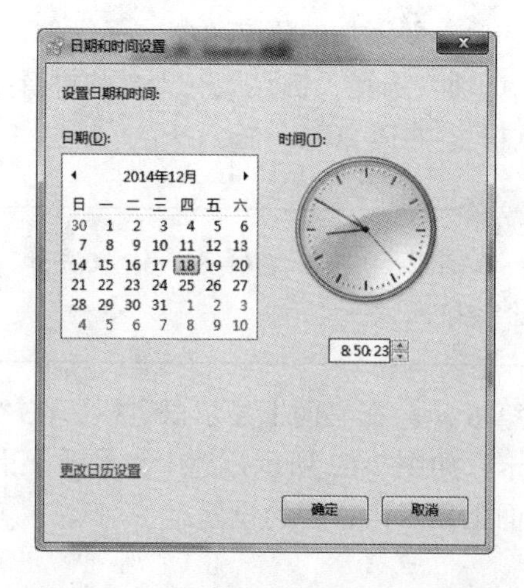

图 2-64 “日期和时间设置”对话框

第 3 步：设置时区。在“日期和时间”对话框中单击“更改时区”按钮，弹出“时区设置”对话框，如图 2-65 所示。在“时区”下拉列表中选择“（GMT+09:00）首尔”选项，单击“确定”按钮，关闭“日期和时间”对话框，完成设置。

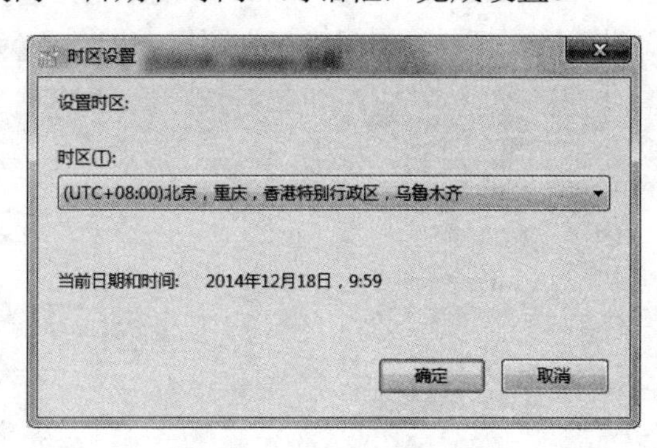

图 2-65 “时区设置”对话框

任务 4 用户账户管理

1. 用户账户概述

用户账户是通知 Windows 操作系统可以访问哪些文件和文件夹，对计算机和个人首选项（如桌面背景或屏幕保护程序）进行哪些更改的信息的集合。通过用户账户，可以在拥有自己的文件和设置的情况下与多个人共享计算机。每个人都可以使用用户名和密码登录计算机，访问自己的用户账户。

用户账户有 3 种类型，每种类型可为用户提供不同的计算机控制级别。

1）标准账户：适用于日常使用。

2）管理员账户：可以对计算机进行最高级别的控制，但只在必要时才使用。

3）来宾账户：主要针对需要临时使用计算机的用户。

安装 Windows 7 操作系统时，系统已创建用户账户 Administrator。此账户是管理员账户，允许用户设置计算机及安装想使用的所有程序。

完成计算机设置后，建议使用标准用户账户进行日常计算机使用。从欢迎界面登录到 Windows 7 操作系统时，它会显示计算机上可用的账户并且显示账户类型，这样将知道是使用管理员账户还是标准用户账户。

建议账户使用密码，使用密码是确保计算机安全的重要措施之一。使用密码保护计算机时，只有知道密码的人才能登录计算机。

2. 创建用户账户

通过用户账户，多个用户可以轻松地共享一台计算机。每个人都可以有一个具有唯一设置和首选项（如桌面背景或屏幕保护程序）的单独的用户账户。用户账户还控制用户可以访问的文件和程序及可以对计算机进行的更改类型。通常，计算机系统会为大多数计算机用户创建标准账户。

【任务要求】

使用管理员账户 Administrator，更改 Administrator 的密码为 456。创建一个标准账户

User，密码为 123。

【操作步骤】

第 1 步：以管理员账户 Administrator 登录 Windows 7 操作系统后，打开“控制面板”窗口，单击“用户帐户”超链接，打开“用户帐户”窗口，如图 2-66 所示。

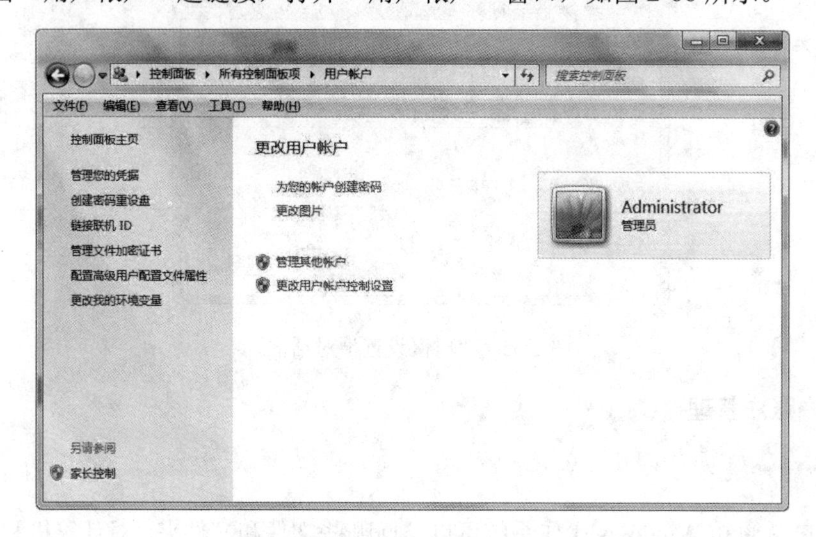

图 2-66 “用户帐户”窗口

第 2 步：更改密码。单击“为您的帐户创建密码”超链接，打开“创建密码”窗口，如图 2-67 所示。

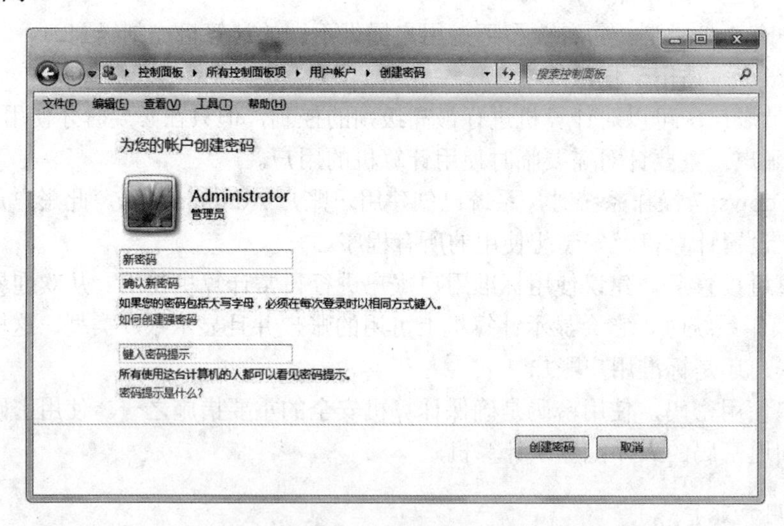

图 2-67 “创建密码”窗口

第 3 步：在“新密码”文本框和“确认新密码”文本框中均输入相同的密码，如 456，单击“创建密码”按钮，完成更改 Administrator 密码的操作。

第 4 步：创建账户。在“用户帐户”窗口中单击“管理其他帐户”超链接，打开“管理帐户”窗口，如图 2-68 所示。

第 5 步：单击“创建一个新帐户”超链接，打开“创建新帐户”窗口，如图 2-69 所示。

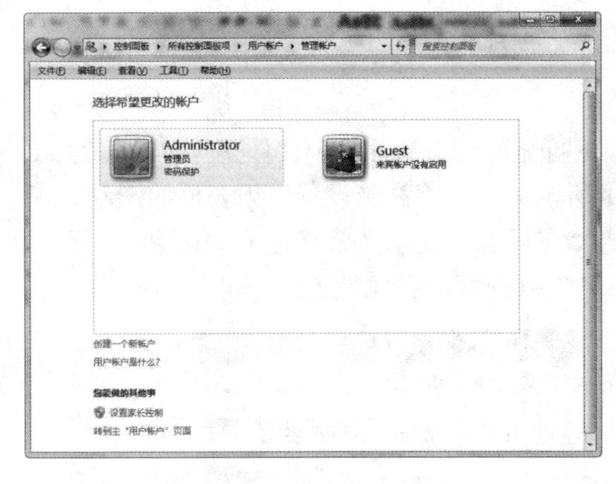

图 2-68　“管理帐户”窗口

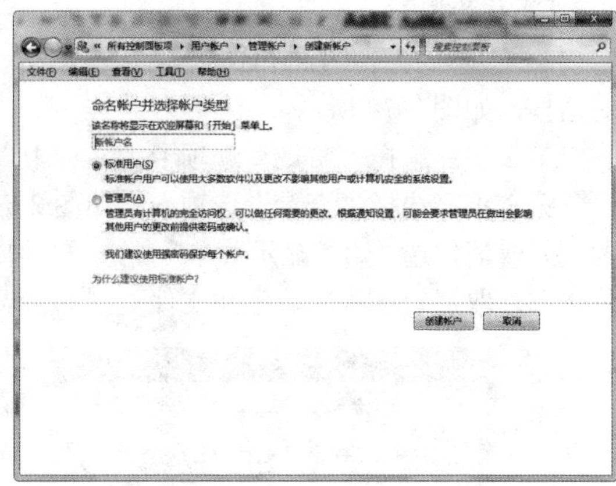

图 2-69　“创建新帐户”窗口

第 6 步：输入新用户账户的名称，如 User，选中“标准用户”单选按钮，单击“创建帐户”按钮，则创建一个新账户 User。仿照第 2 步和第 3 步，设置其密码为 123。

在“管理帐户”窗口中选中一个欲删除的标准账户，单击“删除帐户”按钮，可以将选中的账户删除。

提示

当有多个账户时，Windows 操作系统在启动到登录界面时，将要求选择账户登录。

任务 5　设置文件夹选项

使用“文件夹选项”对话框可以更改文件和文件夹执行的方式及项目在计算机上的显示方式。

1）在“文件夹选项”对话框的“常规”选项卡上可以进行以下设置：

① 在不同文件夹窗口中打开不同的文件夹。

② 通过单击打开文件和文件夹（就像网页上的超链接一样）。

2）在“文件夹选项”对话框的“查看”选项卡上可以进行以下设置：

① 始终显示图标，而不是文件的缩略图预览（缩略图将降低计算机的运行速度）。

② 始终在工具栏上方显示菜单。

③ 除缩略图之外，还始终显示文件的图标（使访问相关程序更容易）。

④ 指向文件夹时显示文件夹的大小。

⑤ 查看标记为“隐藏”的文件、文件夹和驱动器。

⑥ 显示“计算机”文件夹中的可移动媒体驱动器（如读卡器）。

⑦ 查看视图中通常隐藏的所有系统文件。

在“控制面板”窗口中单击“文件夹选项”超链接，即可弹出“文件夹选项”对话框。

【任务要求】

设置文件夹选项，在同一个窗口中打开每个文件夹，不始终显示菜单，在标题栏显示完整路径，显示已知文件类型的扩展名。

【操作步骤】

第 1 步：打开“控制面板”窗口，单击“文件夹选项”超链接，弹出“文件夹选项”对话框，如图 2-70 所示。

第 2 步：选择“常规”选项卡中，选中“在同一窗口中打开每个文件夹”单选按钮。

第 3 步：选择“查看”选项卡，如图 2-71 所示。滑动“高级设置”列表框的滚动条，找到并取消勾选“始终显示菜单”复选框，勾选“在标题栏显示完整路径（仅限经典主题）”复选框，取消勾选“隐藏已知文件类型的扩展名”复选框，完成设置。

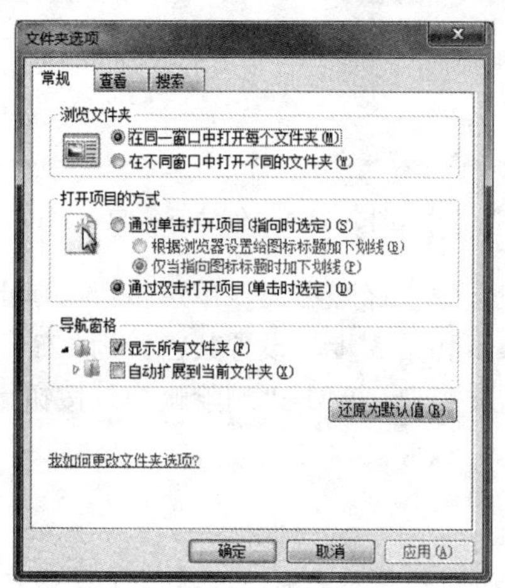

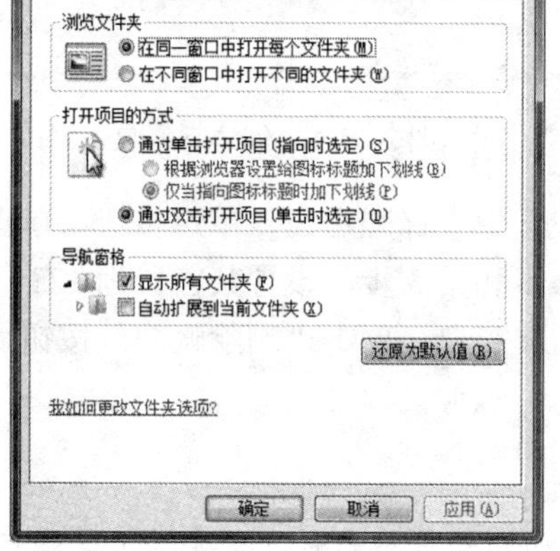

图 2-70 “文件夹选项”对话框

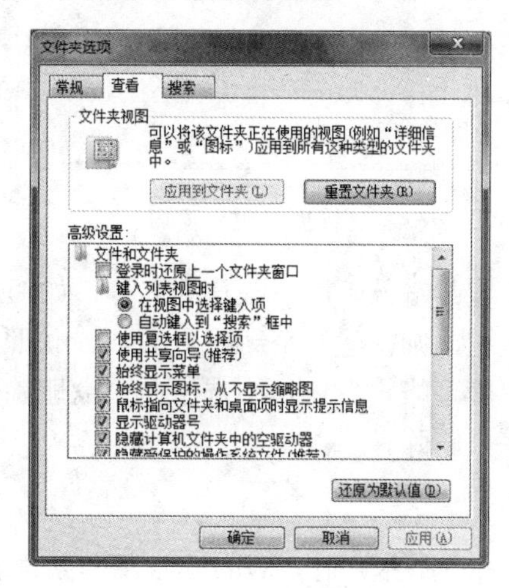

图 2-71 “查看”选项卡

任务 6 设置电源选项

电源管理功能非常强大，用户可以根据实际需要灵活设置电源使用模式，还可以方便地设置和调整电源属性。

【任务要求】

设置电源选项，在按电源按钮时关闭计算机；设置计算机的休眠计划，调整计算机的休眠计划为 15min 关闭硬盘，25min 关闭显示器。

【操作步骤】

第 1 步：打开“控制面板”窗口，单击“电源选项”超链接，打开“电源选项”窗口。

第 2 步：设置电源按钮。单击“选择电源按钮的功能”超链接，打开“系统设置”窗口，如图 2-72 所示。在“按电源按钮时”下拉列表中选择“关闭”选项，单击“保存修改”按钮，完成按机箱电源按钮时将关闭计算机电源的设置。

第 3 步：调整计算机的休眠计划。在“电源选项”窗口中单击“更改计算机睡眠时间”超链接，打开“编辑计划设置”窗口，如图 2-73 所示。在“关闭显示器”下拉列表中选择“25 分钟”；单击“更改高级电源设置”超链接，弹出“电源选项”对话框，展开硬盘项，在“在此时间后关闭硬盘”列表中选择“15 分钟”，单击“确定”按钮，完成调整。

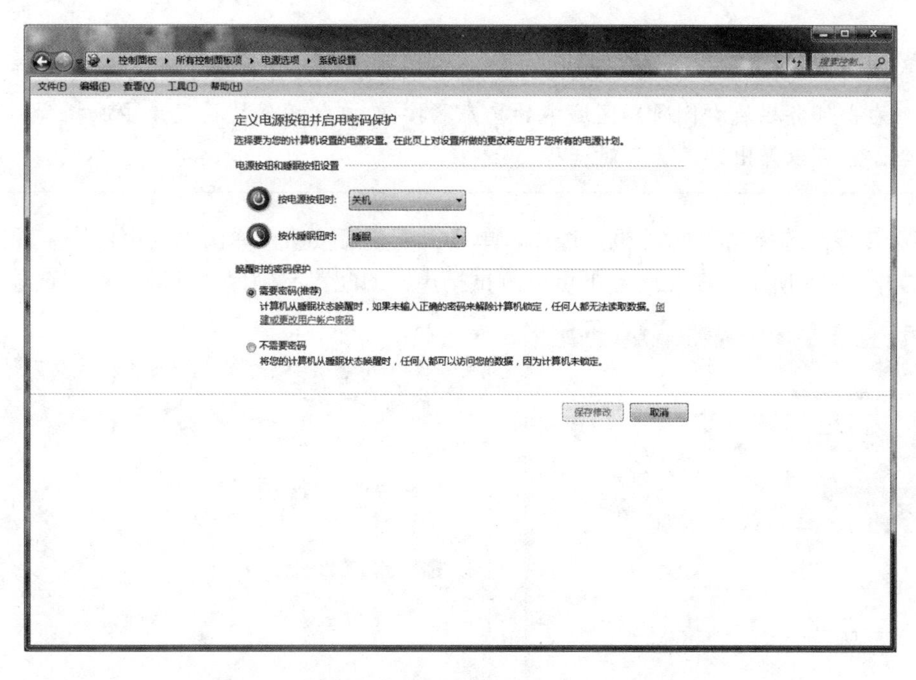

图 2-72　“系统设置”窗口

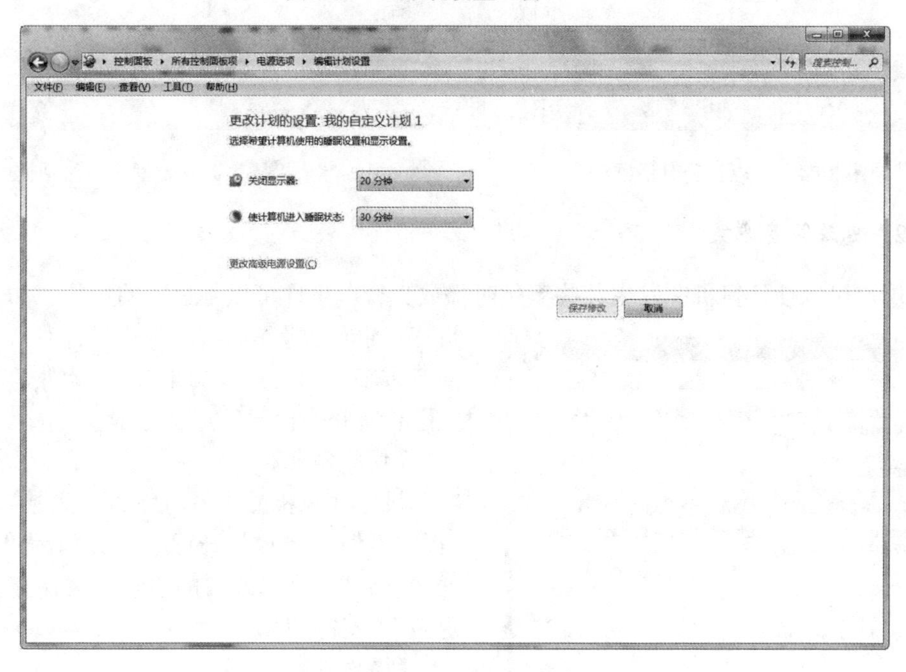

图 2-73　“编辑计划设置”窗口

任务 7　设置声音

1. 测试扬声器配置

第 1 步：在“控制面板”窗口中单击“声音”超链接，弹出“声音”对话框，如图 2-74 所示，选择“播放”选项卡。

提示

右击任务栏最右侧通知区域中的扬声器按钮，在弹出的快捷菜单中选择“播放设备”命令，也可以弹出“声音”对话框。

第2步：选择“喇叭/耳机”选项，单击“配置”按钮，弹出“扬声器安装程序”对话框，如图2-75所示。在此向导下可以测试扬声器的配置，确保从计算机获得最佳声音。

图2-74 “声音”对话框

图2-75 “扬声器安装程序”对话框

2. 更改声音方案

用户可以使计算机在发生某些事件时播放声音。事件可以是执行的操作，如登录计算机。Windows操作系统附带多种针对常见事件的声音方案（相关声音的集合）。此外，某些桌面主题也有它们自己的声音方案。

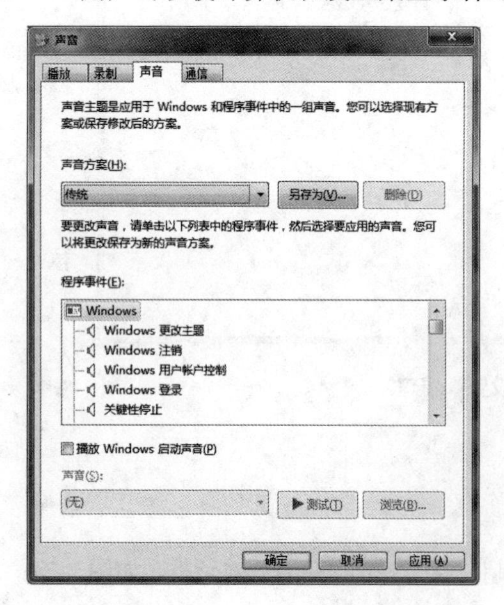

图2-76 “声音”选项卡

【任务要求】

设置计算机的声音方案为“风景”，并设置“程序事件”中的“打开程序”的声音为“Windows通知.wav”，将修改后的声音方案保存为“风景更新”声音方案。

【操作步骤】

第1步：在“控制面板”窗口中单击“声音”超链接，弹出“声音”对话框，选择“声音”选项卡，如图2-76所示。

第2步：在“声音方案”下拉列表中选择要使用的声音方案，这里选择“风景”方案。

第3步：在“程序事件”列表框中选择“打

开程序”事件，在下面的“声音”列表中选择“Windows 通知.wav”。

第 4 步：单击“另存为”按钮，弹出“方案另存为”对话框，在“将此声音方案另存为”文本框中输入“风景更新”，单击“确定”按钮。

> **提示**
>
> 若要感觉一下某个声音方案，则可选择该方案。在“程序事件”列表框中单击不同事件，然后单击“测试”按钮即可倾听该方案中每个事件的发声方式。

3. 调整计算机的声音级别

多数扬声器具有音量控制功能，而且可以控制计算机上的总体音量级别。

【任务要求】

调整扬声器的声音级别，设置扬声器为静音。

【操作步骤】

第 1 步：单击任务栏通知区域中的扬声器按钮，弹出音量设置框，如图 2-77（a）所示；单击“合成器”超链接，弹出音量合成器对话框，如图 2-77（b）所示。

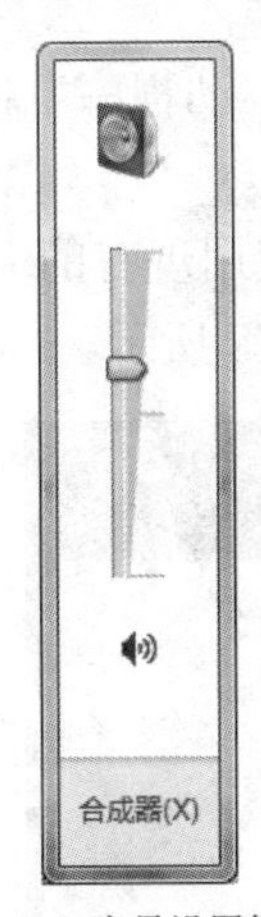

（a）音量设置框

（b）音量合成器对话框

图 2-77　音量设置框和音量合成器对话框

第 2 步：向上或向下移动滑块可以提高或降低扬声器、Windows 操作系统声音或音量合成器中列出的其他声音设备或程序的音量，以调整计算机的声音级别。

第 3 步：单击扬声器按钮，则设置为静音，按钮变为静音按钮。

再次单击静音按钮，则取消静音设置。

> **提示**
>
> 可以使用录音机工具来录制声音并将其作为音频文件保存在计算机上。可以从不同音频设备录制声音，如在计算机上插入声卡的扬声器。

任务 8　安装打印机

连接到所操作计算机的打印机称为本地打印机，而作为独立设备直接连接到网络或其他计算机上的打印机则称为网络打印机。

将打印机数据连接线正确地连接到计算机上后，还需要安装该打印机的驱动程序，才能够使用该打印机。

一般 Windows 操作系统可以自动识别所连接的打印机，并能自动安装该打印机的驱动程序。如果打印机是 USB 接口，则在其插入计算机时，Windows 7 操作系统会自动检测到该打印机并开始安装其驱动程序。

但如果打印机型号比较旧，可能需要手动安装其驱动程序。

在安装打印机的驱动程序前，需要查阅打印机型号等信息，以了解特定的说明。

【任务要求】

添加一个本地打印机（接口为 LPT1），打印机型号为 HP LaserJet M1005。

【操作步骤】

第 1 步：在“控制面板”窗口中单击“设备和打印机”超链接，打开“设备和打印机”窗口。

第 2 步：单击“添加打印机”按钮，在弹出的“安装打印驱动程序”对话框中选择“添加本地打印机”选项，单击“下一步”按钮。

第 3 步：在弹出的“选择打印机端口”对话框中选中“使用现有的端口”单选按钮，选择建议的打印机端口 LPT1，单击“下一步”按钮，如图 2-78 所示。

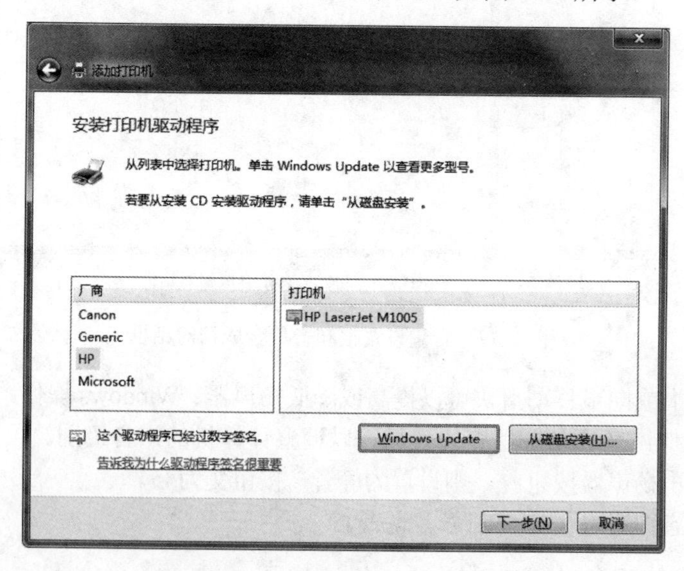

图 2-78　“添加打印机”向导

第 4 步：在“厂商”列表框中选择打印机制造商 HP；在“打印机”型号列表框中选择型号 HP LaserJet M1005，单击“下一步”按钮。

第 5 步：按照向导中的其余步骤，完成打印机的安装，最后单击“完成”按钮。

提示

用户可以打印一份测试页以确保打印机工作正常。如果安装了打印机，但打印机无法正常工作，可能是由于以下问题引起的：电缆未正确连接，无线适配器故障或设置有误，打印机驱动程序已损坏或不兼容，未更新。

任务 9 安装和卸载程序

1. 安装程序

使用 Windows 操作系统中附带的程序和功能可以执行许多操作，但可能还需要安装其他应用程序。因为在 Windows 操作系统中要使用一个程序，必须先安装该程序。

如何添加程序取决于程序的安装文件所处的位置。通常，程序从光驱、网络安装。从光驱安装程序的操作如下：

1）将光盘插入计算机的光驱，然后按照屏幕上的说明操作即可。从光驱安装的许多程序会自动启动程序的安装向导，在这种情况下，将弹出“自动播放”对话框，运行该向导完成程序的安装即可。

2）如果程序不开始自行安装，应检查程序附带的信息。该信息可能会提供手动安装该程序的说明信息。如果无法访问该信息，还可以浏览整张光盘，然后打开程序的安装文件（文件名通常为 Setup.exe 或 Install.exe）。

提示

从 U 盘或硬盘安装软件的方法与从光驱安装程序的方法相似。

2. 卸载程序

如果不再使用某个程序，或者如果希望释放硬盘上的空间，则可以从计算机上卸载该程序。可以使用计算机中的“程序和功能”卸载程序，操作步骤如下。

第 1 步：在“控制面板”窗口中单击“程序和功能”超链接，打开“程序和功能”窗口，如图 2-79 所示。

第 2 步：选择要卸载的程序（如“360 驱动大师”），然后单击工具栏上的“卸载/更改”按钮。在屏幕提示下，可完成已安装程序的卸载或更改操作。

除了卸载选项外，某些程序还包含更改或修复程序选项，但多数程序只提供卸载选项。

提示

如果未列出要卸载的程序，则可能还没有为此版本的 Windows 操作系统写入该程序。若要卸载该程序，应检查该程序附带的信息。

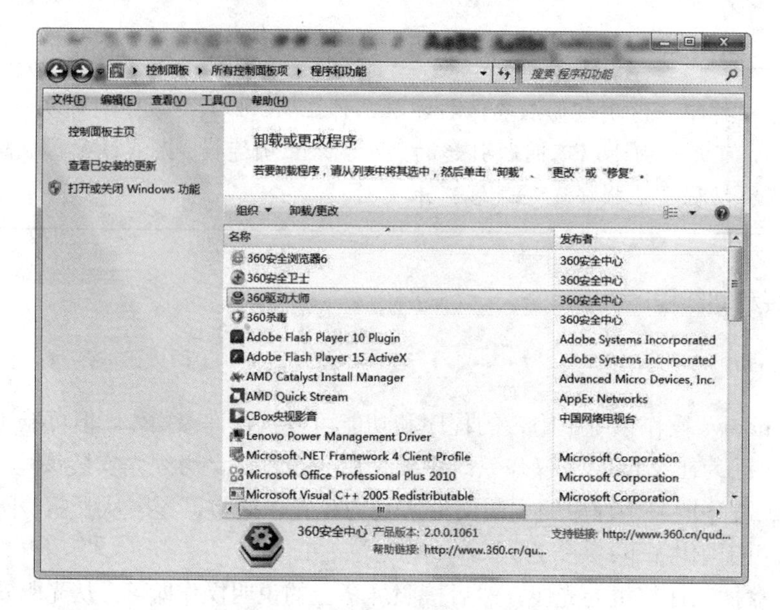

图 2-79 “程序和功能”窗口

项目小结

通过本项目的学习，应了解使用控制面板更改 Windows 操作系统设置的方法。这些设置涉及有关 Windows 外观和工作方式的绝大多数，并允许用户对 Windows 操作系统进行调整设置。经过反复练习，正确而准确地进行 Windows 操作系统设置，才能使其适合用户需求。

项目训练

1．将鼠标设置为“习惯右手”；选择鼠标指针移动速度为“快速”，并选中显示指针移动轨迹，其指针轨迹显示长度为“长”。打字时隐藏指针，按 Ctrl 键时显示指针位置。

2．将区域设置为“中文（简体，中国）”，数字的小数位数为 2 位，时间显示方式为“hh:mm:ss”，货币符号为“¥”；删除“微软拼音-简捷 2010”，添加“微软拼音-新体验 2010”，将语言栏“停靠于任务栏”。

3．设置系统的日期为当前日期，系统的时间为当前时间；设置系统时间与 Internet 时间同步；设置时区为“（GMT+08:00）北京，重庆，香港特别行政区，乌鲁木齐”。

4．取消“扬声器”的静音设置，将音量置为最大；设置声音方案为“Windows 默认”。

5．设置系统文件夹属性为“在文件夹中显示常见任务”，浏览文件夹方式为“在同一窗口中打开每个文件夹”。

6．卸载自己安装的软件，安装压缩工具软件 WinRAR。

7．查看所操作计算机的速度和性能信息。

8．创建一个标准账户 User1，密码是 456，且将账户图片更改为图片列表中第 4 行第 1 个图片（足球）。

9．设置计算机电源方案，20min 后关闭监视器，系统 45min 后待机，在按下电源按钮时计算机“睡眠”。

10．设置键盘字符重复延迟为“最短”，光标闪烁频率为“最快”。

11．设置系统属性，计算机命名为“学号”，关闭系统保护，禁止远程连接这台计算机。

12．设置系统为“自动安装更新”，并将更新时间设置为每周六晚 8 点。

13．添加 HP Laser Jet 1020 为本地打印机，该打印机与计算机之间通过 LPT1 端口连接，将打印机命名为 HP 1020，设置为默认打印机，并共享该打印机。

综 合 训 练

单项选择题

1．按住鼠标左键同时移动鼠标的操作称为（　　）。

A．单击　　B．双击　　C．右击　　D．拖动

2．有关鼠标两次单击操作与一次双击操作，下列说法正确的是（　　）。

A．两次单击就是快速地敲两次鼠标左键

B．双击就是按两次鼠标右键

C．两次快速的单击操作就是双击操作

D．双击就是敲两次鼠标左键

3．下列方式中，（　　）可打开一个文件。

A．双击该文件　　B．单击该文件　　C．指向该文件　　D．拖动该文件

4．在 Windows 7 默认环境中，在已装入的各个输入法之间进行切换的组合键是（　　）。

A．Alt+Tab　　B．Shift+空格　　C．Ctrl+空格　　D．Ctrl+Shift

5．在 Windows 7 默认环境中，用于中英文输入方式切换的组合键是（　　）。

A．Alt+Tab　　B．Shift+空格　　C．Ctrl+空格　　D．Alt+空格

6．下列组合键中，（　　）可以将选定的内容进行复制到剪贴板。

A．Ctrl+V　　B．Alt+PrtScr　　C．Ctrl+C　　D．Ctrl+P

7．退出并关闭当前用户程序，返回登录界面选择其他用户登录。这种退出方式是（　　）。

A．注销　　B．切换用户　　C．锁定　　D．重新启动

8．在对话框中允许同时可以选中多个选项的是（　　）。

A．列表框　　B．复选框　　C．命令按钮　　D．单选框

9．在 Windows 的窗口菜单中，若某命令项后面有向右的黑三角，则表示该命令项（　　）。

A．有下级子菜单　　B．单击鼠标可直接执行

C．右击鼠标可直接执行　　D．双击鼠标可直接执行

10．将一个程序放置在「开始」菜单中，用户可以右击该程序，选择（　　）。

A．附到「开始」菜单　　B．锁定到「开始」菜单

C．添加到「开始」菜单　　D．复制到「开始」菜单

11．「开始」菜单中“关机”按钮右侧的“注销”命令的功能是（　　）。

A．关闭 Windows

B．关闭正在运行的程序，希望以其他用户重新登录 Windows

C．重新启动 Windows

D．关机

12．打开“个性化”设置窗口，不能设置（　　）。

A．桌面小工具　　B．桌面的颜色

C．一个桌面主题　　D．一组可自动更换的图片

13．删除常用的桌面图标 “计算机”需要右击桌面空白区域，在弹出的快捷菜单中选择（　　）命令，然后选择“更改桌面图标”进行设置。

A．“排列方式”　B．“个性化”　C．“查看”　D．“小工具”

14．设置显示器颜色为“真彩色（32 位）”，可以通过（　　）窗口，选择相应按钮而进入设置显示器的颜色对话框。

A．个性化　B．屏幕分辨率　C．桌面小工具　D．窗口颜色和外观

15．关于 Windows 的文件组织结构，下列说法中错误的一个是（　　）。

A．每个子文件夹都有一个“父文件夹”

B．每个文件夹都可以包含若干“子文件夹”和文件

C．每个文件夹都有一个名字

D．磁盘上所有文件夹不能重名

16．在 Windows 7 的资源管理器中，要一次选择多个不相邻的文件，应进行的操作是（　　）。

A．依次单击各个文件

B．按住 Ctrl 键，并依次单击各个文件

C．按住 Alt 键，并依次单击各个文件

D．单击第一个文件，再按住 Shift 键，并依次单击各个文件

17．在 Windows 资源管理器中选定了文件或文件夹后，若要将它们复制到同一驱动器的文件夹中，其操作是（　　）。

A．按下 Ctrl 键拖动鼠标　　B．按下 Shift 键拖动鼠标

C．直接拖动鼠标　　D．按下 Alt 键拖动鼠标

18．在 Windows 7 的资源管理器中，当选定了文件/文件夹后，下列（　　）操作，将导致删除的文件/文件夹不能被恢复。

A．按 Delete 键

B．选择“文件”菜单中的“删除”命令

C．按住左键直接将它们拖拉到桌面上的“回收站”图标中

D．按 Shift+Del 键

19．在 Windows 中，若要恢复回收站中的文件，需要在“回收站”窗口中选定待恢复的文件后，再选择文件菜单中的（　　）命令项。

A．还原　B．清空回收站　C．删除　D．关闭

20．文件的属性被设置成“只读”后，下列说法正确的是（　　）。

A．文件内容不可以被修改　　B．文件不能被删除

C．不能更改文件名　　D．文件被隐藏

模块 3

Internet 应用

Internet 又称国际互联网或因特网，是一个使用公共语言进行通信、将全球范围内的计算机设备和网络连在一起的网络，实现了计算机软硬件资源及信息资源的全球共享。

从技术的角度来看，Internet 是一种计算机互联网，这个互联网运行 TCP/IP（transmission control protocol/internet protocol，传输控制协议/互联网协议），并且由分布在世界各地的、各种规模的计算机网络，借助于网络互联设备——路由器，相互连接而成。

从信息资源的角度来看，互联网是一个集各部门、各领域的信息资源为一体的，供网络用户共享的信息资源网。

借助于 Internet，人们可以获取所需的信息，并向世界传送信息；可以收发电子邮件，进行文件传输和沟通交流。使用 Internet 实际上就是使用 Internet 提供的各种服务。

项目 1　Internet 概述

项目要点

1）Internet 基础知识。

2）接入 Internet。

技能目标

1）了解 Internet 的基本概念及提供的服务。

2）了解 TCP/IP 在网络中的作用，会配置 IP 的参数。

3）了解 Internet 的常用接入方式，会将计算机连接到 Internet。

任务 1　认识 Internet

Internet 是目前世界上规模最大的计算机网络。其前身是美国的 ARPANET 网，该网是美国国防部为了使在地域上相互分离的军事研究机构和大学之间能够共享数据而建立的。ARPANET 是计算机网络发展过程中的里程碑。

1985 年美国国家科学基金会建立了 NSFNET，并与 ARPANET 合并，Internet 才真正发展起来。我国于 1994 年 4 月正式接入 Internet，中国科学院高能物理研究所和北京化工大学为了发展国际科研合作而开通了到美国的 Internet 专线。此后短短几十年，Internet 就在我国蓬勃发展起来。

1. Internet 服务

Internet 服务指的是为用户提供的互联网服务，通过 Internet 服务可以进行互联网访问，获取需要的信息。Internet 服务采用 TCP/IP。

Internet 可以提供 WWW（world wide web）服务、电子邮件（E-mail）、文件传输（File Transfer）、网络新闻（News）、远程登录（Telnet）、电子公告栏（Bulletin Board System，BBS）等服务。在人们的日常生活中，网络无处不在，网络的应用也如影随形。

（1）WWW 服务

WWW 简称 Web，是目前应用最广的一种基本互联网应用。

WWW 服务是一种建立在超文本基础上的浏览、查询 Internet 信息的方式，它以交互方式查询并且访问存放于远程计算机的信息，为多种 Internet 浏览与检索访问提供一个单独一致的访问机制。Web 页将文本、超媒体、图形和声音结合在一起。Internet 给企业带来了通信与获取信息资源的便利条件。

通过 WWW 服务，只要用鼠标进行本地操作，就可以到达世界上的任何地方。由于 WWW 服务使用的是超文本链接，因此可以很方便地从一个信息页转换到另一个信息页。它不仅能查看文字，还可以欣赏图片、音乐、动画。最流行的 WWW 服务的程序就是微软公司的 IE 浏览器。通过使用 WWW，一个不熟悉网络的人也可以很快成为 Internet 行家。

WWW 主要采用超文本传输协议（hypertext transfer protocol，HTTP）与超文本标记语言（hypertext markup language，HTML）。其中，HTTP 是 WWW 服务使用的应用层协议，用于实现 WWW 客户机与 WWW 服务器之间的通信；HTML 是 WWW 的描述语言，是 WWW 服务的信息组织形式，用于定义在 WWW 服务器中存储的信息格式。人们不用考虑具体信息是在当前计算机上还是在网络的其他计算机上。这样只要使用鼠标在某一文档中点取一个图标，Internet 就会马上转到与此图标相链接的内容上去，而这些信息可能存放在网络的另一台计算机中。

（2）电子邮件

电子邮件是一种用电子手段提供信息交换的通信方式，是互联网应用最广的服务。电子邮件又称电子邮政，是在 Internet 上或常规计算机网络上的各个用户之间，通过电子信件的形式进行通信的一种现代邮政通信方式，是 Internet 用户使用最普遍的一种功能。

通过网络的电子邮件系统，用户可以非常快速的方式与世界上任何一个角落的网络用户联系。电子邮件可以是文字、图像、声音等多种形式。同时，用户可以得到大量免费的新闻、专题邮件，并轻松实现信息搜索。电子邮件的存在极大地方便了人与人之间的沟通与交流，促进了社会的发展。

电子邮件最初是作为两个人之间进行通信的一种机制来设计的，但目前的电子邮件已扩展到可以与一组用户或一个计算机程序进行通信。由于计算机能够自动响应电子邮件，任何一台连接 Internet 的计算机都能够通过电子邮件访问 Internet 服务，并且一般的电子邮件软件设计时就考虑到如何访问 Internet 的服务，因此电子邮件成为 Internet 上使用较为广泛的服务之一。

电子邮件与传统的通信方式相比有着巨大的优势，它所体现的信息传输方式与传统的信件有较大的区别：具有发送速度快、信息多样化、收发方便、成本低廉及更为广泛的交流对象等优点。

（3）文件传输

文件传输是将一个文件或其中的一部分从一个计算机系统传到另一个计算机系统。它可能把文件传输至另一计算机中去存储，或访问远程计算机上的文件，或把文件传输至另一计算机上去运行（作为一个程序）或处理（作为数据），或把文件传输至打印机去打印。由于网络中各个计算机的文件系统往往不相同，因此要建立全网公用的文件传输规则，即文件传输协议（file transfer protocol，FTP）。

文件传输用户通过客户机程序向服务器程序发出命令，服务器程序执行用户所发出的命令，并将执行结果返回客户机。例如，用户发出一条命令，要求服务器向用户传送某一个文件的一份副本，服务器会响应这条命令，将指定文件送至用户的机器上。客户机程序代表用户接收这个文件，将其存放在用户目录中。

在文件传输的使用当中，用户经常遇到两个概念：下载（download）和上传（upload）。下载文件就是从远程主机复制文件至自己的计算机上，上传文件就是将文件从自己的计算机中复制至远程主机上。用 Internet 语言来说，就是用户可通过客户机程序向（从）远程主机上传（下载）文件。

（4）Telnet

单台计算机的容量及功能毕竟是有限的，Telnet 可以将本地计算机作为终端连接到网络上另一台计算机（主机）上，并远程操作该主机。

Telnet 是 Internet 的远程登录协议，它可使用户通过 Internet 远程登录另一台远程计算机上。当用户登录远程计算机后，用户自己的计算机就相当于远程计算机的一个终端，因此用户就可以用自己的计算机直接操纵远程计算机，享受远程计算机本地终端同样的权限。用户可在远程计算机启动一个交互式程序，可以检索远程计算机的某个数据库，可以利用远程计算机强大的运算能力对某个方程式求解。

Telnet 目前主要应用于对远程计算机软件进行调试。

（5）BBS

通过 BBS，用户可以实现信息公告、线上交谈（如 QQ 等）、分类讨论和经验交流等。

现在许多用户更习惯的 BBS 可能是基于 Web 的 BBS，用户只要连接到 Internet 上，直接利用浏览器就可以使用 BBS，阅读其他用户的留言，发表自己的意见。这种 BBS 大多为商业 BBS，以技术服务或专业讨论为主。

BBS 原意为电子公告栏，但由于用户的需求不断增加，目前 BBS 已不仅仅是电子公告栏而已，它大致包括信件讨论区、文件交流区、信息公告区和交互讨论区几部分。

1）信件讨论区：BBS 的主要功能之一，包括各类学术专题讨论区、疑难问题解答区和闲聊区等。在这些信件讨论区中，上站的用户留下自己想要与别人交流的信件，如在各种软硬件的使用、天文、医学、体育、游戏等方面的心得和经验。

2）文件交流区：一个非常受用户喜爱的功能。一般的 BBS 站台中，大多设有交流用的文件交流区，里面依照不同的主题分区存放了很多软件。众多共享软件和免费软件都可以通过 BBS 获取，不仅使用户得到合适的软件，也使软件开发者的努力由于公众的使用而得到肯定。

3）信息公告区：BBS 最基本的功能。一些有心的站长会在自己的站台上摆出为数众多的信息，如怎样使用 BBS、国内 BBS 站台介绍、某些热门软件的介绍、BBS 用户统计资料等。

4）交互讨论区：多线的 BBS 可以与其他同时上站的用户做到即时的联机交谈。这种功能也有许多变化，如 ICQ、Chat、Netmeeting 等，有的只能进行文字交谈，有的可以直接进行声音、视频对话。

（6）即时通信

一种基于互联网的即时交流消息的业务，允许两人或多人使用网络即时传递文字信息、档案、语音与视频交流。即时通信按使用用途分为企业即时通信和网站即时通信，根据装载对象又可分为手机即时通信和计算机即时通信。

即时通信的功能日益丰富，逐渐集成了电子邮件、博客、音乐、电视、游戏和搜索等多种功能。即时通信不再是一个单纯的聊天工具，它已经发展成集交流、资讯、娱乐、搜索、电子商务、办公协作和企业客户服务等为一体的综合化信息平台。

QQ 小企鹅以其不露声色的神秘微笑，逐渐一统“江湖”，傲视全球，成为即时通信市场的霸主。而微信则是一款跨平台的即时通信工具，它支持单人、多人参与，能够通过网络给好友发送文字消息、表情和图片，还可以传送文件，与朋友视频聊天，让人们的沟通更方便，同时提供有多种语言界面。

（7）远程教育

在网络环境下，远程教育以现代教育思想和学习理论为指导，充分发挥网络的各种教育功能和丰富的网络教育资源优势，向受教育者和学习者提供一种网络教和学的环境，传递数字化内容，开展以学习者为中心的非面授教育活动。

远程教育是随着现代信息技术的发展而产生的一种新型教育方式。随着 Internet 的迅猛发展，远程教育的手段有了质的飞跃，成为高新技术条件下的远程教育。远程教育是以现代远程教育手段为主，兼容面授、函授和自学等传统教学形式，多种媒体优化组合的教育方式。远程教育可以有效地发挥远程教育的特点，是一种相对于面授教育、师生分离、非面对面组织的教学活动，它是一种跨学校、跨地区的教育体制和教学模式。远程教育的特点是学生与教师分离，采用特定的传输系统和传播媒体进行教学，信息的传输方式多种多样，学习的场所和形式灵活多变。与面授教育相比，远程教育的优势在于它可以突破时空限制，提供更多的学习机会，扩大教学规模，提高教学质量，降低教学成本。

（8）远程医疗

远程医疗是指以计算机技术、遥感、遥测、遥控技术为依托，充分发挥大医院或专科医疗中心的医疗技术和医疗设备优势，对医疗条件较差的边远地区进行的远距离诊断、治疗和咨询。

远程医疗旨在提供提高诊断与医疗水平、降低医疗开支、满足广大人民群众保健需求的一项全新的医疗服务。目前，远程医疗技术已经从最初的电视监护、电话远程诊断发展到利用高速网络进行数字、图像、语音的综合传输，并且实现了实时语音和高清晰图像的交流，为现代医学的应用提供了更广阔的发展空间。

2. TCP/IP

网络上的计算机之间是如何交换信息的呢？就像我们说话要用某种语言一样，在网络上的各台计算机之间也有一种通信语言，即网络协议。

网络协议是网络上所有设备（网络服务器、计算机及交换机、路由器、防火墙等）之间通信规则的集合，规定了通信时的信息必须采用的格式和这些格式的含义。

在计算机网络系统中，不同的计算机之间必须使用相同的网络协议才能进行通信。

TCP/IP（transmission control protocol/internet protocol，传输控制协议/互联网互联协议）是一组协议集合，TCP、IP 是其中最基本、最重要的两个协议。

注意

TCP/IP 是一组协议的集合，是 Internet 实现分布在世界各地的各类网络互联的基础和核心协议。

（1）IP 地址

Internet 采用 IP 地址来标示网络上的所有网络和计算机，IP 地址是一个逻辑地址，每个 IP 地址都唯一地对应一台主机，但 Internet 允许一台主机有多个 IP 地址。

IP 地址是由美国 USC（University of Southern California，南加州大学）信息科学研究所 IANA（the internet assigned numbers authority，互联网数字分配机构）负责管理的，而 IP 地址的分配则由分布在各大洲的 Inter NIC 完成。我国用户的 IP 地址由中国互联网络信息中心（China Internet Network Information Center，CNNIC）受理。

一个 IP 地址（IPv4）由 4 字节组成，共 32 位，分成 4 组，每组是一个 8 位二进制数。但由于人们通常习惯于使用十进制整数，因此 IP 地址常用点分十进制数表示，即字节与字节之间以圆点分隔。因为 1 字节可以表示的最大十进制数是 255，所以每一个整数的范围是 0～255。例如，202.102.224.68 是一个正确的 IP 地址。

IP 地址是按逻辑网络结构划分的，它采取的是层次结构组织方式。一个标准的 IP 地址由两部分组成：一部分为网络号，另一部分为主机号，即网络号+主机号。

网络号：用于识别一个逻辑网络。只要两台主机具有相同的网络号，那么无论它们位于何处，都属于同一个逻辑网络。

主机号：用于识别某个网络中一台主机的一个连接（设备）。

例如，IP 地址 202.102.224.68 的网络号是 202.102.224，主机号是 68。

提示

只有同一网络（网络号相同）中的两台主机才能够直接通信，不同网络中的两台主机之间需要通过路由器或网关设备的转发才能够通信。

（2）设置 IP 地址

通过设置 IP 地址，可以将所有计算机设置为同一个逻辑网络。

【任务要求】

查看或更改自己计算机的 TCP/IP 的 IP 设置。

【操作步骤】

第 1 步：在“控制面板”窗口中单击“网络与共享中心”超链接，打开“网络与共享中心”窗口，如图 3-1 所示。

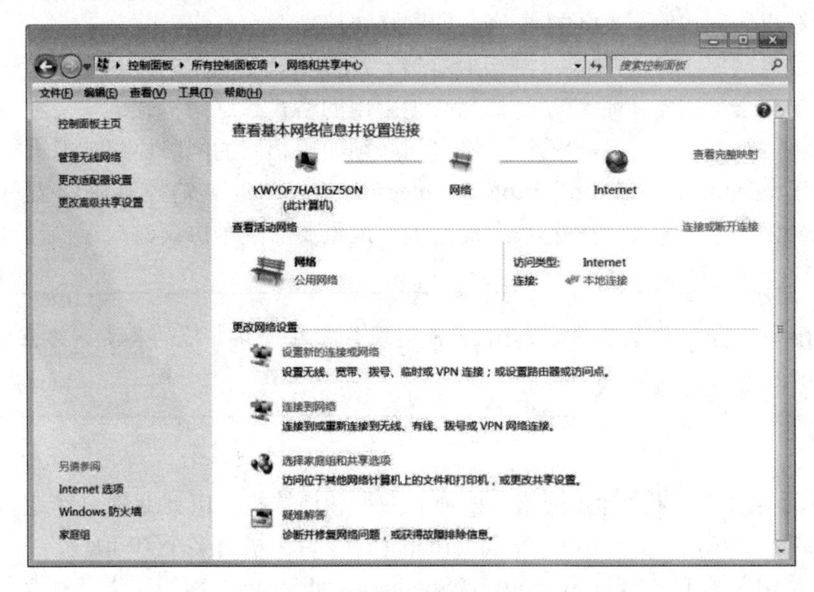

图 3-1 “网络与共享中心”窗口

第 2 步：单击左侧窗格中的“更改适配器设置”超链接，打开“网络连接”窗口，如图 3-2 所示。

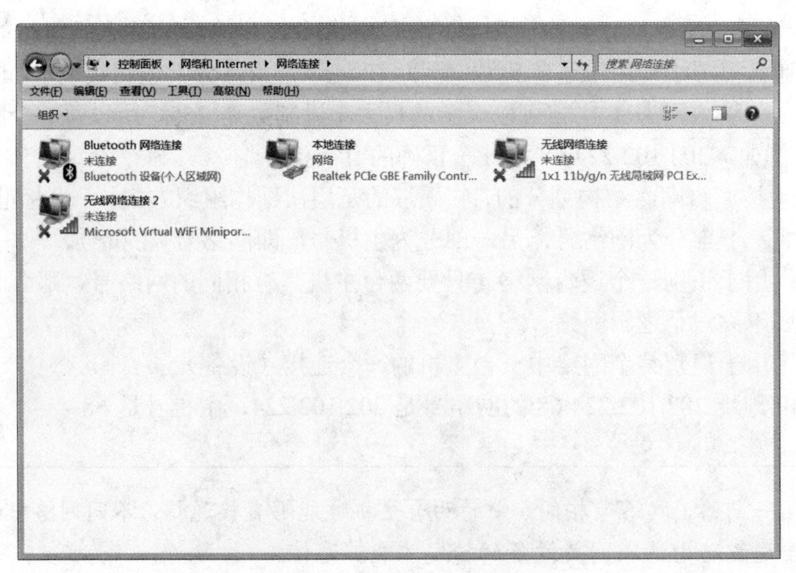

图 3-2 “网络连接”窗口

第 3 步：双击要设置的网络适配器，这里双击“本地连接”图标，弹出“本地连接 状态”对话框，如图 3-3 所示。

第 4 步：单击“属性”按钮，弹出“本地连接 属性”对话框，如图 3-4 所示。

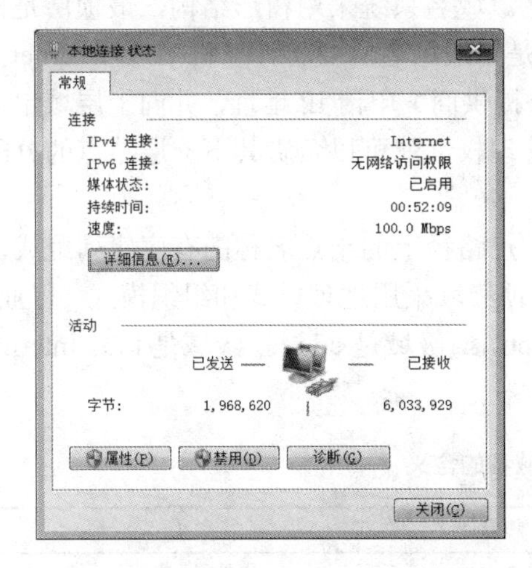

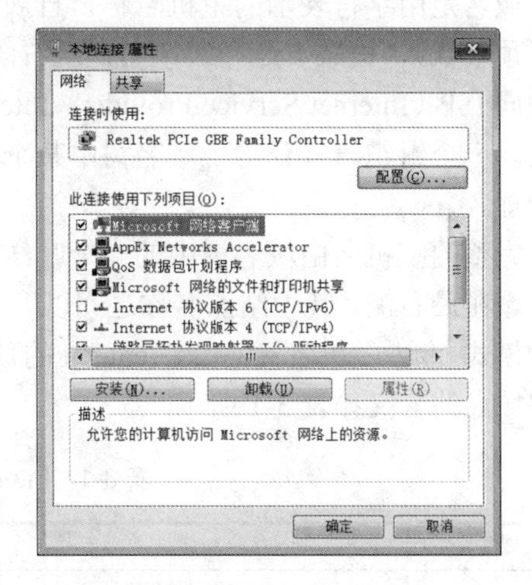

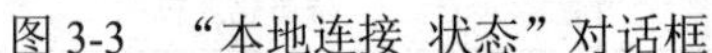

图 3-3 “本地连接 状态”对话框　　图 3-4 “本地连接 属性”对话框

第 5 步：选择“网络”选项卡，在“此连接使用下列项目”列表框中勾选“Internet 协议版本 4（TCP/IPv4）”复选框，单击“属性”按钮，弹出“Internet 协议版本 4（TCP/IPv4）属性”对话框，如图 3-5 所示，此时可以看到 IP 设置，也可以更改 IP 设置。

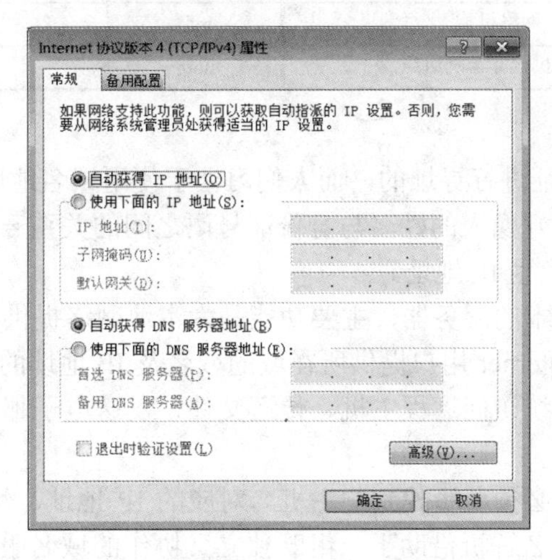

图 3-5 “Internet 协议版本 4（TCP/IPv4）属性”对话框

第 6 步：更改 IP 设置。若要使用 DHCP 自动获得 IP 设置，则选中“自动获得 IP 地址”和“自动获得 DNS 服务器地址”单选按钮，然后单击“确定”按钮。若要指定 IP 地址，则选中“使用下面的 IP 地址”单选按钮，并在“IP 地址”文本框中输入本机的 IP 地址（如 192.168.2.1），在“子网掩码”文本框中输入 255.255.255.0，在“默认网关”文本框中输入“192.168.2.2”（路由器网址）；选中“使用下面的 DNS 服务器地址”单选按钮，在“首选 DNS 服务器”文本框中输入任意一个 DNS 服务器地址，如 202.102.224.68，单击“确定”按钮，退出 IP 设置。

3. 域名

（1）Internet 域名

域名是用字符表示的主机名称，直观、易记忆。域名系统采用树形结构，最顶层是根域（顶级域），根域下是一级域名，从右向左依次是各级域名。要将计算机接入 Internet，必须向 ISP（Internet Service Provider，Internet 服务提供商）申请 IP 地址，并向上层域申请域名。一个组织一旦获得了域名树中某个结点的管理权，就可以负责其下一层结点的分配和管理。

完整的主机名由域名树中的一个叶结点到根结点路径上的结点名称的有序序列组成，顶级域在最右侧，其中结点名称之间以“.”隔开。顶级域采用地理模式和组织模式（行业）两种模式。例如，域名 www.kfu.edu.cn 的顶级域是 cn，二级域是 edu，三级域是 kfu。Internet 一些域名的含义如表 3-1 所示。

表 3-1 Internet 一些域名的含义

域名	含义	域名	含义
com	商业机构	firm	公司企业机构
edu	教育机构	shop	销售公司和企业
gov	政府部门	web	万维网机构
int	国际机构	arts	文化娱乐机构
mil	军事机构	rec	消遣娱乐机构
net	网络机构	info	信息服务机构
org	网络机构非营利组织	nom	个人

（2）域名系统

Internet 是采用 IP 地址进行寻址的，而人们习惯于使用域名地址，域名地址与 IP 地址之间存在着对应关系，就好像人的姓名与身份证号码之间的关系一样。在实际运行时，域名地址由专用的 DNS 转换为 IP 地址。

DNS 是 Internet 最基本的服务器，主要功能是为本地网络提供 Internet 域名与 IP 地址之间的查询服务，并为 Internet 用户提供所在域的域名及 IP 地址的转换操作。这样，网络用户可方便地使用域名系统访问远程主机、传送文件、发送电子邮件等。

（3）域名解析

域名系统的解析部分必须负责找到与主机名对应的 IP 地址，然后利用找到的 IP 地址将数据送往目的主机。域名解析借助于一组既独立又协作的域名服务器完成，每台域名服务器保存着它所管辖区域内的主机名与 IP 地址的对照表。对应于域名结构的域名服务器也构成一定的层次结构，这个树形域名服务器的逻辑结构是域名解析算法赖以实现的基础。域名解析采用自顶向下的算法，从根服务器开始直到叶服务器。

4. URL

URL（uniform resource locator，统一资源定位符）可指定存储网页的计算机名及到此页面的确切路径。URL 格式为“协议类型://主机名/路径及文件名:端口”。例如，http://www.people.com.cn/GB/138812/index.html 就是一个 URL。

1）协议类型：指明要访问哪类互联网服务，常用的协议如下。

① HTTP：用于Web网页的访问。

② Telnet：提供远程登录功能。

③ FTP：远程文件传输协议。

2）主机名：指明要访问的服务器的主机名。主机名可以是ISP为该主机申请的IP地址，也可以是ISP为该主机申请的主机名，即域名。

3）路径及文件名：资源所在主机的路径及文件名。路径及文件名也可以省略。

4）端口：在TCP/IP中引入了一种被称为Socket（套接字）的应用程序端口，一个IP地址的端口可以有65536个端口。

5. 超链接

超链接在本质上属于一个网页的一部分，它是一种允许当前网页同其他网页或站点之间进行链接的元素。各个网页链接在一起后，才能真正构成一个网站。超链接是指从一个网页指向一个目标的链接关系，这个目标可以是另一个网页，也可以是相同网页上的不同位置，还可以是一个图片、一个电子邮件地址、一个文件，甚至是一个应用程序。

超链接是Web地址嵌入在网页中的文本或图形。超链接文本与Web页面上的其他文本通常颜色不同或带有下划线，而超链接图形通常带有其他颜色的边界。

判断超链接的方法：当鼠标指针移动到超链接上时，会变成一个小手的形状。此时当浏览者单击时，超链接目标将显示在浏览器上，并且根据目标的类型来打开或运行。

任务2 接入Internet

家庭用户或单位用户接入互联网的方式多种多样，但一般是通过提供Internet接入服务的ISP接入Internet，由ISP提供互联网的入网连接和信息服务。

接入Internet的主要方式有以下几种。

1. PSTN接入

PSTN（public switched telephone network，电话线拨号接入）是家庭用户接入互联网的普遍的窄带接入方式，即通过电话线，利用当地运营商提供的接入号码，拨号接入互联网，速率不超过56Kbit/s。其特点是使用方便，只需有效的电话线及自带调制解调器（Modem）的PC就可完成接入。

PSTN运用在一些低速率的网络应用中，主要适合临时性接入或无其他宽带接入场所使用。其缺点是速率低，无法实现一些高速率要求的网络服务，且费用较高，目前已被淘汰。

2. ISDN接入

ISDN（integrated services digital network，综合业务数字网）俗称“一线通”，它采用数字传输和数字交换技术，将电话、传真、数据、图像等多种业务综合在一个统一的数字网络中进行传输和处理。用户利用一条ISDN用户线路，可以在上网的同时拨打电话、收发传真，就像两条电话线一样。ISDN基本速率接口有两条64Kbit/s的信息通路和一条16Kbit/s的信令通路，简称2B+D，当有电话拨入时，它会自动释放一个B信道来进行电话接听。

ISDN主要适合于普通家庭用户使用。其缺点是速率较低，无法实现一些高速率要求的网络服务，且费用较高，目前已基本被淘汰。

3. ADSL 接入

在通过本地环路提供数字服务的技术中，较有效的类型之一是 DSL（digital subscriber line，数字用户线）技术，其也是运用最广泛的铜线接入方式。ADSL 可直接利用现有的电话线路，通过 ADSL Modem 进行数字信息传输。其理论速率可达到 8Mb/s 的下行和 1Mb/s 的上行，传输距离可达 4～5km。ADSL2+速率可达 24Mb/s 的下行和 1Mb/s 的上行。另外，最新的 VDSL2 技术可以达到上下行各 100Mb/s 的速率。ADSL 技术的特点是速率稳定、带宽独享、语音数据不干扰等。适用于家庭、个人等用户的大多数网络应用需求，满足一些宽带业务包括 IPTV、视频点播（VOD），远程教学，可视电话，多媒体检索，LAN 互联，Internet 接入等。

ADSL 技术具有以下一些主要特点：可以充分利用现有的电话线网络，通过在线路两端加装 ADSL 设备便可为用户提供宽带服务；它可以与普通电话线共存于一条电话线上，接听、拨打电话的同时能进行 ADSL 传输，且互不影响；进行数据传输时不通过电话交换机，这样上网时就不需要缴付额外的电话费，可节省费用。

4. 光纤接入

通过光纤接入到小区节点或楼道，再由双绞线连接到各个共享点上（一般不超过 100m），提供一定区域的高速互联接入。其特点是速率高，抗干扰能力强，适用于家庭、个人或各类企事业团体，可以实现各类高速率的互联网应用，如视频服务、高速数据传输、远程交互等，缺点是一次性布线成本较高。光纤接入是目前普遍采用的一种家庭宽带接入方式。

5. 无线网络接入

无线网络是一种有线接入的延伸技术，其使用无线射频（RF）技术越空收发数据，可以减少电线连接。因此，无线网络系统既可达到建设计算机网络系统的目的，又可让设备自由安排和搬动。在公共开放的场所或者企业内部，无线网络一般会作为已存在有线网络的一个补充方式，装有无线网卡的计算机通过无线手段接入互联网。

6. PLC 接入

PLC（power line communication，电力线通信）技术是指利用电力线传输数据和媒体信号的一种通信方式，也称电力线载波（power line carrier）。其把载有信息的高频加载于电流，然后用电线传输到接收信息的适配器，再把高频从电流中分离出来并传送到计算机或电话。PLC 属于电力通信网，包括 PLC 和利用电缆管道和电杆铺设的光纤通信网等。电力通信网的内部应用包括电网监控与调度、远程抄表等。面向家庭上网的 PLC 俗称电力宽带，属于低压配电网通信。

7. 局域网接入

一般单位的局域网都已接入 Internet，因此局域网用户可通过局域网接入 Internet。局域网接入传输容量较大，可提供高速、高效、安全、稳定的网络连接。现在许多住宅小区也利用局域网提供宽带接入。

项目小结

本项目主要介绍了计算机网络基础知识，将网络硬件设备进行正确连接后，需要设置正确的 IP 地址。

已正确设置 IP 地址的计算机出现的 Internet 连接问题是由于电缆断开、路由器或调制解调器不正常工作导致的。

项目训练

查看自己计算机的 IP 地址，将 IP 地址设置为 192.168.1.X（X 是机器号，范围是 2～254），子网掩码设置为 255.255.255.0，网关设置为 192.168.1.1，DNS 服务器地址设置为 202.102.227.68。

项目 2　网络信息获取

1）使用 IE 浏览器。

2）搜索和保存信息。

1）熟练使用 IE 浏览器浏览网页，会配置浏览器中的常用参数。

2）熟练使用搜索引擎查询信息，会下载并保存信息。

任务 1　使用 IE 浏览器

Internet Explorer 浏览器（简称 IE 浏览器）是微软公司设计开发的一个功能强大、很受用户欢迎的 Web 浏览器，也是导航、访问和浏览 Web 网页的一个工具。使用 IE 浏览器，用户可以从 Web 服务器上搜索需要的信息、浏览 Web 网页、查看源文件、收发电子邮件等。

Web 上的文件或网页是互相联系的，这些网页可以存储在世界任何地方的计算机上，通过单击特定的文本或图形可链接到其他网页。利用超链接，不仅能同时打开多个网页，还可以简便地随意调换想浏览的网页内容，并迅速地从一个网页跳转到另一个网页。

1. 认识 IE 浏览器

（1）启动 IE 浏览器

双击桌面上的 Internet Explorer 图标，打开 IE 浏览器窗口，如图 3-6 所示，这里 IE 浏览器打开的是人民网主页 http://www.people.com.cn。

IE 浏览器窗口具有多个工具栏，包括菜单栏、收藏夹栏、命令栏、地址栏和状态栏等。所有这些工具栏都可按不同的方式进行自定义。

显示或隐藏 IE 浏览器工具栏操作方法：选择“工具”→“工具栏”命令，在其级联菜单中勾选或取消勾选相应工具栏的复选框，即可显示或隐藏工具栏。

单击主页中的任何超链接，即可浏览其链接的 Web 页面。将鼠标指针移过网页上的项目，可以识别出该项目是否为超链接。如果鼠标指针变成手形，表明它是超链接。超链接可以是图片、图形或彩色下划线的文本等。

图 3-6　人民网主页

（2）浏览 Web

1）利用地址栏打开 Web 页面。地址栏显示了当前 Web 页面的地址 URL。在地址栏中输入 Internet 地址（网址），单击其后的“转到”按钮或按 Enter 键，将打开该地址所对应的 Web 页面。

2）查找以前访问过的 Web 页面。IE 浏览器有记忆功能，单击地址栏的下拉按钮，在打开的下拉列表中将显示以前访问过的 URL，如图 3-7 所示，单击选择需要的 URL，便可打开所选 Web 页面。

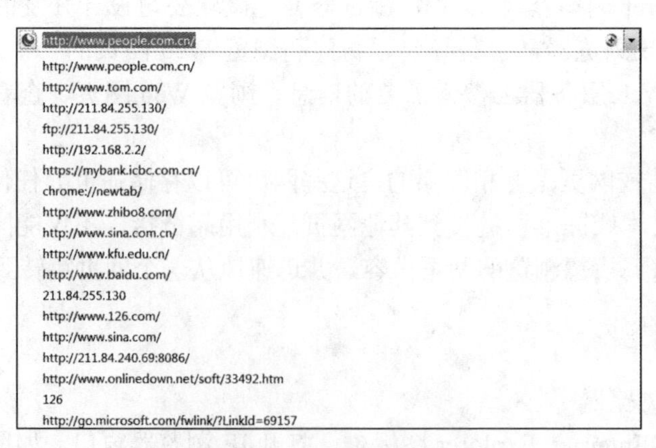

图 3-7　地址栏下拉列表

【任务要求】

浏览人民网主页 http://www.people.com.cn。

【操作步骤】

第 1 步：在 IE 浏览器的地址栏中输入网址 http://www.people.com.cn。

> **提示**
>
> 在输入过程中会出现相似地址的列表供用户选择。如果 Web 地址有误，IE 浏览器会自动搜索类似的地址以找出匹配的地址。

第 2 步：按 Enter 键或单击“转到”按钮，便可打开人民网主页。

3）工具按钮。IE 浏览器工具栏为管理和使用 IE 浏览器提供了极大的方便。

① 后退：单击“后退”按钮，可返回上次查看过的网页。

② 前进：单击“前进”按钮，可查看当前页面的下一个网页。

③ 停止：由于网络的传输速度较慢，或由于 Web 页面信息量很大，可能造成等待时间过长，如果不想继续浏览，可单击“停止”按钮。

④ 刷新：若网页无法显示信息或想获得最新的网页，可以单击“刷新”按钮。

⑤ 收藏：单击“收藏夹”按钮，可以从“收藏夹”选项卡中选择站点，如图 3-8（a）所示。在收藏栏中选择“历史记录”选项卡，则可以访问以前浏览过的网页，如图 3-8（b）所示。

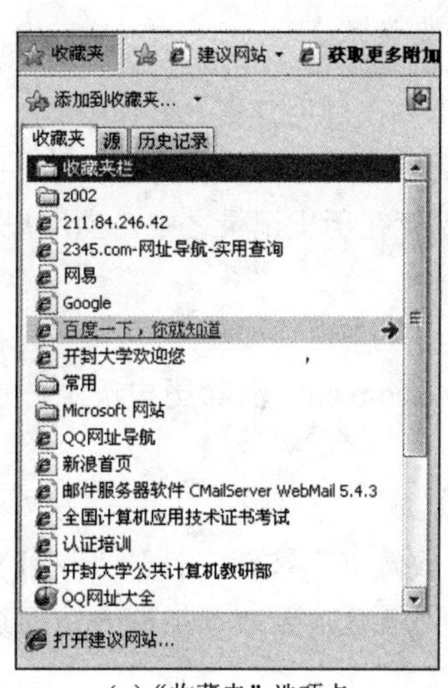

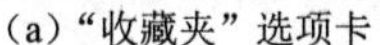
（a）“收藏夹”选项卡

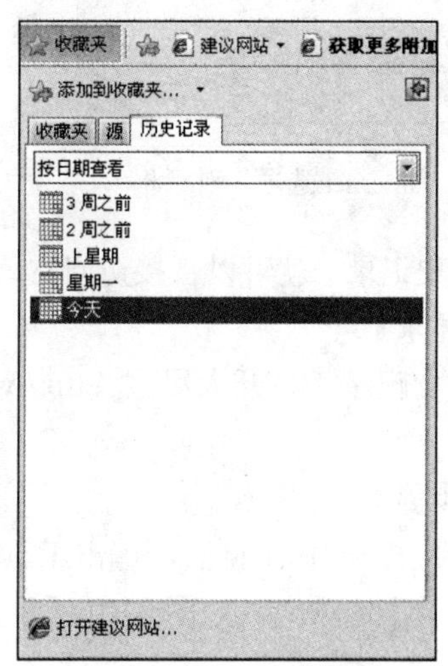

（b）“历史记录”选项卡

图 3-8　“收藏夹”和“历史记录”选项卡

2. 设置 IE 浏览器主页

主页就是每次打开 IE 浏览器时最先显示的页面。

选择“工具”→“Internet 选项”命令，在弹出的“Internet 选项”对话框中可以设置自己喜欢的网页作为每次登录 Internet 的主页。

【任务要求】

将 http://www.people.com.cn 设置为IE浏览器主页。

【操作步骤】

第1步：打开浏览器IE，选择“工具”→“Internet选项”命令，弹出“Internet选项”对话框，如图3-9所示，选择“常规”选项卡。

“常规”选项卡中的按钮功能介绍如下：

1）“使用当前页”按钮：将当前打开的网页设置为主页。

2）“使用默认值”按钮：将安装IE浏览器时第一次设置的页面作为主页。

3）“使用空白页”按钮：将空白页 about:blank 设置为主页。

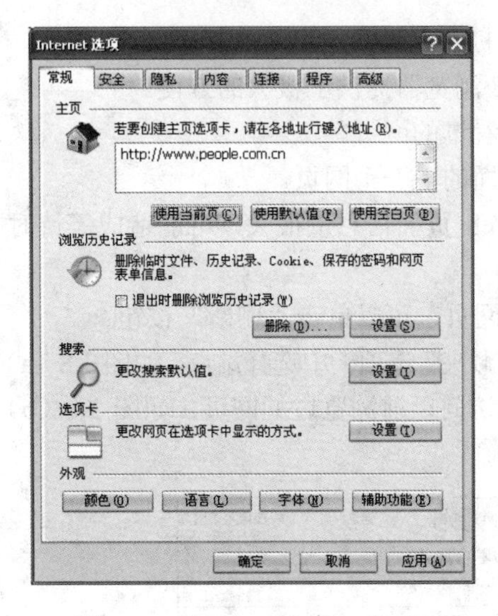

图3-9 “Internet选项”对话框

第2步：在“主页”选项组的地址栏框中输入URL:http://www.people.com.cn，单击“确定”按钮，即可将 http://www.people.com.cn 设置为IE浏览器的主页。

在设置了主页为人民网后，当每次打开IE浏览器时，首先出现的就是人民网首页。用户可以用这个方法更改IE浏览器的主页地址，将自己喜欢的网页设为IE浏览器的主页。

3. 历史记录

查找用户在过去几天、几小时或几分钟内曾经浏览过的网页和网站有很多种方法。用户在网上浏览过的网页都保存在历史记录之中，当用户再次访问时，只要打开历史记录，就可以直接访问它。

【任务要求】

利用历史记录，打开人民网 http://www.people.com.cn；清除历史记录；设置历史记录保留20天。

【操作步骤】

第1步：打开IE浏览器，单击工具栏中的“收藏夹”按钮，打开“收藏夹”窗格，选择“历史记录”选项卡，如图3-10所示，可以看到最近几天或几星期内访问过的网页和站点的超链接。

第2步：要想浏览几天前刚刚浏览过的站点，只需在“历史记录”选项卡单击其超链接，就可以打开该网页。这里单击 people（www.people.com.cn），便可快速打开人民网。

第3步：清除历史记录。弹出“Internet选项”对话框，在“常规”选项卡的“浏览历史记录”选项组中单击“删除”按钮，或勾选“退出时删除浏览历史记录”复选框。

第4步：设置历史记录保留时间。单击“浏览历史记录”选项组中的“设置”按钮，弹出“Internet临时文件和历史记录设置”对话框，如图3-11所示。在“历史记录”选项

图 3-10　“历史记录”选项卡

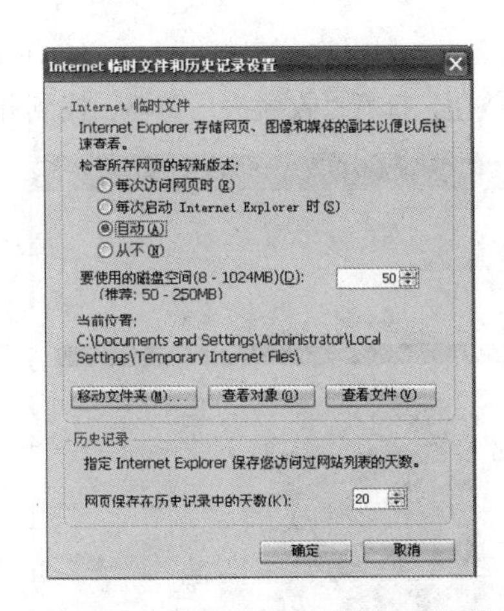

图 3-11　“Internet 临时文件和历史记录设置”对话框

组中设置保存历史记录的天数。指定的天数越多，保存该信息所需的磁盘空间就越多。这里输入 20，单击“确定”按钮，则历史记录可以保存 20 天。

4. 使用收藏夹

用户在浏览 Web 页面时常常遇到自己喜欢的网页或站点，为了下次能快速地访问它，提高上网效率，可以将其添加到收藏夹。

【任务要求】

将 http:// www.people.com.cn 添加到收藏夹，利用收藏夹打开 http://www.people.com.cn，并整理收藏夹。

【操作步骤】

第 1 步：将 http:// www.people.com.cn 添加到收藏夹。打开 IE 浏览器，浏览网页 http://www.people.com.cn，单击工具栏上的“收藏夹”按钮，打开“收藏夹”窗格，选择“添加到收藏夹”按钮，弹出“添加收藏”对话框，如图 3-12 所示。选择目标文件夹，在“名称”文本框中输入“人民网”单击“添加”按钮，便将 http://www.people.com.cn 保存到收藏夹。

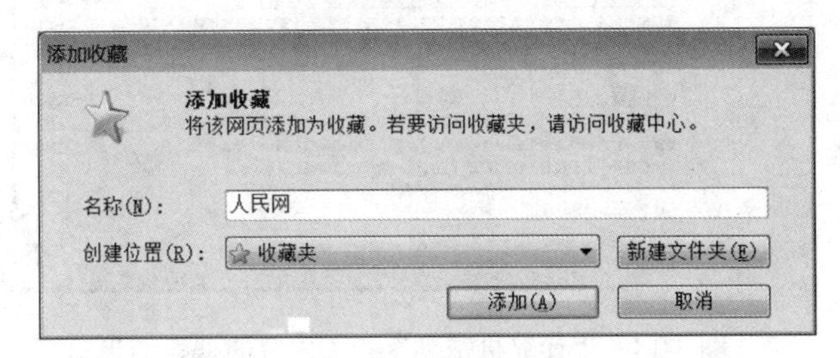

图 3-12　“添加收藏”对话框

提示

如果选择“创建位置”为“收藏夹栏”，那么网址会出现在收藏栏中。

第 2 步：利用收藏夹打开 http://www.people. com.cn。打开 IE 浏览器，单击工具栏上的“收藏夹”按钮，打开“收藏夹”窗格，找到并选择“人民网”，即可打开 http://www.people.com.cn。

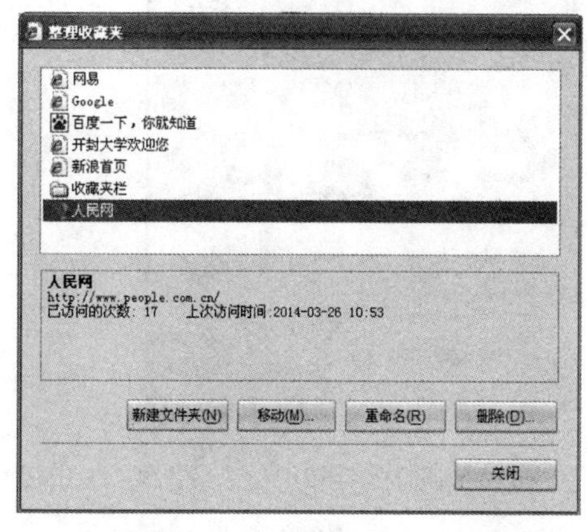

图 3-13 “整理收藏夹”对话框

第 3 步：整理收藏夹。在“收藏夹”窗格中选择“整理收藏夹”选项，弹出“整理收藏夹”对话框，如图 3-13 所示，此时可以对收藏的网页标记进行“新建文件夹”“移动”“重命名”或“删除”等操作。

任务 2 搜索和保存信息

1. 搜索信息

Internet 中的信息越来越多，网站难以计数，这就需要使用浏览器的搜索功能或使用某些搜索引擎来查找自己需要的信息。

（1）使用 IE 浏览器的搜索工具

【任务要求】

利用 IE 浏览器的搜索工具，查找有关“计算机基础”的信息。

【操作步骤】

第 1 步：打开 IE 浏览器，在工具栏的搜索文本框中输入要查找信息的关键词，如“计算机基础”。

第 2 步：单击“搜索”按钮，就可以显示搜索到的包含关键字“计算机基础”的 Web 页面所超链接的搜索列表窗口，如图 3-14 所示。

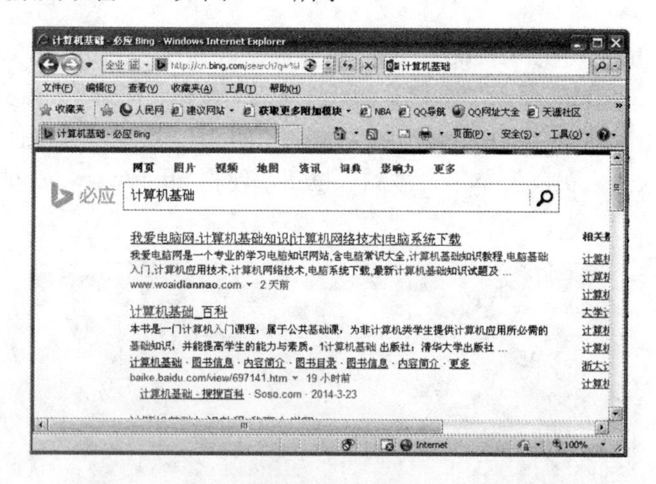

图 3-14 “计算机基础”相关内容的搜索结果

第 3 步：在搜索列表窗口中单击感兴趣的超链接，便可进入该超链接的 Web 页面，查看是否有自己所需要的信息。

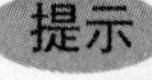

在地址栏中直接输入“计算机基础”，按 Enter 键，可直接查找。

（2）使用搜索引擎

搜索引擎即查找信息的导航系统，它可以帮助用户搜寻网络上的资源，直接将用户引到想去的地方。搜索引擎比较多，如百度、搜狗、搜狐、Google 等。

搜索引擎一般有一个关键词输入文本框。搜索引擎用关键词检索就像查字典一样，用户只要有明确的搜索目标，就可直接输入关键词来让搜索引擎进行搜索。

【任务要求】

利用百度搜索引擎，查找有关“计算机基础”方面的网页信息和图片信息。

【操作步骤】

第 1 步：打开百度搜索引擎，在浏览器的地址栏输入百度网址 http://www.baidu.com，进入百度主页，如图 3-15 所示，百度默认的是网页搜索。

图 3-15　百度主页

第 2 步：在百度主页的关键词输入文本框中输入“计算机基础”，单击“百度一下”按钮，即可显示出搜索到的关键词是“计算机基础”的网页超链接界面，如图 3-16 所示。

图 3-16　百度搜索到的“计算机基础”网页超链接

第 3 步：此时，可以直接单击搜索结果中的超链接而进入相关网页。这里单击“电脑入门基本知识_计算机基础知识大全”超链接，打开如图 3-17 所示的网页。

第 4 步：浏览网页，了解相关信息。

图 3-17 “有谱电脑知识网”网页

（3）下载软件

用户可以利用搜索引擎搜索并下载所需要的软件，保存到本地文件夹中。

【任务要求】

利用百度搜索引擎，查找“百度拼音”输入法软件，并下载到 D:\2014014014 文件夹中。

【操作步骤】

第 1 步：查找“百度拼音”输入法软件。打开百度主页，在关键词输入文本框中输入“百度拼音”，单击“百度一下”按钮，显示出搜索关键词是“百度拼音”的网页超链接，如图 3-18 所示。

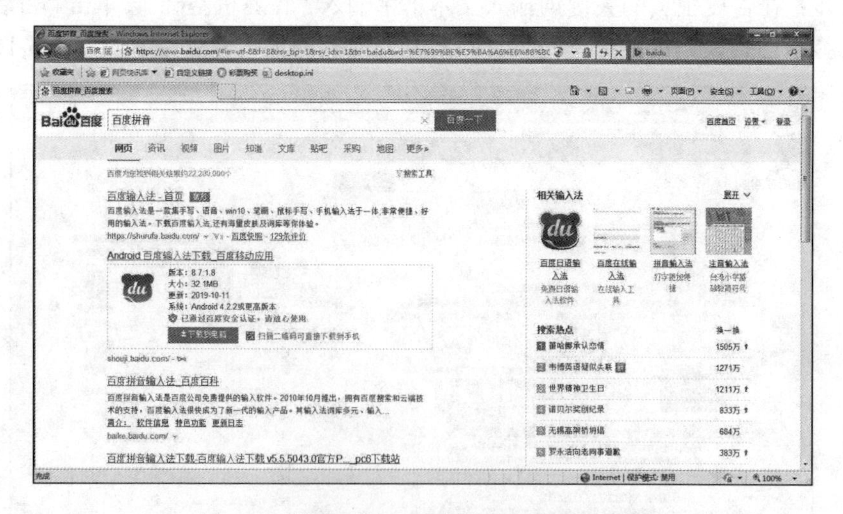

图 3-18 搜索到的“百度拼音”网页超链接

第 2 步：单击搜索结果中的某个超链接，进入相关网页。这里单击“百度输入法-首页”

超链接，如图 3-19 所示。

第 3 步：下载软件。当单击“立即下载”按钮后，如果没有第三方下载软件，可直接以“另保存”的方式下载到本地计算机上。选择文件保存位置为 D:\2014014014，如图 3-20 所示。单击“保存”按钮，即可进行下载。

图 3-19 “百度输入法”下载界面

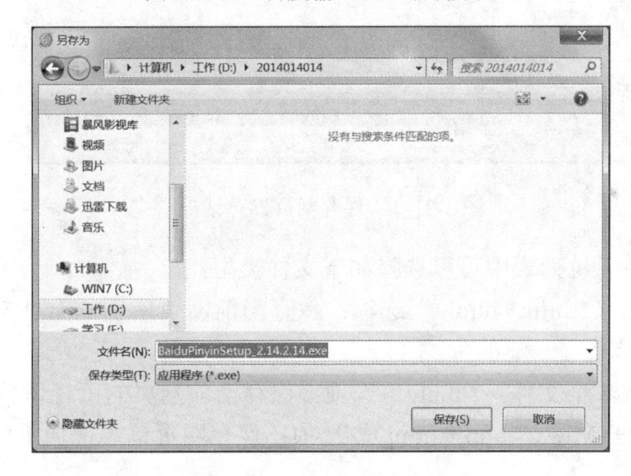

图 3-20 “另存为”对话框

下载完成后，可在文件的保存位置 D:\2014014014 中看到该软件。

注意

一定要记清楚下载文件的保存位置（路径），以方便查找和使用下载的文件。

2. 保存信息

在浏览 Web 页面的过程中，可以将有用的信息保存下来。

（1）保存 Web 页面

当用户正在浏览 Web 页面时，选择“页面”→“另存为”命令，弹出“保存网页”对话框。在该对话框中选择存放文件的文件夹，输入新文件名或选择默认的原文件名，选择文件的保存类型及编码（语言），单击“保存”按钮，即可保存当前网页。

【任务要求】

将在百度搜索引擎中搜索到的“计算机基础”相关网页保存到 D:\2014014014 文件夹中，设置文件保存类型为“Web 档案，单个文件”，文件名是“计算机基础.mht”。

【操作步骤】

第 1 步：利用百度搜索引擎搜索信息。在浏览器的地址栏中打开百度首页，并在关键词输入文本框中输入“计算机基础”，单击“百度一下”按钮，搜索出相关内容。

第 2 步：选择“页面”→“另存为”命令，弹出“保存网页”对话框，如图 3-21 所示，选择保存位置 D:\2014014014。

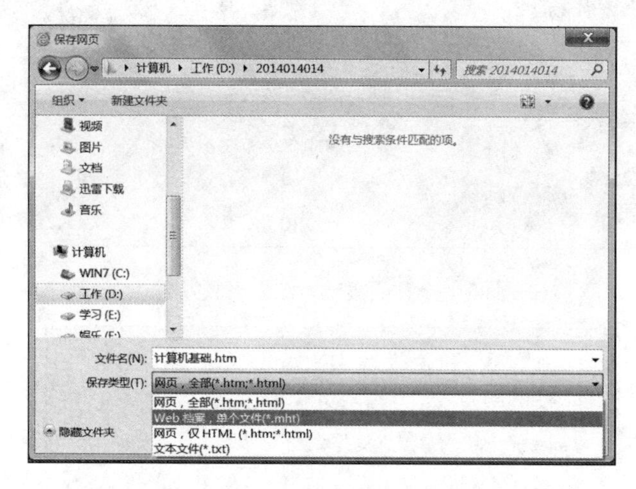

图 3-21　“保存网页”对话框

在“保存类型”下拉列表中可以选择如下文件类型：

1）“网页，全部（*.htm;*.html）”选项：保存当前网页所需的全部文件，包括图像、框架和样式表。

2）“Web 档案，单个文件（*.mht）”选项：保存当前网页的可视信息。

3）“网页，仅 HTML（*.htm;*.html）”选项：保存网页信息，但不保存图像、声音或其他文件。

4）“文本文件（*.txt）”选项：只以纯文本格式保存网页信息。

第 3 步：选择文件保存类型，这里选择“Web 档案，单个文件（*.mht）”选项，在“文件名”文本框中输入“计算机基础.htm”，单击“保存”按钮，完成操作。

（2）保存文本

【任务要求】

将“计算机基础”网页中的文字资料保存到 D:\2014014014 文件夹中，文件名是“计算机基础”，文件类型为文本文件。

【操作步骤】

第 1 步：通过百度搜索引擎搜索出“计算机基础”相关网页内容，并打开网页。选中网页中的文字内容，右击，在弹出的快捷菜单中选择“复制”命令，如图 3-22 所示。

第 2 步：打开“记事本”窗口，如图 3-23 所示。

第 3 步：右击“记事本”窗口空白处，在弹出的快捷菜单中选择“粘贴”命令，粘贴文字资料，如图 3-24 所示。

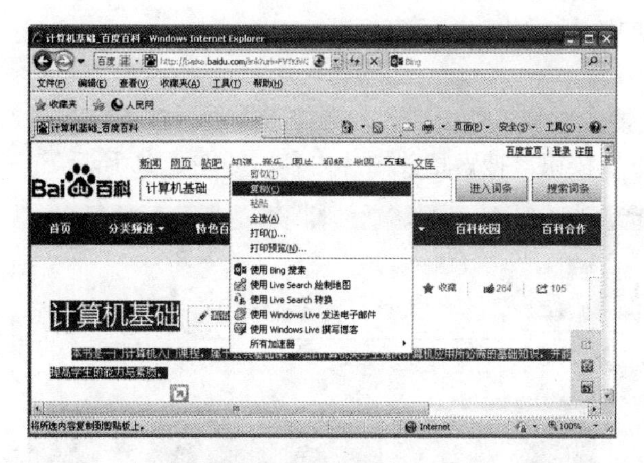

图 3-22　选择“复制”命令

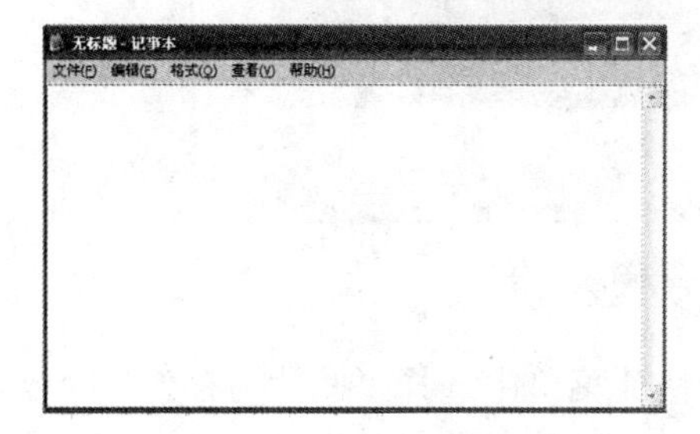

图 3-23　“记事本”窗口

图 3-24　粘贴文字资料

提示

在图 3-24 所示的窗口中，按 Ctrl+V 组合键也可以粘贴文本内容。

第 4 步：选择“文件”→“另存为”命令，弹出“另存为”对话框，选择保存位置 D:\2014014014，在“文件名”文本框中输入“计算机基础”，如图 3-25 所示，单击“保存”按钮。

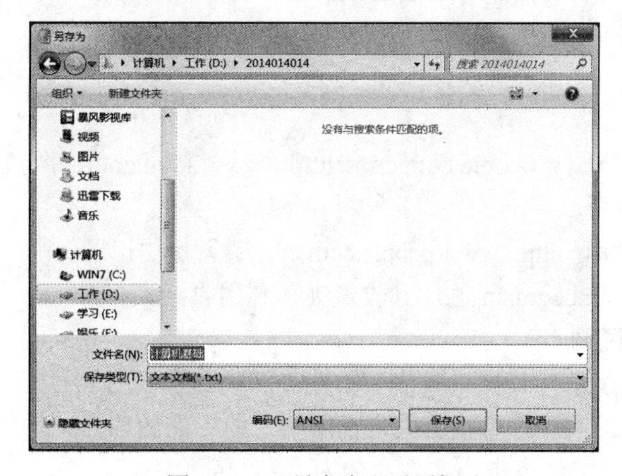

图 3-25　“另存为”对话框

（3）保存图片

【任务要求】

在百度搜索引擎中搜索骏马图片，并将其中一张图片以“骏马.jpg”为文件名保存到D:\2014014014文件夹中。

【操作要求】

第1步：在百度搜索引擎中单击“图片”搜索类型，在关键词输入文本框中输入“骏马”，单击“百度一下”按钮，搜索相关图片内容，如图3-26所示。

图3-26 “骏马”搜索结果

第2步：右击任一张骏马图片，在弹出的快捷菜单中选择“图片另存为”命令，弹出“保存图片”对话框，选择保存位置D:\2014014014，更改文件名为“骏马.jpg”，单击“保存”按钮。

项目小结

利用Internet可以获取所需的信息，并向世界传送信息，进行信息交流。

IE浏览器是常用的Internet浏览器。通过IE浏览器可以浏览信息，使用搜索引擎能够查询、下载并保存所需要的信息。通过更改设置和首选项，可以帮助保护用户的隐私、计算机的安全或使IE浏览器按照用户希望的方式工作。

项目训练

1. 浏览网站http://www.people.com.cn和http://www.sohu.com，并将http://www.sohu.com设置为IE浏览器的主页。

2. 利用历史记录打开http://www.people.com.cn，设置历史记录保留5天，清除历史记录。

3. 将http://www.sina.com.cn添加到收藏夹，利用收藏夹打开http://www.sina.com.cn，删除收藏夹中的“人民网”。

4. 利用百度搜索引擎，查找“微信”软件，下载到自己的学号文件夹中。

5. 访问自己学校的网站，查找有关自己所学专业方面的信息，将其中一篇文章的文字资料保存到自己的学号文件夹中，文件命名为“专业简介.txt”。

项目 3　网络其他应用

项目要点

1）收发电子邮件。

2）FTP 的应用操作。

技能目标

1）掌握 Web 方式收发电子邮件的方法，能够熟练接收、管理和发送电子邮件。

2）了解 FTP，掌握上传与下载文件的方法。

任务 1　收发电子邮件

电子邮件系统包括邮件服务器和邮件客户机等。邮件服务器用来接收、发送和保存用户的邮件。用户通过邮件客户机的电子邮件应用程序收发、阅读和管理邮件。用户发出的信件首先到达自己邮箱的邮件服务器上，再由该邮件服务器发往世界各地的目标邮件服务器。邮件服务器一天 24 小时紧张地工作，随时在收发来自世界各地的电子邮件。

1）电子邮件的发送和传输。电子邮件应用程序在向邮件服务器传送邮件或邮件服务器之间相互传送与转发电子邮件都需要使用简单邮件协议（simple mail transfer protocol，SMTP）。

2）电子邮件的接收。电子邮件应用程序从邮件服务器的邮箱中读取电子邮件时使用 POP3（post office protocol-version3）协议或交互式电子邮件存储协议（internet mail access protocol，IMAP）。使用哪一种协议读取电子邮件，取决于邮件服务器是否支持该协议。

> **注意**
>
> 用户读取 POP3 服务器保存的电子邮件时，电子邮箱中的电子邮件被复制到客户机，POP3 服务器不保存其副本；而 IMAP 服务器则保存其副本。

3）电子邮箱。电子邮箱就是电子邮件地址（如 kfu_office2010@126.com），由 3 部分组成，第 1 部分为用户在该邮件服务器中的账号（如 kfu_office2010）；第 2 部分用电子邮件地址的专用标识符“@”分隔；第 3 部分是电子信箱所在的电子邮局（如 126.com），即邮件服务器的主机名或邮件服务器所在域的域名。当收信人取信时，就把计算机连接到这个电子邮局，打开信箱，取走信件。在 Internet 中，每个电子邮件用户都拥有一个全球唯一的电子邮件地址，当然一个人也可以拥有多个电子邮箱。

用于收发电子邮件的软件有很多，本书主要介绍如何使用 IE 浏览器收发电子邮件。

【任务要求】

向 kfu_office2010@126.com 发送一封信，主题为“邮件练习”，附件为 D:\素材\W7 文件夹中的 W72.jpg 文件，信件正文是“你好！”；阅读所收到的信件“邮件练习”，并下载保存该信件的附件到 D:\2014014014 文件夹。

【操作步骤】

第 1 步：打开 IE 浏览器，在地址栏上输入 126.com，打开网易页面，登录自己的邮箱，如图 3-27 所示。

图 3-27 网易电子邮箱界面

第 2 步：在个人邮箱主页上单击“写信”按钮，打开写信界面，如图 3-28 所示。

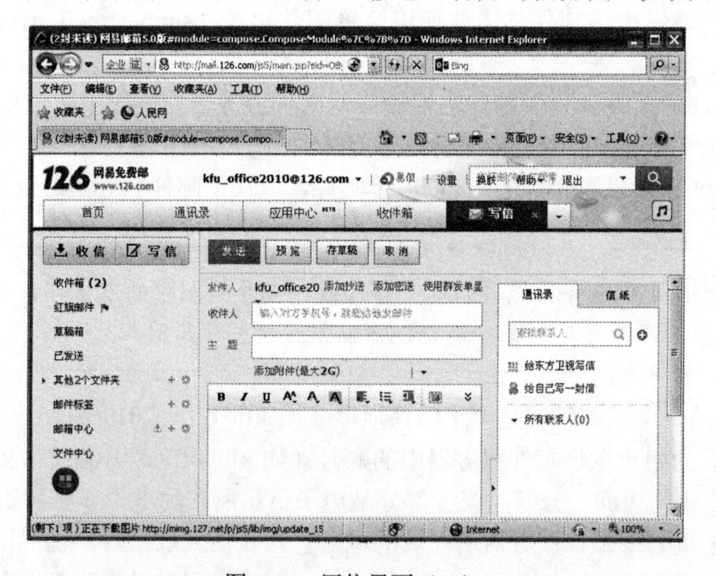

图 3-28 写信界面（一）

第 3 步：在“收件人”文本框中输入收信人的电子邮箱地址，如果是多个地址，则在地址间用英文逗号隔开，或者在右边“通讯录”中选择联系人地址，这里输入 kfu_office2010@126.com 或在右侧“通讯录”列表中选择“给自己写一封信”选项。在“主题”文本框中输入邮件的主题“邮件练习”，在正文文本框中填写和编辑信件正文，如图 3-29 所示。

图 3-29　写信界面（二）

第 4 步：添加附件。单击“添加附件（最大 2G）”按钮，弹出“选择文件”对话框。通过“查找范围”选择 D:\素材\W7 文件夹，选择文件类型为“所有文件”，选择文件名为 W72.jpg，单击“打开”按钮。

添加附件后，若还要添加多个附件，则重复单击“添加附件（最大 2G）”按钮。单击已经添加的附件后的“删除”按钮，则删除不要的附件。

第 5 步：单击界面左上方的“发送”按钮，等到界面出现“发送成功”提示时，邮件即发送成功，且附件（文件）也跟随信件正文一起被发送出去，如图 3-30 所示。

图 3-30　邮件发送成功

第 6 步：接收邮件。单击左侧主菜单上方的“收件箱”按钮，进入收件箱，便可以查看已收到的邮件，如图 3-31 所示。

第 7 步：单击需要查看的邮件主题，查看邮件。这里单击“邮件练习”，便可以打开该邮件，此时还可以进行阅读信件内容、回复信件、下载附件等操作。

图 3-31　收信箱

第 8 步：下载附件。附件 W72.jpg 位于整个邮件的最下方，可以看到图片的预览图。当鼠标指针移动至图片预览图上时，可通过即时打开的任务按钮进行图片附件的“收藏”“分享”“下载”“打开”“预览”“存网盘”等一系列操作。在此，单击“下载”按钮，选择保存附件（文件）路径 D:\2014014014，保存附件 W72.jpg。

利用“回复”“转发”或“删除”按钮，可以进行邮件的回复、转发或删除操作。

任务 2　文件传输

FTP 是 Internet 中用于控制文件双向传输的协议。它能使用户从 Internet 上的无数主机中复制文件，获取各种资料。Internet 上的许多文件都可以通过 FTP 方便、快捷地下载到计算机上。FTP 给人们提供了广泛的资源共享，它已成为 Internet 上非常受欢迎的功能之一。

1. 了解 FTP

网络上有许多专门提供软件的 FTP 服务器，FTP 可使文件和文件夹在 Internet 上公开传输。用户机器上的硬盘称为本地硬盘，而 FTP 服务器上的硬盘则称为远程硬盘。

1）下载：当用户要求传输文件而向 FTP 服务器发出请求时，FTP 服务器会自动响应请求，将文件从远程硬盘传送到用户本地硬盘中。

2）上传：从本地硬盘传输文件到远程硬盘。

FTP 采用 C/S 工作模式。下载文件时，应先向 FTP 服务器的管理员申请一个账户，管理员为用户设置相应的访问权限。当用户与 FTP 服务器建立连接时，远程 FTP 服务器必须检验用户是否有权访问要传输的文件。为此，FTP 服务器通常会要求用户输入用户名和口令，只有当用户名和口令都正确时，用户才能获得相应的权限。

大多数 FTP 服务器建立了一种特殊的匿名账号，一般地，匿名账号为 anonymous，口令则为用户的电子邮件地址。用户可使用 anonymous 登录 FTP 服务器，以访问 FTP 服务器并下载文件。注意，IE 浏览器和其他 Web 浏览器可以自动登录到允许匿名登录的所有 FTP 结点。

FTP 服务器的 Internet 地址（URL）与在网页中通常使用的 URL 略有不同。例如，微软公司有一个匿名的 FTP 服务器 ftp://ftp.microsoft.com，在这里可以下载文件，包括产品修补程序、更新的驱动程序、实用程序、微软知识库的文章和其他文档等。

能够从 FTP 服务器访问的文件和文件夹数目取决于是否能够访问该服务器，以及拥有对该 FTP 服务器进行哪种操作的权限。

2. 下载文件

利用 FTP 下载文件的方法有多种。本任务仅以 ftp.microsoft.com 站点为例，介绍如何利用 IE 浏览器从 FTP 服务器下载文件。

提示

利用 IE 浏览器直接访问 FTP 站点，如同在本地计算机上使用 FTP 服务器上的文件和文件夹，用户可以查看、下载、上传、重命名和删除文件或文件夹。如果需要获得 FTP 服务器的权限来执行这些操作，系统会提示用户，要求用户提供用户名和密码。

【任务要求】

将 ftp://ftp.microsoft.com/bussys 中的 readme.txt 文件及 sql 文件夹下载并保存到 D:\2014014014 文件夹中。

【操作步骤】

第 1 步：在“计算机”窗口的地址栏中输入要连接的 FTP 站点的 Internet 地址（URL）。这里输入 ftp://ftp.microsoft.com，按 Enter 键后将匿名进入微软公司的 FTP 服务器站点，浏览该站点下的文件或文件夹，如图 3-32 所示。

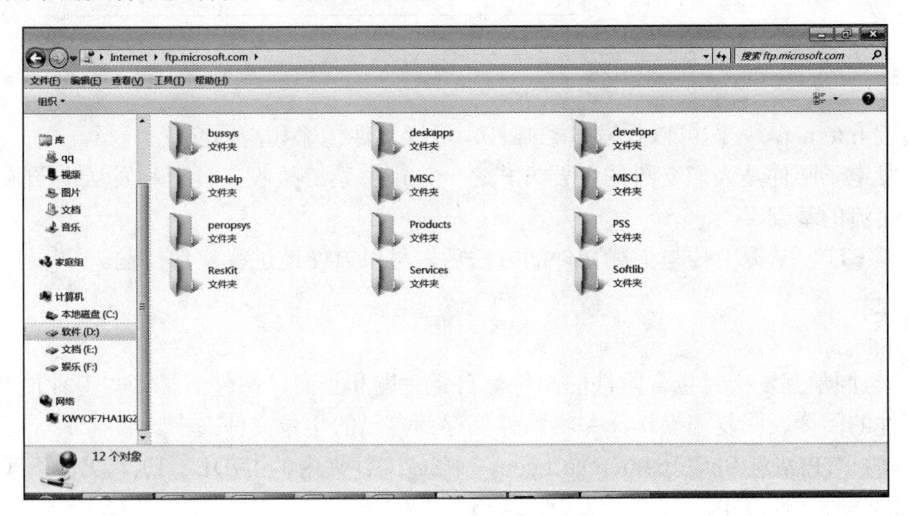

图 3-32　微软公司的 FTP 服务器站点

第 2 步：双击 bussys 文件夹，打开 bussys 窗口，如图 3-33 所示。

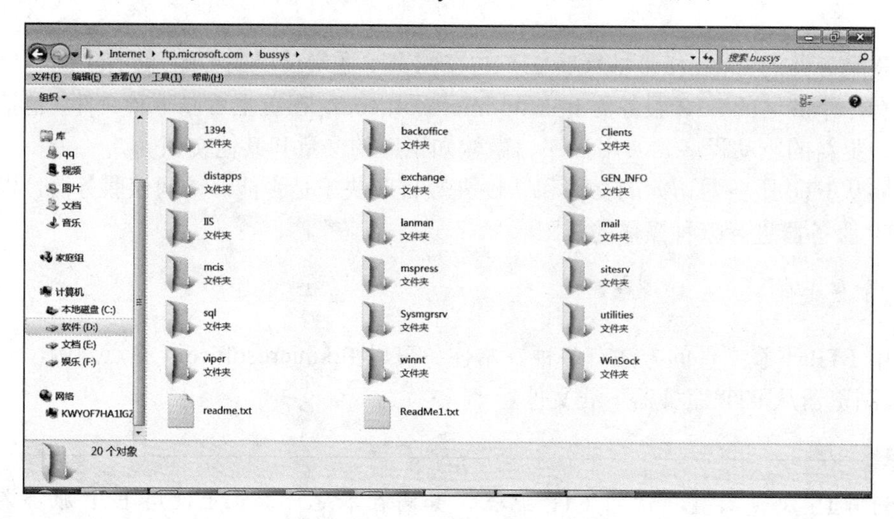

图 3-33　bussys 窗口

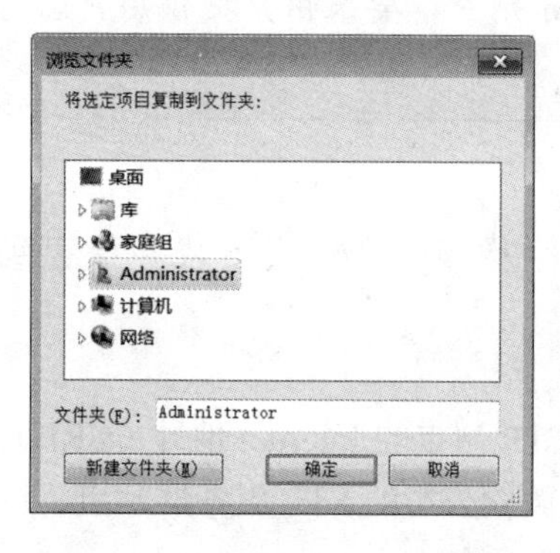

图 3-34　“浏览文件夹”对话框

第 3 步：选中 readme.txt 文件和 sql 文件夹，右击，在弹出的快捷菜单中选择“复制到文件夹”命令，弹出“浏览文件夹”对话框，如图 3-34 所示。

第 4 步：选中目标文件夹 D:\2014014014，单击“确定”按钮，则 readme.txt 文件和 sql 文件夹将被下载（复制）到 D:\2014014014 文件夹中。

提示

用户可以利用 IE 浏览器在 Web 上搜索“FTP 网站”，在检索结果中选择搜索到的 FTP 服务器。

项目小结

通过 Internet，人们可以收发电子邮件，进行文件传输和沟通交流。

收发电子邮件是人们交流的主要方式之一，能够熟练接收、管理和发送电子邮件是实现这种交流的基础。

了解 FTP，掌握上传与下载文件的方法后，可以方便地进行文件传输。

项目训练

1．与同学互发一封包含附件的邮件，自定主题和正文，附件名称为“专业简介.txt”。进行邮件的阅读、回复等操作，并将附件保存到自己的学号文件夹中。

2．将 FTP 站点 ftp://ftp.microsoft.com MISC 文件夹中的 INDEX.TXT 文件下载到自己的自己的学号文件夹中。

综 合 训 练

一、单项选择题

1. Internet 实现了分布在世界各地的各类网络互联，其最基础和核心的协议是（　　）。

A．TCP/IP　　B．FTP　　C．HTML　　D．HTTP

2．目前网络传输介质中，传输速率最高的是（　　）。

A．双绞线　　B．同轴电缆

C．光缆　　D．电话线

3．一座大楼内的一个计算机网络系统属于（　　）。

A．PAN　　B．LAN　　C．MAN　　D．WAV

4．计算机局域网的英文缩写是（　　）。

A．WAN　　B．MAN　　C．SAN　　D．LAN

5．IP 地址的长度为（　　）二进制数。

A．32 位　　B．16 位　　C．8 位　　D．24 位

6．下列选项中，非法的 IP 地址是（　　）。

A．202.22.1.68　　B．30.113.17.115

C．129.96.2.26　　D．18.256.38.18

7．网络拓扑结构是（　　）。

A．网络所使用的操作系统　　B．网络的形状

C．网络所使用的物理设备　　D．网络所使用的协议

8．HTTP 是（　　）。

A．电子邮件　　B．电子邮件协议　　C．WWW 协议　　D．FTP 协议

9．Internet 是最大最典型的（　　）。

A．局域网　　B．广域网　　C．城域网　　D．公网

10．下列域名中，表示教育机构的是（　　）。

A．ftp.bta.net.cn　　B．ftp.cnc.ac.cn

C．www.ioa.ac.cn　　D．www.buaa.edu.cn

11．在 Internet 中，电子公告板的缩写是（　　）。

A．FTP　　B．WWW　　C．BBS　　D．E-mail

12．某台主机的域名为 public.cs.hn.cn，则（　　）为主机名。

A．public　　B．cs　　C．hn　　D．cn

13．ISP 指的是（　　）。

A．Internet 服务提供商　　B．Internet 的专线接入方式

C．拨号上网方式　　D．Internet 内容提供商

14．通过 Internet 发送或接收电子邮件的首要条件是应该有一个电子邮件地址，它的正确形式是（　　）。

A．用户名*域名　　B．用户名%域名

C．用户名#域名　　D．用户名@域名

15．IP 地址是一个 32 位的二进制数，它通常采用点分（　　）表示。

A．八进制数　　B．二进制数　　C．十进制数　　D．十六进制数

16．DNS 是指（　　）。

A．域名系统　　B．接收邮件的服务器

C．发送邮件的服务器　　D．动态主机

17．在 Internet 上的每一台计算机可有一个域名，用来区别网上的每一台计算机，在域名中最高域名为地区代码，中国的地区代码为（　　）。

A．cn　　B．China　　C．Chinese　　D．cc

18．调制解调器是拨号上网的主要硬件设备，它的作用主要是（　　）。

A．只能将计算机输出的数字信号转换成模拟信号，以便发送

B．只能将输入模拟信号转换成计算机输出的数字信号，以便接收

C．将数字信号和模拟信号相互转换，以便计算机发送和接收

D．为了拨号上网时，上网和接收电话两不误

19．计算机网络按其覆盖的范围，可划分为（　　）。

A．以太网和移动通信网　　B．电路交换网和分组交换网

C．局域网、城域网和广域网　　D．星形结构、环形结构和总线结构

20．在计算机网络中，常用的有线通信介质包括（　　）。

A．双绞线、同轴电缆和光缆　　B．光缆和微波

C．红外线、双绞线、同轴电缆　　D．卫星、光缆和微波

二、操作题

1. 输入网址：http://www.sohu.com，进入搜狐网站，单击导航栏的“体育”，切换到体育网页，收藏该网页，并将该网页以“搜狐体育.htm”为文件名且以“网页，仅 html”类型保存到自己的学号文件夹中。

2. 将网上的任一图片保存到自己的学号文件夹中，文件命名为“图片.jpg”。

3. 向老师指定的邮箱发送一个邮件，邀请小明去逛南锣鼓巷，具体内容如下：

【收件人】老师指定的邮箱

【附件】“D:\素材\WORD”文件夹下的“铁塔.jpg”

【主题】南锣鼓巷

【正文】

小明，你好！

南锣鼓巷是中国唯一完整保存着最富有老北京风情的街巷。我们这个周末就去那里逛吧。随信寄去你需要的图片。

祝生活愉快！

小星

模块 4

Word 2010

Word 2010 是用来进行文字编辑、排版，实现图文混排，制作图文并茂的文档的应用软件。在 Word 2010 界面中可以创建文档并设置格式，从而制作出具有专业水准的文档。使用 Word 可以高效率地处理各种办公文档、商业资料、科技文章及各类书信。Word 2010 是 Office 2010 套装软件中使用频率最高、功能最强的一个组件。

项目 1　文档的基本操作

项目要点

1）创建文档、保存文档、打开文档和保护文档。
2）录入文本，对文本进行插入、删除操作。
3）复制和移动操作。
4）查找与替换操作。

技能目标

1）熟悉 Word 2010 操作界面，会使用不同的视图方式浏览文档。
2）熟练创建 Word 文档和保存文档，会对文档进行权限管理。
3）熟练进行文本编辑操作。
4）进行文档保存、打开与关闭操作。
5）会使用剪贴板。
6）熟练使用查找与替换功能。

任务 1　认识 Word 2010 界面

要使用 Word 2010 创建或者处理文档，必须先运行 Word 2010 应用程序。

【任务要求】

启动 Word 2010 应用程序，了解其窗口组成。

【操作步骤】

第 1 步：选择“开始”→“所有程序”→Microsoft Office→Microsoft Word 2010 命令，如图 4-1 所示。

第 2 步：启动 Word 2010 应用程序，打开图 4-2 所示的 Word 2010 窗口。

Word 2010 窗口由系统图标、快速访问工具栏、标题栏、功能区、文档编辑区、状态栏和视图栏等构成。

1. 系统图标

系统图标 W 位于 Word 2010 窗口左上角，单击此按钮，打开下拉菜单，可以对 Word 2010 窗口进行移动、改变大小、最小化、还原（最大化）或关闭操作。

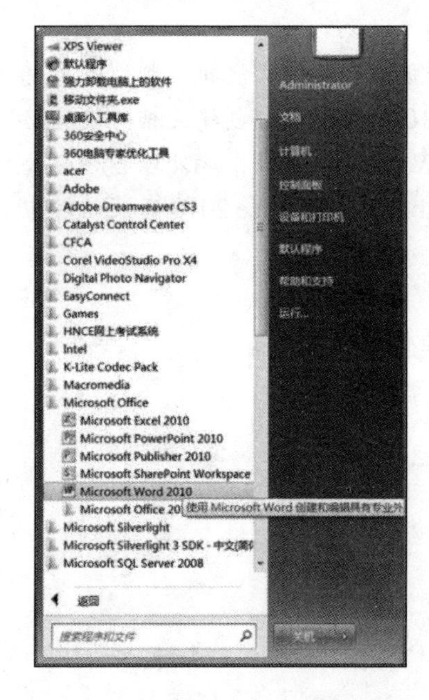

图 4-1 启动 Word 2010 应用程序

快速访问工具栏 标题栏 系统图标 功能区 文档编辑区 状态栏 视图栏

图 4-2 Word 2010 窗口

2. 快速访问工具栏

快速访问工具栏位于系统图标的右侧，它是一个可自定义的工具栏，包含一组编辑中的常用命令。默认状态下，快速访问工具栏包含处理文档时频繁使用的 3 个命令：“保存”“撤销”“重复”。

自定义快速访问工具栏的方法如下：选择“文件”→“选项”命令，弹出“Word 选项”对话框，如图 4-3 所示，在“快速访问工具栏”选项卡中可以更改快速访问工具栏项目。

提示

单快速访问工具栏右侧的“自定义快速访问工具栏”下拉按钮 ▾，在打开的下拉列表中选择“其他命令”命令，也可以弹出“Word 选项”对话框。

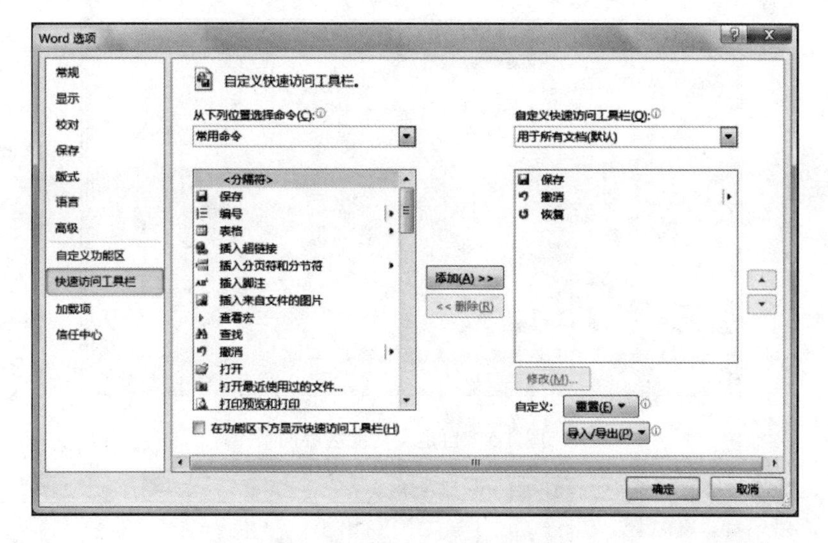

图 4-3　“Word 选项”对话框

3. 标题栏

标题栏位于窗口最上方，由文档名称（打开 Word 2010 软件时默认文档名称为“文档1”）、程序名称、“最小化”“最大化”或“还原”及“关闭”按钮构成。

4. 功能区

功能区位于标题栏下方，如图 4-4 所示。功能区一般由“文件”、“开始”等 8 个默认的选项卡组成。

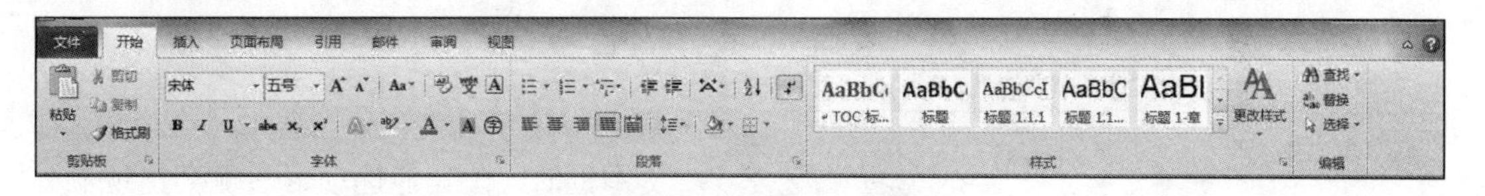

图 4-4　Word 2010 功能区

单击选项卡的名称，将切换到与之相对应的功能区面板。每个选项卡根据其功能分为若干个组，如“开始”选项卡中包含“剪贴板”“字体”“段落”“样式”“编辑”5 个组；每个组由若干个命令按钮组成。

1）显示或隐藏功能区切换。双击活动的选项卡（如“开始”选项卡）或单击选项卡右上方的“功能区最小化”按钮，即可将功能区隐藏起来；再次双击活动选项卡或单击选项卡右上方的“展开功能区”按钮，功能区就会重新显示出来。当功能区被隐藏后，选择某选项卡，可将其功能区临时显示出来，当鼠标指针离开功能区并在文档编辑区内单击后，功能区又自动隐藏。

2）自定义主功能区。在“Word 选项”对话框中选择“自定义功能区”选项卡，打开自定义功能区界面，如图 4-5 所示。勾选“主选项卡”列表框中的选项卡复选框，将显示该选项卡，否则将隐藏该选项卡。

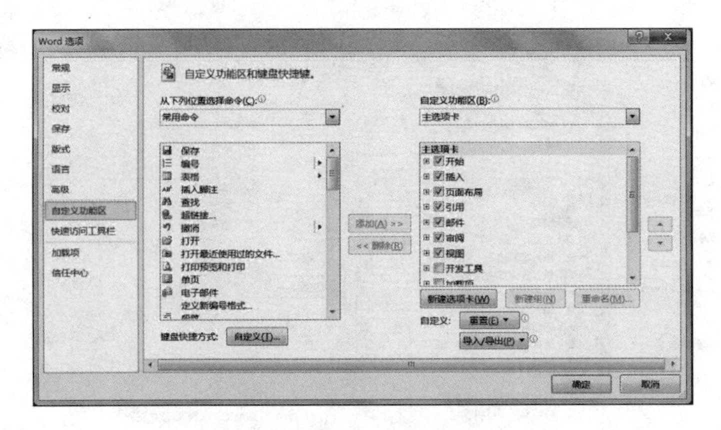

图 4-5 自定义功能区界面

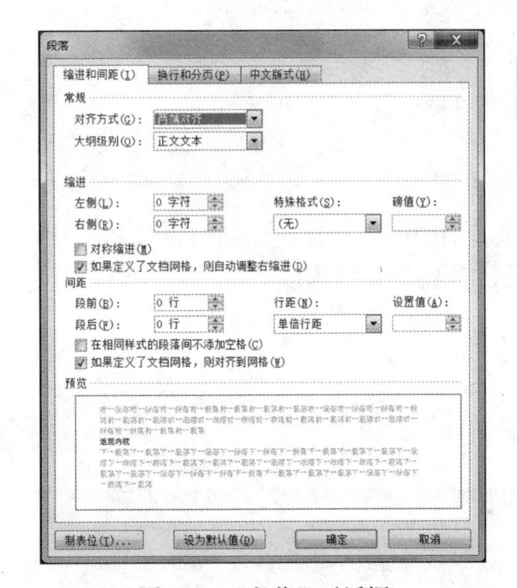

图 4-6 “段落”对话框

提示

“文件”选项卡取代了 Microsoft Office 早期版本中的“Office 按钮”或“文件”菜单。

5. 对话框启动器

对话框启动器按钮位于某些组右下角，用于打开某个功能对话框。例如，在“开始”选项卡中，单击“段落”组中的对话框启动器按钮，将弹出“段落”对话框，如图 4-6 所示。

6. 额外选项卡

额外选项卡位于功能区。当选中一个对象，如艺术字、文本框时，在其他选项卡右侧会出现额外选项卡。图 4-7 所示为选中一个图形后显示的额外选项卡——“绘图工具-格式”，该选项卡显示了用于处理所选图形的几组命令。

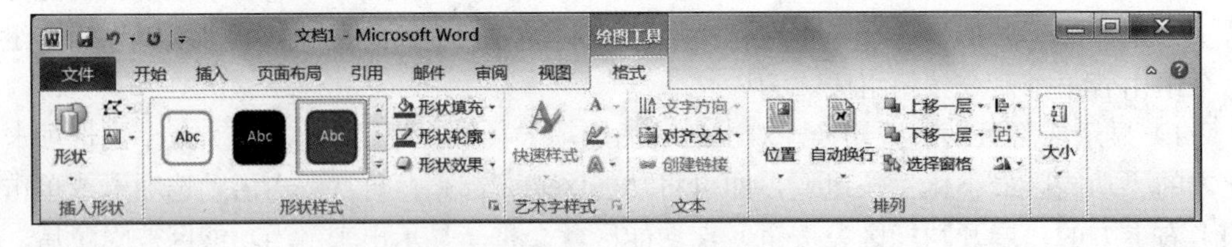

图 4-7 “绘图工具-格式”选项卡

7. 浮动工具栏

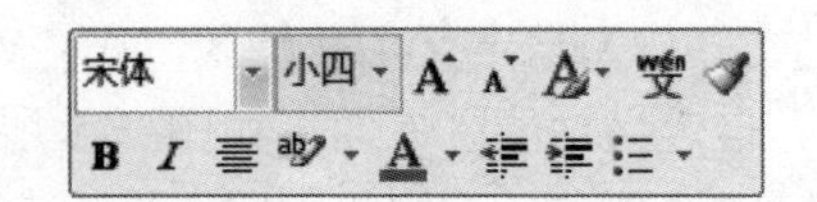

图 4-8 浮动工具栏

浮动工具栏位于所选文本的右上方，如图 4-8 所示。在编辑区中选中文本后，浮动工具栏就会出现。将鼠标指针指向浮动工具栏，单击命令按钮可执行相应命令。

8. 状态栏

状态栏位于窗口的最下方，可以显示文档页数、总字数、检错结果及输入状态等。也可以在该状态栏上右击，在弹出的快捷菜单中选择相应命令，显示其他信息。

9. 视图栏

视图栏位于状态栏的右侧，用于显示视图按钮、当前页面显示比例及显示比例调整滑块。视图按钮从左到右分别为页面视图、阅读版式视图、Web 版式视图、大纲视图、草稿。

10. 文档编辑区

文档编辑区是 Word 2010 最大的区域，用于进行文字输入、编辑、修改、图片处理等操作。

任务 2　文档管理

文档管理主要包括 Word 文档的建立、保存、打开、关闭等，这些操作一般是通过“文件”选项卡进行的。

Word 2010 的“文件”按钮类似于一个控制面板，如图 4-9 所示。其界面采用了“全页面”形式，分为 3 栏：最左侧是功能选项，中间一栏是功能选项的详细信息，最右侧是预览窗格。通过预览窗格可以随时看到最终效果，极大地方便了用户对文档的管理。

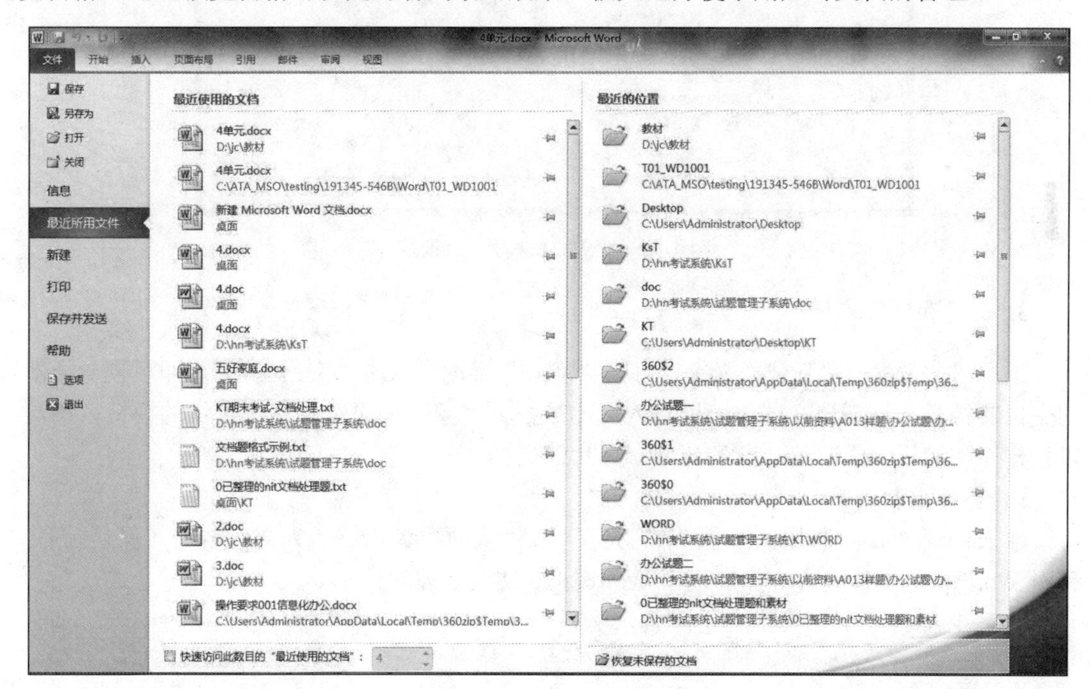

图 4-9　“文件”按钮

1. 最近所用文件

选择“文件”→“最近所用文件”命令，打开图 4-9 所示的“最近所用文件”界面。“最近所用文件”界面中不仅列出了最后打开的若干个文档，也列出了未保存的文档。

用户可以通过选择中间一栏“最近使用的文档”选项来快速打开相应的Word文档。

如果关闭一个文件，然后将其移到其他位置，则创建该文件的程序中指向该文件的超链接将失效。必须使用“打开”对话框通过浏览找到该文件，才能再次将其打开。

2. Word 选项

选择“文件”→“Word选项”命令，弹出图4-10所示的“Word选项”对话框。

在“Word选项”对话框中可以开启或关闭Word 2010中的许多功能或设置相关参数。

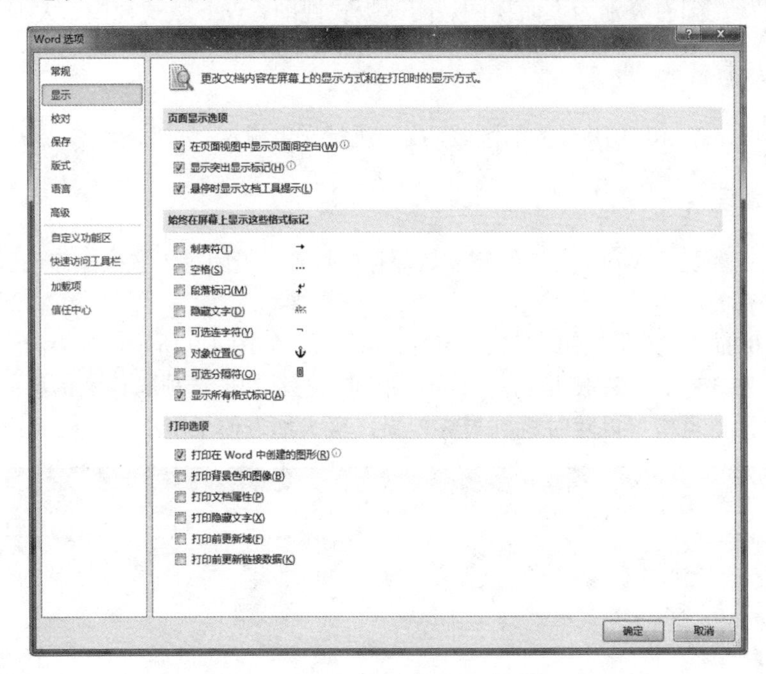

图4-10 “Word选项”对话框

3. 创建和保存文档

选择“文件”→“新建”命令，打开“新建”界面，双击“空白文档”，即可创一个新的空白文档，在该新建文档中可以输入文本或插入对象。如果选择系统提供的模板，则可以创建诸如简历、求职信、商务计划、名片等文档。

【任务要求】

输入诗词《水调歌头》，如图4-11所示，以“水调歌头.docx”为文件名将其保存到D:\素材\Word\任务文件夹中，然后退出Word 2010文字处理软件。

水 调 歌 头

宋 苏轼

明月几时有，把酒问青天。不知天上宫阙，今夕是何年？我欲乘风归去，又恐琼楼玉宇，高处不胜寒。起舞弄清影，何似在人间！

转朱阁，低绮户，照无眠。不应有恨，何事长向别时圆?人有悲欢离合，月有阴晴圆缺，此事古难全。但愿人长久，千里共婵娟。

图4-11 文档“水调歌头.docx”的内容

【操作步骤】

第 1 步：选择“文件”→“新建”命令，打开“新建”界面，如图 4-12 所示。

若已经连接到 Internet，还会看到由 Microsoft Office Online 提供的可用模板。

图 4-12　“新建”界面

第 2 步：在“可用模板”窗格中选择“空白文档”，单击“创建”按钮，创建一个空白文档，在插入点（光标闪烁的位置）即可输入、编辑以下文本内容。

水 调 歌 头
宋 苏轼
明月几时有，把酒问青天。不知天上宫阙，今夕是何年？我欲乘风归去，又恐琼楼玉宇，高处不胜寒。起舞弄清影，何似在人间！
转朱阁，低绮户，照无眠。不应有恨，何事长向别时圆?人有悲欢离合，月有阴晴圆缺，此事古难全。但愿人长久，千里共婵娟。

提示

Word 2010 提供了一种称为“即点即输”的文字输入方式。启用该方式的操作方法如下：选择“文件”→“选项”命令，弹出“Word 选项”对话框，选择“高级”选项卡，勾选“启用"即点即输"”复选框。

“即点即输”输入方式下，在需要输入文字的任何位置单击，即可在该位置输入文字。例如，标题通常是在第一行正中的位置，直接单击，输入“水调歌头”，按 Enter 键后将产生一个硬回车符号“↵”，光标切换到第二行，仍然是居中的位置，再输入“宋 苏轼”3 个字。

提示

硬回车“↵”是段落结束的标志，而介于两个硬回车之间的一段文字称为一个段落。回车时将增加一段，并且回车后的段落将采用前一段的段落格式。

从第 3 行开始是正文，前面一般会空出两个字的位置。可直接在第 3 行单击，然后输入正文内容，输入结果如图 4-11 所示。

第 3 步：保存文档。在快速访问工具栏中单击“保存”按钮，或选择“文件”→“保存”或“另存为”命令，弹出“另存为”对话框，如图 4-13 所示。

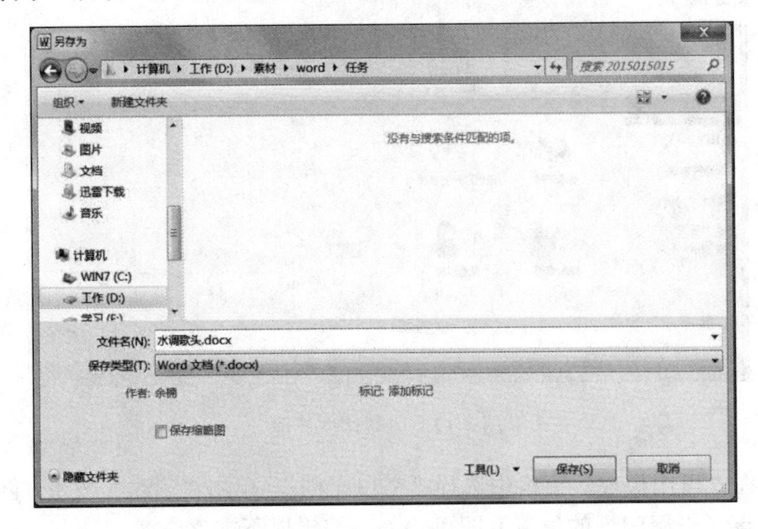

图 4-13 “另存为”对话框

注意

新建文件第一次保存时都将弹出“另存为”对话框；而对于已保存过的文档，只需单击快速访问工具栏中的“保存”按钮，系统即直接存盘，而不再弹出“另存为”对话框。

对于已经保存的文档，选择“文件”→“另存为”命令可以将已保存的文档重新命名并改变保存位置，这样可以产生间接备份文档的效果。

在图 4-13 中，单击“保存类型”下拉按钮，在打开的下拉列表中可以选择文档的保存类型，如“纯文本”“Word 97-2003 文档”等。

第 4 步：选择文档保存位置。这里指定文档的保存位置为 D:\素材\Word\任务。

第 5 步：命名文件名。在“文件名”文本框中，系统自动以文档的第一行文字“水调歌头”作为默认文件名，也可在此输入文件名，系统默认该文件为 Word 格式文档，其扩展名自动设为.docx，单击“保存”按钮。

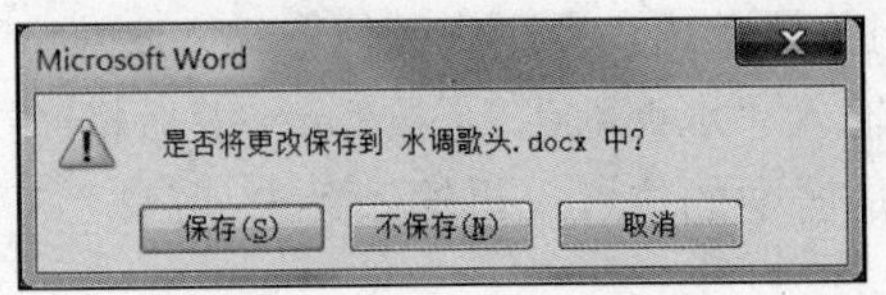

图 4-14 提示对话框

第 6 步：关闭窗口。单击“关闭”按钮关闭窗口时，若文档修改后没有保存，此时会弹出一个提示对话框，如图 4-14 所示。

若单击“保存”按钮，将存盘后关闭文档；若单击“不保存”按钮，将不存盘而关闭文档，同时本次所做的编辑无效；若单击“取消”按钮，则取消关闭文档操作，继续编辑。这里单击“保存”按钮，保存文档。退出 Word 2010 后，即建立了一个新文档。

直接双击已保存的 Word 2010 文档图标，便可以打开该文档；选择“文件”→“打开”命令，也可以打开指定的文档。

4. 打开文档

选择“文件”→“打开”命令，可以打开一个已经创建的文档。

【任务要求】

打开文档 D:\素材\Word\任务\水调歌头.docx。

【操作步骤】

第 1 步：选择“文件”→“打开”命令，弹出“打开”对话框，如图 4-15 所示。

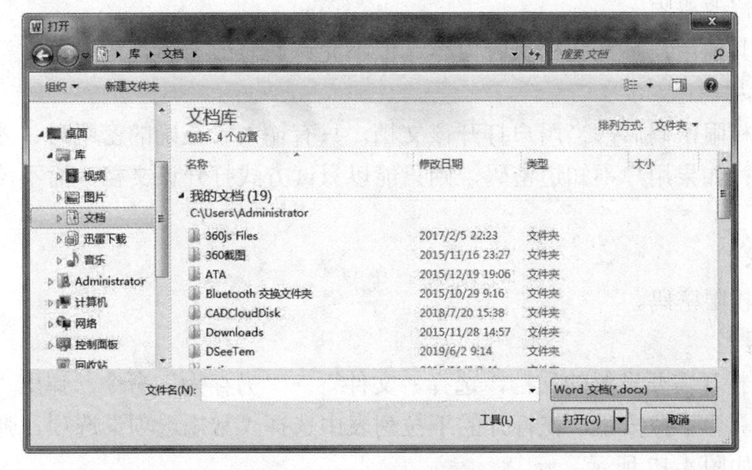

图 4-15　“打开”对话框

第 2 步：在左侧窗格中选择“计算机”，在右侧窗格中依次双击“D:”“素材”“Word”“任务”，打开“任务”文件夹，如图 4-16 所示。

图 4-16　打开“任务”文件夹

第 3 步：在 D:\素材\Word\任务文件夹中找到并选择文档“水调歌头.docx”，双击该文档或单击“打开”按钮，即可打开该文档。

> **提示**
>
> 打开文档后，可对文档进行修改或编辑。修改或编辑后的文档应注意及时保存。

选择“文件”→“最近所用文件”命令，选择“水调歌头.docx”，也可以打开刚建立的文档 D:\素材\Word\任务\水调歌头.docx。

5. 设置文档权限

为了防止别人打开和修改某些重要文档，Word 2010 允许用户为文档设置保密口令。若需要限制其他用户编辑文档，可以对文档设置修改权限、编辑权限或修订权限等。

（1）设置修改权限

如果允许其他用户打开文档查看内容，但不允许其修改内容，可以给文档设置修改权限密码。

设置修改权限密码后，当用户打开该文档，只有输入了正确的密码时，才能保存对文档所做的修改；如果用户不知道密码，则只能以只读方式打开该文档，而不能保存对文档所做的修改。

【任务要求】

设置修改权限密码。

【操作步骤】

第 1 步：打开需要设置的文档，选择“文件”→“另存为”命令，弹出“另存为”对话框单击“工具”下拉按钮，在打开的下拉列表中选择“常规选项”选项，弹出“常规选项”对话框，如图 4-17 所示。

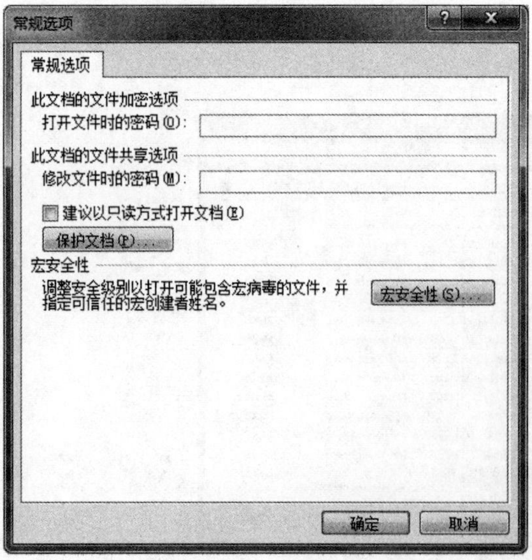

图 4-17 “常规选项”对话框

第 2 步：在“修改文件时的密码”文本框中输入密码，单击“确定”按钮，在弹出的“确认密码”对话框中再次输入密码，单击“确定”按钮，返回“另存为”对话框，单击“保存”按钮，完成设置。

再次打开该文档时，将弹出“密码”对话框，如果不能输入正确的密码，则只能单击“只读”按钮，以只读方式浏览该文档。

（2）设置文档打开密码

为文档设置密码打开后，不知道打开密码的用户将无法打开该文档。

【任务要求】

设置文档打开密码。

【操作步骤】

在图 4-17 所示的“打开文件时的密码”

文本框中输入密码，单击“确定”按钮，在弹出的“确认密码”对话框中再次输入密码，单击“确定”按钮，返回“另存为”对话框，单击“保存”按钮，完成文档打开密码的设置。

文档保存后，必须输入打开密码才能打开该文档。

（3）保护文档

选择“文件”→“信息”命令，将显示图 4-18 所示的打开文档相关信息。“信息”界面中集成了该文档的“权限”“准备共享”“版本”多功能，并给出了文档作者、字数统计等信息。

单击图 4-18 所示的“保护文档”下拉列表，弹出图 4-19 所示下拉列表。

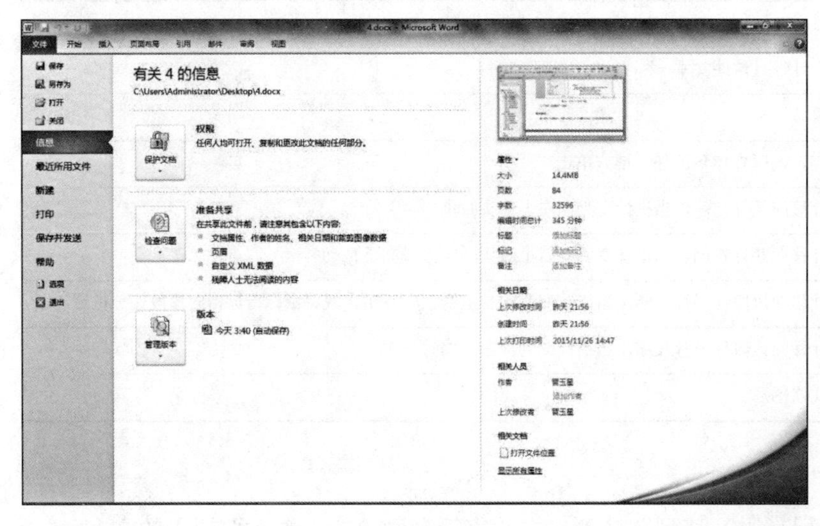

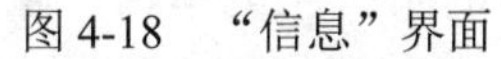

图 4-18　“信息”界面

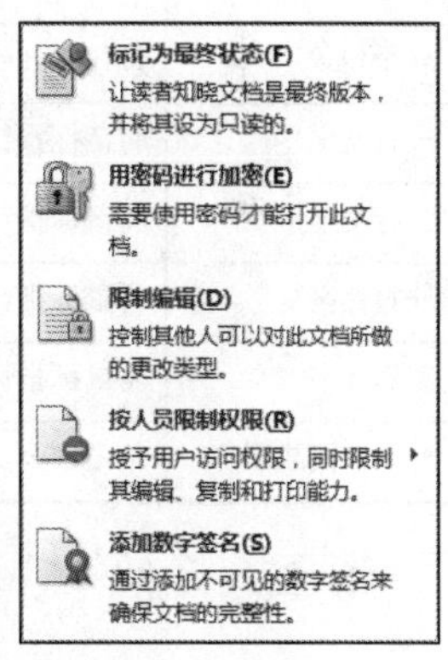

图 4-19　“保护文档”下拉列表

1）标记为最终状态：将文档变为只读。将文档标记为最终状态后，将禁用或关闭输入、编辑命令和校对标记，并且文档将变为只读。“标记为最终状态”选项有助于让其他人了解用户正在共享已完成的文档版本。该选项还可帮助用户防止审阅者或读者无意中更改文档。

2）用密码进行加密：为文档设置打开密码。选择“用密码进行加密”选项，将弹出“加密文档”对话框，可在“密码”文本框中输入密码。需要注意的是，Microsoft 不能取回丢失或忘记的密码。

再次打开该文档时，用户需要输入密码。

3）限制编辑：控制可对文档进行哪些类型的更改。如果选择“限制编辑”选项，将显示以下 3 个选项：

① 格式设置限制：此选项用于减少格式设置选项，同时保持统一的外观。单击“设置”超链接，在弹出的“格式设置限制”对话框中可以选择允许的样式。

② 编辑限制：控制编辑文件的方式，也可以禁用编辑。单击“例外项”或“其他用户”超链接，在弹出的对话框中可控制谁能够进行编辑。

③ 启动强制保护：单击“是，启动强制保护”按钮，在弹出的“启动强制保护”对话框中可选择密码保护或用户身份验证。此外，还可以单击“限制权限”超链接，添加或删

除具有受限权限的编辑人员。

任务 3 文本编辑

在实际应用中，一篇文章往往要经过反复的修改才能达到满意的效果，这就需要对文档内容进行反复编辑，包括插入、删除、复制、移动等操作。

要对一个打开的文本进行编辑，应首先选中被编辑的对象，然后才能进行编辑操作。如表 4-1 所示，使用鼠标选中文本的操作方法。

表 4-1 使用鼠标选中文本的操作方法

选中文本	鼠标操作方法
任何数量的文本	拖动鼠标指针经过这些文本
一个词组	双击该词组
一个句子	按住 Ctrl 键，同时在该句的任何地方单击
一行文字	将鼠标指针移向某行左侧，当指针变为向右上箭头时单击
多行文字	将鼠标指针移向某行左侧，当指针变为向右上箭头时向上或向下拖动
一自然段文字	将鼠标指针移向该段任一行左侧，当指针变为向右上箭头时双击，或将鼠标指针指向该段任一位置三击
整篇文字	将鼠标指针移向该段任一行左侧，当指针变为向右箭头时三击
一个公式或图形	单击该公式或图形

1. 插入文本

用鼠标或键盘将光标（|）移到欲插入文本的字符左侧单击，输入要插入的文字。

系统默认的输入方式为插入方式，即输入的文字符号等内容都在插入光标处，若光标后有内容，其内容将自动后移。

提示

当输入文本时出现插入点后的文本被删除的情况，是因为“改写”模式处于打开状态。此时，可选择“文件”→“选项”命令，在弹出的“Word 选项”对话框中选择“高级”选项卡，在“编辑选项”选项组中取消勾选“使用改写模式”复选框；也可以单击状态栏中的“改写”按钮，将其切换到“插入”状态。

2. 删除文本

若只删除一个或几个汉字字符，可将光标移到被删除字符左侧，按一次 Delete 键即删除光标后的一个字符；将光标移到被删除字符的右侧，按一次 Backspace 键则删除光标前面一个字符。

若要删除的是一行或一段文字、一个公式或一个图形等内容，应首先选中被删除的内容，然后按 Delete 键。

被选中的内容被删除后，其后的文本将自动向前衔接。

> **提示**
>
> 要删除文字、图形等内容，应首先选中被删除对象，然后执行删除操作。

3. 移动文本

对文档进行编辑时，常常需要复制或移动一些文本，这可以利用“开始”选项卡→“剪贴板”组中的剪切、复制、粘贴按钮。

“剪贴板”是 Windows 操作系统提供的一块专用于编辑的内存区域，是一个标准的公用接口，不同的应用程序之间都可以利用剪贴板交换信息。剪贴板存放的始终是最后一次复制或剪切的信息，剪贴板上的信息可以多次被粘贴使用。

移动文本的操作方法：选中要移动的对象，在“开始”选项卡的“剪贴板”组中单击“剪切”按钮 剪切，然后将光标定位到目标处，再单击“粘贴”按钮，即可实现文本的移动。

【任务要求】

将文档 D:\素材\Word\任务\移动文本.docx 的第一段移动至文章结尾处，使其成为最后一段。

【操作步骤】

第 1 步：运行 Word 2010，打开文档 D:\素材\Word\任务\移动文本.docx。

第 2 步：选中正文第一段，在“开始”选项卡的“剪贴板”组中单击“剪切”按钮，如图 4-20 所示。

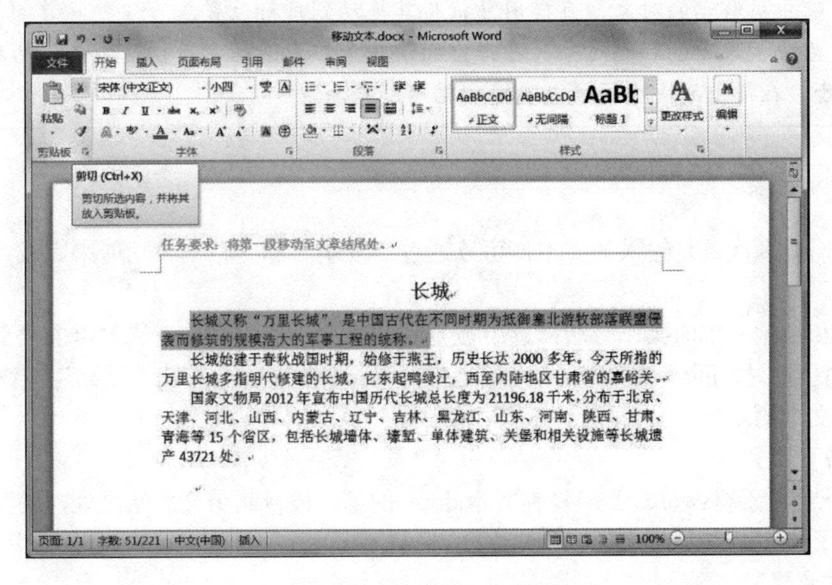

图 4-20　单击“剪切”按钮

第 3 步：将光标定位至文章结尾处，在“开始”选项卡的“剪贴板”组中单击“粘贴”按钮，完成移动文本操作。

完成移动操作后，单击“粘贴选项”按钮，如图 4-21 所示。在打开的列表中有 3 个粘贴选项，分别为“保留源格式”“合并格式”“只保留文本”，用户可根据自己的需要进行格式的选择。

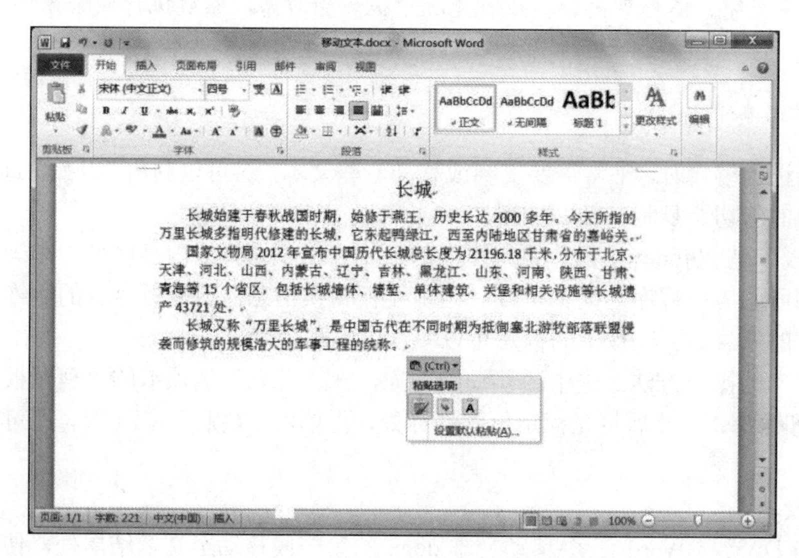

图4-21　单击“粘贴选项”按钮

第4步：单击“保存”按钮，保存文件。

提示

通过以下方法同样可以完成移动操作：

1）选中被移动的对象，直接用鼠标将其拖动到目标位置。

2）右击被选中的移动对象，在弹出的快捷菜单中选择“剪切”命令，然后右击目标位置处，在弹出的快捷菜单中选择“粘贴”命令。

4. 复制文本

对于需要多次重复输入的文本，可以通过“复制”和“粘贴”功能来完成，从而提高编辑效率。

复制和粘贴文本的操作方法：选中被复制的对象，在“开始”选项卡的“剪贴板”组中单击“复制”按钮，然后将光标定位到目标位置处，再单击“粘贴”按钮，即可实现所选文本的复制。

【任务要求】

将文档D:\素材\Word\任务\复制文本.docx的第一段复制至文章结尾处，使其成为最后一段。

【操作步骤】

第1步：运行Word 2010，打开文档D:\素材\Word\任务\复制文本.docx。

第2步：选中第一段文本，在“开始”选项卡的“剪贴板”组中单击“复制”按钮。

第3步：将光标定位至文章结尾处，在“开始”选项卡的“剪贴板”组中单击“粘贴”按钮，完成复制操作。

第 4 步：单击“保存”按钮，保存文件。

提示

通过以下方法同样可以完成复制操作：

1）选中被复制的对象，按住 Ctrl 键，再用鼠标指针将其拖动到目标位置。

2）右击被选中的复制对象，在弹出的快捷菜单中选择“复制”命令，然后右击目标位置处，在弹出的快捷菜单中选择“粘贴”命令。

5. 撤销操作与恢复操作

在文档的编辑过程中，若对某个或多个编辑操作不满意，想回到操作之前的状态，则可使用撤销操作和恢复操作。

（1）撤销操作

Word 2010 对打开的文档所做的每一个操作动作都会被系统记录下来，若单击快速访问工具栏中的“撤销”按钮，则上一次的编辑操作即被撤销；再次单击“撤销”按钮，则更上一次的编辑操作被撤销……直至本次打开文档所做的操作被全部撤销。

在“撤销”按钮的右侧有一个下拉按钮。单击该下拉按钮，可以看到全部已操作的列表，单击其中的某一操作项，则该操作以后的全部操作都被撤销。

（2）恢复操作

恢复操作是相对撤销操作而言的，若未做撤销操作，则不存在恢复操作，此时“恢复”按钮呈淡色，当鼠标指针指向该按钮时，注释显示“无法恢复”。一旦做了一步或多步撤销操作，“撤销”按钮的颜色由淡变深，此时单击一次“撤销”按钮，则最近一次被撤销的操作即被恢复。

任务 4　查找和替换

查找和替换是 Word 2010 中一个很实用的功能，灵活运用该功能往往能起到事半功倍的效果。

【任务要求】

在文档 D:\素材\Word\任务\查找与替换.docx 中查找“计算机”3 个字，然后将文中除标题以外的“计算机”替换成字体为 Arial、颜色为“蓝色”的文字 computer；将所有手动换行符替换为段落标记。

【操作步骤】

第 1 步：打开文档 D:\素材\Word\任务\查找与替换.docx。

第 2 步：查找操作。在“开始”选项卡的“编辑”组中单击“查找”按钮，在窗口左侧打开“导航”窗格，如图 4-22 所示。在“导航”窗格的“搜索文档”文本框中输入要查找的内容，这里输入“计算机”3 个字，则文档中所有的“计算机”3 个字就会以黄色底纹的形式突出显示出来，并且在“导航”窗格的“搜索文档”文本框下方显示符合搜索条件的文字数量，如图 4-23 所示。

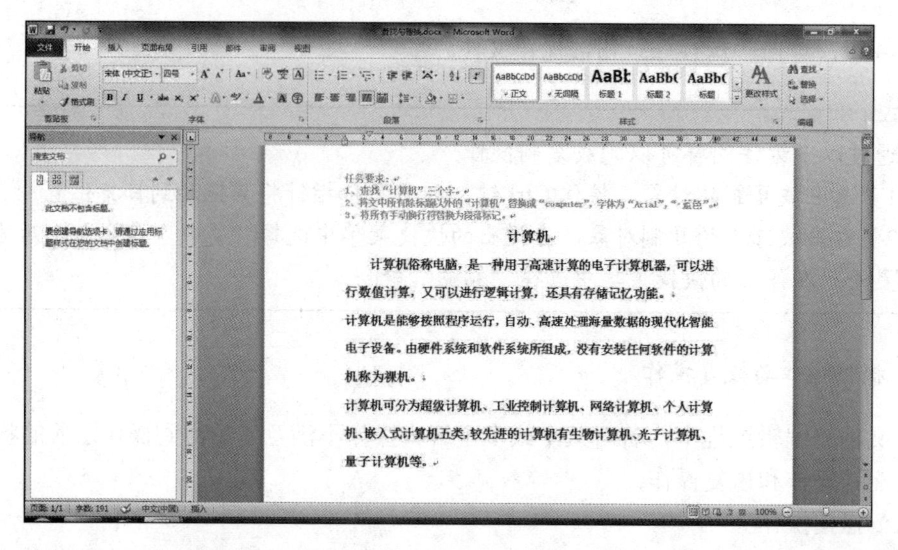

图 4-22 “导航”窗格

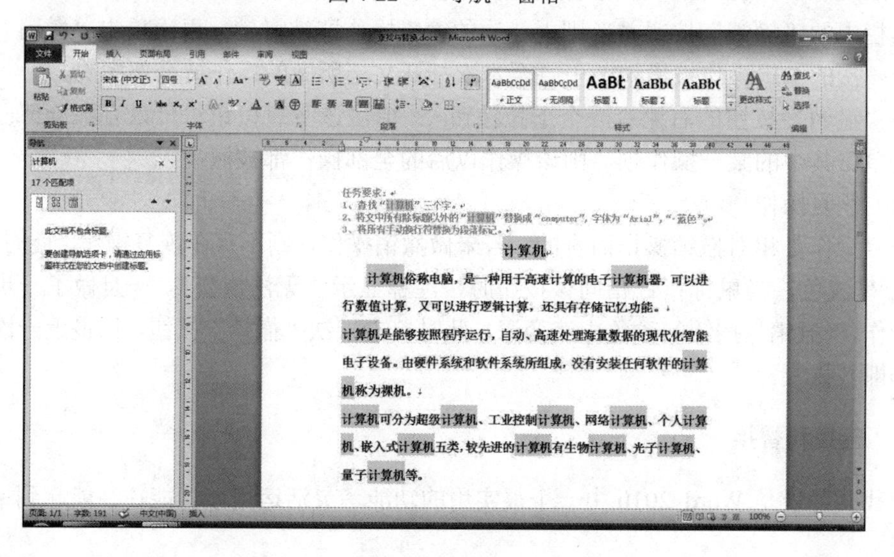

图 4-23 查找结果

提示

“导航”窗格整合了查找、文档结构图、页面等多项功能，使之具有了标题样式判断、快速即时搜索，以及对文档内容进行更加精准定位的功能。

在“视图”选项卡的“显示”组中，通过是否勾选“导航窗格”复选框可以选择显示或不显示（关闭）“导航”窗格。

若单击“搜索文档”文本框后面的按钮 ×，则可以取消搜索。

第 3 步：替换操作。在“开始”选项卡的“编辑”组中单击“替换”按钮，弹出“查找和替换”对话框，如图 4-24 所示，且“查找内容”文本框中默认内容为刚输入的“计算机”。

图 4-24　“查找和替换”对话框

第 4 步：单击“更多”按钮，打开“搜索选项”选项组，如图 4-25 所示。

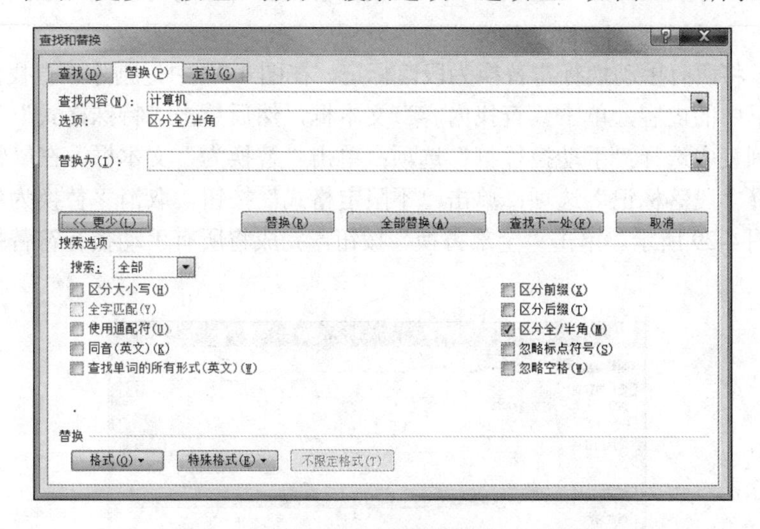

图 4-25　展开后的“查找和替换”对话框

第 5 步：在“替换为”文本框中输入 computer，单击“格式”下拉按钮，在打开的“格式”下拉列表中选择“字体”选项，弹出“替换字体”对话框，如图 4-26 所示。

第 6 步：设置字体格式为 Arial，字体颜色为“蓝色”，单击“确定”按钮，返回“查找和替换”对话框，“替换为”文本框下面会出现文字格式，如图 4-27 所示。

图 4-26　“替换字体”对话框

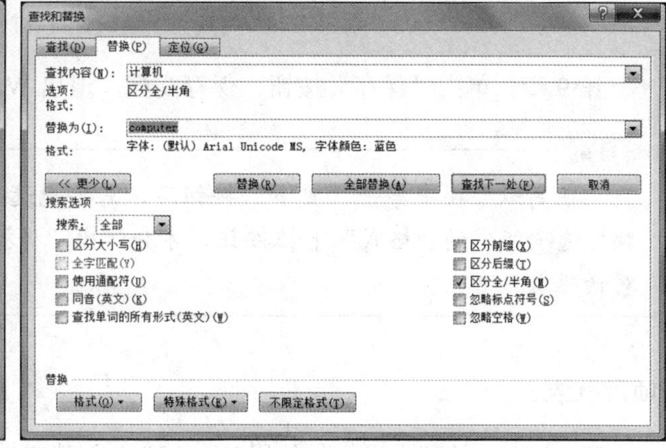

图 4-27　设置文字格式

图 4-28 信息提示对话框

第 7 步：单击“全部替换”按钮，将完成对文档中所有“计算机”3 个字的替换。全部替换完成后，会弹出信息提示对话框，如图 4-28 所示。其中，数字是根据文档中被替换的次数给出的，即不同的文档进行不同的替换，数字是不一样的。此处单击“确定”按钮，完成替换操作。

提示

在图 4-27 中，若单击“替换”按钮，则只替换当前找到的一处文字。

第 8 步：将所有手动换行符替换为段落标记。在图 4-27 中，删除“查找内容”和“替换为”文本框中的内容，单击“查找内容”文本框，然后单击“特殊格式”下拉按钮，在打开的下拉列表中选择“手动换行符”选项；单击“替换为”文本框，在“特殊格式”下拉列表中选择“段落标记”选项；单击“不限定格式”按钮，取消“替换为”文本框的格式设置，如图 4-29 所示。单击“全部替换”按钮，完成将所有手动换行符替换为段落标记操作。

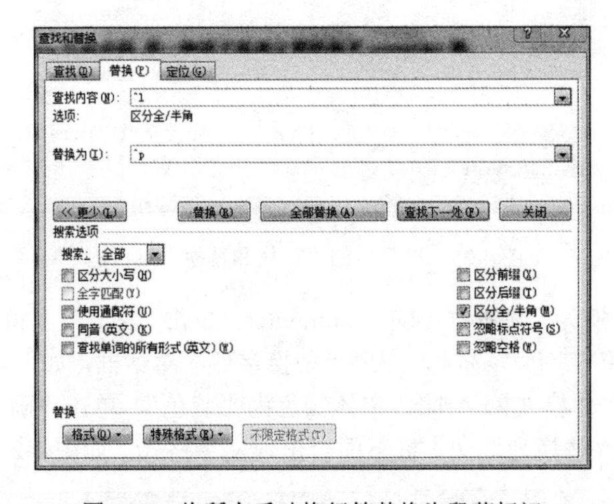

图 4-29 将所有手动换行符替换为段落标记

第 9 步：单击“保存”按钮，保存文档，退出 Word 2010。

注意

在高级替换中单击“更多”按钮后，需要先选择“替换为”文本框，再单击“替换”选项组中的“格式”下拉按钮，才会弹出“替换字体”对话框（而非“查找字体”对话框）。

项目小结

Word 2010 的基本操作是使用 Word 2010 创建文档的基础。通过本项目的学习和实训，学生应能熟练完成 Word 文档的打开、保存、新建等操作，会设置文档的保护，熟练使用删除、复制、移动等编辑操作，同时利用查找与替换可以实现字符或特殊符号的查找与替换操作。

项目训练

1．打开文档 D:\素材\Word\项目训练\LX41-01.docx，完成如下操作：

（1）练习屏幕视图的切换，观察各种视图的显示方式。

（2）在页面视图中，将显示比例设置为 120%。练习显示或隐藏编辑标记(空格、制表位)、显示或隐藏段落标记。

2．打开文档 D:\素材\Word\项目训练\LX41-02.docx，完成如下操作：

（1）完成文字内容的录入。

（2）保存文档到自己的学号文件夹中，并关闭 Word 2010 软件。

3．打开文档 D:\素材\Word\项目训练\LX41-03.docx，完成如下操作：

（1）练习选中一个字、一个词语、一行、一段、多个内容、一张图片等操作。

（2）删除红颜色文字内容，删除图片。

4．打开文档 D:\素材\Word\项目训练\LX41-04.docx，完成如下操作：

（1）删除红色文字。

（2）撤销最后一次删除操作。

5．打开文档 D:\素材\Word\项目训练\LX41-05.docx，完成如下操作：

（1）请从横线下方开始录入其中的短文，完成中、英文内容的录入。

（2）练习 Word 文档的保存、另存为、打开、关闭等操作。

6．打开文档 D:\素材\Word\项目训练\LX41-06.docx，完成如下操作：

（1）交换正文第一、二自然段。

（2）将蓝色文字分别复制到正文第四、五自然段后。

7. 打开文档 D:\素材\Word\项目训练\LX41-07.docx，将英文单词 Internet 替换为“蓝色”字体的“因特网”。

项目 2　格式化文档

项目要点

1）设置文本字体格式。

2）设置段落格式。

3）设置段落的项目符号和编号。

4）格式刷的使用方法。

5）样式的使用。

技能目标

1）熟练设置文档的字体格式和段落格式。

2）会运用项目符号和项目编号。

3）会应用样式，保持文档格式的统一和快捷设置。

4）能够灵活使用格式刷。

任务 1　设置字符格式

字符是指汉字、字母、空格、标点符号、数字和符号等。通过对字符格式的设置，可使其具有多种属性或格式。字符格式设置在文字处理软件中是非常重要的，包括字体、字号、字形、颜色、文本效果等诸多方面的内容。通过对文本字体的设置，可以改变整个文档的风格。

设置字符格式主要是通过“字体”组或“字体”对话框。

1. 使用“字体”组设置字符格式

选中需要设置字体的文本内容，在“开始”选项卡的“字体”组中单击相应按钮进行设置。

“开始”选项卡的“字体”组的按钮、名称及功能如表 4-2 所示。

表 4-2　“字体”组的按钮、名称及功能

按钮	名称	功能
宋体	字体文本框	设置或更改字体（快捷键为 Ctrl+Shift+F）
五号	字号文本框	设置或更改字号（快捷键为 Ctrl+Shift+P）
A	增大字体	增大字体（快捷键为 Ctrl+>）
A	缩小字体	缩小字体（快捷键为 Ctrl+<）
Aa	更改大小写	将所选英文字母更改大小写形式或其他常见的大小写形式
	清除格式	清除所选内容的所有格式，只留下纯文本
	拼音指南	显示拼音字符以明确发音
A	字符边框	在一组字符周围应用边框或取消边框的切换按钮
B	加粗	文字加粗或正常的切换按钮（快捷键为 Ctrl+B）
I	倾斜	文字倾斜或正常的切换按钮（快捷键为 Ctrl+I）
U	下划线	给所选文字加下划线或取消下划线的切换按钮（快捷键为 Ctrl+U）
abc	删除线	在所选文字的中间画一条删除线或取消删除线的切换按钮
x_2	下标	在文本行右下方设置为小字符（下标）或取消下标的切换按钮（快捷键为 Ctrl+=）
x^2	上标	在文本行右上方设置为小字符（上标）或取消上标的切换按钮（快捷键为 Ctrl+Shift++）
A	文本效果	通过更改文字的填充、边框更改文字的外观
ab	突出显示文本	以不同颜色突出显示文本，使文字看上去像使用了荧光笔一样
A	字体颜色	设置或更改字体颜色
A	字符底纹	为所选字符添加行底纹或取消行底纹的切换按钮
字	带圈字符	在字符周围放置圆圈或边框加以强调

2. 使用“字体”对话框设置字符格式

选中需要设置字体的文本内容，在“开始”选项卡的“字体”组中单击右下角的对话

框启动器按钮，弹出“字体”对话框，即可对字符进行设置，如图 4-30 所示。

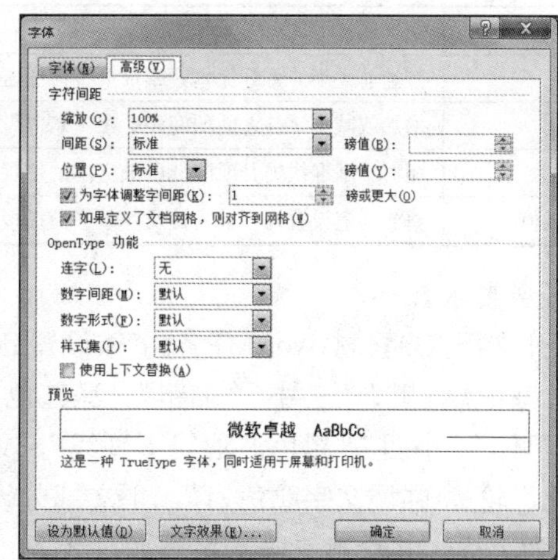

图 4-30　“字体”对话框

提示

右击所选文本，在弹出的快捷菜单中选择“字体”命令，也可以弹出“字体”对话框。

“字体”对话框中的“字体”选项卡功能如表 4-3 所示，“高级”选项卡部分功能如表 4-4 所示。

表 4-3　“字体”选项卡功能

名称	功能
中文字体	指定中文字体。在其下拉列表中选择一个字体名称
西文字体	指定西文字体。在其下拉列表中选择一个字体名称
字形	指定字形，如加粗或倾斜。在其下拉列表框中选择字形
字号	指定以磅为单位的字号。在其下拉列表框中选择字号
字体颜色	指定所选文字的颜色
下划线线型	指定所选文字是否具有下划线及下划线的线型。在其下拉列表中选择“无”选项可删除下划线
下划线颜色	指定下划线的颜色。在应用下划线线型之前，该选项为不可用状态
着重号	单击它可以对要添加到所选字符串的着重号的类型进行设置
删除线	绘制一条贯穿所选文字的线
双删除线	绘制一条贯穿所选文字的双线
上标	将所选文字提到基准线上方，并将所选文字更改为较小的字号
下标	将所选文字降到基准线下方，并将所选文字更改为较小的字号
小型大写字母	将所选小写字母文字的格式设置为大写字母，并减小其字号
全部大写字母	将小写字母的格式设置为大写字母
隐藏	不显示所选文本
预览	显示指定的字体和任何文字效果
设为默认值	将当前值设置为当前文档及基于当前模板的所有新文档的默认设置

表 4-4 “高级”选项卡部分功能

名称	功能
缩放	按当前大小的百分比垂直或水平拉伸或压缩文本。输入或选择 1～600 的百分比
间距	增加或减小字符之间的间距。在“磅值”数值框中输入或选择一个数值
位置	相对于基准线提升或降低所选文本的位置。在“磅值”数值框中输入或选择一个数值
设为默认值	将当前值设置为当前文档及基于当前模板的所有新文档的默认设置

【任务要求】

打开文档 D:\素材\Word\任务\字体设置.docx，完成如下操作：参照样张，将标题文字设置为“微软雅黑”“三号”“加粗”“深红色”，字符间距为“加宽”“3 磅”，作者文字设置为“黑体”“小四”“黑色波浪线下划线”，文中小标题“原文”“注释”添加文本效果“填充-白色，轮廓-强调文字颜色 1”，正文部分设置为“楷体”“小四”，原文中加中括号的数字设置为上标，并给第二段文字添加拼音。

【操作步骤】

第 1 步：运行 Word 2010，打开文档 D:\素材\Word\任务\字体设置.docx。

第 2 步：设置标题。选中标题文字“爱莲说”，在“开始”选项卡的“字体”组中单击“字体”下拉按钮，在打开的下拉列表中选择“微软雅黑”选项；单击“字号”下拉按钮，在打开的下拉列表中选择“三号”选项；单击“加粗”按钮；单击“字体颜色”下拉按钮，在打开的下拉列表中选择“深红色”选项，完成标题设置。

> **提示**
>
> 可以在“字号”文本框中输入数字自定义字符大小。

第 3 步：设置字符间距。选中标题文字“爱莲说”，在“开始”选项卡的“字体”组中单击对话框启动器按钮，弹出“字体”对话框，如图 4-31 所示，选择“高级”选项卡。在“间距”下拉列表中选择“加宽”，在“磅值”数值框中输入 3，单击“确定”按钮，完成字符间距设置。

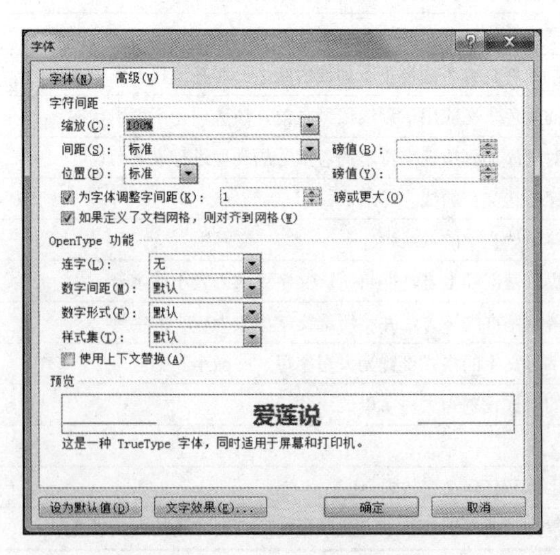

图 4-31 “字体”对话框

提示

改变字符之间的字间距是设置文档时常用的方法。

在图 4-31 中，单击“设为默认值”按钮，可以将该对话框中的设置格式作为文档的字体默认格式。

第 4 步：设置作者文字。选中文字“宋　周敦颐”，在“开始”选项卡的“字体”组中按要求选择“黑体”“小四”。在“下划线”下拉列表中选择指定线型，即黑色波浪线下划线，完成作者文字设置。

第 5 步：设置文本效果。按住 Ctrl 键，依次选中不连续的文本“原文”和“注释”。在“开始”选项卡的“字体”组中单击“文本效果”下拉按钮，打开下拉列表，如图 4-32 所示，找到并单击第 1 行、第 4 列（“填充-白色，轮廓-强调文字颜色 1”）的文本效果按钮，完成文本效果设置。

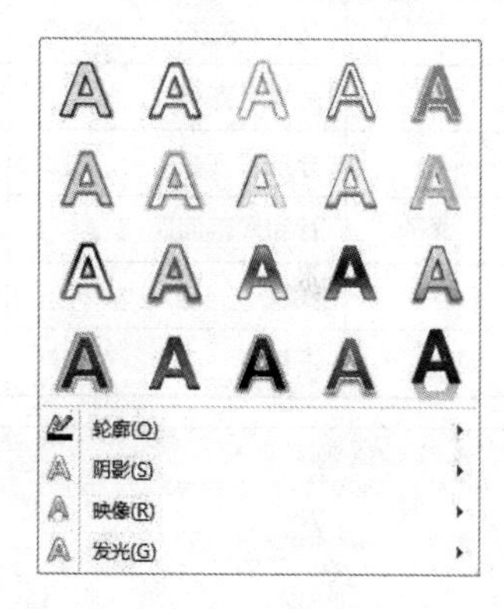

图 4-32　“文本效果”下拉列表

第 6 步：设置正文部分。设置方法同第 4 步，将正文部分设置为“楷体”“小四”。

第 7 步：设置数字上标。选中加中括号的数字“[1]”，在“开始”选项卡的“字体”组中单击“上标”按钮。采用同样的方法，将“[2]”“[3]”“[4]”“[5]”设置为上标。

第 8 步：给第二段添加拼音。选中第二段文字，在“开始”选项卡的“字体”组中单击“拼音指南”按钮，弹出“拼音指南”对话框，查看文字对应拼音无误后，单击“确定”按钮，完成拼音的添加。

第 9 步：单击“保存”按钮，保存文档，退出 Word 2010。

任务 2　设置段落格式

用户可以通过段落格式来设置段落的外观。为了标明要设置哪一段，应将插入点放置在该段落的任一位置。如果同时设置多段，则需要先选中需要设置的段落。

设置段落格式的操作主要包括文本缩进格式、对齐格式、行间距和段落间距等。

设置段落格式主要是使用“段落”组或“段落”对话框。

1. 使用“段落”组设置段落格式

选中需要设置的段落，在“开始”选项卡的“段落”组中，单击相应的按钮进行段落的相关格式设置。

“段落”组的按钮、名称及功能如表 4-5 所示。

表 4-5　“段落”组的按钮、名称及功能

按钮	名称	功能
	项目符号	创建或撤销项目符号。单击下拉按钮，在打开的下拉列表中可选择不同的样式
	编号	创建或撤销编号列表。单击下拉按钮，在打开的下拉列表中可选择不同的编号样式

续表

按钮	名称	功能
	多级列表	启动多级列表。单击下拉按钮，在打开的下拉列表中可选择不同的多级列表样式
	减少缩进量	减少缩进量
	增加缩进量	增加缩进量
	中文版式	自定义中文或混合文字的版式
	排序	按字母顺序排列所选文字或对数值数据进行排序
	显示/隐藏编辑标记	显示或隐藏编辑标记符号（快捷键为 Ctrl+*）
	文本左对齐	段落对齐方式为左对齐，系统默认（快捷键为 Ctrl+L）
	居中	段落对齐方式为居中（快捷键为 Ctrl+E）
	文本右对齐	段落对齐方式为右对齐（快捷键为 Ctrl+R）
	两端对齐	将文字左右两端同时对齐，会根据需要增加字间距（快捷键为 Ctrl+J）
	分散对齐	将段落两端同时对齐，会根据需要增加字符间距（快捷键为 Ctrl+Shift+J）
	行和段落间距	更改文本的行间距，还可以定义段前和段后添加的间距量
	底纹	设置所选文字或段落的背景色
	下框线	自定义所选单元格或文字的边框

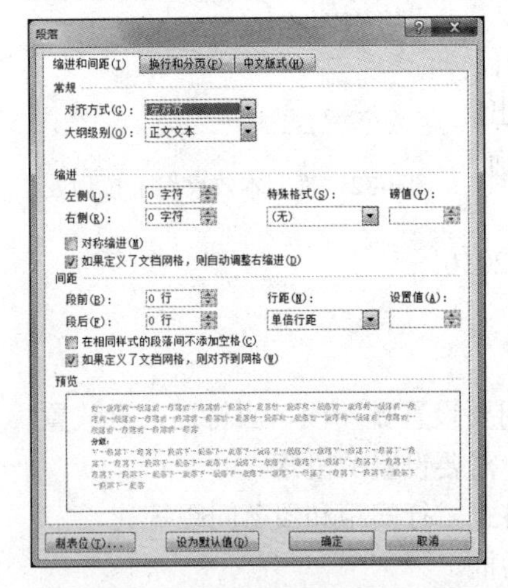

图 4-33　“段落”对话框

2. 使用“段落”对话框设置段落格式

选中需要设置的段落，在“开始”选项卡的“段落”组中单击对话框启动器按钮，弹出“段落”对话框，如图 4-33 所示，然后根据要求进行相关设置。

提示

右击所选文本，在弹出的快捷菜单中选择“段落”命令，也可以弹出“段落”对话框。

“段落”对话框中的“缩进和间距”选项卡常用功能如表 4-6 所示。

表 4-6　“缩进和间距”选项卡常用功能

选项名称		功能
常规	对齐方式	左对齐
		右对齐
		居中
		两端对齐
缩进	左侧	左缩进
	右侧	右缩进

续表

选项名称		功能
缩进	特殊格式	首行缩进
		悬挂缩进
间距	段前	段落前距离
	段后	段落后距离
	行距	行间距离

行距决定了段落中各行文字之间的垂直距离，段落间距决定了段落上方或下方的间距量。

提示

缩进决定了段落到左右页边距的距离。在页边距内，可以增加或减少一个段落或一组段落的缩进；还可以创建反向缩进（凸出），使段落超出左边的页边距。

段落缩进也可以利用水平标尺进行设置。在“视图”选项卡的“显示”组中勾选“标尺”复选框，可以显示标尺，如图 4-34 所示；如果取消勾选“标尺”复选框，则隐藏标尺。在水平标尺上，可以将缩进标记拖动到希望缩进的位置。

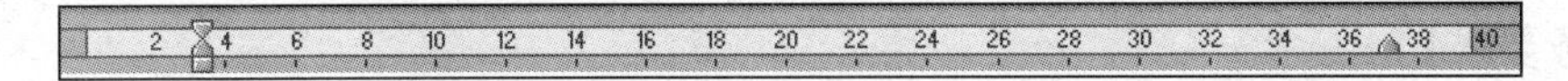

图 4-34 水平标尺

其中，左侧符号从上到下依次是“首行缩进”标记、“悬挂缩进”标记、“左缩进”标记，右侧是“右缩进”标记，两端颜色分界线中是“左边距”标记，而是“右边距”标记。

提示

使用水平标尺拖动缩进标记进行缩进设置，可以快速实现缩进，但不够精确。在拖动的同时可配合 Alt 键实现平滑移动。

【任务要求】

将文档D:\素材\Word\任务\段落设置.docx中的标题设置为“居中”“段后 12 磅”，正文部分设置为“首行缩进 2 字符”“1.2 倍行距”，最后一行设置为“右对齐”。

【操作步骤】

第 1 步：打开文档 D:\素材\Word\任务\段落设置.docx。

第 2 步：设置标题。选中标题行“开封铁塔”，在“开始”选项卡的“段落”组中单击对话框启动器按钮（或右击，在弹出的快捷菜单中选择“段落”命令），弹出“段落”对话框，如图 4-35 所示。在“对齐方式”下拉列表中选择“居中”选项，在“间距”选项组的“段

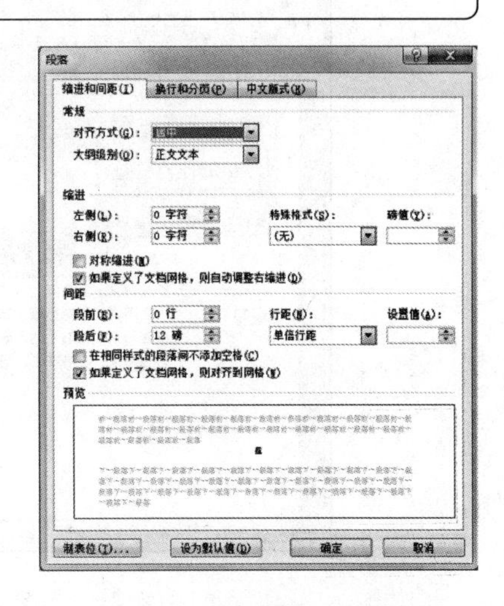

图 4-35 “段落”对话框

后”文本框中输入“12 磅”，单击“确定”按钮，完成标题设置。

第 3 步：设置正文。选中正文，弹出“段落”对话框，在“特殊格式”下拉列表中选择 “首行缩进”选项，在“磅值”文本框中输入“2 字符”；在“行距”下拉列表中选择“多倍行距”，在“设置值”文本框中输入 1.2，完成正文设置。

提示

行距就是相邻两行之间的距离。其有 3 种定义方法：第 1 种是按照倍数来划分，有单倍、1.2 倍等；第 2 种是最小行距，即行距是本行中最大的文字或图形的尺寸；第 3 种是固定值行距，如 20 磅，即每行高度是 20 磅。

第 4 步：设置最后一行。选中最后一行，在“开始”选项卡的“段落”组中单击“文本右对齐”按钮，将其设置为“右对齐”。

第 5 步：单击“保存”按钮，保存文档，退出 Word 2010。

任务 3　使用格式刷复制格式

文档中大量分散的文本或图形等内容需要设置相同的格式时，可以使用格式刷。使用格式刷可以将一些字体格式或段落格式复制给另一些文本或段落，从而使其具有相同的字体格式或段落格式；还可以将一个图形的格式复制给另一个图形。

【任务要求】

在文档 D:\素材\Word\任务\格式刷.docx 中，利用格式刷将文档正文中诗歌的其余段落设置为与正文第一段文字完全相同的格式。

【操作步骤】

第 1 步：打开文档 D:\素材\Word\任务\格式刷.docx，选中第一段文字，在“开始”选项卡的“剪贴板”组中单击“格式刷”按钮，如图 4-36 所示。

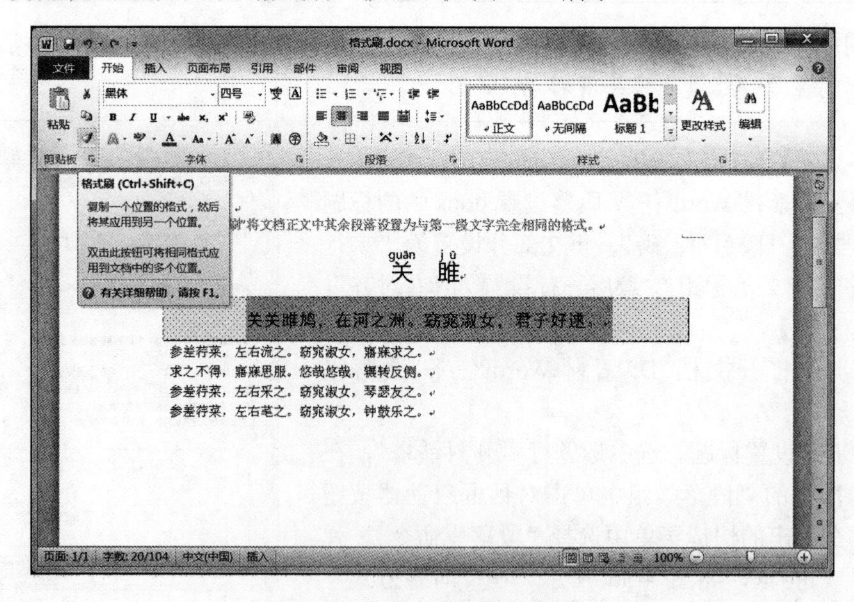

图 4-36　单击“格式刷”按钮

第 2 步：当鼠标指针变成刷子形状时，拖动鼠标指针，选中正文中诗歌的其余段落（目标段落），松开鼠标，完成设置，效果如图 4-37 所示。

第 3 步：单击“保存”按钮，保存文档，退出 Word 2010。

> **提示**
>
> 若想更改文档中的多个选中内容的格式，可双击“格式刷”按钮，然后分别选中目标内容，直到按 Esc 键，或再次单击“格式刷”按钮，才取消本次格式刷的使用。

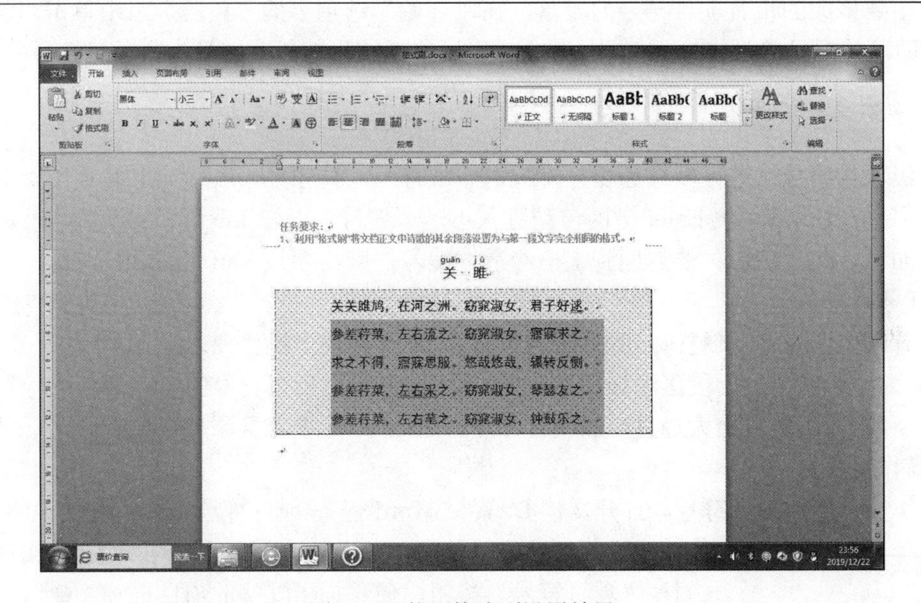

图 4-37　使用格式刷设置效果

任务 4　设置项目符号和编号

项目符号和编号是一种特殊的段落缩进格式。为突出标题或某些段落，实现段落内容中的分层效果，需要对段落设置项目符号或编号，该设置适合多层次内容的文档。通过给段落设置项目符号或编号，可以使文档内容的重点或需要强调的部分更加突出。

添加或删除项目符号和项目编号是在“开始”选项卡的“段落”组中进行的。

1. 添加项目符号与删除项目符号

选中要添加项目符号的段落，在“开始”选项卡的“段落”组中单击“项目符号”按钮，则将为所选文本自动加上项目符号。

若要删除项目符号，则选中要删除项目符号的段落，再次单击“项目符号”按钮。

添加或删除编号的操作方法和添加或删除项目符号的方法类似。

> **提示**
>
> 在已有的编号中间添加一个编号，其后的编号将自动顺延且自动增加一个序号；在已有的编号中间删除一个编号，其后的编号将依次减少一个序号。

2. 自定义项目符号

选中要自定义项目符号的段落，在“开始”选项卡的“段落”组中单击“项目符号”下拉按钮，在打开的下拉列表中选择“定义新项目符号”选项，弹出“定义新项目符号”对话框，通过该对话框即可定义新项目符号。

3. 编号和项目符号的相互转换

选中要修改的带有项目符号的段落，在“开始”选项卡的“段落”组中单击“编号”按钮，即可使项目符号转换为编号；反之，可以将带编号的段落转换为带项目符号的段落。

4. 多级项目编号

多级项目编号在进行多级标题分排版中非常有用，输完某一级中一个编号（如 1、2、3 等）后的正文内容，按 Enter 键即自动进入下一个编号，再按 Tab 键即可改为下一级编号样式（如 A、B、C 等）；要返回到上一级继续编号，则需要按 Shift+Tab 组合键。

【任务要求】

参看样张，将 D:\素材\Word\任务\项目符号.docx 按以下操作要求进行排版：

1）为“说明……”段落添加项目符号“●”，并设置项目符号的字号为“三号”。

2）利用项目编号给大题目添加编号“一、……”，给小题目添加编号“1、……”。

【操作步骤】

第 1 步：添加项目符号。打开文档 D:\素材\Word\任务\项目符号.docx，在“说明……”段落任意位置单击，在“开始”选项卡的“段落”组中单击“项目符号”按钮，便添加了默认的项目符号“●”。

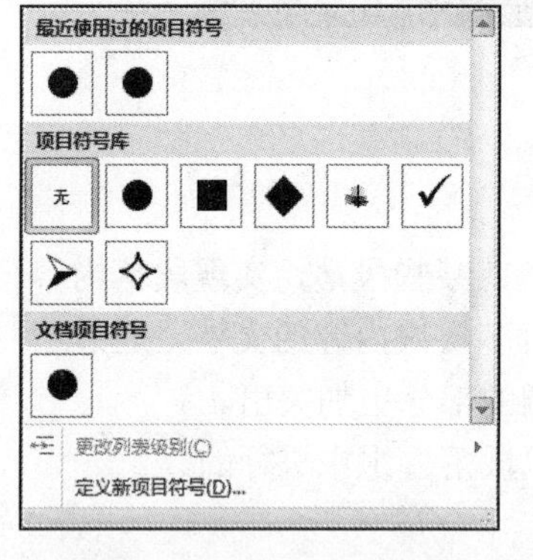

图 4-38 “项目符号”下拉列表

单击“项目符号”下拉按钮，将弹出图 4-38 所示的“项目符号”下拉列表。此时，单击任意一个项目符号按钮，就可以将光标所在段落设置为该项目符号。若没有找到所需的项目符号，则需自定义项目符号。

自定义项目符号的方法如下：在“项目符号”下拉列表中选择“定义新项目符号”选项，弹出“定义新项目符号”对话框，如图 4-39 所示。单击“符号”按钮，弹出图 4-40 所示的“符号”对话框，通过选择字体，找到并单击所需符号，如“◆”，单击“确定”按钮，返回“定义新项目符号”对话框。单击“确定”按钮，完成自定义项目符号设置。

第 2 步：设置项目符号的字体。在“定义新项目符号”对话框中单击“字体”按钮，弹出“字体”对话框，设置字号为“三号”，单击“确定”按钮，完成项目符号的字体设置。

第 3 步：设置大题目的编号。选中段落“单项选择题……”，在“开始”选项卡的“段落”组中单击“编号”下拉按钮，打开图 4-41 所示的“编号”下拉列表，选择所需要的编号按钮，便将该段落设置为“一、单项选择题……”；选中段落“判断题……”，只需单击“编号”按钮，便可将该段落设置为“二、判断题……”；按照相同的方法，分别将段落“填空题……”“计算题……”“综合题……”设置为“三、填空题……”“四、计算题……”“五、综合题……”。

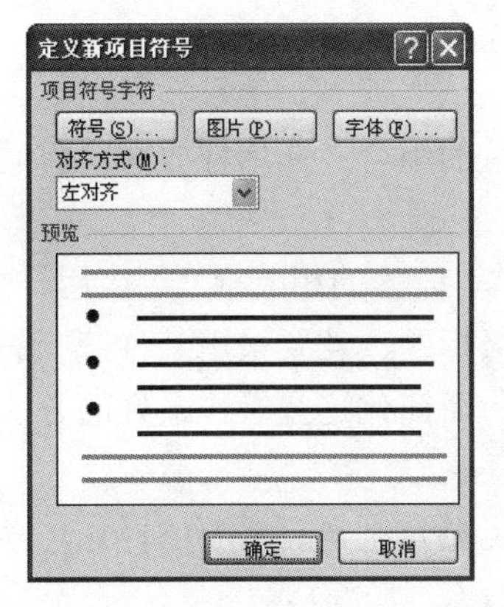

图 4-39　“定义新项目符号”对话框

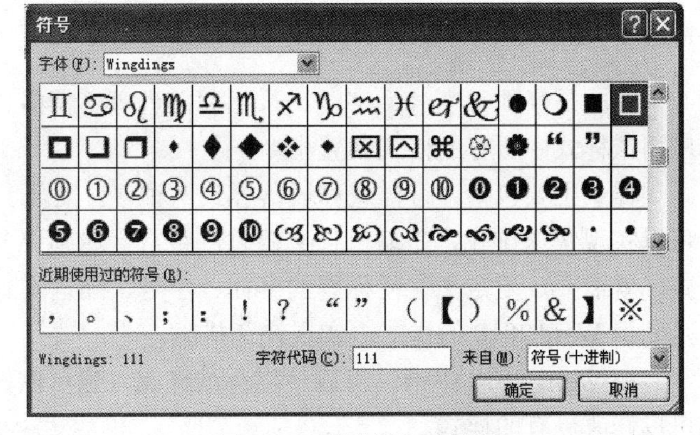

图 4-40　“符号”对话框

第 4 步：设置小题目的编号。选中段落“世界上第一台……”，在“开始”选项卡的“段落”组中单击“编号”下拉按钮，在弹出的图 4-41 所示的“编号”下拉列表中选择所需要的编号按钮，便将该段落设置为“1.世界上第一台……”。由于题目要求的编号格式为“1、”，因此需要自定义编号格式。选择“编号”下拉列表中的“定义新编号格式”选项，弹出“定义新编号格式”对话框，如图 4-42 所示。

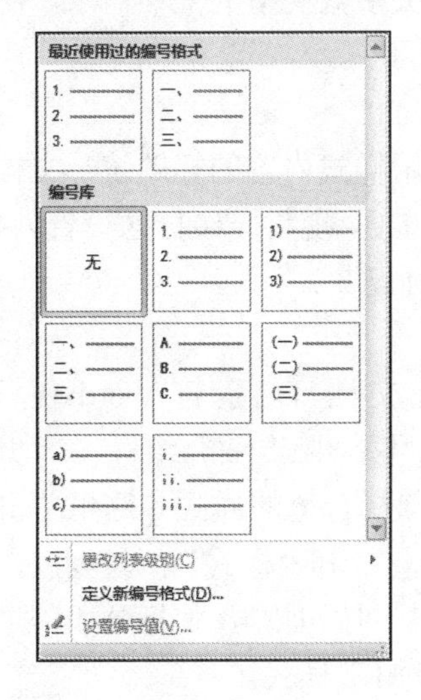

图 4-41　“编号”下拉列表

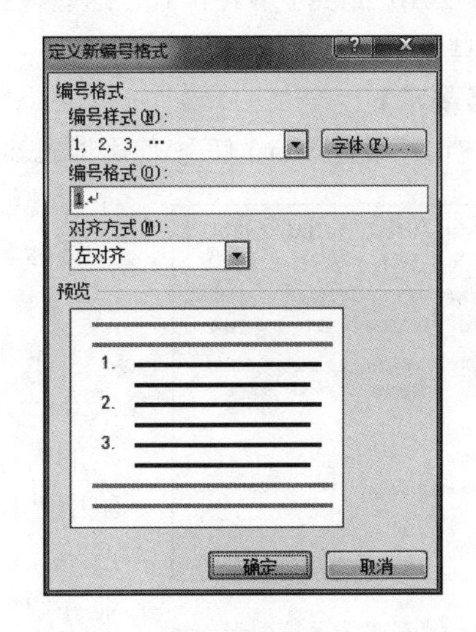

图 4-42　“定义新编号格式”对话框

第 5 步：从图 4-42 中可以看到，“编号格式”文本框中的数字 1 带有灰色底纹，表明其是自动变化的序号，是需要保留而不能更改的部分；而“.”没有灰色底纹，表明其可以自己定义和更改。此时，只需要将“.”修改为“、”，单击“确定”按钮，就可以看到编号添加的效果了，即“1、世界上第一台……”。

第 6 步：在“开始”选项卡的“剪贴板”组中双击“格式刷”按钮，依次单击其他小题，就可以将这些小题依次设置为“2、”“3、”……设置完成后，再次单击“格式刷”按钮，取消格式刷鼠标状态。

第 7 步：单击“保存”按钮，保存文档，退出 Word 2010。

任务 5　应用样式

样式是字体、字号、字距、行距和缩进等文档格式设置的组合。应用样式时，将同时应用该样式中所有的格式设置指令。

样式主要包括字符样式和段落样式两种，它集合了字体、段落的相关格式。应用样式，可以实现快速排版。在编辑长文档时，经常会遇到许多分级标题，若要采用某种统一的形式，就需要反复定义这些标题的字体、字号、缩进方式等。而简化这些操作最好的方法就是利用 Word 2010 的样式，实现快速排版。

在 Word 2010 中不仅可以使用标准样式，也可以根据需要定制自己需要的样式，甚至可以修改已有的样式。

一篇文档中有多种段落和标题，其中某些段落和标题具有相同的版面格式，使用样式可以对具有相同版面格式的段落和标题进行统一控制，而且可以通过修改样式对使用该样式的段落或字符进行统一修改。

1. 使用样式

Word 2010 提供了多种样式，这些样式能够满足大多数类型的文档需求。用户可以选择使用这些标准样式。

【任务要求】

在文档 D:\素材\Word\任务\使用样式.docx 中，利用样式内置的标题统一文档风格，为了后续编制目录的方便，现将一级标题设置为“标题 1”，二级标题设置为“标题 2”。

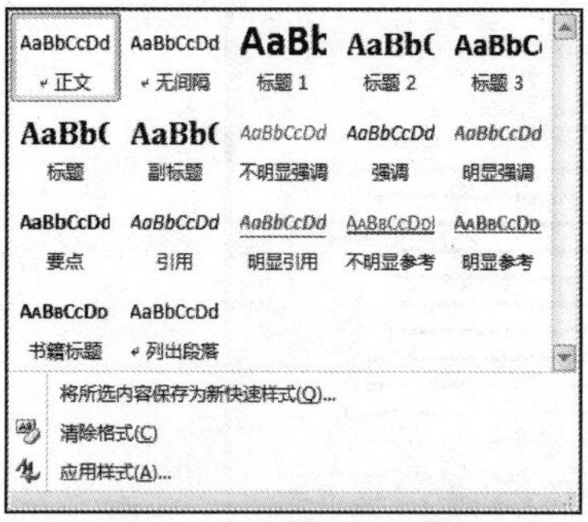

图 4-43　“样式”下拉列表

【操作步骤】

第 1 步：打开文档 D:\素材\Word\任务\使用样式.docx，选中标题“医学院专业介绍”，在“开始”选项卡的“样式”组中选择合适的样式。这里单击“样式”组中“其他”按钮，打开“样式”下拉列表，如图 4-43 所示，单击“标题 1”按钮，使标题段落“医学院专业介绍”应用“标题 1”样式。

第 2 步：使用相同的操作方法，将正文中的标题都应用“标题 2”样式。

第 3 步：单击“保存”按钮，保存文档，退出 Word 2010。

2. 更改样式

若系统提供的标准样式不符合文档排版与编辑要求，可以对样式进行更改。

【任务要求】

在文档 D:\素材\Word\任务\更改样式.docx 中，将大标题使用的系统内置样式“标题 1”中的段落格式更改为“居中”对齐。

【操作步骤】

第 1 步：打开文档 D:\素材\Word\任务\更改样式.docx，将光标定位到标题处，在“开始”选项卡的“样式”组中右击“标题 1”样式，在弹出的快捷菜单中选择“修改”命令，弹出“修改样式”对话框，如图 4-44 所示。

第 2 步：在“格式”选项组中设置对齐方式为“居中”，单击“确定”按钮，对“标题 1”的样式进行更改，同时可以在预览框中看到文章标题的变化。

第 3 步：单击“保存”按钮，保存文档，退出 Word 2010。

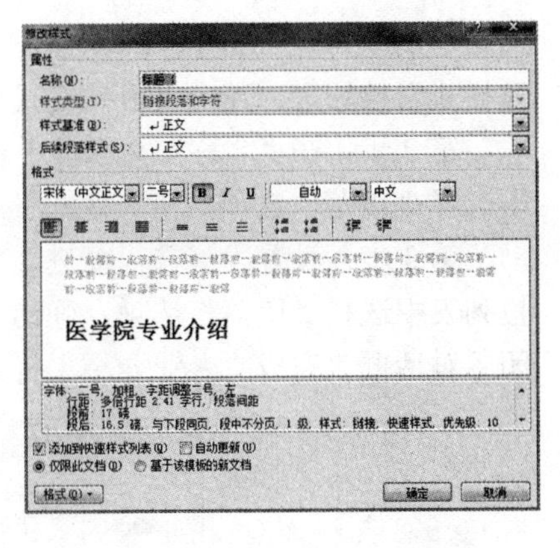

图 4-44　“修改样式”对话框

提示

在“开始”选项卡的“样式”组中单击对话框启动器按钮，弹出“样式”对话框，如图 4-45 所示。单击“标题 1”下拉按钮，在打开的下拉列表中选择“修改”命令，也可以弹出“修改样式”对话框。

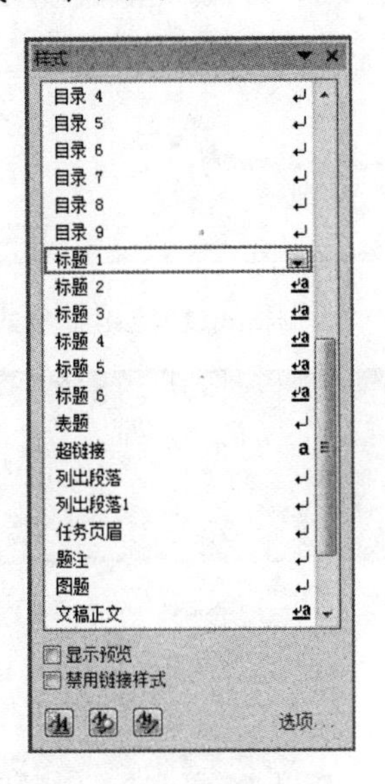

图 4-45　“样式”对话框

3. 创建样式

创建样式是指向现有样式列表中增添一种新样式。

【任务要求】

在文档 D:\素材\Word\任务\创建样式.docx 中创建一个“段落”新样式，名称为“专业介绍”，设置其字体为“宋体”“小四”，段落首行缩进 2 字符。

【操作步骤】

第 1 步：打开 D:\素材\Word\任务\创建样式.docx，选中任一正文自然段，在“开始”

选项卡的“样式”组中单击对话框启动器按钮，弹出“样式”对话框，单击左下角的“新建样式”按钮，弹出“根据格式设置创建新样式”对话框，如图 4-46 所示。

第 2 步：在“名称”文本框中输入新样式名称“专业介绍”，在“样式类型”下拉列表中选择“段落”选项，在“格式”选项组中分别选择“宋体”“小四”。

第 3 步：设置段落首行缩进 2 字符。单击图 4-46 左下角的“格式”按钮，在打开的下拉列表中选择“段落”选项，弹出“段落”对话框，设置该段落首行缩进 2 字符。依次关闭各对话框，完成“专业介绍”样式的创建，如图 4-47 所示。

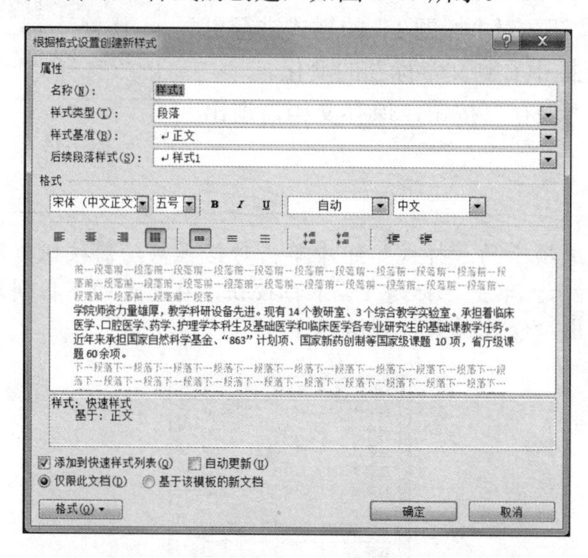

图 4-46 “根据格式设置创建新样式”对话框

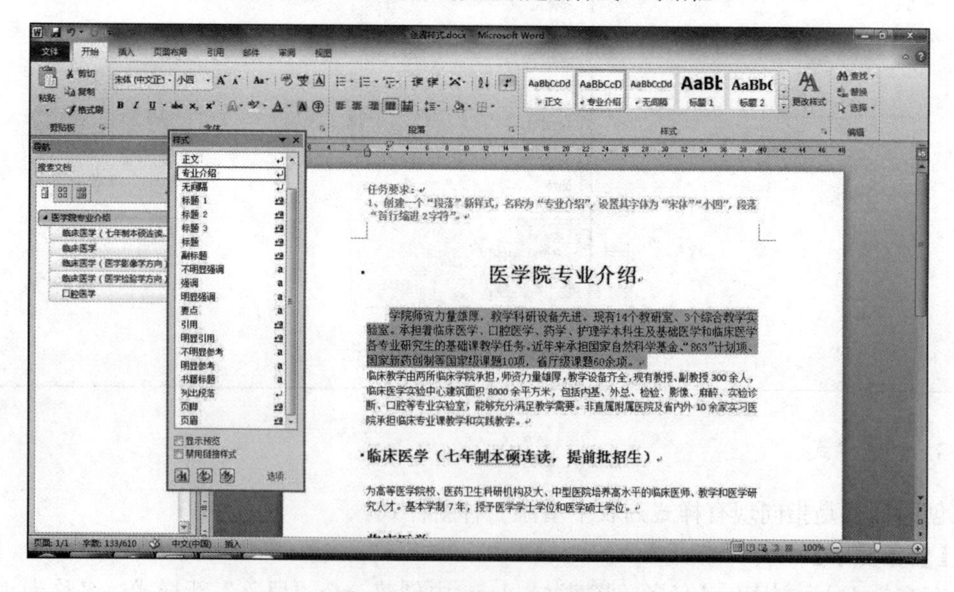

图 4-47 “专业介绍”样式

第 4 步：将正文各段落分别应用样式“专业介绍”。

第 5 步：单击“保存”按钮，保存文档，退出 Word 2010。

项目小结

为了使文档美观且便于阅读，用户应熟悉“开始”选项卡中各个选项组的应用方法，熟练运用格式化文档的技巧。熟练进行文档中字符和段落格式的设置是实现文档排版的基础，灵活运用格式刷，可以快速实现段落或字符格式设置。

在某些段落前加上项目符号或编号，可以提高文档的可读性。

在 Word 2010 中添加标题的最佳方法是应用样式，可以使用内置样式，也可以自定义样式。熟练运用样式，可以快速进行段落格式化或字符格式化设置。

项目训练

1．打开文档 D:\素材\Word\项目训练\LX42-01.docx，完成如下操作：

（1）将标题文字设置为“微软雅黑”“小一”“加粗”，设置字体颜色为“渐变填充-黑色，轮廓-白色，外部阴影”。

（2）设置文中小标题为“黑体”“小四”，正文为“楷体”“小四”。

（3）原文中加括号的数字设置为上标。

（4）给“说”“乐”“愠”3 个字加拼音。

2．打开文档 D:\素材\Word\项目训练\LX42-02.docx，完成如下操作：

（1）设置标题为水平居中对齐、段后 20 磅。

（2）正文首行缩进 2 字符、行距 1.4 倍。

（3）正文第 2 自然段右缩进 4cm。

（4）最后一行右对齐。

3．打开文档 D:\素材\Word\项目训练\LX42-03.docx，完成如下操作：

（1）将文中的标题部分分别编辑成“标题 1、2、3”样式，正文部分应用“正文缩进”样式。

（2）创建一个新样式“落款日期”，格式设置为“黑体”“小四”“粗体”“右对齐”，对文本尾日期应用新的“落款日期”样式。

（3）对“标题 2”样式进行修改，字体设置为“楷体”并倾斜。

（4）删除样式“页脚”。

4．打开文档 D:\素材\Word\项目训练\LX42-04.docx，利用格式刷将文档左侧的格式分别应用到右侧相应内容上。

项目 3　页 面 布 局

项目要点

1）利用主题，快速格式化文档。

2）调整页面设置，实现页面布局。

3）通过分栏、添加边框和底纹美化文档。

4）利用页眉与页脚，丰富文档内容。

技能目标

1）会应用主题。

2）熟练设置分栏。

3）会设置页面背景和添加水印。

4）熟练为段落或文字添加边框和底纹。

5）熟练添加页眉与页脚。

6）熟练设置页面格式，包括设置纸张大小、纸张方向、页边距等。

页面布局是 Word 排版的重要选项。页面布局包括主题应用，页面的段落缩进、段间距格式设置，纸张大小和方向及页边距等设置，分栏操作，边框和底纹设置等内容。通过页面布局操作，能够在视觉上表现文档的非凡魅力。

任务 1　应用主题

通过应用文档主题，可以快速轻松地使文档具有专业外观。文档主题是一组格式选项，其中包括一组主题颜色、一组主题字体（包括标题和正文文本字体）和一组主题效果（包括线条和填充效果等）。

需要注意的是，应用文档主题会影响在文档中使用的样式。

应用主题是通过在“页面布局”选项卡的“主题”组中单击相关按钮进行的。

【任务要求】

在文档 D:\素材\Word\任务\主题.docx 中，设置文档主题为内置的“暗香扑面”。

【操作步骤】

第 1 步：打开文档 D:\素材\Word\任务\主题.docx，在“页面布局”选项卡的“主题”组中单击“主题”下拉按钮，打开图 4-48 所示的下拉列表。

第 2 步：找到并单击要使用的文档主题“暗香扑面”，便将文档主题设置为“暗香扑面”。

第 3 步：单击“保存”按钮，保存文档，退出 Word 2010。

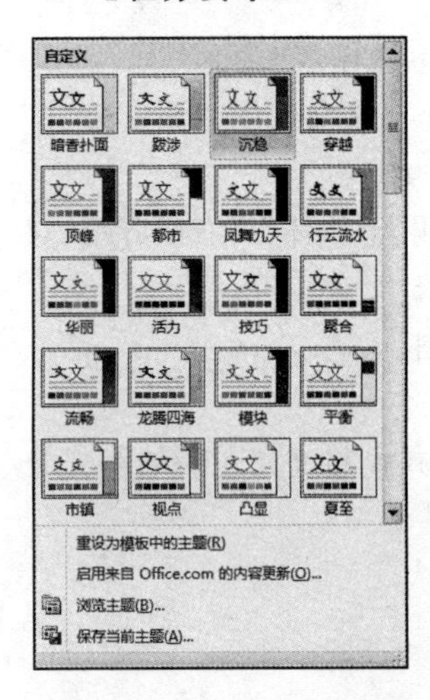

图 4-48　“主题”下拉列表

> **提示**
>
> 如果未列出要使用的文档主题，可在“主题”下拉列表中选择“浏览主题”选项，以在计算机或网络上查找此主题。

任务 2　调整页面设置

页面设置是指文档的总体版面布局及纸张大小、方向、页边距等细节的设置，它将影响整个文档的版式。

若只是对文档页面进行简单设置，可切换到“页面布局”选项卡的“页面设置”组，通过单击相应按钮进行设置。

若需要对文档页面进行详细的设置，可以通过“页面设置”对话框来实现。在“页面布局”选项卡的“页面设置”组中单击对话框启动器按钮，可以弹出该对话框。

【任务要求】

打开文档 D:\素材\Word\任务\页面设置.docx，完成如下操作：

1）设置纸张大小为 B5(JIS)，将纸张上下左右页边距设置为“适中”，左侧装订线 1cm，纸张方向为“横向”，文字方向为“垂直”。

2）给正文文本内容加行号，样式为“连续”。

【操作步骤】

第 1 步：打开文档 D:\素材\Word\任务\页面设置.docx。

第 2 步：设置纸张大小。在“页面布局”选项卡的“页面设置”组中，单击“纸张大小”下拉按钮，打开图 4-49 所示的下拉列表，选择 B5(JIS)选项，设置纸张大小为 B5(JIS)。

第 3 步：设置页边距。在“页面布局”选项卡的“页面设置”组中单击“页边距”下拉按钮，打开图 4-50 所示的“页边距”下拉列表，选择“适中”选项。

第 4 步：设置“装订线”位置。在“页面布局”选项卡的“页面设置”组中单击对话框启动器按钮，弹出“页面设置”对话框，如图 4-51 所示。在“装订线”数值框中输入“1 厘米”，在“装订线位置”下拉列表中选择“左”选项，单击“确定”按钮，关闭“页面设置”对话框。

图 4-49　“纸张大小”下拉列表

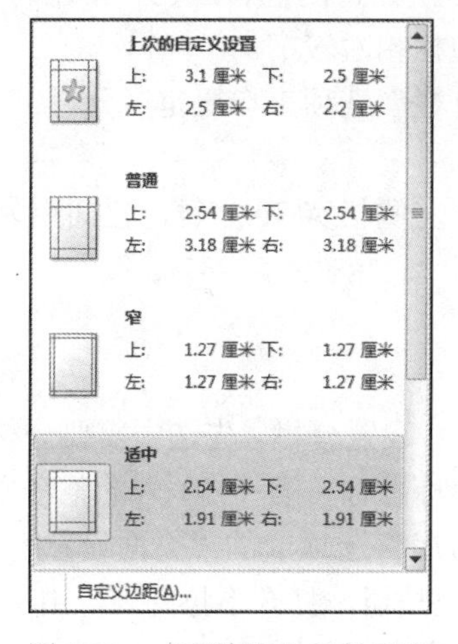

图 4-50　“页边距”下拉列表

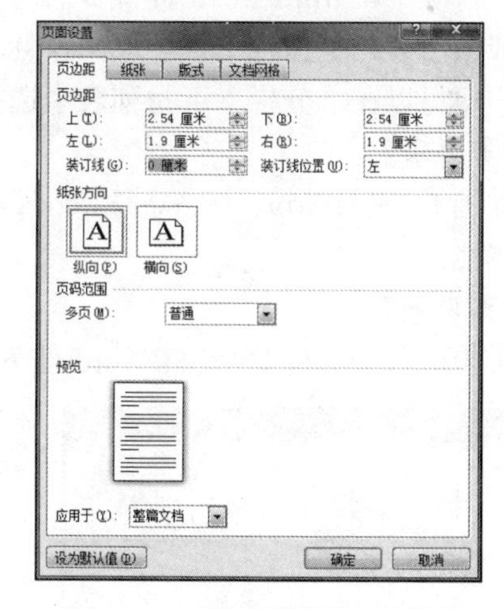

图 4-51　“页面设置”对话框

提示

选择“纸张大小”下拉列表中的“其他页面大小”选项或“页边距”下拉列表中的“自定义边距”选项，也可以弹出“页面设置”对话框。在此对话框中可以进行纸张大小、页边距、纸张方向、文字方向、页眉与页脚的奇偶页不同等版面的详细设置。

第 5 步：设置纸张方向。在“页面布局”选项卡的“页面设置”组中单击“纸张方向”下拉按钮，打开“纸张方向”下拉列表，选择“横向”选项。

第 6 步：设置文字方向。在“页面布局”选项卡的“页面设置”组中单击“文字方向”下拉按钮，打开“文字方向”下拉列表，选择“垂直”选项。

> **提示**
>
> 当文字方向为垂直时，文档的每一竖排就是一行，选中段落或行时，需要在上边距中单击或双击。

第 7 步：添加行号。先选中需要添加行号的文本，在“页面布局”选项卡的“页面设置”组中单击“行号”下拉按钮，在打开的下拉列表中选择“连续”选项，即给所选文本添加连续的行号。

第 8 步：单击“保存”按钮，保存文档，退出 Word 2010。

任务 3　设置分栏

分栏是指将文档版面划分为两栏或多栏，是文档编辑中的一个基本方法。分栏一般用于报纸、杂志等文档的排版。

如果要实现整篇文档或当前节分栏，则要将光标放在文档任一处；若对某些段落分栏，则要先选中需要分栏的段落。

设置分栏的操作方法：在“页面布局”选项卡的“页面设置”组中单击“分栏”下拉按钮，在打开的下拉列表中选择合适的分栏类型。

默认情况下，Word 2010 提供 5 种分栏类型，即一栏、两栏、三栏、偏左和偏右，其中偏左或偏右分栏是指将文档分成两栏且左边或右边栏相对较窄。

用户也可以在“分栏”下拉列表中选择“更多分栏”选项来自己定义分栏。

【任务要求】

将文档 D:\素材\Word\任务\分栏.docx 分为两栏，左侧栏宽 30 字符，栏间距为 2 字符，并加分隔线。

【操作步骤】

第 1 步：打开文档 D:\素材\Word\任务\分栏.docx。

第 2 步：设置分栏。先选中需要分栏的文本，这里选中除标题行（第一行）外的整个文档内容，在“页面布局”选项卡的“页面设置”组中单击“分栏”下拉按钮，打开下拉列表，由于限定了左侧分栏的宽度，因此这里选择“更多分栏”选项，弹出“分栏”对话框，如图 4-52 所示。

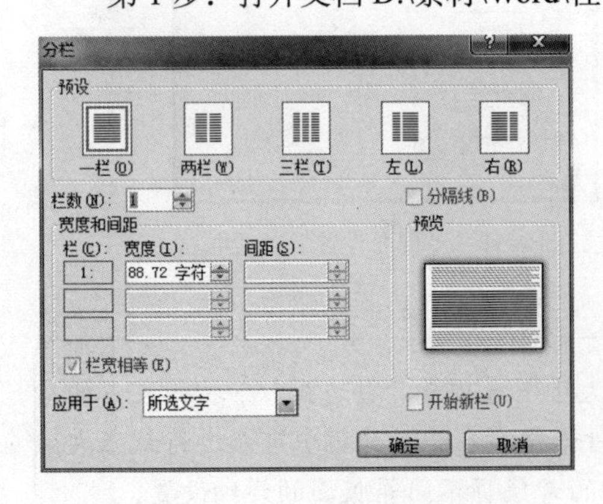

图 4-52　“分栏”对话框

第 3 步：单击“两栏”按钮；取消勾选“栏宽相等”复选框；在第 1 栏的“宽度”数值框中输入“30 字符”，在“间距”数值框中输入“2 字符”；勾选“分隔线”复选框。单击“确定”按钮，完成分栏操作。

第 4 步：单击“保存”按钮，保存文档，退出 Word 2010。

任务 4 设置页面背景

默认情况下，Word 文档的背景为无色。美化文档时，除了设置字体和段落格式外，还可以设置页面边框或页面颜色。

水印是一种让文字或图片以透明或半透明方式呈现在正文下面的效果，如果想将一张图片在正文里作为背景效果，可以使用水印。

页面边框、水印或页面颜色设置是通过在“页面布局”选项卡的“页面背景”组中单击相应按钮进行的。

【任务要求】

打开文档 D:\素材\Word\任务\背景.docx，设置页面颜色为“橄榄色，强调文字颜色 3，淡色 80%”；添加水印，内容为“铁塔行云”，字体为“楷体”，颜色为“蓝色”，版式为“斜式”；为文档添加一个“艺术型”图案为的页面边框。

【操作步骤】

第 1 步：打开文档 D:\素材\Word\任务\背景.docx。

第 2 步：设置页面颜色。在“页面布局”选项卡的“页面背景”组中单击“页面颜色”下拉按钮，打开图 4-53 所示下拉列表，找到并单击“橄榄色，强调文字颜色 3，淡色 80%”颜色块，完成页面颜色（纸张颜色）设置。

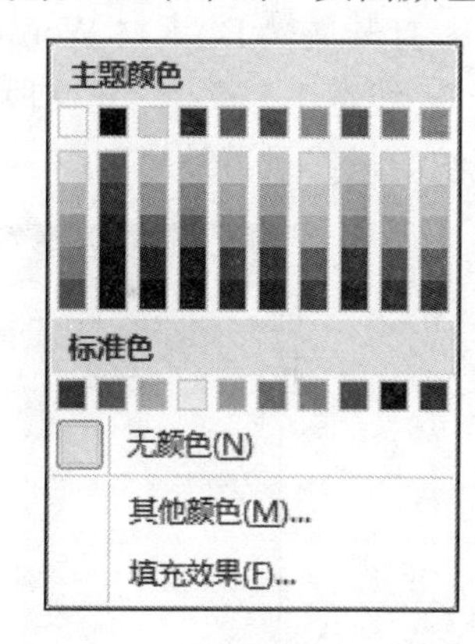

图 4-53 “页面颜色”下拉列表

第 3 步：添加水印。在“页面布局”选项卡的“页面背景”组中单击“水印”下拉按钮，在打开的下拉列表中选择所需水印样式。这里选择“自定义水印”选项，弹出“水印”对话框，选中“文字水印”单选按钮，如图 4-54 所示。在文字文本框中将“保密”更改为“铁塔行云”，在“字体”下拉列表中选择“楷体”，在“颜色”下拉列表中选择“蓝色”，选中“斜式”单选按钮，单击“确定”按钮，完成添加文字水印设置。

> **提示**
>
> 在图 4-54 中，若选中“图片水印”单选按钮，可以实现图片水印的添加。

第 4 步：添加页面边框。在“页面布局”选项卡的“页面背景”组中单击“页面边框”按钮，弹出图 4-55 所示的“边框和底纹”对话框，在“艺术型”下拉列表中选择图案，单击“确定”按钮，即可添加艺术型页面边框。

从设置效果可以看到，页面边框图案处在页边距中，该边框将显示在文档的每一页上。

第 5 步：单击“保存”按钮，保存文档，退出 Word 2010。

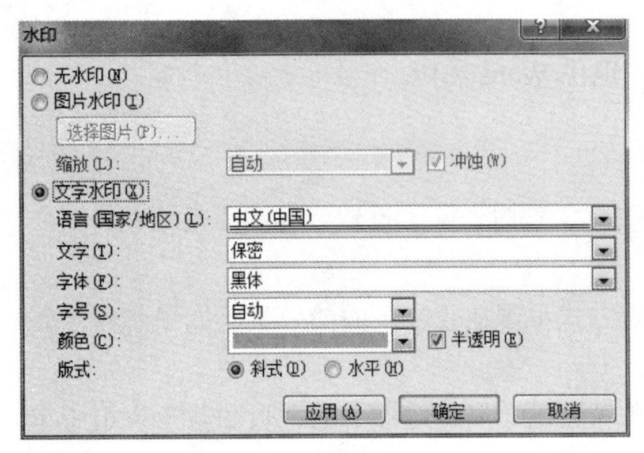

图 4-54 “水印”对话框

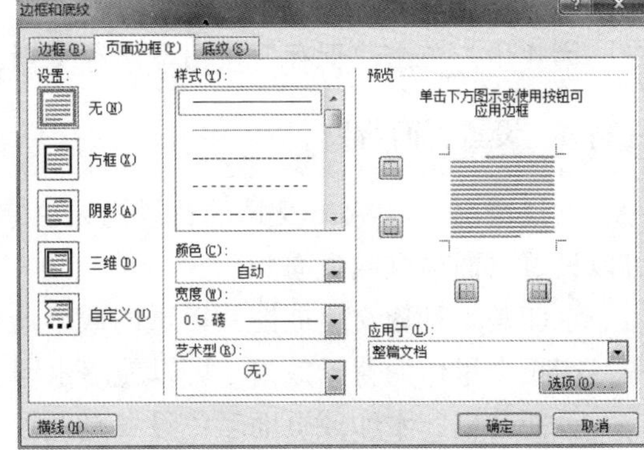

图 4-55 “边框和底纹”对话框

任务 5 设置边框和底纹

边框和底纹通常用于美化文档的版面。用户可以为文字、图形和表格添加边框，并用底纹作为填充背景。

设置边框和底纹是通过“边框和底纹”对话框进行的。

【任务要求】

打开文档 D:\素材\Word\任务\边框与底纹.docx，为正文第 3 段添加边框线，样式为“阴影”，线宽 1.5 磅；给正文段落“北宋末年，开宝寺……”添加填充色为“浅绿色”的文字底纹。最终设置效果如图 4-56 所示。

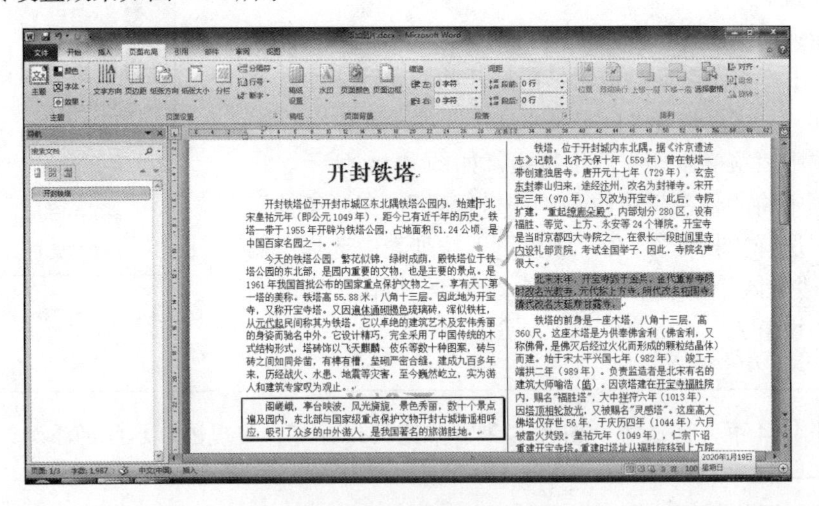

图 4-56 边框与底纹设置效果

【操作步骤】

第 1 步：打开文档 D:\素材\Word\任务\边框与底纹.docx。

第 2 步：设置段落边框。选中正文第 3 段，在“页面布局”选项卡的“页面背景”组中单击“页面边框”按钮，弹出图 4-55 所示的“边框和底纹”对话框。选择“边框”选项卡，如图 4-57 所示。在“设置”选项组中单击“阴影”样式边框，在宽度下拉列表中选择“1.5

磅”线宽，在“应用于”下拉列表中选择“段落”选项，单击“确定”按钮，完成设置。

提示

边框与底纹的应用范围分为“文字”和“段落”。在图 4-57 中可以设置边框的样式（线型）和颜色。若只在选中区域的特定的边放置边框线，则应在“设置”选项组中选择“自定义”选项。在右侧“预览”处，单击图表的边，或单击按钮以便应用和删除某条边框线。

第 3 步：设置底纹。选中段落“北宋末年，开宝寺……”，在“页面布局”选项卡的“页面背景”组中单击“页面边框”按钮，弹出“边框和底纹”对话框。选择“底纹”选项卡，如图 4-58 所示。在“填充”下拉列表中选择“浅绿色”选项，在“应用于”下拉列表中选择“文字”选项，单击“确定”按钮，完成文字底纹设置。

提示

若同时设置了填充和图案，则图案颜色将叠加到填充颜色上。

第 4 步：单击“保存”按钮，保存文档，退出 Word 2010。

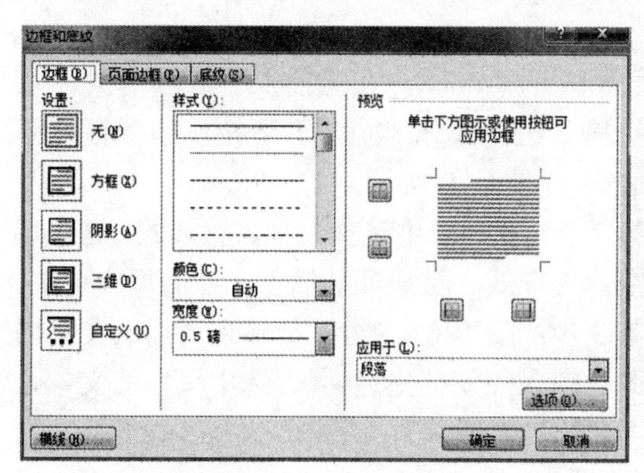

图 4-57　“边框”选项卡

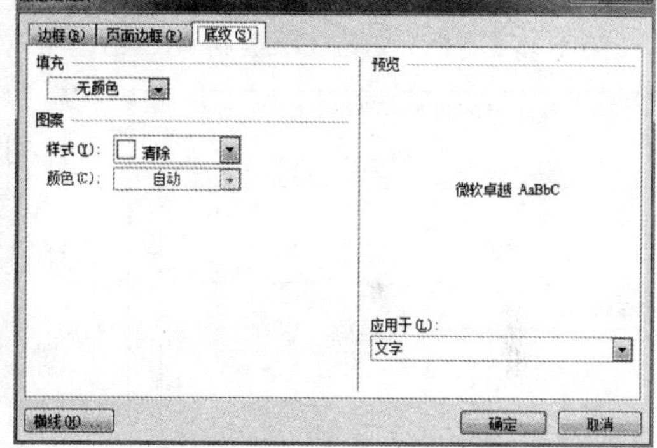

图 4-58　“底纹”选项卡

任务 6　设置页眉和页脚

页眉是指显示在文档中每个页面顶部页边距中的文字或图形，页脚是指显示在文档中每个页面底部页边距中的文字或图形，页眉与页脚就是对文档的辅助说明。添加页眉和页脚既可以增加美观性，同时也是一种每页都重复出现的信息提示。

一般页眉中常包含标题和作者，页脚中常包含日期和页码等信息。

添加页眉和页脚，是通过在“插入”选项卡的“页眉和页脚”组中单击相应按钮来实现的。

【任务要求】

在文档 D:\素材\Word\任务\页眉和页脚.docx 中，添加页眉“安徒生童话”，将页眉设置为“楷体”“小四”；在页脚中设置页码，居中对齐，起始编号为 0。最终设置效果如图 4-59 所示。

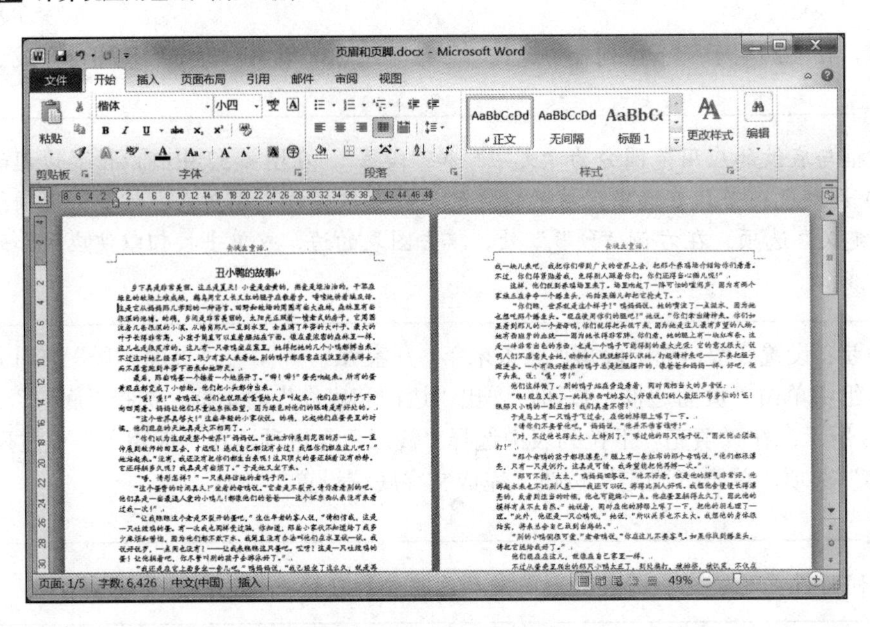

图 4-59 添加页眉效果

【操作步骤】

第 1 步：打开文档 D:\素材\Word\任务\页眉和页脚.docx，在“插入”选项卡的“页眉和页脚”组中单击“页眉”下拉按钮，打开下拉列表，如图 4-60 所示。

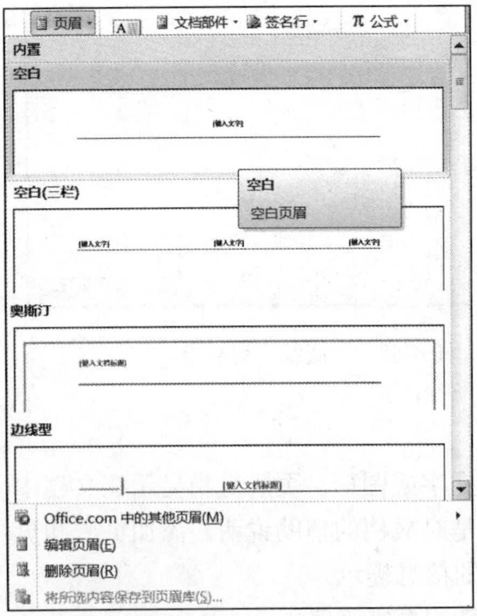

图 4-60 “页眉”下拉列表

第 2 步：在列表中选择一种内置样式，这里选择“空白”样式，页眉即被插入文档的每一页中。

第 3 步：在“键入文字”处输入所需的文字内容，此处输入“安徒生童话”。选中页眉的文本，利用“开始”选项卡的“字体”组将其设置为“楷体”“小四”。

> **提示**
>
> 在“页眉与页脚工具-设计”选项卡的“导航”组中，可以利用“转至页脚”或“转至页眉”按钮实现页眉与页脚间的切换。
>
> 在正文处或页眉处双击，可以实现正文区与页眉区的切换。

第 4 步：在正文部分双击，即可返回正文的编辑。添加页眉后，整个文档的每一页都会有相同的页眉文字。

第 5 步：添加页脚。添加页脚的方法与添加页眉的方法相同，在“插入”选项卡的“页眉和页脚”组中单击“页脚”下拉按钮，在打开的下拉列表中选择“空白”样式。

第 6 步：添加页码。在“插入”选项卡的“页眉和页脚”组中单击“页码”下拉按钮，打开下拉列表，如图 4-61 所示，选择“当前位置”→“普通数字”样式，即可在当前位置插入页码；设置对齐方式为“居中”。

第 7 步：设置页码格式。在“页眉与页脚工具-设计”选项卡的“页眉与页脚”组中单击“页码”下拉按钮，在打开的下拉列表中选择“设置页码格式”选项，弹出图 4-62 所示的“页码格式”对话框，在“页码编号”选项组中选中“起始页码”单选按钮，在“起始页码”数值框中输入 0，单击“确定”按钮。

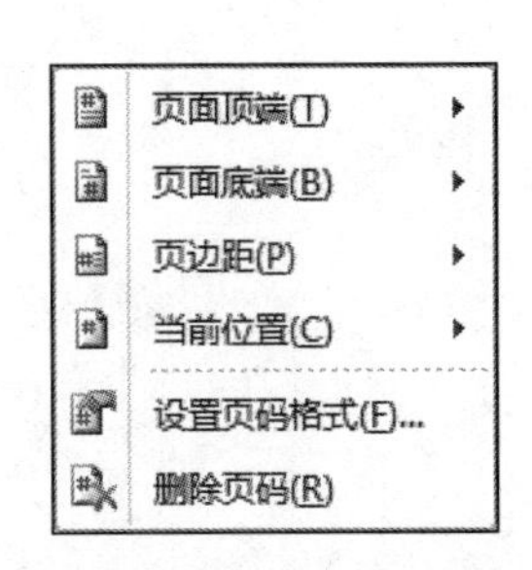

图 4-61　“页码”下拉列表

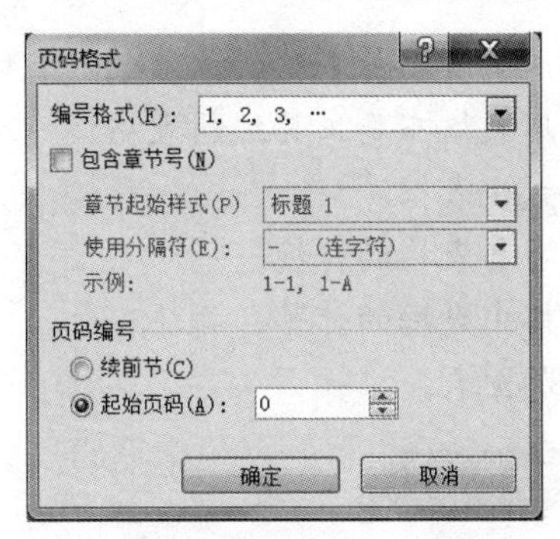

图 4-62　“页码格式”对话框

第 8 步：单击“保存”按钮，保存文档，退出 Word 2010。

项目小结

页面布局包括主题应用，页面的段落缩进、段间距格式设置，纸张大小和方向及页边距等设置，分栏操作，页面背景设置，添加水印等内容。这些内容是排版经常使用的，也是文档综合排版的基础。

项目训练

1．打开文档 D:\素材\Word\项目训练\LX43-01.docx，完成如下操作：

（1）插入分页，将不同学院的专业介绍内容分开。

（2）给文档添加封面，样式自选。

2．打开文档 D:\素材\Word\项目训练\LX43-02.docx，完成如下操作：

（1）添加页眉，内容为“画家徐悲鸿”，字体设置为“楷体”“小四”“蓝色”。

（2）添加页码，样式为“第 X 页”。

（3）将正文第二段文字设置为两栏，第一栏栏宽 15 字符，栏间距 3 字符，添加分隔线。

（4）将正文第一段文字设置为三维边框。

3．打开文档 D:\素材\Word\项目训练\LX43-03.docx，参照第 2 页的样张.docx，完成如下操作：

（1）将页面大小设置为“宽度 15 厘米”“高度 18 厘米”，设置上、下、左、右页边距均为“1.5 厘米”。

（2）设置页面颜色为“填充效果”，图案为“5%样式”，前景色为“白色”，背景色为“红色”。

（3）设置页面边框为“艺术型”，可选择自己喜欢的样式，将颜色设置为“黄色”或“橙色”。

项目4　制 作 表 格

项目要点

1）使用多种添加表格的方法创建表格。

2）使用表格布局工具编辑表格。

3）格式化表格。

4）文字与表格的转换。

5）表格中数据的计算、排序。

6）添加图表。

技能目标

1）会在文档中插入和编辑表格。

2）会实现文本与表格的相互转换。

3）会对单元格进行合并、拆分、格式设置等表格布局操作。

4）会设置表格格式，能美化表格。

5）会运用图表。

任务1　创建表格

表格的最大优点是结构严谨，效果直观。放在表格里的数据有时比文字更加有说服力，往往一张简单的表格可以代替大篇幅的文字叙述，而且具有更直接的表达意图。表格的这些特点被大量应用于科技、经济等书刊中。

在 Word 2010 中，可以通过以下方式来插入表格：从一组预先设好格式的表格模板库中选择，使用“表格”下拉列表指定需要的行数和列数，使用“插入表格”对话框及将有固定格式的文本转换为表格。

添加表格是通过在“插入”选项卡的“表格”组中单击“表格”按钮来实现的。

【任务要求】

在文档 D:\素材\Word\任务\添加表格.docx 中，完成如下操作：

1）参照样张表格1，添加一张3行5列的表格。

2）参照样张表格2，绘制表格。

3）将“文本转换成表格”下面的5段文字（文字分隔符为“;”）转换为5行4列的表格。

4）将样张表格3下面的表格转换成分隔符为制表符的文本。

5）添加内置表格“带小标题2”。

【操作步骤】

第1步：打开文档 D:\素材\Word\任务\添加表格.docx。

第2步：添加表格。将光标定位在要插入表格的位置，在“插入”选项卡的“表格”组中单击“表格”按钮，打开下拉列表，如图4-63所示。此时，拖动鼠标指针以选择需要的行数和列数，当出现图4-64所示的5×3（表示5列3行）时，放开鼠标，便在光标处插入了一张3行5列的空白表格。

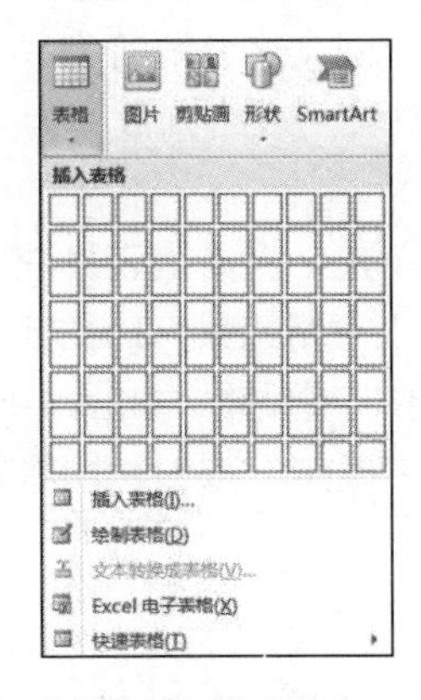

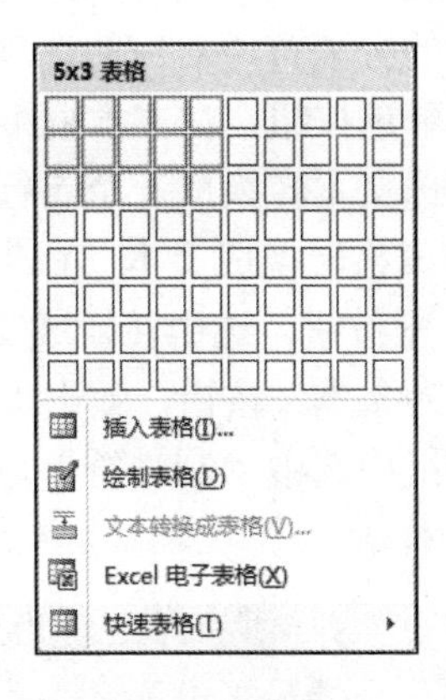

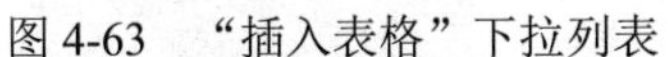

图4-63　“插入表格”下拉列表　　　图4-64　拖动鼠标指针插入表格

插入一张指定行数和列数的空白表格，也可以使用“插入表格”命令。操作方法：在图4-63所示的“插入表格”下拉列表中选择“插入表格”选项，弹出“插入表格”对话框，如图4-65所示，在“表格尺寸”选项组中输入或选择列数和行数，单击“确定”按钮，即可插入一张指定行数和列数的空白表格。

如果要添加一张比较灵活的复杂表格，则可以绘制表格。绘制表格就是绘制表格框线。

第3步：绘制复杂表格。在图4-63所示的“插入表格”下拉列表中选择“绘制表格”选项，鼠标指针将变成铅笔状，此时拖动鼠标便可以绘制一张非对称性的复杂空白表格。

第4步：拖动鼠标，将先绘制一个矩形（表格的外边界），同时打开图4-66所示的“绘图边框”组。此时参照样张表格2，在该矩形内分别绘制出列线和行线后，完成表格的绘制。

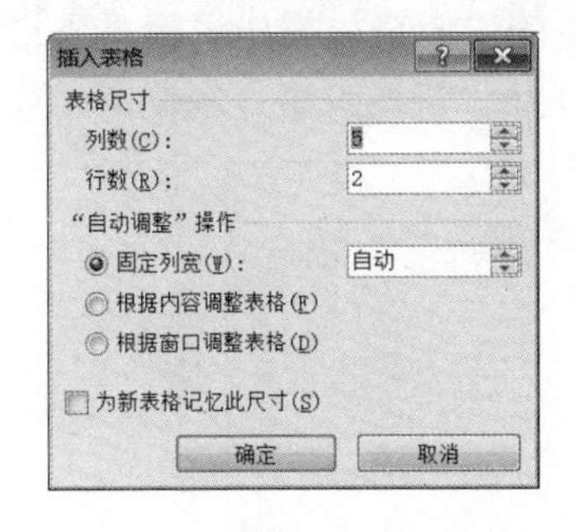

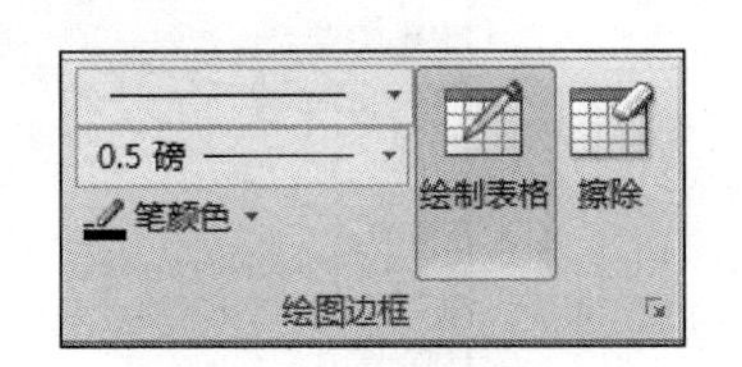

图4-65　“插入表格”对话框　　　图4-66　“绘图边框”组

提示

在“绘图边框”组中，可以先选择线型、粗细和线条的颜色，再绘制表格框线。

第5步：将文本转换成表格。选中要转换的文本，在“插入”选项卡的“表格”组中单击“表格”下拉按钮，在打开的下拉列表中选择“文本转换成表格”选项，弹出“将文字转换成表格”对话框，如图4-67所示。

段落标记指示要转换表格新行的位置，而文本中的分隔符（如逗号或制表符）则指示将文本分成表格列的位置。本题目中文字分隔符为“；”。

第 6 步：从图 4-67 中可以看到，表格列数为 1。在“文字分隔位置”选项组中选中在文本中实际使用的分隔符所对应的选项。本题目中各项间文字分隔符为“；”，所以这里选中“其他字符”单选按钮，在文本框中输入“；”，可以看到表格列数变为 4。单击“确定”按钮，即可将所选文本转换成一个 5 行 4 列的表格。

第 7 步：将表格转换成文本。在表格中任一位置单击，会看到表格左上角出现全选表格按钮⊞，单击⊞按钮，选中转换成文本的表格。在“表格工具-布局”选项卡的“数据”组中单击“转换为文本”按钮，弹出“表格转换成文本”对话框，如图 4-68 所示，在“文字分隔符”选项组中选中“制表符”单选按钮，单击“确定”按钮，即将表格转换成分隔符为制表符的文本。

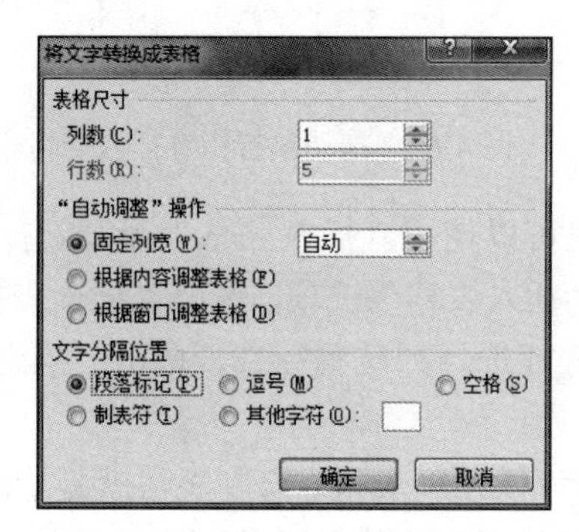

图 4-67 “将文字转换成表格”对话框

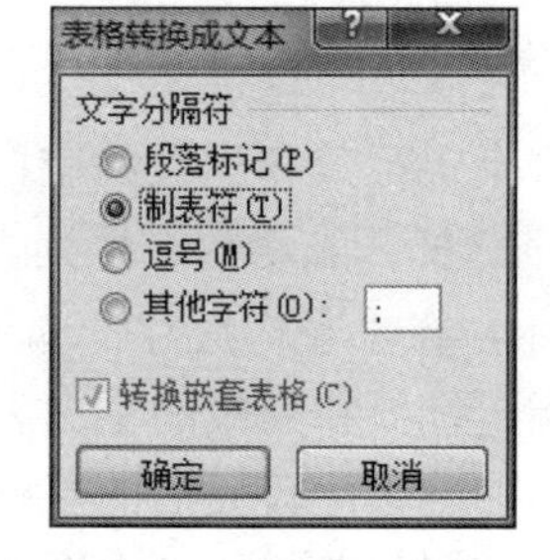

图 4-68 “表格转换成文本”对话框

内置表格就是使用 Word 2010 内置的表格模板，是基于一组预先设置好格式的表格来插入一张表格。表格模板包含示例数据，可以帮助用户想象添加数据时表格的外观。

第 8 步：添加内置表格。在“插入”选项卡的“表格”组中单击“表格”下拉按钮，在打开的下拉列表中选择“快速表格”选项，打开“快速表格”级联菜单，如图 4-69 所

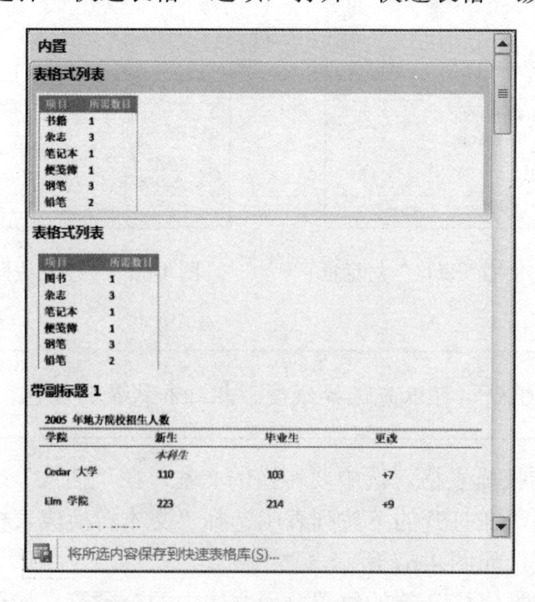

图 4-69 “快速表格”级联菜单

示。此时可以选择系统内置表格结构的表格，这里选择“带小标题 2”，完成添加内置表格操作。

添加内置表格后，在生成的表格中修改数据，即可创建自己所需要的表格。

第 9 步：单击“保存”按钮，保存文档，退出 Word 2010。

任务 2　编辑表格

创建表格后，即可在单元格中输入数据。用户可以通过多种方法来编辑表格，如添加行、删除列、合并单元格等。

1. 选中单元格

对表格进行编辑之前，需要先选中要编辑的单元格。选中表格内容的方法如表 4-7 所示。

表 4-7　选中表格内容的方法

选中对象	方法
单元格	单击单元格的左边缘
行	单击行左侧的空白处
列	单击列的上边框
矩形区域	在单元格区域拖拉鼠标
整个表格	单击表格左上角的全选按钮

2. 添加行或列

选中一个单元格，在“表格工具-布局”选项卡的“行和列”组中单击表 4-8 中列出的按钮，便能实现相应的操作。

表 4-8　添加行或列

按钮	操作结果
在上方插入	在当前单元格上方插入一行
在下方插入	在当前单元格下方插入一行
在左侧插入	在当前单元格左侧插入一列
在右侧插入	在当前单元格右侧插入一列

3. 删除单元格、行或列

选中一个单元格，在“表格工具-布局”选项卡的“行和列”组中单击“删除”按钮，打开下拉列表框，选择相应选项便能够实现相应删除操作。

若选择“删除单元格”选项，将弹出图 4-70 所示的“删除单元格”对话框，其选项含义如表 4-9 所示。

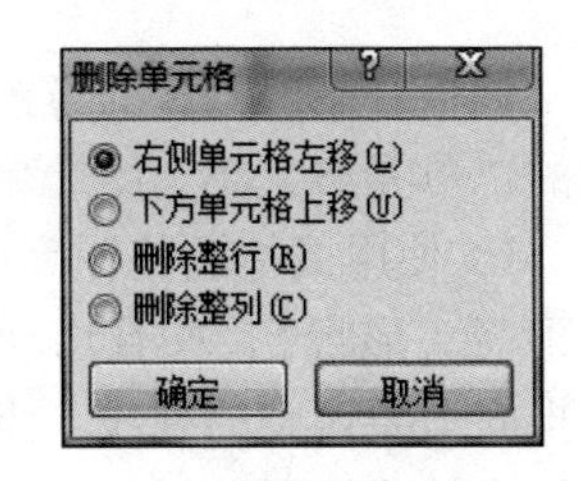

图 4-70　“删除单元格”对话框

注意

选中表格后，若按 Delete 键，则仅删除所选单元格的内容，而不能连同表格一起删除。当删除表格内容时，文档中将保留表格的行和列。

表 4-9　删除单元格选项及含义

删除单元格选项	含义
右侧单元格左移	删除单元格，并将该行中剩余的现有单元格每个左移一列
下方单元格上移	删除单元格，并将该列中剩余的现有单元格每个上移一行
删除整行	删除包含单击的单元格在内的整行
删除整列	删除包含单击的单元格在内的整列

提示

右击一个单元格，在弹出的快捷菜单中选择“插入”或“删除单元格”命令，也能进行单元格、行及列的插入或删除操作。

4. 移动行或列

移动行或列就是将表格中的整行或整列从一个位置移动到表格中另一个位置。

移动行或列的方法如下：

1）选中要移动的行或列，在“开始”选项卡的“剪贴板”组中单击“剪切”按钮。

2）将插入点定位到新位置，在“开始”选项卡的“剪贴板”组中单击“粘贴”按钮，被剪切的行将被移动到新位置的上方或被剪切的列将被移动到新位置的左侧。

5. 合并或拆分单元格

将多个单元格合并为一个单元格或将一个单元格拆分为多个单元格，是在“表格工具-布局”选项卡的“合并”组中通过单击相关按钮实现的。

任务 3　格式化表格

用户通过对表格中的文字和单元格进行格式化，可以制作出具有专业化效果的表格。

1. 调整行高或列宽

调整行高或列宽的方法较多，如使用鼠标调整行高或列宽、在“表格工具-布局”选项卡的“单元格大小”组中单击相应按钮进行调整等。

1）使用鼠标调整行高或列宽。将鼠标指针缓慢指向需要调整的行线，当鼠标指针变为上下箭头形状÷，并且出现一条水平虚线时，上下拖拉鼠标即可改变行高；将鼠标指针缓慢指向需要调整的列线，当鼠标指针变为左右箭头形状+||+时，拖拉鼠标即可改变列宽。

2）使用标尺调整行高或列宽。拖动水平或垂直标尺栏中的行标记或列标记，可以改变行高或列宽。

3）精确调整行高或列宽。在“表格工具-布局”选项卡的“单元格大小”组中设置单元格大小，指定行与列的具体数值。

4）使用“表格属性”对话框调整行高或列宽。右击选中单元格，在弹出的快捷菜单中选择“表格属性”命令，弹出“表格属性”对话框，进行行高或列宽的精确设置。

5）使用“分布列”或“分布行”按钮调整行高或列宽。在“表格工具-布局”选项卡的“单元格大小”组中单击“分布列”或“分布行”按钮，调整后，则选中单元格的列宽一致（分布列）或行高一致（分布行）。

6）自动调整行高或列宽。在“表格工具-布局”选项卡的“单元格大小”组中单击“自动调整”下拉按钮，在打开的下拉列表中选择相应调整项。

2. 设置单元格边距

在“表格工具-布局”选项卡的“对齐方式”组中单击“单元格边距”按钮，弹出“表格选项”对话框，如图 4-71 所示，使用该对话框可以设置选中单元格边距。

3. 设置单元格对齐方式和文字方向

在“表格工具-布局”选项卡的“对齐方式”组中单击 9 种对齐方式按钮中的一种，可以设置选中单元格文本的水平对齐和垂直对齐方式；若单击“文字方向”按钮，则实现单元格文字横向与垂直方向的切换。

用户可以采用排版普通文本的方法设置单元格中文本的段落格式和字符格式。

4. 设置表格对齐方式和文字环绕

表格对齐方式就是整个表格相对于页面的横向位置，而文字环绕是指分布在整个表格周围文字相对表格的位置。

在“表格工具-布局”选项卡的“表”组中单击“属性”按钮，弹出“表格属性”对话框，如图 4-72 所示，使用该对话框可以设置表格对齐方式和文字环绕。

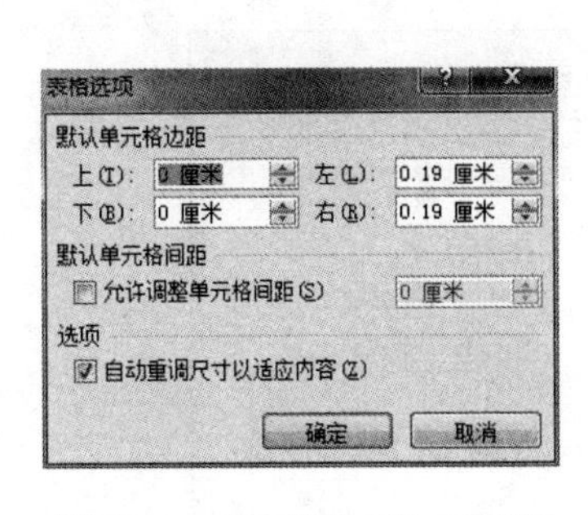

图 4-71　“表格选项”对话框

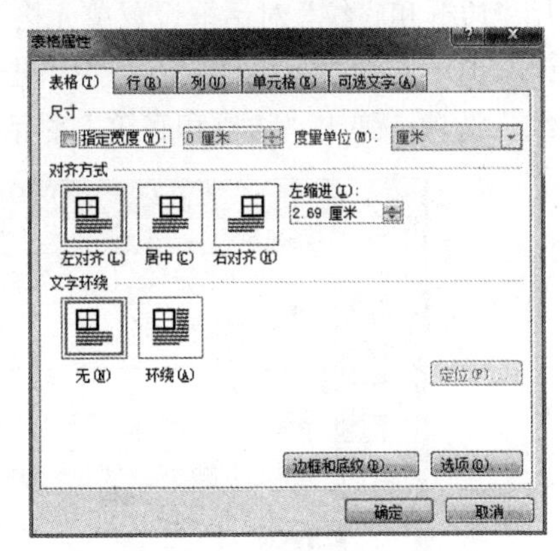

图 4-72　“表格属性”对话框

5. 套用表格样式

Word 2010 提供了多个预定义的表格样式，用户可以套用其格式快速设置表格格式。

在“表格工具-设计”选项卡的“表格样式”组中单击“其他”按钮，打开下拉列表，如图 4-73 所示，可以看到 Word 2010 提供的所有表格样式，单击合适的表格样式按钮，可以快速套用表格样式。

6. 单元格边框和底纹

为了使表格更加美观，除了对相应的单元格文字进行格式设置（字体、字形、颜色等）外，还可以根据不同需求设置不同的边框和底纹。

（1）设置单元格边框

1）使用“边框”下拉列表设置单元格边框。选中需要设置边框的单元格区域，在“表格工具-设计”选项卡的“表格样式”组中单击“边框”下拉按钮，打开下拉列表，如图 4-74 所示。选择需要的预定义边框选项，便可以设置相应的单元格边框。

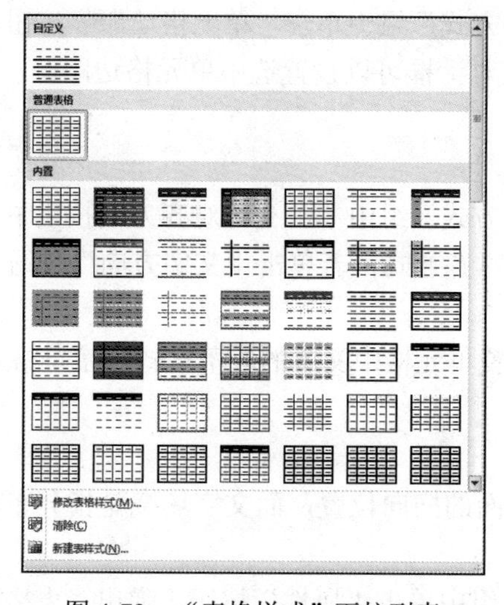

图 4-73 “表格样式”下拉列表

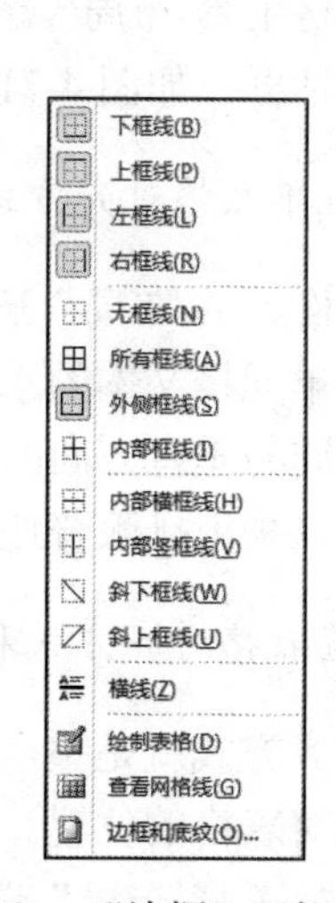

图 4-74 “边框”下拉列表

2）使用“边框和底纹”对话框设置单元格边框。选中需要添加边框的单元格区域，在“表格工具-设计”选项卡的“表格样式”组中单击“边框”下拉按钮，在打开的下拉列表中选择“边框和底纹”选项，弹出“边框和底纹”对话框，如图 4-75 所示，选择“边框”选项卡。

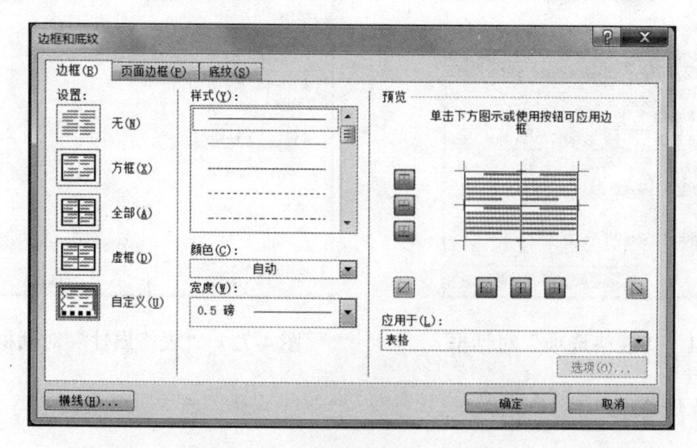

图 4-75 “边框和底纹”对话框

此时如同设置文字或段落的边框一样，对单元格进行边框的设置。

（2）设置单元格底纹

1）使用“底纹”下拉列表设置单元格边框。选中定需要添加边框的单元格区域，在“表格工具-设计”选项卡的“表格样式”组中单击“底纹”下拉按钮，打开下拉列表，如图 4-76 所示。选择所需要的颜色块，便可以设置相应的单元格底纹。

2）使用“边框和底纹”对话框设置单元格底纹。选中需要添加边框的单元格区域，在图 4-75 所示的“边框和底纹”对话框中选择“底纹”选项卡，如图 4-77 所示。

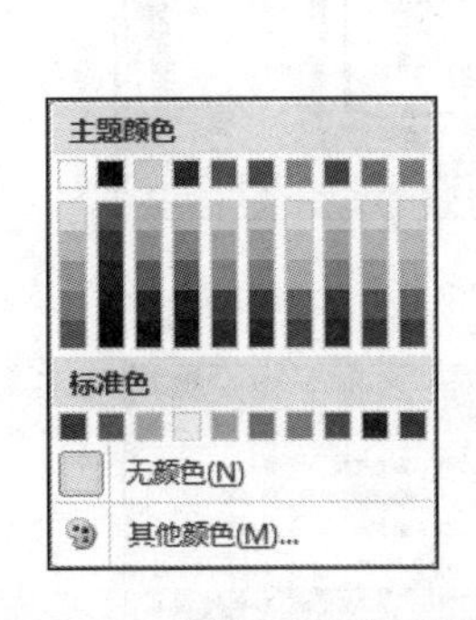

图 4-76 “底纹”下拉列表

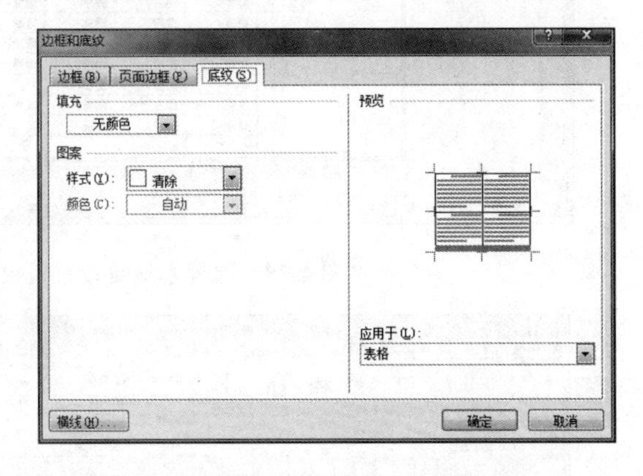

图 4-77 “底纹”选项卡

如同设置文字或段落的底纹一样，对单元格进行底纹设置。

提示

使用“边框和底纹”对话框设置单元格的边框和底纹时，需要根据需要在“应用于”下拉列表中选择其应用范围是所选单元格或整个表格。

【任务要求】

在文档 D:\素材\Word\任务\课程表.docx 中，参照样张，完成如下操作。

1）在文档中插入一个 8 行 8 列的表格，然后输入内容，标题格式为“微软雅黑”“小二”“居中”，内容格式为“黑体”“五号”，适当调整行高与列宽。

2）合并单元格。

3）设置单元格中的文本对齐方式。

4）绘制表头斜线。

5）设置表格边框。

课程表最终设置效果如图 4-78 所示。

【操作步骤】

第 1 步：打开文档 D:\素材\Word\任务\课程表.docx，输入文档标题“课程表”，按 Enter 键换行。

第 2 步：创建空白表格。将光标定位到要插入表格的位置，在“插入”选项卡的“表格”组中单击“表格”下拉按钮，打开下拉列表。拖动鼠标指针以选择需要的“8×8 表格”，如图 4-79 所示。放开鼠标后，便插入一张 8 行 8 列的空白表格。

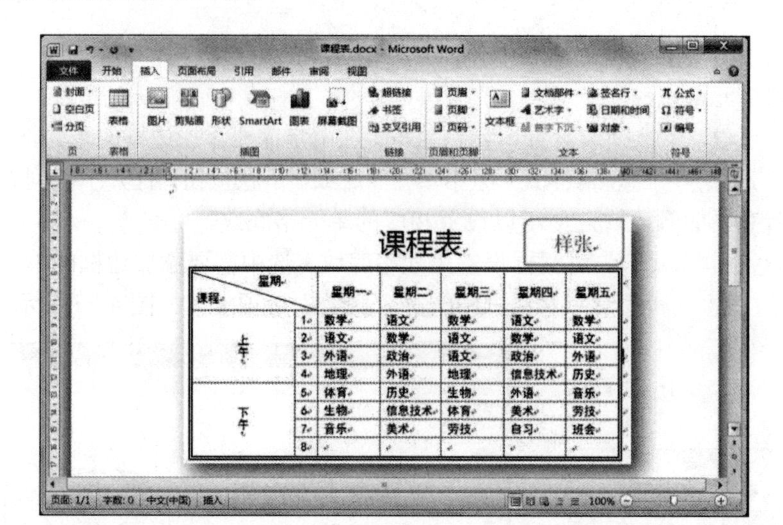

课程表

样张

星期 课程		星期一	星期二	星期三	星期四	星期五
上午	1	数学	语文	数学	语文	数学
	2	语文	数学	语文	数学	语文
	3	外语	政治	语文	政治	外语
	4	地理	外语	地理	信息技术	历史
下午	5	体育	历史	生物	外语	音乐
	6	生物	信息技术	体育	美术	劳技
	7	音乐	美术	劳技	自习	班会
	8					

图 4-78　课程表最终设置效果

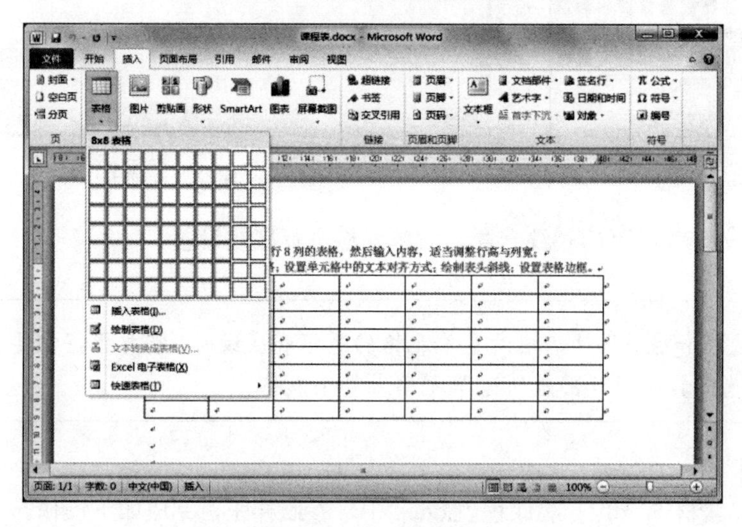

图 4-79　拖动鼠标指针插入表格

要实现光标在表内各单元格间的移动，既可以直接单击，也可以按 Tab 键或方向键。

第 3 步：输入表格内容并设置字体。在对应的单元格内输入相应的文字内容，并设置标题（“微软雅黑”“小二”“居中”）和表格内的字符格式（“黑体”“五号”），如图 4-80 所示。

第 4 步：删除最后一列。选中最后一列，在“表格工具-布局”选项卡的“行和列”组中单击“删除”下拉按钮，在打开的下拉列表中选择“删除列”选项。

第 5 步：在最后添加一行。选中最后一行（第 8 行），在“表格工具-布局”选项卡的“行和列”组中单击“在下方插入”按钮，则在表格的最后添加一空行。

第 6 步：调整行高或列宽。参照样张，选中第 1 列，在“表格工具-布局”选项卡的“单元格大小”组中，在“宽度”数值框中输入“3 厘米”；选中第 2 列，在“宽度”数值框中输入“1 厘米”；选中第 1 行，在“高度”数值框中输入“1.2 厘米”。

第 7 步：合并或拆分单元格。选中要合并的单元格，即第一行的前两个单元格，在“表格工具-布局”选项卡的“合并”组中单击“合并单元格”按钮，完成单元格的合并操作。

采用同样的方法，合并第一列第 2～5 行，以及第 6～9 行单元格，如图 4-81 所示。

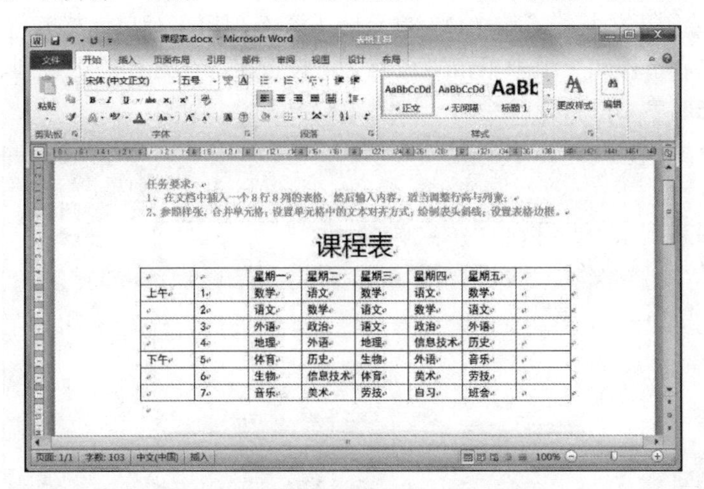

图 4-80　输入表格内容并设置字体

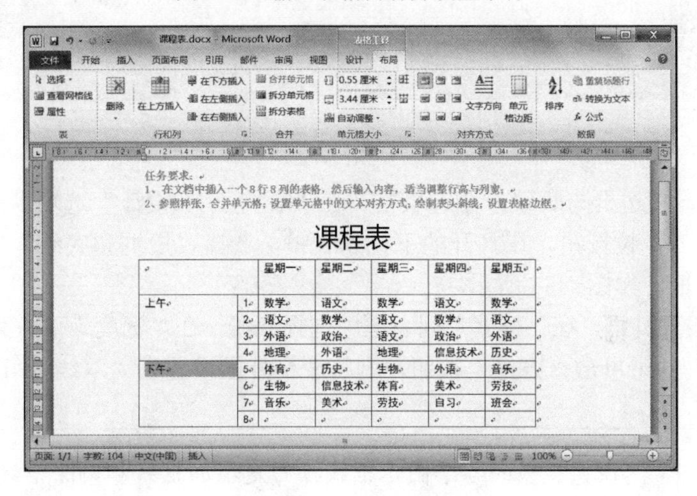

图 4-81　合并单元格效果

提示

右击选中的单元格，在弹出的快捷菜单中选择“合并单元格”命令，也可以合并单元格。

第 8 步：设置文字方向。选中“上午”所在的单元格，在“表格工具-布局”选项卡的“对齐方式”组中单击“文字方向”按钮，将文字方向设置成竖直（再次单击，将恢复横排）。

第 9 步：设置单元格文本对齐方式。选中“上午”所在单元格，在“表格工具-布局”选项卡的“对齐方式”组中单击“中部居中”按钮，完成文本对齐方式设置。

提示

右击选中的单元格，在弹出的快捷菜单中选择“单元格对齐方式”命令，也可以实现单元格内容的对齐操作。

采用同样的方法，完成“下午”单元格及第一行的设置。

第 10 步：绘制表头斜线。选中 A1 单元格（第 A 列第 1 行单元格），在“表格工具-设计”选项卡的“表格样式”组中单击“边框”下拉按钮，在打开的下拉列表中选择“斜下框线”选项，完成单元格斜线的绘制，如图 4-82 所示。

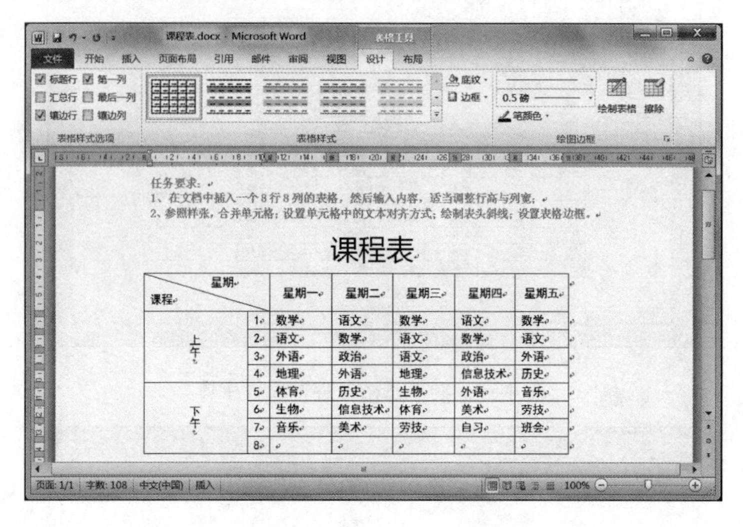

图 4-82　绘制表头斜线

第 11 步：设置边框与底纹。全选表格，在“表格工具-设计”选项卡的“表格样式”组中单击“边框”下拉按钮，在打开的下拉列表中，选择“边框和底纹”选项，弹出“边框和底纹”对话框，如图 4-83 所示。

第 12 步：设置外框。在“样式”列表框中选择双线，在“宽度”下拉列表中选择“1.5 磅”，在“设置”项中单击“方框”按钮，则将表格外框设置为“双线”“1.5 磅”。

提示

在图 4-83 中，“预览”项的各个图示框线按钮是添加框线和删除框线的切换按钮。

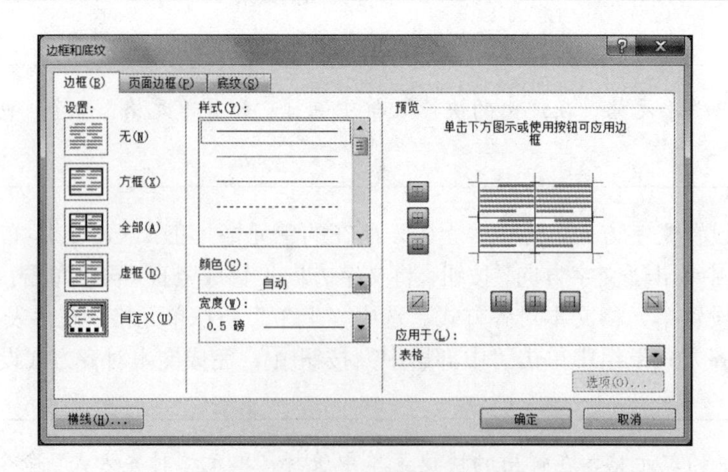

图 4-83　“边框和底纹”对话框

第 13 步：设置内框。由于内框与外框不同，因此需要先在“设置”项中单击“自定义”按钮，然后在“样式”列表框中选择单虚线，在“宽度”下拉列表中选择“0.75 磅”，在“预览”项中分别单击横中线和竖中线，则将表格外框设置为“虚线”“0.75 磅”。单击“确定”按钮，查看设置效果，如图 4-84 所示。

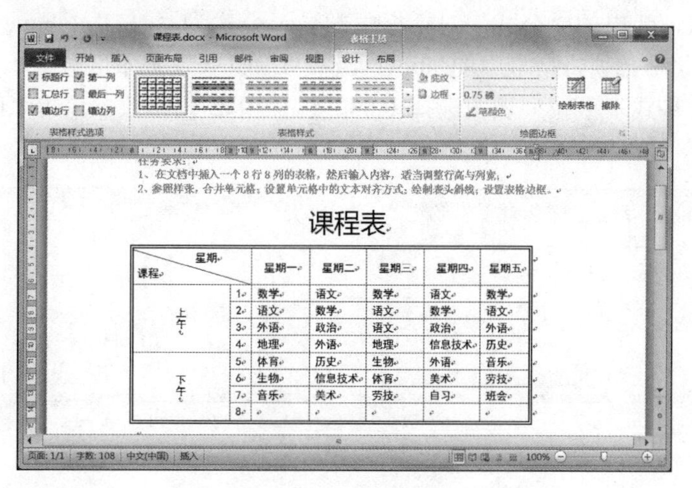

图 4-84　设置效果

第 14 步：单击“保存”按钮，保存文档，退出 Word 2010。

任务 4　计算与排序

在 Word 2010 中，可以对表格中的数据进行简单计算，如加、减、乘、除、平均值计算等。

操作方法：使用“表格工具-布局”选项卡的“数据”组中的“公式”按钮，利用系统提供的函数或输入公式对表格中的数据进行计算。

排序可以按指定的一列或多列数据为依据，排序依据可以是文字、数字和日期等，并可指定排序方式为升序或降序。

操作方法：使用“表格工具-布局”选项卡的“数据”组中的“排序”按钮对表格中的数据进行排序。

【任务要求】

在文档 D:\素材\Word\任务\计算与排序.docx 中，计算表中各位同学的总成绩和各门课程的平均分，均保留 2 位小数。对所有学生按照“总分”进行降序排序，若总分相同时再按“数学”进行降序排序。

【操作步骤】

第 1 步：打开文档 D:\素材\Word\任务\计算与排序.docx。

第 2 步：计算第一位学生的总分。选中存放结果的 H2（第 H 列第 2 行）单元格，在“表格工具-布局”选项卡的“数据”组中单击“公式”按钮，弹出“公式”对话框，如图 4-85 所示。“公

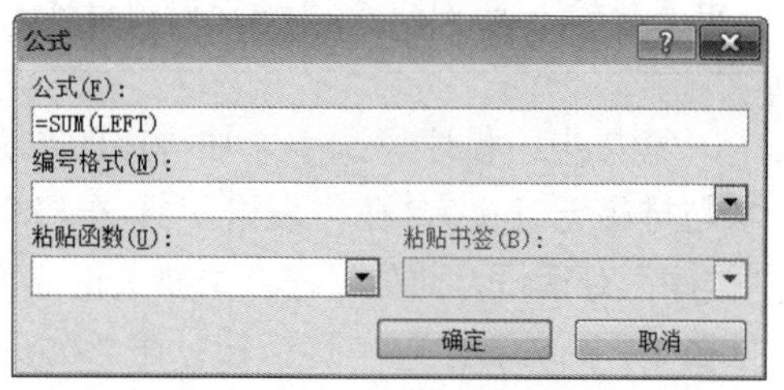

图 4-85　“公式”对话框

式”文本框中的“=SUM(LEFT)”（对左侧数值单元格求和）正是需要的公式（可以按 Ctrl+C 组合键复制“=SUM(LEFT)”，以备后用）；在“编号格式”下拉列表中选择 0.00，以保留 2 位小数。单击“确定”按钮，得到计算结果。

第 3 步：计算第二位学生的总分，将光标放置在 H3（第 H 列第 3 行）单元格，采用同样的操作步骤，弹出的“公式”对话框中却显示公式为“=SUM(above)”（对上方数值单元格求和），此时必须将括号中的 above 改成 LEFT（参数不区分大小写），如图 4-86 所示；在“编号格式”下拉列表中选择 0.00，以保留 2 位小数。单击“确定”按钮，得到计算结果。

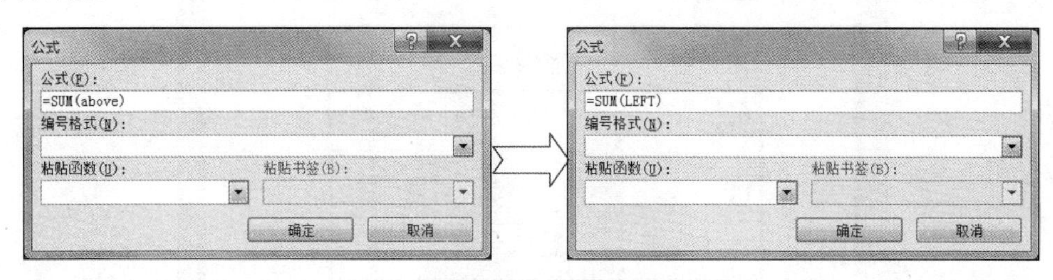

图 4-86　修改公式

提示

在图 4-86 所示的“公式”文本框中，可按 Ctrl+V 组合键粘贴已复制的公式“=SUM(LEFT)”。

第 4 步：重复第 3 步，依次计算出下面每一位学生的总分。

第 5 步：计算第一门课程的平均分，即语文的平均分。单击放置结果的 C8 单元格，在“表格工具-布局”选项卡的“数据”组中单击“公式”按钮，弹出“公式”对话框。程序自动判断在插入点位置的上方有数据，所以显示的公式为“=SUM(above)”。由于此处为求平均分，因此需要对公式进行修改。删除“SUM(above)”，单击“粘贴函数”下拉按钮，在打开的下拉列表中选择求平均值函数 AVERAGE，在“公式”文本框中将出现“=AVERAGE()”，输入函数参数 above，即将公式修改为“=AVERAGE(above)”。在“编号格式”下拉列表中选择 0.00，以保留 2 位小数。单击“确定”按钮，得到计算结果。

第 6 步：重复第 5 步，依次可计算出其他课程的平均分。

提示

在计算平均分时，也可以直接在“公式”文本框中输入公式。例如，在 C8 单元格中直接输入英文公式“=(C2+ C3+C4+C5+C6+ C7)/5”，也可以计算出语文的平均分。

第 7 步：排序。选中参加排序的单元格，即选中除最后一行外所有表格（因为平均分参与排序无意义），在“表格工具-布局”选项卡的“数据”组中单击“排序”按钮，弹出“排序”对话框。此处，在“主要关键字”下拉列表中选择“总分”选项，选中“降序”（低分在下，高分在上）单选按钮；在“次要关键字”下拉列表中选择“数学”选项，选中“降序”单选按钮，如图 4-87 所示。单击“确定”按钮，得到排序结果。

排序
主要关键字(S)
总分 类型(Y): 数字 ◎升序(A)
使用: 段落数 ◉降序(D)
次要关键字(T)
数学 类型(P): 数字 ◎升序(C)
使用: 段落数 ◉降序(N)
第三关键字(B)
类型(E): 拼音 ◉升序(I)
使用: 段落数 ◎降序(G)
列表
◉有标题行(R) ◎无标题行(W)
选项(O)... 确定 取消

图 4-87 设置排序规则

第 8 步：单击“保存”按钮，保存文档，退出 Word 2010。

任务 5 制作图表

当表格中数字数据比较多，进行观察和判定比较麻烦时，可以使用比较直观的图表显示数据，这将使文档更加形象生动。Word 2010 支持各种类型的图表，如柱形图、折线图、饼图、条形图、面积图等，以帮助用户使用对目标有意义的方式来直观地显示数据。

制作图表是使用“插入”选项卡的“插图”组中的“图表”按钮来实现的。

【任务要求】

在文档 D:\素材\Word\任务\制作图表.docx 中，利用学生各科成绩制作“三维簇状柱形图”图表，反映学生各科分数的分布情况。数据为“列中系列”，图表标题为“学生成绩分布图”。最终设置效果如图 4-88 所示。

【操作步骤】

第 1 步：打开文档 D:\素材\Word\任务\制作图表.docx。

第 2 步：在“插入”选项卡的“插图”组中单击“图表”按钮，弹出“插入图表”对话框，如图 4-89 所示。

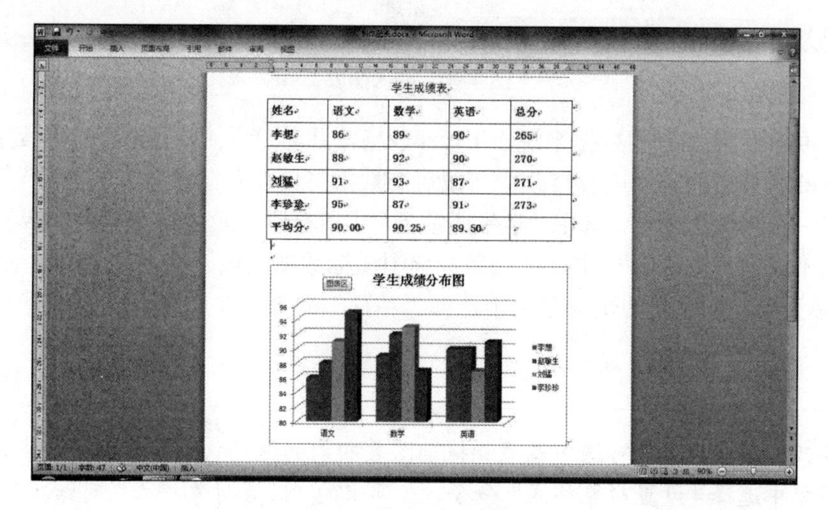

学生成绩表

姓名	语文	数学	英语	总分
李想	86	89	90	265
赵敏生	88	92	90	270
刘猛	91	93	87	271
李珍珍	95	87	91	273
平均分	90.00	90.25	89.50	

图 4-88 最终设置效果

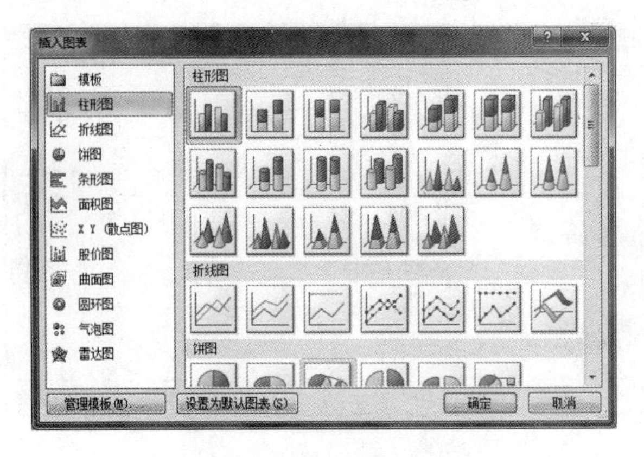

图 4-89　“插入图表”对话框

第 3 步：选择“柱形图”选项卡中的“三维簇状柱形图”选项，单击“确定”按钮，生成一个图表，并打开该图表的数据表（Excel 表格），如图 4-90 所示。

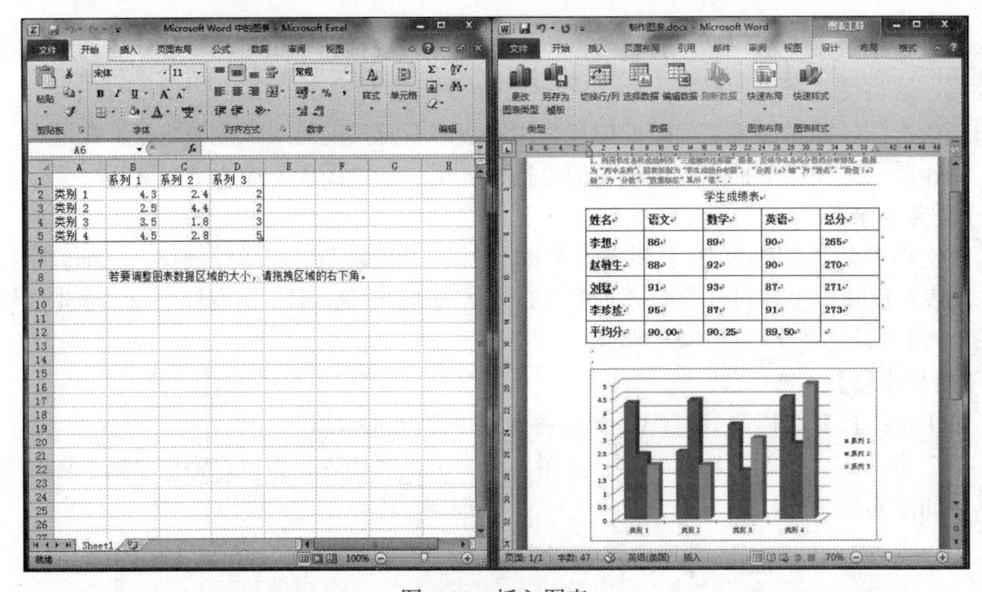

图 4-90　插入图表

此时，可以看到图表的数据来源于 Excel 表格，并非“学生成绩表”中的数据。因此，需要对 Excel 表格中的数据进行修改，修改后的数据将反映到图表中。

第 4 步：更改图表数据。选中“学生成绩表”中所有学生及各科分数（包括各列标题），进行复制操作；在 Excel 窗口中，拖动鼠标选中图标数据区域，按 Delete 键，删除数据，右击 A1 单元格，在弹出的快捷菜单中选择“粘贴”命令，完成图表数据的更改操作，如图 4-91 所示。

> **提示**
>
> 若要改变图表大小，可选中图表，拖动图表四周的拖动柄；或者右击图表，在弹出的快捷菜单中选择“设置对象格式”命令，在弹出的“设置对象格式”对话框的“大小”选项卡中进行设置。

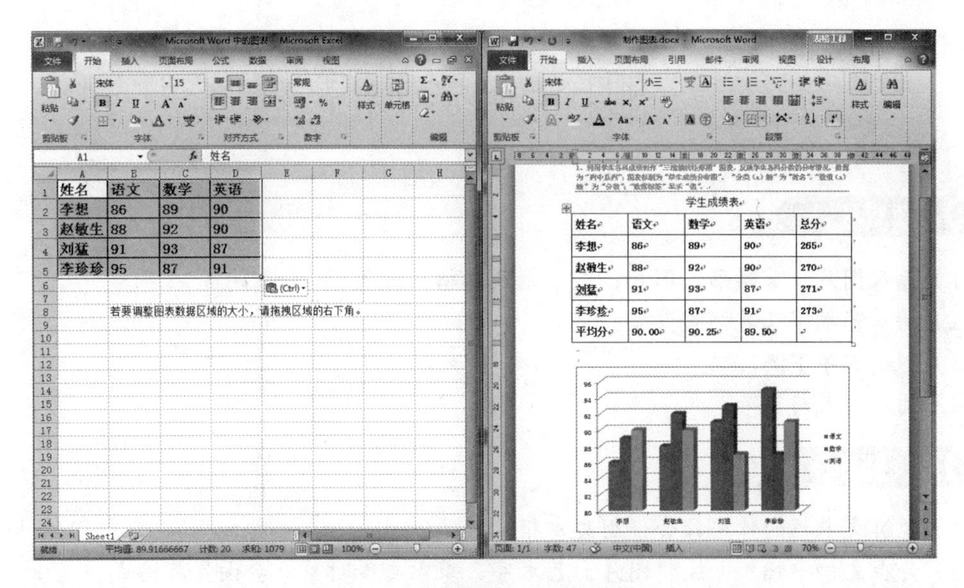

图 4-91 更改数据后的图表效果

第 5 步：设置数据为“列中系列”。选中图表，在“图表工具-设计”选项卡的“数据”组中单击“切换行/列”按钮，实现数据系列切换，把数据设置为“列中系列”。

第 6 步：设置图表选项。选中图表，在“图表工具-布局”选项卡的“标签”组中单击“图表标题”下拉按钮，在打开的下拉列表中选择“图表上方”选项，输入图表标题“学生成绩分布图”。

第 7 步：单击“保存”按钮，保存文档，退出 Word 2010。

提示

选中图表区域，可利用自动打开的额外选项卡“图表工具-设计”“图表工具-布局”“图表工具-格式”进行图表相关设置。

项目小结

本项目介绍了表格的基本操作，包括多种插入表格的方法、单元格的合并或拆分方法、表格边框和填充色的设置方法、行高和列宽的设置方法。通过本项目的学习，学生可以制作出美观实用的表格，能够完成表格中的简单计算和排序及图表制作。

项目训练

1．打开文档 D:\素材\Word\项目训练\LX44-01.docx，参照第 1 页的样表，制作表格，并将第 1 页中灰色底纹的文字（使用“；”分隔）段落转换为表格。

2．打开文档 D:\素材\Word\项目训练\LX44-02.docx，完成如下操作：

（1）计算各分公司销售总计。

（2）按总计降序排序。

（3）根据各分公司销售总计制作三维簇状柱形图表。

项目5　图 文 混 排

项目要点

1）插入图片、剪贴画、形状、文本框及其格式设置。

2）插入艺术字及其格式设置。

3）创建首字下沉。

4）插入公式与符号。

技能目标

1）理解文本框的作用，会使用文本框。

2）会在文档中插入并编辑图片、艺术字、剪贴画等对象，会设置其格式。

3）会设置首字下沉。

4）会输入复杂的数学公式与特殊符号。

任务1　插入图片

Word 2010 提供了插入插图的功能，可以帮助用户很轻松地实现图文混排，让文档生动有趣。用户可以将多种来源的图片或剪贴画插入或复制到文档中。

插入图片的操作方法：将光标定位在要插入图片的位置，在“插入”选项卡上的“插图”组中单击“图片”按钮，在弹出的“插入图片”对话框中完成插入图片操作。

在文档中插入图片后，用户还需要对图片进行编辑，如调整图片大小、位置和文字环绕方式、裁剪图片、调整亮度等。

通过裁剪图片，可以仅获取图片中的一部分，以达到某些特殊的效果。

【任务要求】

打开文档D:\素材\Word\任务\添加图片.docx，在第1页右上角插入图片D:\素材\WORD\铁塔.jpg，调整图片大小为原图片的30%，环绕方式均为“四周型环绕”；在右下角插入剪贴画“buddhas……”，调整剪贴画的高宽均为4cm，环绕方式均为“紧密型环绕”。最终设置效果如图4-92所示。

【操作步骤】

第1步：打开文档D:\素材\Word\任务\添加图片.docx。

第2步：插入来自文件的图片。在“插入”选项卡的“插图”组中单击“图片”按钮，弹出“插入图片”对话框。在左侧导航中选择“计算机”，在右侧依次双击“D:”“素材”“WORD”，即选择了图片文件的存放路径D:\素材\Word\，如图4-93所示。选择“铁塔.jpg”图片，单击“插入”按钮，完成插入图片操作。

在文档中选中图片时，该图片四周会出现8个控制点，同时会出现“图片工具-格式”选项卡。拖动任一控制点，都可以对图片进行缩放。若要精确设置图片大小，则需要使用“图片工具-格式”选项卡的“大小”组中的“宽度”或“高度”数值框。

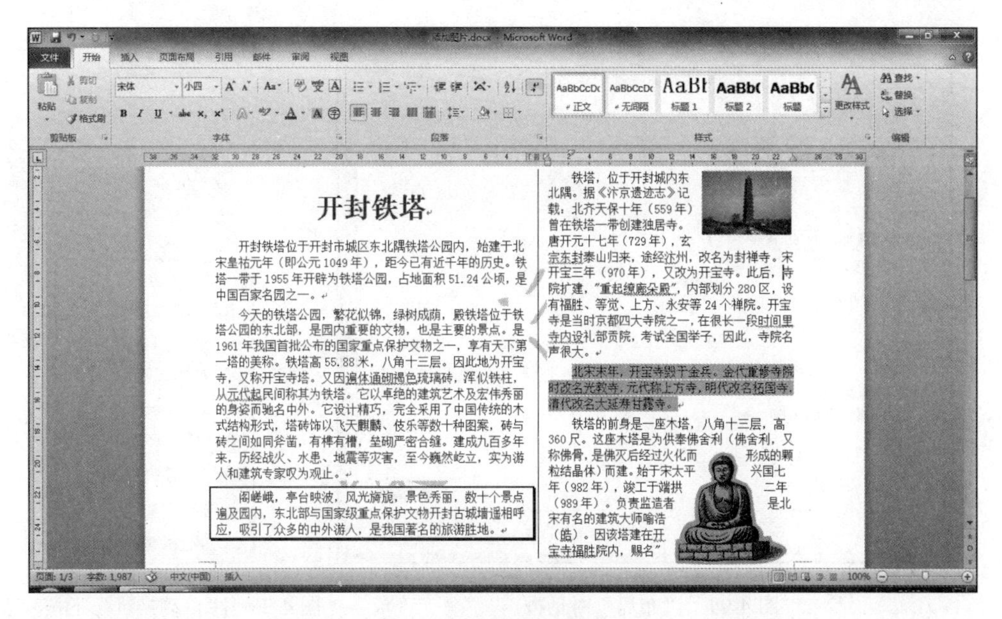

图 4-92　最终设置效果

图 4-93　选择图片文件存放路径

第 3 步：调整图片大小。选中图片，在“图片工具-格式”选项卡的“大小”组中单击对话框启动器按钮，弹出“布局”对话框，如图 4-94 所示。将“缩放”选项组中的“高度”设置为“30%”，单击“确定”按钮。

在 Word 2010 中，默认情况下以嵌入式图片的形式插入图片。嵌入式图片保持其相对于文本部分的位置，既不能随意移动其位置，也不能在其四周环绕文字。

第 4 步：调整图片位置。选中图片后，在“图片工具-格式”选项卡的“排列”组中单击“自动换行”下拉按钮，打开图 4-95 所示的下拉列表，选择“四周型环绕”选项。设置完成后，拖动图片到第 1 页的右上角处。

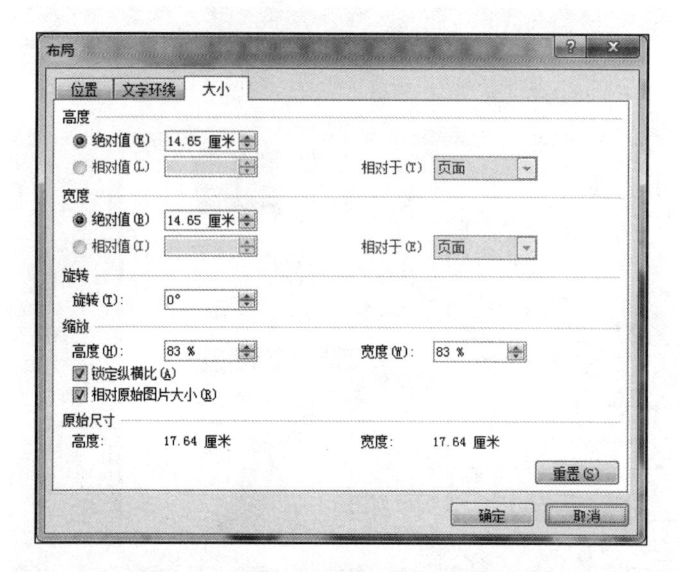

图 4-94 “布局”对话框

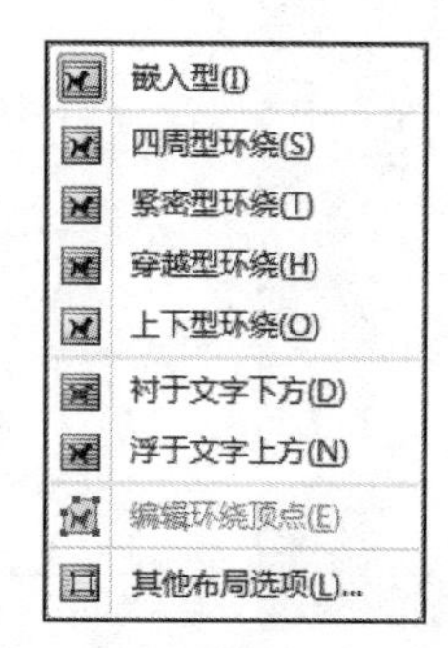

图 4-95 “自动换行”下拉列表

提示

“图片工具-格式”选项卡的“排列”组中的“自动换行”下拉按钮用于设置图片的文字环绕方式。

第 5 步：插入剪贴画。在“插入”选项卡的“插图”组中单击“剪贴画”按钮，弹出“剪贴画”任务窗格，在“搜索文字”文本框中输入 buddhas，单击“搜索”按钮，将显示图 4-96 所示的结果列表。鼠标在剪贴画上移动时，会看到剪贴画的名称。找到并单击剪贴画“buddhas，……”，完成插入剪贴画的操作。

如果在“剪贴画”任务窗格的“搜索文字”文本框中不输入任何文字，单击“搜索”按钮，将显示所有剪贴画。

第 6 步：调整剪贴画大小。选中剪贴画，在“图片工具-格式”选项卡的“大小”组中，若在“高度”数值框中输入“4 厘米”，则“宽度”数值框中的值将由“4.09 厘米”自动变为“3.24 厘米”，这是因为图片的纵横比被锁定。单击“图片工具-格式”选项卡的“大小”组中的对话框启动器按钮，弹出“布局”对话框，如图 4-97 所示。取消勾选“锁定纵横比”复选框，在“高度”选项组中选中“绝对值”单选按钮，并在数值框中输入“4 厘米”；在“宽度”选项组中选中“绝对值”单选按钮，并在数值框中输入“4 厘米”。单击“确定”按钮，完成剪贴画大小设置。

提示

只有取消勾选“锁定纵横比”复选框，才能分别设置图片的高度和宽度。

第 7 步：调整剪贴画位置。选中剪贴画后，在“图片工具-格式”选项卡的“排列”组中单击“自动换行”下拉按钮，在打开的下拉列表中选择“紧密型环绕”选项。设置完成后，拖动图片到第 1 页的右下角处。

第 8 步：单击“保存”按钮，保存文档，退出 Word 2010。

图 4-96 搜索结果

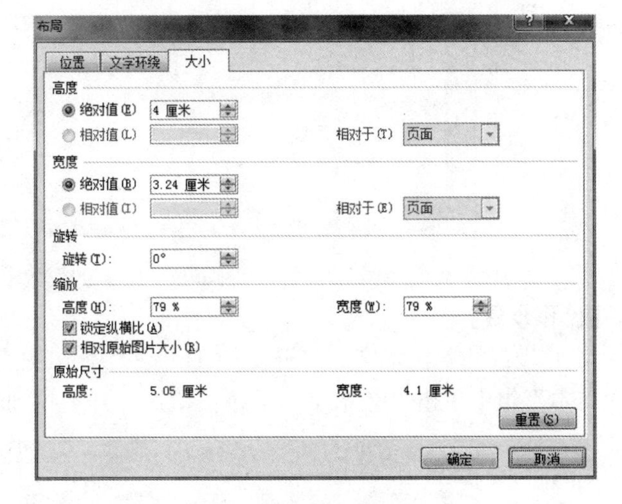

图 4-97 “布局”对话框

任务 2 添加艺术字

艺术字是一个文字样式库，用户可以将艺术字添加到 Office 文档中以制作出装饰性效果，如带阴影的文字或镜像（反射）文字。

使用艺术字可以为文档添加特殊文本效果。例如，可以拉伸标题、对文本进行变形、使文本适应预设形状或应用渐变填充。相应的艺术字是可以在文档中移动或放置在文档中的对象，以此添加文本效果或进行强调。可以随时修改艺术字或将其添加到现有艺术字对象的文本中。

插入艺术字是通过在“插入”选项卡的“文本”组中单击“艺术字”下拉按钮来实现的。

【任务要求】

打开文档 D:\素材\Word\任务\艺术字.docx，完成如下操作：

1）在文中插入艺术字，文本内容为“彩虹”，艺术字样式为艺术字库的第 1 行第 2 列（填充-无、轮廓-强调文字颜色 2），字体为“微软雅黑”，字号为“一号”。

2）艺术字图形边框的形状样式为“彩色轮廓-红色，强调颜色 2”“心形”，长宽均为“5 厘米”，发光效果为“红色，18pt 发光，强调文字颜色 2”。

3）将艺术字文本的填充效果设置为“渐变填充”的“彩虹出岫”样式。

最终设置效果如图 4-98 所示。

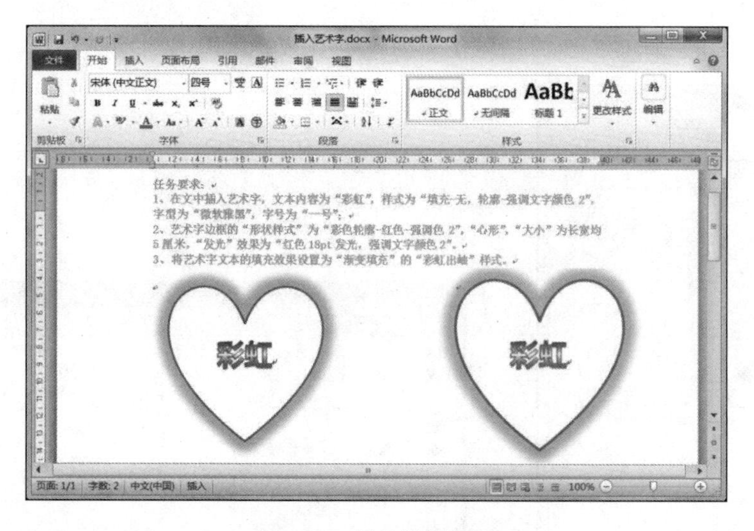

图 4-98　最终设置效果

【操作步骤】

第 1 步：插入艺术字。打开文档 D:\素材\Word\任务\艺术字.docx，在“插入”选项卡的“文本”组中单击“艺术字”下拉按钮，打开下拉列表(艺术字库)，如图 4-99 所示。

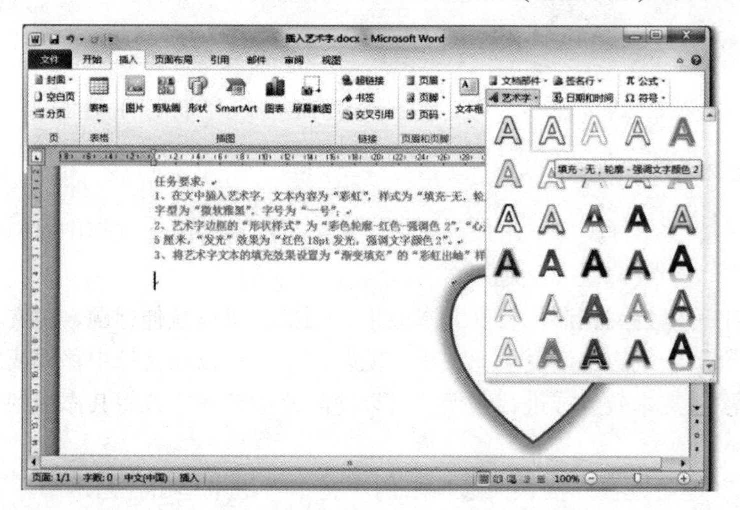

图 4-99　“艺术字”下拉列表

> **提示**
>
> 将鼠标指针移动到艺术字样式列表项时，将显示该样式的名称。

第 2 步：选择艺术字库的第 1 行第 2 列（填充-无，轮廓-强调文字颜色 2）样式，将在光标处插入艺术字框。将艺术字内容更改为“彩虹”二字。

> **提示**
>
> 使用“绘图工具-格式”选项卡的“文本”组中的“文字方向”按钮，可以实现竖排艺术字和横排艺术字的切换。

第 3 步：设置艺术字字体。单击艺术字的图形边框，选中艺术字，通过使用“开始”选项卡的“字体”组中的相关按钮，设置艺术字字体为“微软雅黑”，字号为“一号”。

注意

“绘图工具-格式”选项卡中，“形状样式”组用来设置图形，而“艺术字样式”组用来设置艺术字文字。

第 4 步：设置图形边框样式。选中艺术字的图形边框，在“绘图工具-格式”选项卡的“形状样式”组中单击“其他”按钮，打开图 4-100 所示的下拉列表，找到并选择“彩色轮廓-红色，强调颜色 2”（第 1 行第 3 列）样式。

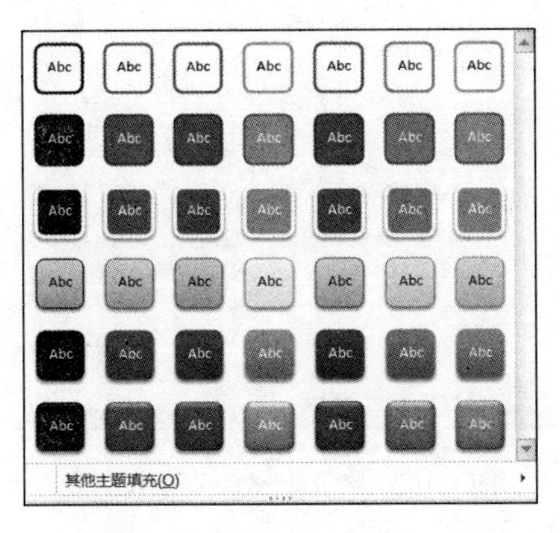

图 4-100　“艺术字形状样式”列表

第 5 步：更改图形形状。选中艺术字的图形边框，在“绘图工具-格式”选项卡的“插入形状”组中单击“编辑形状”下拉按钮，在打开的下拉列表中选择“更改形状”选项，打开图 4-101 所示的“形状”列表。在“基本形状”组中选择“心形”选项，完成更改图形形状的操作。

图 4-101　“形状”列表

第 6 步：设置图形大小。选中艺术字的图形边框，在“绘图工具-格式”选项卡的“大小”组中，将其长宽均设置为“5 厘米”。

第 7 步：设置图形的形状效果。选中艺术字的图形边框，在“绘图工具-格式”选项卡的“形状样式”组中单击“形状效果”下拉按钮，打开下拉列表，如图 4-102 所示，选择“发光”→“发光变体”→“红色，18pt 发光，强调文字颜色 2”图形块。

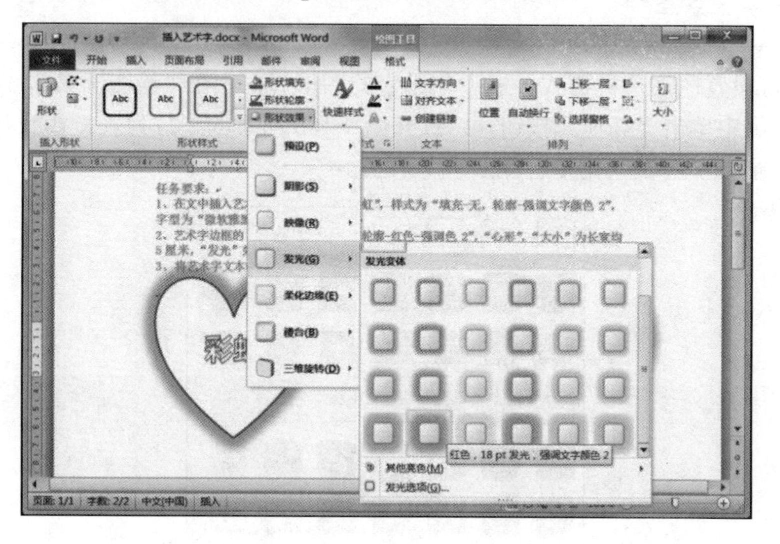

图 4-102 “形状效果”下拉列表

第 8 步：设置艺术字文本填充。选中艺术字，在“绘图工具-格式”选项卡的“艺术字样式”组中单击“文本填充”下拉按钮，在打开的下拉列表中选择“渐变”→“其他渐变”选项，如图 4-103 所示。

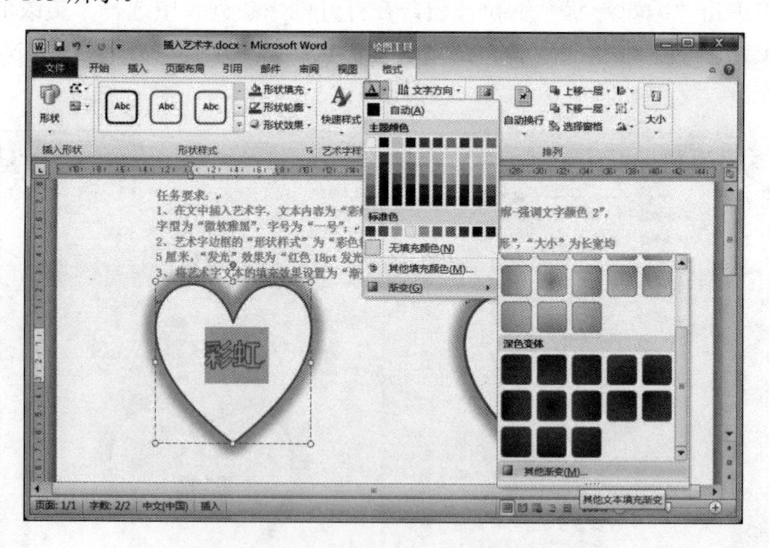

图 4-103 选择“渐变”→“其他渐变”选项

第 9 步：弹出“设置文本效果格式”对话框，如图 4-104 所示，选中“渐变填充”单选按钮，在“预设颜色”下拉列表中选择“彩虹出岫”选项，单击“关闭”按钮，完成设置。

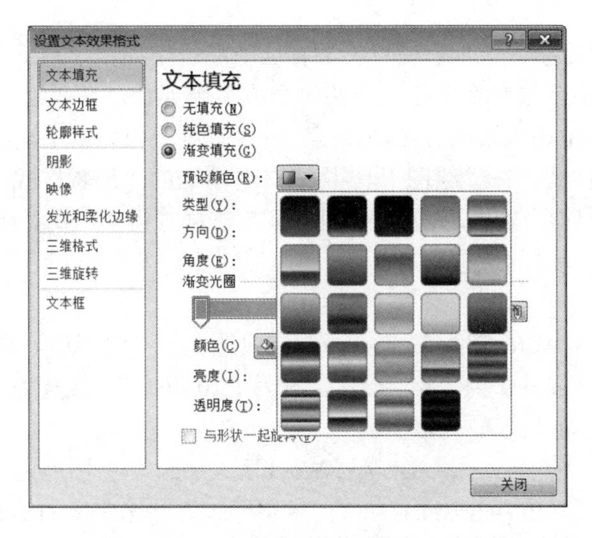

图 4-104 “设置文本效果格式”对话框

第 10 步：单击“保存”按钮，保存文档，退出 Word 2010。

任务 3 创建图形

用户可以在文档中绘制自己需要的图形，如形状、SmartArt 图形等；还可以使用颜色、图案、边框和其他效果更改和增强图形效果。

1. 插入图形

1）插入 SmartArt 图形。在“插入”选项卡的“插图”组中单击 SmartArt 按钮，在弹出的“选择 SmartArt 图形”对话框中可以创建 SmartArt 图形。此时系统会提示用户选择一种类型，如“流程”“层次结构”“关系”等。类型类似于 SmartArt 图形的类别，并且每种类型均包含多种不同布局。

2）插入形状。在“插入”选项卡的“插图”组中单击“形状”下拉按钮，在打开的下拉列表中可以选择曲线、线条、矩形、椭圆等多种形状。

2. 设置图形格式

在选中插入图形的状态下，通过“绘图工具-格式”选项卡可以执行以下任一操作：

1）插入形状。在“绘图工具-格式”选项卡的“插入形状”组中单击一个形状，然后单击文档中的任意位置即可插入形状。

2）更改形状。单击要更改的形状，在“绘图工具-格式”选项卡的“插入形状”组中单击“编辑形状”下拉按钮，在打开的下拉列表中的“更改形状”级联菜单中可以选择其他形状。

3）向形状中添加文字。选中形状，直接输入文字即可；也可以右击形状，在弹出的快捷菜单中选择“编辑文字”命令。

4）组合所选形状。选中多个形状，方法是在按住 Ctrl 键的同时依次单击要包括到组中的每个形状。在“绘图工具-格式”选项卡的“排列”组中单击“组合”下拉按钮，在打开的下拉列表中选择“组合”选项，便可将所有选中形状作为单个对象来处理。

5）调整形状大小。选中要调整大小的一个或多个形状，在“绘图工具-格式”选项卡的“大小”组中单击微调按钮或者在“高度”或“宽度”数值框中输入新尺寸即可。

6）对形状应用样式。在“绘图工具-格式”选项卡的“形状样式”组中，将指针停留在某一样式上以查看应用该样式时形状的外观。单击样式得以应用，或者单击“形状填充”或“形状轮廓”选择所需的选项。

【任务要求】

打开文档 D:\素材\Word\任务\贺卡.docx，完成圣诞贺卡的制作，具体要求如下：

1）添加矩形边框线，长为“14 厘米”，宽为“10 厘米”，线宽为“1.5 磅”，线型为圆点形虚线，形状填充为“无填充颜色”。

2）在矩形框的右下角插入图片 D:\素材\Word\雪人.jpg，调整图片大小为原始图片的 23%。

3）添加艺术字“Merry christmas!”，艺术字样式为艺术字库的第 5 行第 3 列。艺术字形状为“上弯弧”，大小自定，旋转 329°。

4）参照样图，插入多个五角星，效果自定，装饰贺卡。

5）添加文本框，书写祝福语“祝你幸福快乐!”。设置文本框形状填充为“无填充颜色”，形状轮廓为“无轮廓”，字体为“楷体”“小二”“加粗”，并添加文本效果。

6）将对象组合在一起，以便将其作为单个对象处理。

最终设置效果如图 4-105 所示。

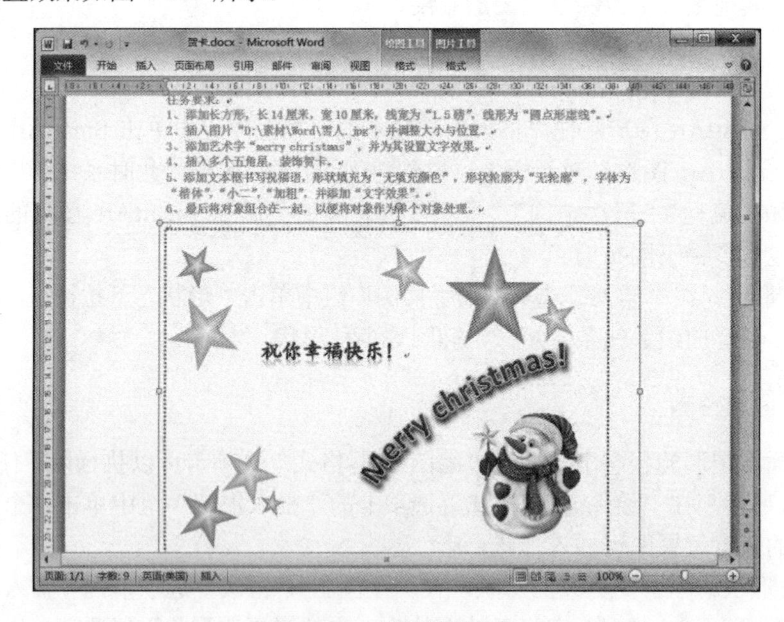

图 4-105 最终设置效果

【操作步骤】

第 1 步：打开文档 D:\素材\Word\任务\贺卡.docx。

第 2 步：绘制图形（矩形）。在“插入”选项卡的“插图”组中单击“形状”下拉按钮，打开下拉列表，如图 4-106 所示，在“矩形”选项组中选择“矩形”选项。待鼠标指针在编辑区变成“十”字形状时，直接在文档空白处从左上方向右下方拖动鼠标，放开鼠标后，将绘制一个矩形。

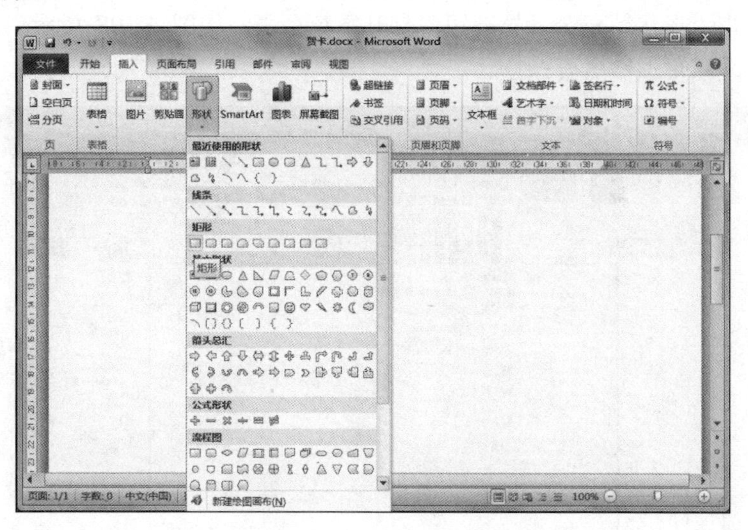

图 4-106　“形状”下拉列表

第 3 步：设置图形大小。选中图形（矩形），在“绘图工具-格式”选项卡的“大小”组中，根据贺卡的尺寸要求，修改该矩形的长为“14 厘米”，宽为“10 厘米”。

提示

可用鼠标拖动该图形来移动图形的位置。若要改变图形大小，则应先选中图形，然后拖动图形四周的拖动柄即可，但拖动很难实现图形大小的精确设置。

第 4 步：设置图形轮廓。选中图形（矩形），在“绘图工具-格式”选项卡的“形状样式”组中单击“形状轮廓”下拉按钮，打开下拉列表，如图 4-107 所示，分别选择“粗细”→“1.5 磅”选项和“虚线”→“圆点”选项。

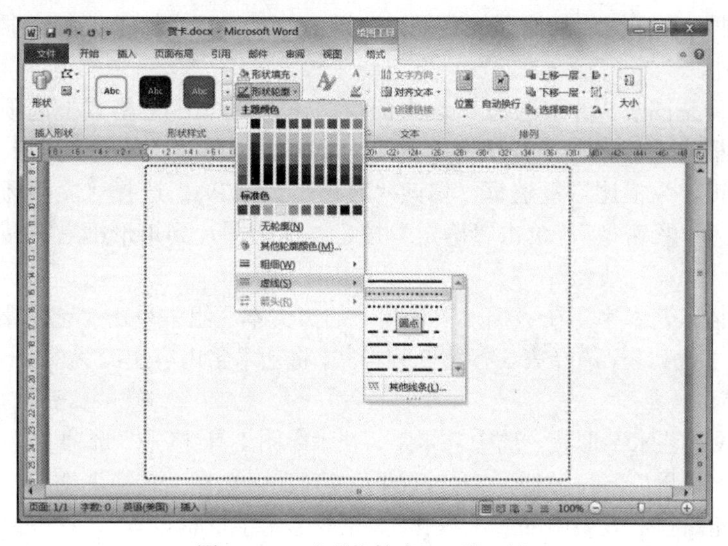

图 4-107　“形状轮廓”下拉列表

第 5 步：图形填充颜色。选中图形（矩形），单击“绘图工具-格式”选项卡的“形状样式”组中单击“形状填充”下拉按钮，打开下拉列表，如图 4-108 所示，选择“无填充颜色”选项，完成矩形的所有操作。

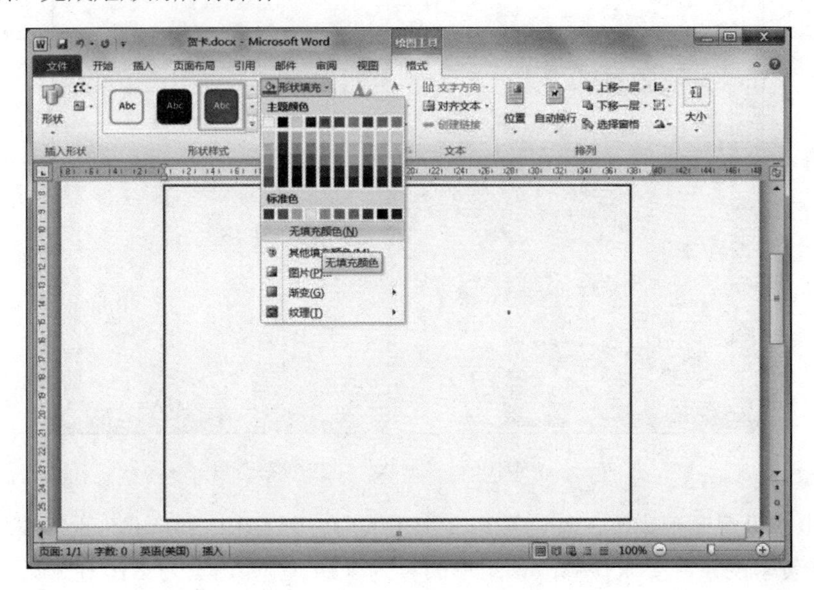

图 4-108 “形状填充”下拉列表

“绘图工具-格式”选项卡中除了可以设置形状样式外，还可以设置阴影效果、三维效果、排列等。

图形格式设置也可以利用右键快捷菜单完成。右击图形，在弹出的快捷菜单中选择“设置形状格式”命令，在弹出的“设置形状格式”对话框中可以设置图形的颜色与线条、大小、版式等。

第 6 步：插入图片。在“插入”选项卡的“插图”组中单击“图片”按钮，弹出“插入图片”对话框，根据图片具体存放路径，选择“雪人.jpg”图片，单击“插入”按钮，完成插入图片操作。

第 7 步：调整图片大小和位置。选中图片，在“图片工具-格式”选项卡的“大小”组中单击对话框启动器按钮，弹出“布局”对话框。选择“大小”选项卡，在“缩放”选项组勾选“锁定纵横比”复选框，修改“高度”为 23%；选择“文字环绕”选项卡，设置环绕方式为“紧密型”，单击“确定”按钮。拖动图片到矩形框右下角处，完成图片的所有操作。

第 8 步：插入艺术字。在“插入”选项卡的“文本”组中单击“艺术字”下拉按钮，打开“艺术字”下拉列表，选择第 5 行第 3 列样式，将艺术字内容更改为“Merry christmas !”，如图 4-109 所示。

第 9 步：设置艺术字形状。选中艺术字，在“绘图工具-格式”选项卡的“艺术字样式”组中单击“文本效果”下拉按钮，在打开的下拉列表中选择“转换”选项，如图 4-110 所示。选择“跟随路径”效果中的“上弯弧”，完成艺术字形状设置。

图 4-109 插入艺术字

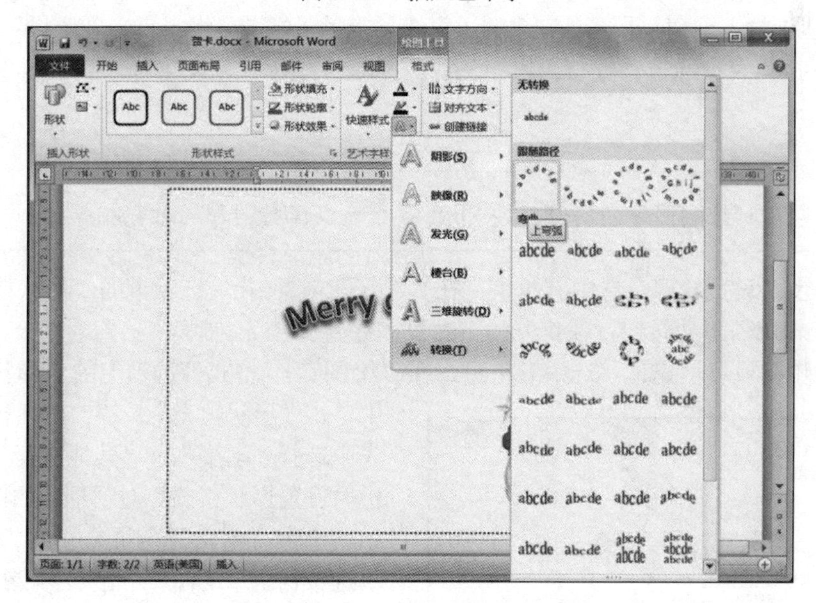

图 4-110 “文字效果”下拉列表

第 10 步：设置艺术字旋转。选中艺术字，在“绘图工具-格式”选项卡的“大小”组中单击对话框启动器按钮，弹出“布局”对话框，设置“旋转”为 329°。拖动艺术字到合适位置，如图 4-111 所示。

提示

在艺术字周围的拖动柄中，四周的拖动柄用来调整大小，淡紫色拖动柄用来改变弯曲弧度，绿色拖动柄用来旋转艺术字。

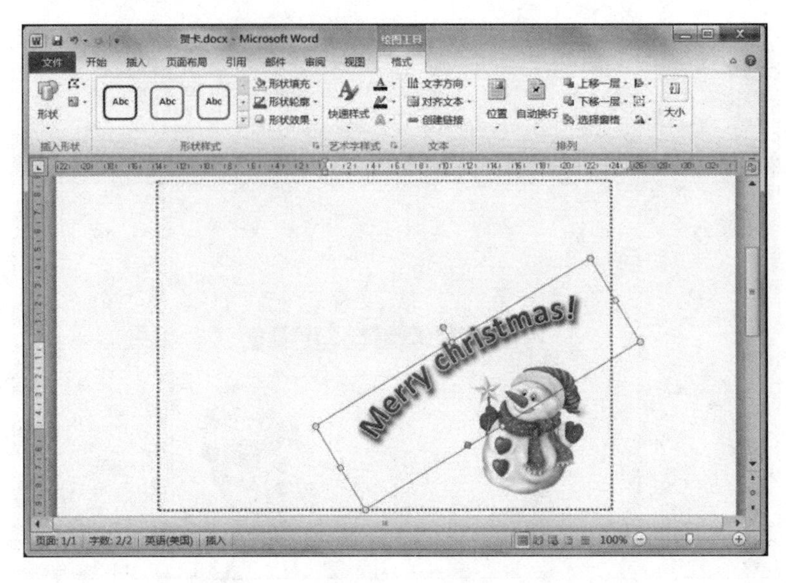

图 4-111　设置格式后的艺术字效果

第 11 步：插入五角星图形。在“插入”选项卡的“插图”组中单击“形状”下拉按钮，在打开的下拉列表中选择“星与旗帜”→“五角星”选项，拖动鼠标，在贺卡中插入一个五角星。

提示

在拖动鼠标绘制图形的同时，按 Shift 键，可以保持图形的长宽相等。

第 12 步：设置轮廓。选中五角星，在“绘图工具-格式”选项卡的“形状样式”组中单击“形状轮廓”下拉按钮，在打开的下拉列表中选择“无轮廓”选项。

第 13 步：设置填充色。选中五角星，在“绘图工具-格式”选项卡的“形状样式”组中单击“形状填充”按钮，在打开的下拉列表中选择“渐变”→“其他渐变”选项，弹出“设置形状格式”对话框，如图 4-112 所示。选中“填充”选项组中的“渐变填充”单选按钮，并设置“类型”为“路径”在“渐变光圈”选项组中，设置“停止点 1”为“白色”，亮度“0%”；透明度“0%”，将“停止点 2”拖动到“停止点 3”处，并设置为“红色”，亮度“0%”，透明度“50%”。单击“关闭”按钮，完成设置。

图 4-112　“设置形状格式”对话框

第 14 步：将该五角星复制 3 个，并分别调整其大小、旋转及位置。

仿照第 11～14 步的方法，绘制几个灰色五角星，效果如图 4-113 所示。

图 4-113　绘制五角星效果

第 15 步：插入文本框。在“插入”选项卡的“插图”组中单击“形状”下拉按钮，在打开的下拉列表中选择“基本形状”→“文本框”选项，拖动鼠标生成文本框。在文本框中输入祝福语，如图 4-114 所示。

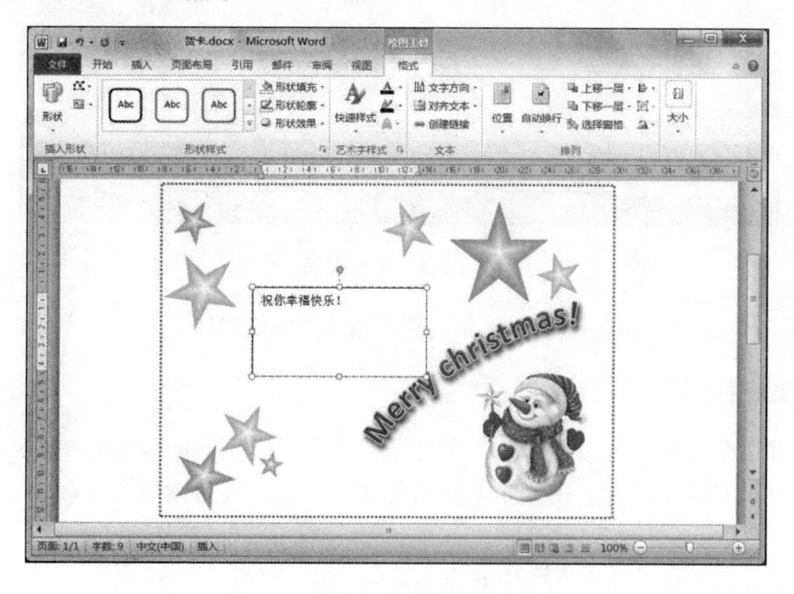

图 4-114　插入文本框并输入内容

第 16 步：将文本框设置为“无填充颜色”，将形状轮廓设置为“无轮廓”，将字体设置为“楷体”“小二”“加粗”，添加文字效果。

提示

利用“无轮廓”的文本框，可以将文本框中的文本放置到文档中的任意位置，不受边距及段落格式的限制。

第 17 步：打开“选择和可见性”窗格。单击“开始”选项卡的“编辑”组中的“选择”下拉按钮，在打开的下拉列表中选择“选择窗格”选项，将在窗口右侧打开“选择和可见性”窗格。

提示

利用“选择和可见性”窗格可实现选中多个图形对象。

第 18 步：组合图形。在“选择和可见性”窗格中，按住 Ctrl 键，依次选中多个对象。右击所选对象，如图 4-115 所示，在弹出的快捷菜单中选择“组合”→“组合”命令。完成组合后，所有被选中的对象就成为一个整体。

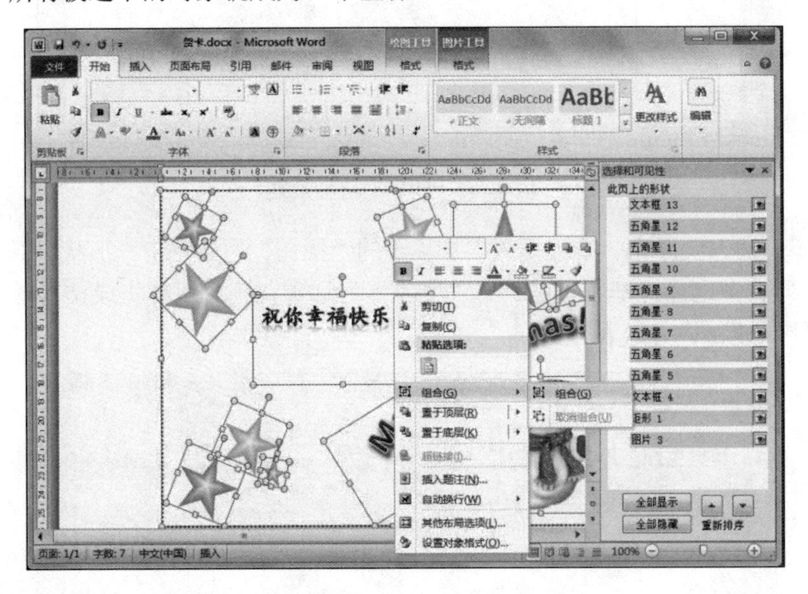

图 4-115 组合对象

第 19 步：单击“保存”按钮，保存文档，退出 Word 2010。

任务 4 创建首字下沉

首字下沉是在段落开头设置的一个大号字符，可用于文档或章节的开头，也可用于为新闻稿或请柬增添趣味。为了让 Word 文档更加有特色，吸引读者的注意，有时需要设置首字下沉。

首字下沉是通过在“插入”选项卡的“文本”组中单击“首字下沉”下拉按钮实现的。

【任务要求】

打开文档 D:\素材\Word\任务\首字下沉.docx，完成如下操作：

1）将正文第 1 段设置首字下沉效果。

2）将正文第 4 段设置首字下沉效果，下沉 2 行，楷体，蓝色。

最终设置效果如图 4-116 所示。

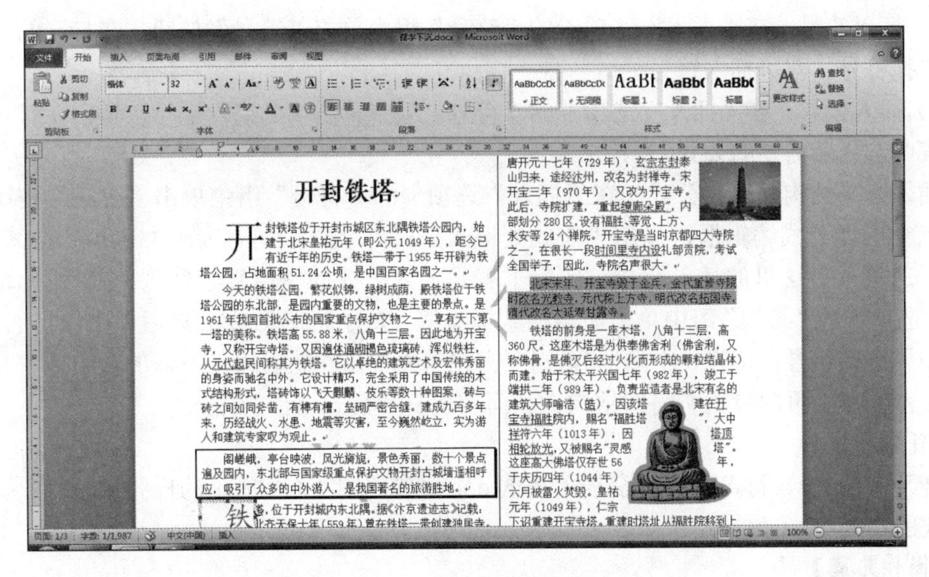

图 4-116　最终设置效果

【操作步骤】

第 1 步：打开文档 D:\素材\Word\任务\首字下沉.docx。

第 2 步：设置正文第 1 段首字下沉。将光标放置到第 1 段上，在“插入”选项卡的“文本”组中单击“首字下沉”下拉按钮，打开下拉列表，如图 4-117 所示，选择“下沉”选项，完成设置。

第 3 步：设置正文第 4 段首字下沉。将光标放置到第 4 段上，在“插入”选项卡的“文本”组中单击“首字下沉”下拉按钮，在打开的下拉列表中选择“首字下沉选项”选项，弹出“首字下沉”对话框，如图 4-118 所示，选择下沉行数为“2”，字体为“楷体”，单击“确定”按钮。

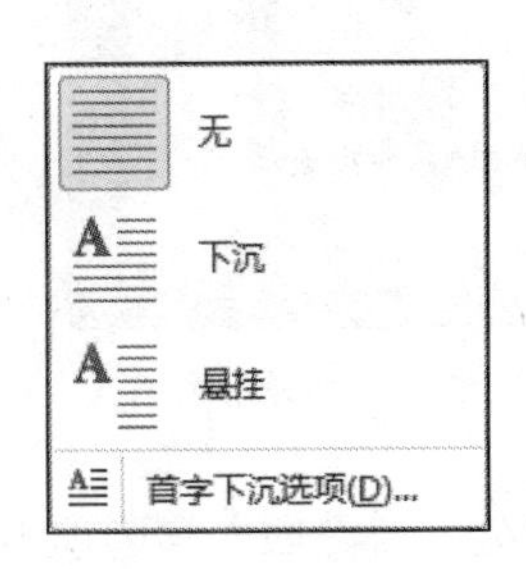

图 4-117　“首字下沉”下拉列表

图 4-118　“首字下沉”对话框

第 4 步：设置字体颜色。选中下沉的文字“铁”，在“开始”选项卡的“字体”组中，将文字颜色设置为“蓝色”。

第 5 步：单击“保存”按钮，保存文档，退出 Word 2010。

任务 5　插入公式与符号

日常文档编辑中，有时需要一些特殊的符号和较复杂的数学公式。

1）插入符号。在“插入”选项卡的“符号”组中单击“符号”按钮，在打开的下拉列表中选择符号，即可插入符号。

2）插入公式。在“插入”选项卡的“符号”组中单击“公式”下拉按钮，在打开的下拉列表中选择所需要的公式。

插入公式结构并组装公式。在“插入”选项卡的“符号”组中单击“公式”按钮，在插入点会出现公式编辑框，显示“在此处键入公式”字样，同时在上方出现“公式工具-设计”选项卡。这里的插入公式，实际上就是插入公式的常用数学结构。在“公式工具-设计”选项卡的“结构”组中单击所需的结构类型（如分数或根式），然后单击所需的结构。

如果结构包含占位符（小虚框），则在占位符内单击，然后输入所需的数字或符号。也可以在占位符中再次单击所需的结构，从而实现复杂公式结构的输入。

【任务要求】

打开文档 D:\素材\Word\任务\插入公式.docx，参照图 4-119 所示的样张，完成符号“☞”和公式的输入。

【操作步骤】

第 1 步：打开文档 D:\素材\Word\任务\插入公式.docx，先输入第一行文字，如图 4-119 所示。

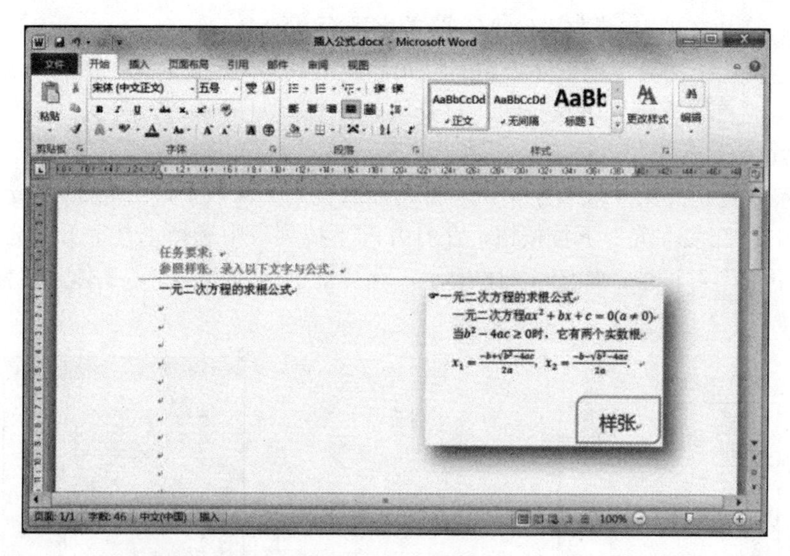

图 4-119　输入文字

第 2 步：插入特殊符号“☞”。将光标定位至文字开始处，在“插入”选项卡的“符号”组中单击“符号”下拉按钮，在打开的下拉列表中选择“其他符号”选项，弹出“符号”对话框，在“字体”下拉列表框中选择 Wingdings，选择特殊符号“☞”，双击该符号或单击“插入”按钮，完成符号“☞”的插入。

第 3 步：输入第 1 个公式。在“插入”选项卡的“符号”组中单击“公式”按钮，如图 4-120 所示，在插入点会出现公式编辑框，显示“在此处键入公式”字样，同时在上方出现“公式工具-设计”选项卡。

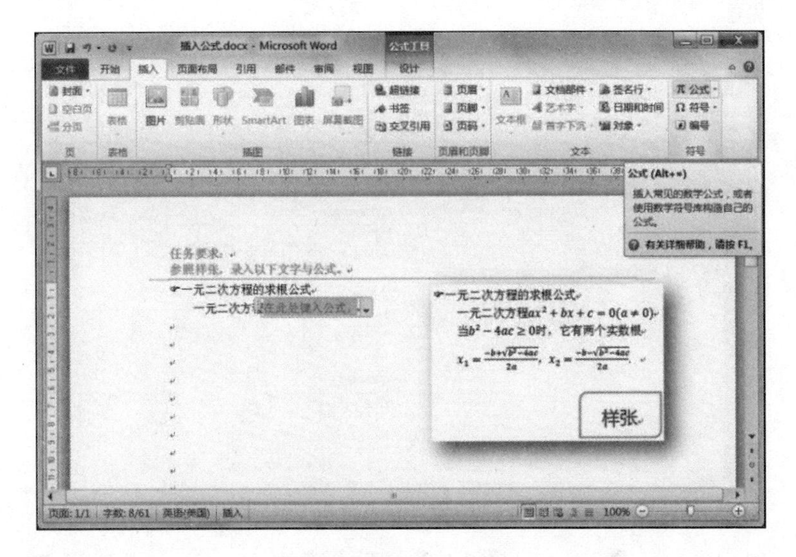

图 4-120 输入公式状态

第 4 步：根据公式具体内容依次输入公式，在输入 x2 时，在“公式工具-设计”选项卡的“结构”组中单击“上下标”下拉按钮，在打开的下拉列表中选择“上标”选项，如图 4-121 所示。

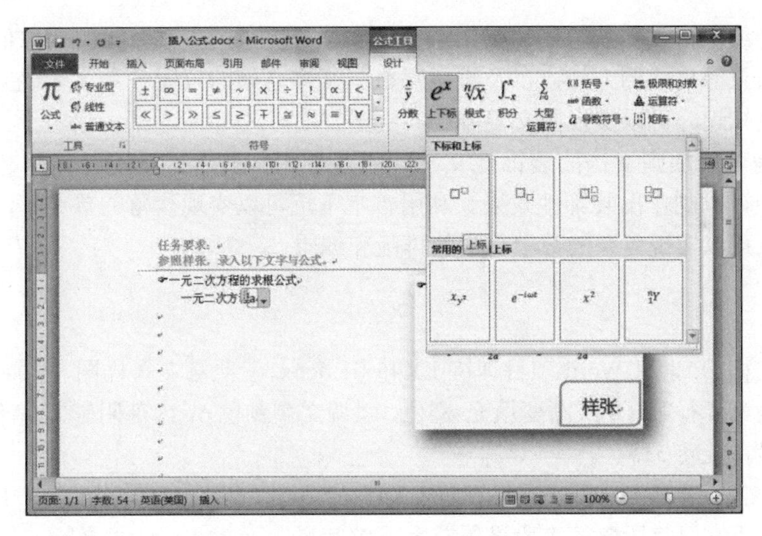

图 4-121 选择“上标”选项

第 5 步：在公式编辑处会出现上标公式编辑框，在底数位置，即较大占位符虚框中输入 x；在指数占位符，即较小虚框中输入 2。加号可直接利用键盘输入。

仔细观察会发现，该公式中的英文字母稍有差别，如前后两个英文字母 a，这种差别只需要将公式中的字体更改为“倾斜”样式即可。

第 6 步：参照第 1 个公式的输入方法，输入第 2 个公式。

第 7 步：输入第 3 个公式。此处，可不用自己编辑，而直接用内置公式来完成。在“插入”选项卡的“符号”组中单击“公式”下拉按钮，如图 4-122 所示，在打开的下拉列表中选择“二次公式”选项，然后对该公式进行修改即可。

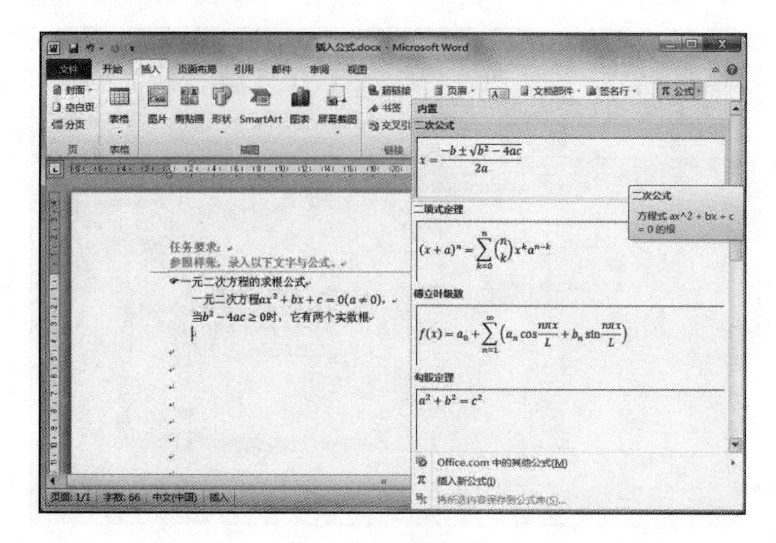

图 4-122　选择公式

第 8 步：输入第 4 个公式，单击“保存”按钮，保存文档，退出 Word 2010。

项目小结

本项目介绍了插入和编辑图片、图形、文本框等对象的方法，设置对象的大小、边框效果、填充效果等格式的方法，以及设置对象与文字之间的位置关系（环绕方式）的方法等。利用这些知识，可以实现图文混排。

艺术字是可添加到文档的装饰性文本，通过艺术字的格式设置可以将艺术字添加到 Office 文档中，以制作出装饰性效果。利用首字下沉可以实现段落的首字下沉效果。通过插入“公式”可以实现复杂的数学公式的排版和编辑。

项目训练

1. 打开文档 D:\素材\Word\项目训练\LX45-01.docx，参照第 2 页样图，添加艺术字“福”，艺术字样式为第 4 行第 2 列（渐变填充-橙色，强调文字颜色 6，内部阴影），字体为“楷体”，字号为“260”，旋转 315°。

2. 打开文档 D:\素材\Word\项目训练\LX45-02.docx，将正文英文段落第 1 段设置首字下沉效果；将正文汉字段落第 1 段设置首字下沉效果，下沉 4 行、隶书。

3. 打开文档 D:\素材\Word\项目训练\LX45-03.docx，按要求输入公式。

4. 打开文档 D:\素材\Word\项目训练\LX45-04.docx，参照样图，制作明信片，所需的图片“明信片邮票.png”和“明信片.jpg”存放在 D:\素材\Word 文件夹中。

项目 6　长文档的处理

项目要点

1）创建目录与编辑目录。

2）使用题注。

3）设置脚注与尾注。

4）使用批注。

5）修订文档。

技能目标

1）会在文档中插入脚注和尾注、题注、批注等。

2）编辑长文档时，会创建目录。

3）会修订文档。

任务 1 创建目录

目录是长文档的导读图，一般放置在文章正文的前面，使用目录可以快速定位到所关心的内容，为读者阅读和查阅所关注的内容提供便利。

目录项的内容是 Word 2010 默认的标题样式或大纲级别。

用户可以通过对文本应用标题样式（如标题 1、标题 2 和标题 3）来创建目录。Word 2010 搜索这些标题，然后在文档中插入目录。Word 2010 提供了一个自动目录样式库以标记目录项，从选项库中单击需要的目录样式即可。

添加目录是通过在“引用”选项卡的“目录”组中单击“目录”下拉按钮实现的。

以这种方式创建的目录，对文档内容进行了更改后，还可以更新目录。

> **提示**
> 编制目录之前，必须对目录内容进行大纲级别或标题级别的设置。

【任务要求】

打开文件 D:\素材\Word\任务\目录.docx，给文章标记目录项并在第 2 页文档开始处创建目录，在目录后分页，显示导航窗格。

【操作步骤】

第 1 步：打开文档 D:\素材\Word\任务\目录.docx。

第 2 步：标记目录项。选中段落“龙亭简介”，在“开始”选项卡的“段落”组中单击对话框启动器按钮，弹出“段落”对话框，选择“缩进和间距”选项卡，在“常规”选项组中将“大纲级别”设置为“2 级”，如图 4-123 所示。用同样的方法，将其他标题“包公祠简介”“铁塔简介”等也设置为 2 级大纲。

> **提示**
> 将目录内容设置为 Word 2010 默认的标题样式，也可以将该目录内容标记为目录项。

第 3 步：创建目录。将插入点放在第 2 页文档开始处，在“引用”选项卡的“目录”组中单击“目录”下拉按钮，打开“目录”下拉列表，如图 4-124 所示，选择“自动目录 1”选项，生成目录。

如果希望目录页独占一页，可在目录后手动分页。

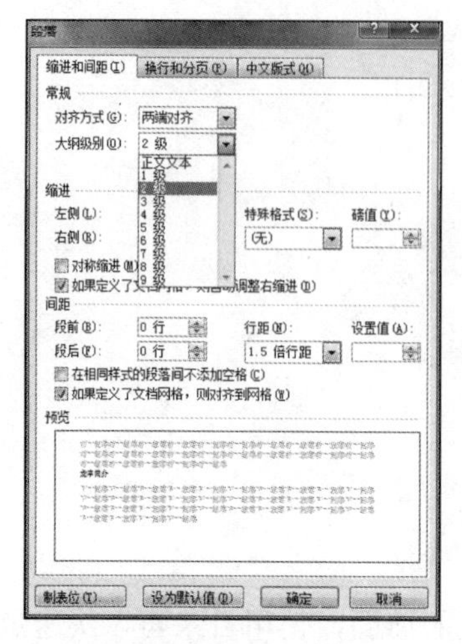

图 4-123　标记目录项

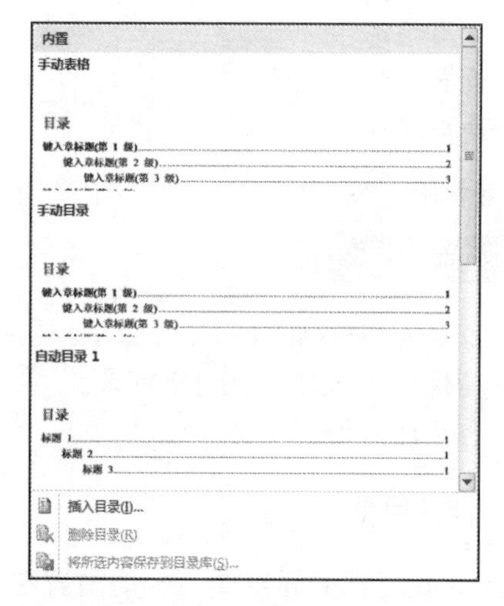

图 4-124　“目录”下拉列表

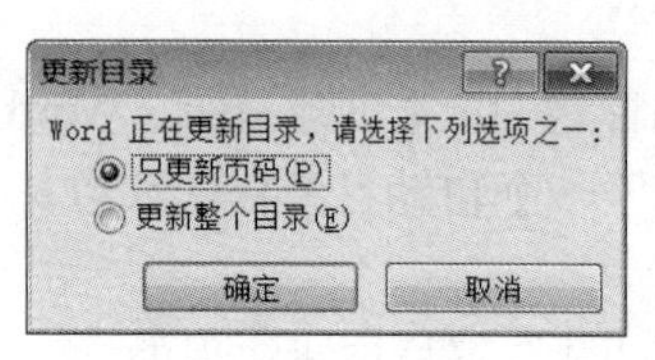

图 4-125　“更新目录”对话框

第 4 步：手动分页。将光标定位在新创建的目录后，在“插入”选项卡的“页”组中单击“分页”按钮，完成手动分页。

如果文档内容发生变化，可对目录进行更新，更新方法如下：在“引用”选项卡的“目录”组中单击“更新目录”按钮，弹出“更新目录”对话框，如图 4-125 所示，根据需要选中“只更新页码”或“更新整个目录”单选按钮。

提示

在“引用”选项卡的“目录”组中单击“目录”下拉按钮，在打开的下拉列表中选择“插入目录”选项，弹出“插入目录”对话框，用户可以在该对话框中创建自定义目录。

第 5 步：显示导航窗格。在“视图”选项卡的“显示”组中勾选“导航窗格”复选框，则会在文档左侧显示导航窗格，如图 4-126 所示。

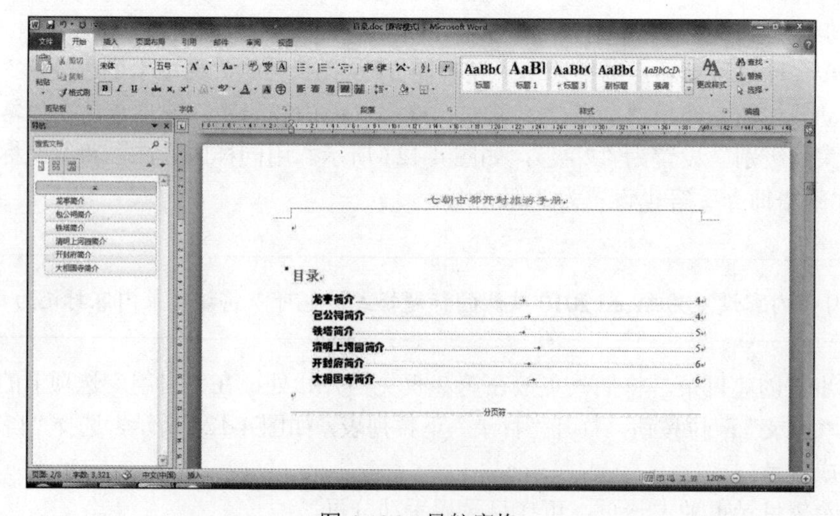

图 4-126　导航窗格

第 6 步：单击“保存”按钮，保存文档，退出 Word 2010。

任务 2 使用题注

题注是给图片、表格、图表、公式等项目添加的名称和编号，以方便读者查找和阅读。使用题注功能可以保证长文档中图片、表格或图表等项目能够顺序地自动编号。如果移动、插入或删除带题注的项目，Word 2010 可以自动更新题注编号。

【任务要求】

打开文件 D:\素材\Word\任务\题注.docx，给景区简介中的图片添加题注，内容为“图 1、图 2、…”。

【操作步骤】

第 1 步：打开文档 D:\素材\Word\任务\题注.docx。

第 2 步：插入题注。选中“龙亭简介”中的图片，在“引用”选项卡的“题注”组中单击“插入题注”按钮，弹出“题注”对话框，如图 4-127 所示。

第 3 步：新建标签。单击“新建标签”按钮，弹出“新建标签”对话框，如图 4-128 所示，在标签文本框中输入所需要的标签内容，此处输入“图”，单击“确定”按钮。返回“题注”对话框，如图 4-129 所示。单击“确定”按钮，文档中所选图片的下方会出现“图 1”的题注（可以调整对齐方式）。

第 4 步：选中下一张图片，即“包公祠简介”中的图片，在“引用”选项卡的“题注”组中单击“插入题注”按钮，在弹出的“题注”对话框中可以看到“题注”文本框中默认显示的是“图 2”，单击“确定”按钮，文档中所选图片的下方会出现“图 2”的题注。

第 5 步：使用与第 4 步相同的方法，为后面的图片添加相应的题注。

第 6 步：单击“保存”按钮，保存文档，退出 Word 2010。

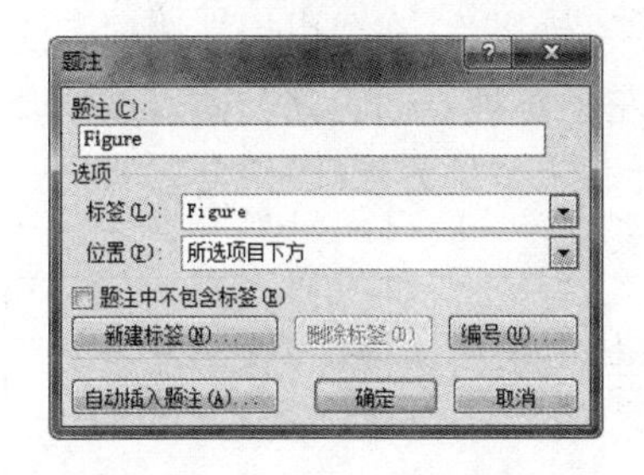

图 4-127 “题注”对话框

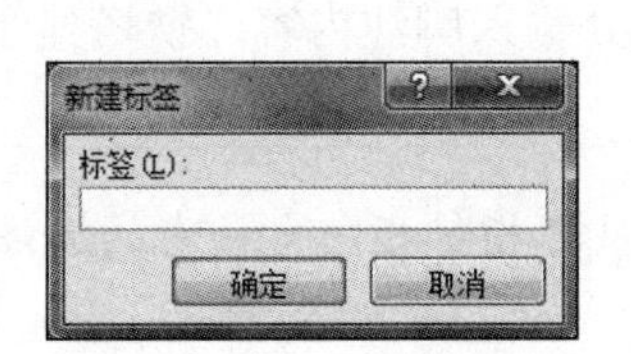

图 4-128 “新建标签”对话框

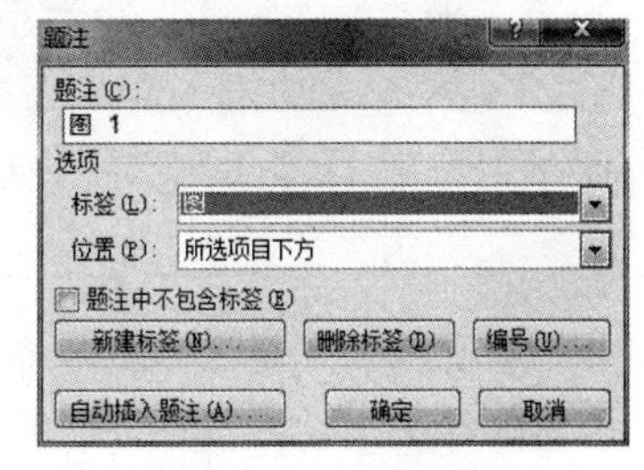

图 4-129 新增题注

任务 3 设置脚注与尾注

脚注是附在文档页面的最底端，对文档中的文本等内容进行注释、加以说明的文字。尾注附在文档尾部，常用来标明文章引用了哪些其他的文章或出处。

脚注和尾注有两个相关联的部分：注释引用标记和注释文本。注释引用标记可以自动编号，Word 2010 将在添加、删除、移动脚注和尾注之后，自动对注释引用标记重新编号。

【任务要求】

打开文件 D:\素材\Word\任务\脚注.docx，给文档标题“旅游手册”添加尾注，内容为“文章摘自 http://www.bytravel.cn/view/top10/index434.html。”；给小标题中的“铁塔”添加脚注“铁塔建于北宋皇祐元年(1049 年)。”；给小标题中的“大相国寺”添加脚注“大相国寺始于唐朝，现在的相国寺是清朝重建后又修葺的。”。

【操作步骤】

第 1 步：打开文档 D:\素材\Word\任务\脚注.docx。

第 2 步：添加尾注。选中标题文字“旅游手册”，在“引用”选项卡的“脚注”组中单击“插入尾注”按钮，插入点会跳转到文档尾部，标题处及插入点处会同时出现编号 i。标题处称为引用标记，文档尾部的插入点后输入的文本称为注释文本。在插入点处输入尾注内容“文章摘自 http://www.bytravel.cn/view/top10/index434.html。”，效果如图 4-130 所示。

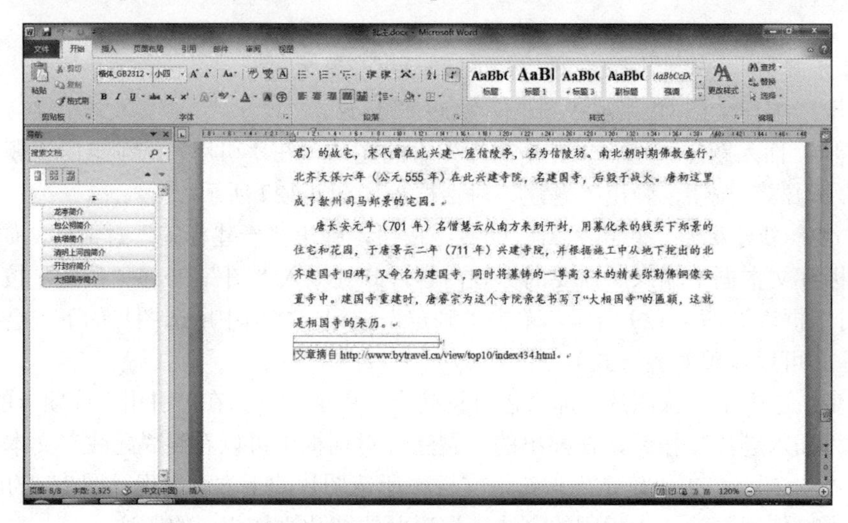

图 4-130　添加尾注效果

第 3 步：添加脚注。选中小标题“铁塔简介”中的文字“铁塔”，在“引用”选项卡的“脚注”组中单击“插入脚注”按钮，插入点会跳转到该页左下角处，标题处及插入点处会同时出现数字 1，此时在插入点处输入脚注内容“铁塔建于北宋皇佑元年(1049 年)。”。

> **提示**
>
> 查看脚注或尾注：只需将鼠标指针指向文档中的脚注标记或尾注标记，页面中就会出现注释文本的内容。

第 4 步：添加下一脚注。选中小标题中“大相国寺简介”中的文字“大相国寺”，在“引用”选项卡的“脚注”组中单击“插入脚注”按钮，插入点会跳转到该页左下角处，标题处及插入点处会同时出现数字 2，此时在插入点处输入脚注内容“大相国寺始于唐朝，现在的相国寺是清朝重建后又修葺的。”，效果如图 4-131 所示。

> **提示**
>
> 删除脚注或尾注：选中要删除的脚注标记或尾注标记，使其反白显示，按 Delete 键即可。

第 5 步：单击“保存”按钮，保存文档，退出 Word 2010。

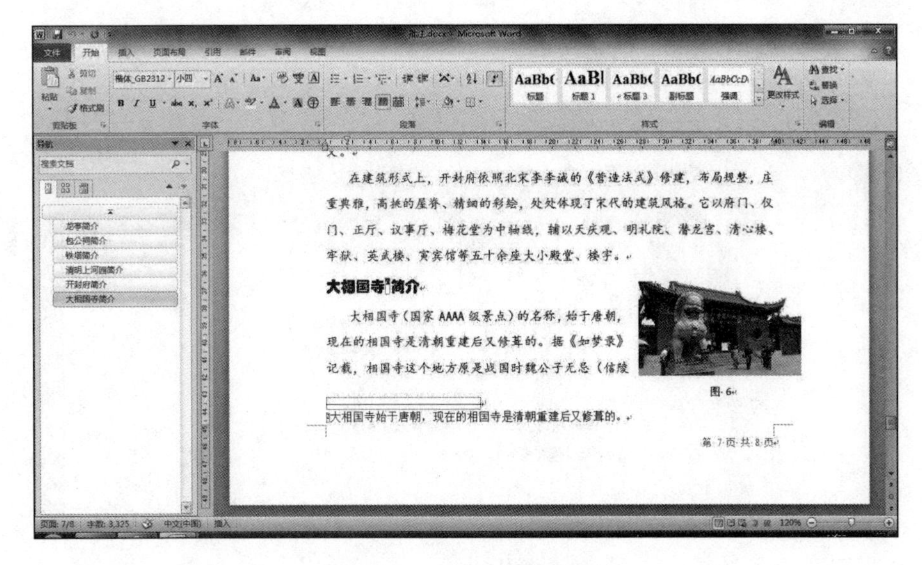

图 4-131 添加脚注效果

任务 4 使用批注

批注是作者或审阅者添加的注释或备注，不影响文档内容，是隐藏的文字。Word 2010 为每个批注赋予不重复的编号和名称，可以审阅批注并将它们粘贴到文档中。

添加批注、查看批注和删除批注都是通过在“审阅”选项卡的“批注”组中单击相应按钮实现的。

【任务要求】

打开文件 D:\素材\Word\任务\批注.docx，给文字“龙亭公园:”添加批注“添加项目符号”，给文字“还有”添加批注“内有”；查看所有批注；按批注修改文档后删除批注。

【操作步骤】

第 1 步：打开文档 D:\素材\Word\任务\批注.docx。

第 2 步：添加批注。查找并选中文字“龙亭公园:”，在“审阅”选项卡的“批注”组中单击“新建批注”按钮，弹出含有作者及编号的批注文本框，如图 4-132 所示，在批注文本框中输入“添加项目符号”，完成操作。

第 3 步：继续添加批注。查找并选中文字“还有”，在“审阅”选项卡的“批注”组中单击“新建批注”按钮，在弹出的含有作者及编号的批注文本框中输入“内有”，完成操作。

第 4 步：查看批注。在“审阅”选项卡的“批注”组中单击“下一条”按钮或“上一条”按钮，可以逐条查看所有批注内容。

第 5 步：删除批注。在“审阅”选项卡上的“批注”组中单击“下一条”按钮或“上一条”按钮查看批注，按照批注内容的建议修改文档后，单击“批注”组中的“删除”下拉按钮，在打开的下拉列表中选择“删除”（删除当前批注）或“删除所有批注”选项，完成删除批注操作。

第 6 步：单击“保存”按钮，保存文档，退出 Word 2010。

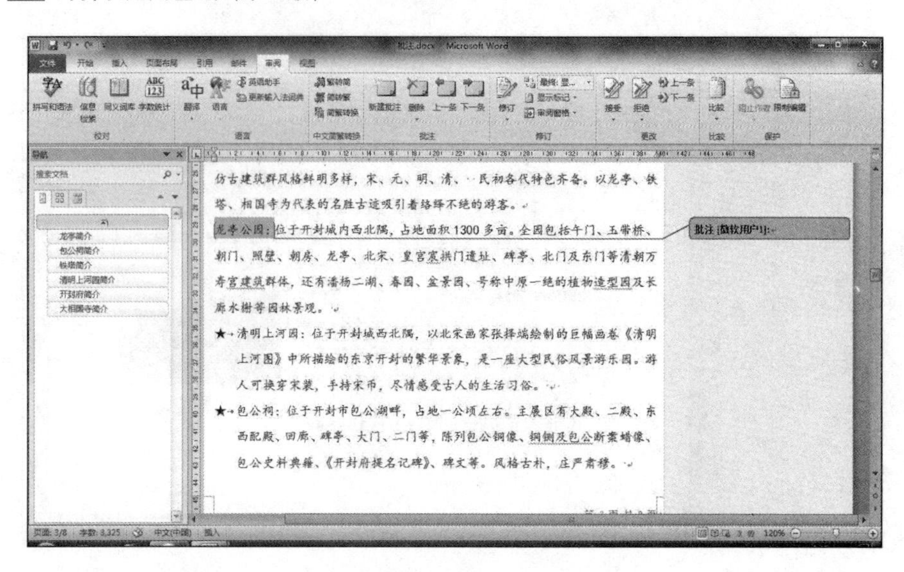

图 4-132 批注文本框

任务 5 修订文档

修订文档多用于多个用户对文档提出修改意见，如文件草案的建议、编辑教材等。

在默认情况下，Word 2010 显示修订和批注。修订标记可以跟踪许多用户所做的修改或批注操作及哪个用户做了何种修改，以便在以后审阅所有这些更改，并按约定的原则来接受或拒绝它们。

Word 2010 默认每位审阅者使用不同的批注颜色，以区别不同的修订者；默认用单下划线标记添加的部分，用删除线标记删除的部分；通过在“审阅”选项卡的“修订”组中单击“修订”下拉按钮，用户也可以在打开的下拉列表中选择“修订选项”选项，自己定义这些设置。

修订设置是通过在“审阅”选项卡的“修订”组中单击相关按钮实现的。

【任务要求】

打开文件 D:\素材\Word\任务\修订.docx，进行如下操作：

1）更改用户名为“吴名”。

2）设置修订选项。

3）设置为“修订”状态。

4）显示审阅窗格。

5）在“★大相国寺：……”段落后增加一段，内容是“★天波杨府：……”；删除“龙亭简介”中的最后一段“现在的龙亭……”。

6）复审修订。接受增加段落“★天波杨府：……”，拒绝删除段落“现在的龙亭……”。

【操作步骤】

第 1 步：打开文档 D:\素材\Word\任务\修订.docx。

第 2 步：更改用户名。在“审阅”选项卡的“修订”组中单击“修订”下拉按钮，在打开的下拉列表中选择“更改用户名”选项，弹出图 4-133 所示的“Word 选项”对话框，在“用户名”文本框中将原用户名 WORD 修改为“吴名”，单击“确定”按钮，完成设置。

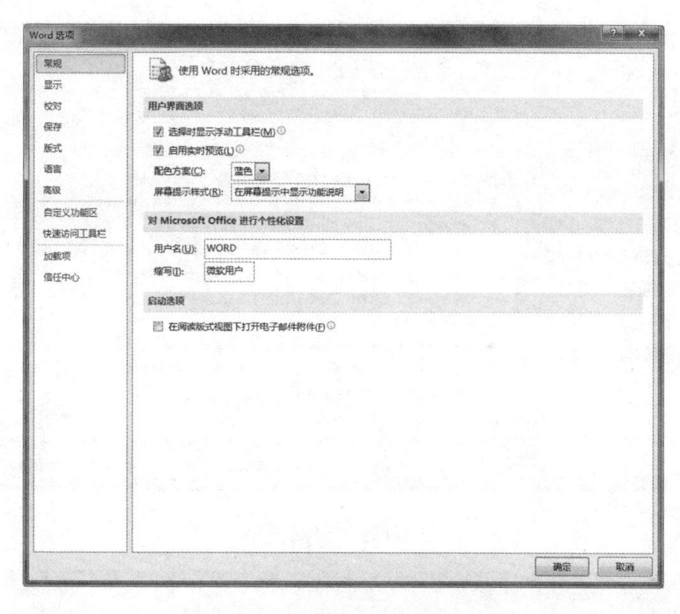

图 4-133　“Word 选项”对话框

进行修订操作之前，一般先设置好修订选项。

第 3 步：设置修订选项。在“审阅”选项卡的“修订”组中单击“修订”下拉按钮，在打开的下拉列表中选择“修订选项”选项，弹出图 4-134 所示的“修订选项”对话框，可根据需要进行相应修改。

第 4 步：设置为“修订”状态。在“审阅”选项卡的“修订”组中单击“修订”按钮，“修订”按钮变为橙色，表示已处于“修订”状态。此后对文档的任何修改都会显示修订标记。

第 5 步：显示审阅窗格。在“审阅”选项卡的“修订”组中单击“审阅窗格”按钮，显示审阅窗格，如图 4-135 左侧所示。以后所做的所有修订，都将显示在审阅窗格中。

第 6 步：修改文档内容。在“★大相国寺：……”段落后增加一段“★天波杨府：……”，删除“龙亭简介”中的最后一个自然段“现在的龙亭……”，效果如图 4-136 所示。可以看到，添加的文档内容用下划线标记，而删除的文档内容则用删除线标记。

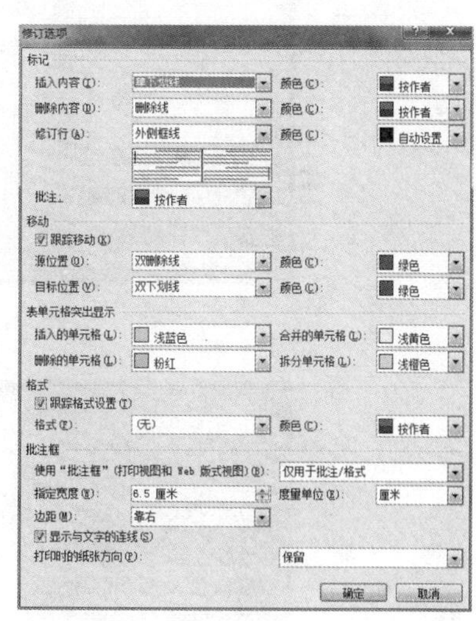

图 4-134　“修订选项”对话框

当多个审阅者结束对文档的审阅后，返回作者手中，作者可以复审修订。

第 7 步：复审修订。在“审阅”选项卡的“更改”组中，通过单击“上一条”按钮或“下一条”按钮，找到增加的段落标记“★天波杨府：……”，单击“接受”按钮，则增加的段落“★天波杨府：……”修订标记去除，成为正常段落；然后系统将自动找到删除段落标记“现在的龙亭……”，单击“拒绝”按钮，则段落“现在的龙亭……”删除线标记去除，该段落仍被保留，效果如图 4-137 所示。

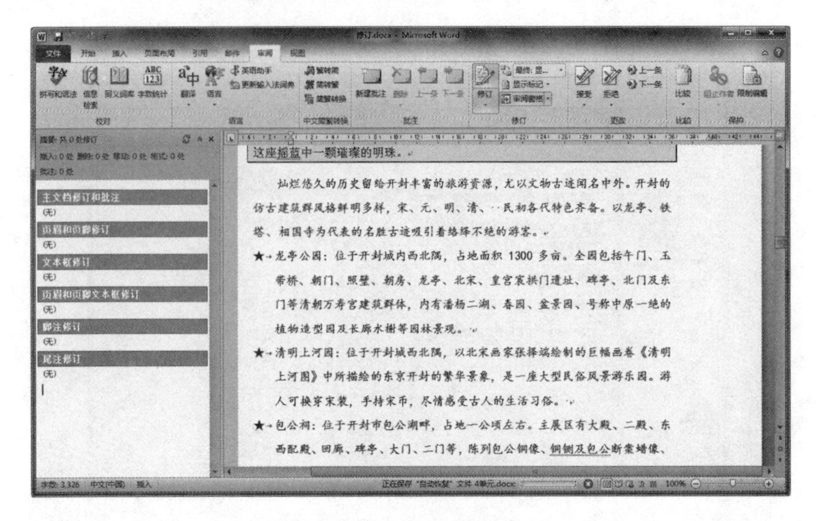

图 4-135　审阅窗格

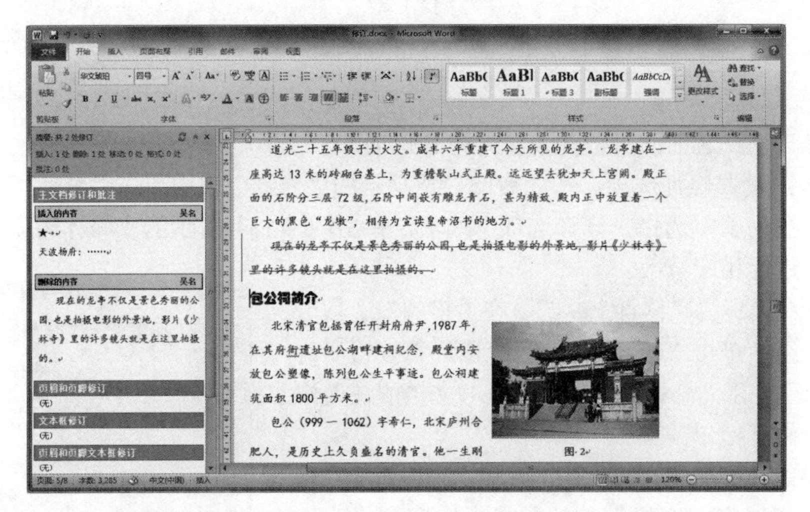

图 4-136　修改文档后的效果

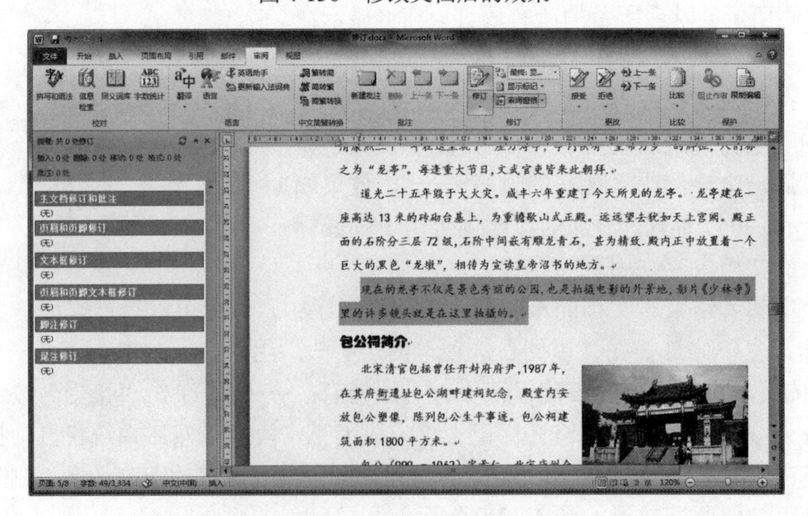

图 4-137　复审修订后的文档效果

第 8 步：单击“保存”按钮，保存文档，退出 Word 2010。

项目小结

目录是长文档的导读图，使用目录可以快速定位到所关心的内容；使用题注可以为长文档中的图片、表格或图表等项目按顺序自动编号。

在长文档的处理过程中，有时需要在指定区域外加上脚注与尾注，对文档进行补充说明。

如果让别人修改文档时希望其将修改意见保留在文档中，则可以通过使用批注、修订文档来实现。

项目训练

1. 打开文档 D:\素材\Word\项目训练\LX46-01.docx，在首页添加目录，含三级标题，样式自选。

2. 打开文档 D:\素材\Word\项目训练\LX46-02.docx，完成如下操作：

（1）给文档标题添加脚注，内容为“四君子”是中国画的传统题材。

（2）给每张图片添加“题注，内容为“图 1、图 2、…”。

（3）给文章添加目录。

（4）在第一幅图上插入云标注“梅兰竹菊四君子”。

3. 打开文件 D:\素材\Word\项目训练\LX46-03.docx，给文字“文化中心五个码头”添加批注“文化客厅五个码头”，给文字“全长约 25 公里”添加批注“全长约 2.5 公里”。

4. 打开文档 D:\素材\Word\任务\修订.docx，完成如下操作：

（1）设置为“修订”状态。

（2）显示审阅窗格。

（3）将文字“文化中心五个码头”更改为“文化客厅五个码头”，将文字“全长约 25 公里”更改为“全长约 2.5 公里”。

项目 7　邮 件 合 并

邮件合并操作。

会邮件合并的方法，会灵活运用邮件合并操作。

任务　运用邮件合并

邮件合并主要是将格式相同的文档与一系列变化的数据合并，产生多个文档，如生成学生成绩清单、准考证、公司向用户发出的订货单等。使用邮件合并功能，可以快速批量处理这些问题。

Word 2010 邮件合并功能不仅操作简单，还可以设置各种格式，并且打印效果好，可以满足不同客户的不同需求。

合并过程涉及两个文档，一个是合并过程中保持不变的文档（主文档），一个是包含变化信息（如学号、姓名等）的数据源，合并过程就是把来自数据源的相关信息加入主文档的邮件合并域（放置数据的位置）中。

【任务要求】

打开文档 D:\素材\Word\任务\准考证模板.docx，在此主文档中利用邮件合并方式，以文件 D:\素材\Word\任务\考生信息.xlsx 为数据源，完成准考证的生成，效果如图 4-138 所示。保存信函为“D:\素材\Word\任务\准考证.docx”。

【操作步骤】

第 1 步：打开文档 D:\素材\Word\任务\准考证模板.docx。

第 2 步：指定主文档。在“邮件”选项卡的“开始邮件合并”组中单击“开始邮件合并”下拉按钮，在打开的下拉列表中选择“普通 Word 文档”选项。

第 3 步：选择数据源。在“邮件”选项卡的“开始邮件合并”组中单击“选择收件人”下拉按钮，在打开的下拉列表中选择“使用现有列表”选项，弹出“选取数据源”对话框。根据“考生信息.xlsx”文件的具体位置，选择工作簿文件 D:\素材\Word\任务\考生信息.xlsx，如图 4-139 所示，选中对应工作表。依次单击“打开”按钮和“确定”按钮，将打开数据源文件。

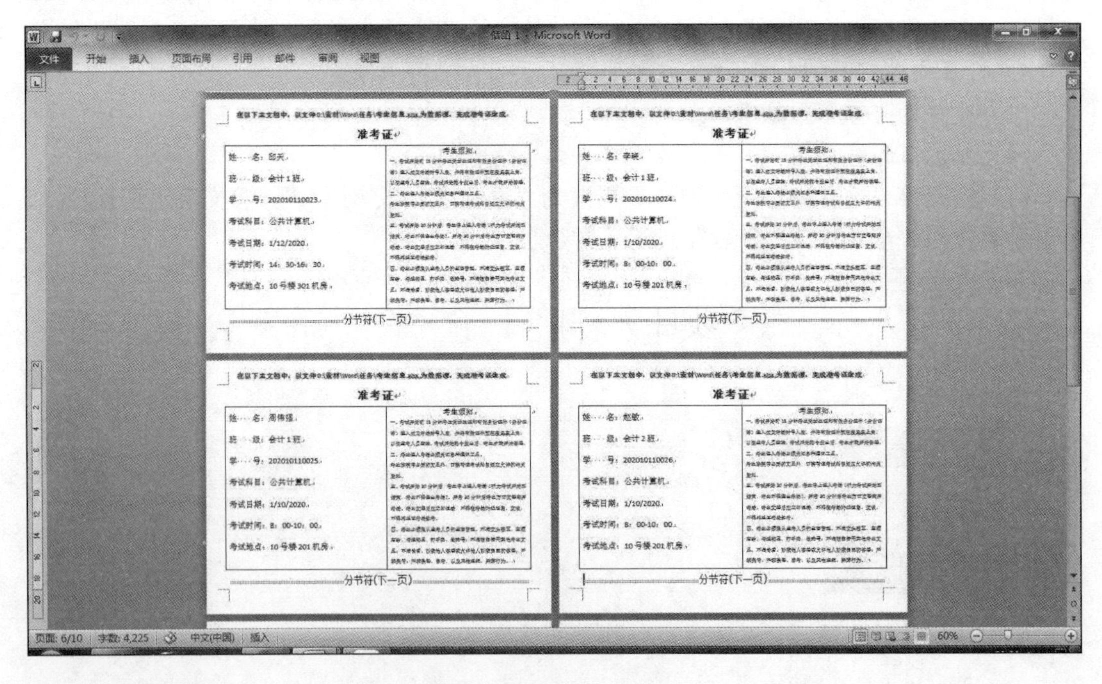

图 4-138　邮件合并效果

第 4 步：插入合并域。将光标定位到需要插入数据的位置“姓　　名：”后，在“邮件”选项卡的“编写和插入域”组中单击“插入合并域”下拉按钮，在打开的下拉列表中选择“姓名”选项（数据源中的字段名），将数据源“姓名”插入准考证相应的位置“姓名：”后。

使用相同的操作方法，完成所有的插入合并域操作，效果如图 4-140 所示。

图 4-139 “选取数据源”对话框

第 5 步：完成邮件合并。在“邮件”选项卡的“完成”组中单击“完成并合并”下拉按钮，在打开的下拉列表中选择“编辑单个文档”选项，弹出“合并到新文档”对话框，如图 4-141 所示。根据实际需要选中“全部”或“当前记录”，这里选中“全部”单选按钮，单击“确定”按钮，将“考生信息.xlsx”的全部记录合并到主文档“准考证模板.docx”中，效果如图 4-138 所示。此时可以查看或打印邮件合并后的文档。

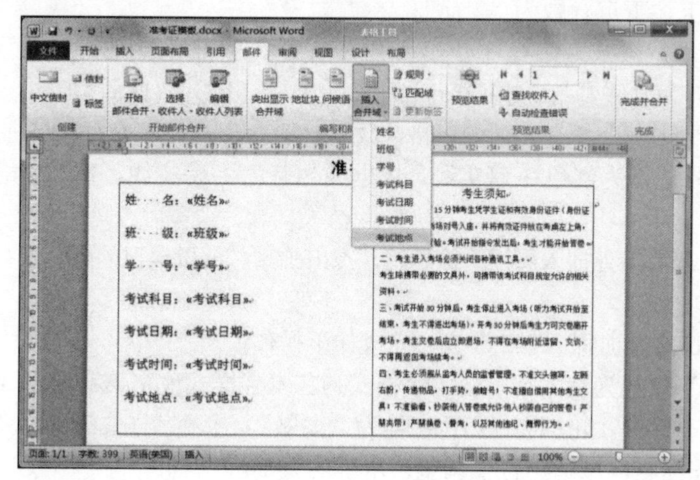

图 4-140 插入合并域

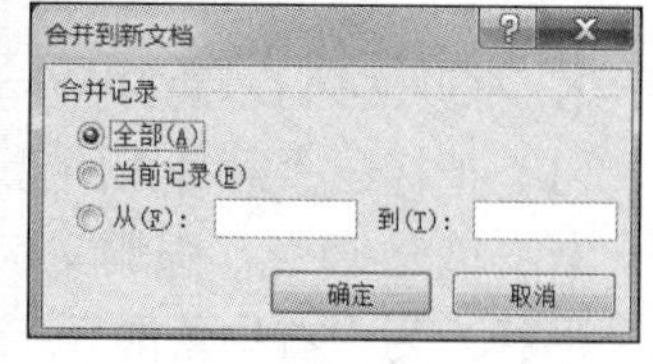

图 4-141 “合并到新文档”对话框

第 6 步：关闭 Word 2010 窗口，弹出“是否将更改保存到信函 1”对话框，单击“保存”按钮；弹出“另存为”对话框，选择保存路径为 D:\素材\Word\任务，输入文件名“准考证.docx”，单击“保存”按钮。

项目小结

本项目介绍了邮件合并方法。通过本项目的学习，学生应能熟练完成格式相同、数据不同的大数据量文档的生成。

项目训练

打开文档 D:\素材\Word\项目训练\LX47-01.docx，以文档 D:\素材\Word\项目训练\学生成绩表.xlsx 为数据源，利用邮件合并完成成绩报告单。

综 合 训 练

操作题

1．打开文档 D:\素材\Word\项目训练\XT41.docx，完成如下操作：

（1）将标题行的文字设置为“华文新魏”“二号”“红色”，标题行水平居中。

（2）将正文文字设置为“幼圆”“小四”，正文段落首行缩进 2 字符，行距为 1.5 倍行距。

（3）给正文第二段设置系统默认的字符底纹，然后添加边框，样式为“阴影”“绿色”“实线”，框线粗为“2.25 磅”。

（4）定义纸张为“16 开”。给文档加上页眉，页眉内容为“画家徐悲鸿”，在页脚中间插入页码。

（5）插入图片 D:\素材\Word\骏马.jpg，设置图片大小为 30%，环绕方式为“四周型”，放置在正文末尾处。

（6）将正文第三段分为两栏，第一栏宽度为“6 厘米”，添加分隔线。

（7）将正文第一段首字下沉，下沉行数为“2 行”。

（8）在文档的左侧插入艺术字样式库中第 3 行第 4 列（渐变填充-蓝色，强调文字颜色 1）的艺术字样式，文字内容为“骏马”，文字方向为垂直，文字环绕为“四周型”。

（9）在文字的下方空白处制作一个 5 行 4 列的表格，数据自选。设置其列宽为“1.5 厘米”，行高为“1 厘米”，表格外边框为红色 3 磅实线，内框线为蓝色 1 磅实线，整个表格的底纹为“浅绿色”。

（10）在正文第一段的“徐悲鸿”处插入脚注“徐悲鸿，杰出画家。”，以自己的姓名保存文件。

2．打开文档 D:\素材\Word\项目训练\XT42.docx，完成如下操作：

（1）把标题“狮身人面像”设置为艺术字。艺术字样式为艺术字样式库中第 4 行第 4 列（渐变填充-蓝色，强调文字颜色 1，轮廓-白色）；字体为“隶书”，艺术字样式的文本效果（形状）为“右牛角形”，在标题区域适当位置调整艺术字的大小。

（2）将正文字体设置为“幼圆”“小四”，正文段落设置为首行缩进 2 个字符。

（3）设置正文各段行间距为 1.6 倍。

（4）在正文第 5 和 6 自然段添加项目符号“☆”。

（5）在正文右下角位置插入 D:\素材\Word 文件夹中的图片“狮身人面像.jpg”，图片大小为 30%，图片设置为“四周型”环绕方式。

（6）设置正文第一段为“浅绿色”底纹，边框为“三维”效果，边框线颜色为“浅蓝色”、宽度为“2.25 磅”。

（7）在页眉中添加“神秘的埃及”，左对齐；在页脚中添加“第×页”，居中，且×应随页码的不同而改变。

（8）将页面设置为上、下页边距均为“2.2 厘米”，定义纸张宽度为“22 厘米”、高度为“29 厘米”。

（9）在文中绘制图形，图形样式为“星与旗帜”中的“十字星”，形状轮廓为“浅蓝”，形状填充为“无填充颜色”，衬于文字下方。

（10）在文章最后插入分页符。将 D:\素材\Word\项目训练\XT43.docx 的内容复制到文档最后（第二页），并将刚复制的文字颜色设置为“蓝色”。

（11）将所有的 Language 替换为红色的“语言”。

（12）设置文档打开权限密码为 123，以自己的学号为名保存文件。

模块 5 Excel 2010

Excel 2010 是 Office 2010 系列办公软件中的一个电子表格数据处理组件。它将待处理的数据与描述如何加工处理数据的公式数据统一组织存储在人们熟悉的、易于理解的二维表格中。

在 Excel 2010 环境下处理数据是非常直观的，用户可以根据具体的工作内容做一些规划，包括设计数据在表格中的位置、构造反映数据间关系的公式或函数等，让 Excel 2010 自动完成一系列对数据的计算分析工作。Excel 2010 还具有强大的图表、计算、数据库管理等功能，因此 Excel 2010 被广泛地应用于财务、税务、经济分析等许多领域。

项目 1　表格的基本操作

项目要点

1）认识 Excel 2010 窗口。
2）工作簿中工作表的管理操作。
3）选中操作区域。
4）插入或删除单元格、行或列，编辑工作表内容。
5）输入数据。
6）设置数据有效性。
7）保护工作表。
8）页面设置与预览和打印文件。

技能目标

1）熟悉 Excel 2010 操作界面，理解工作簿、工作表、单元格等基本概念。
2）熟练选中工作表及操作区域。
3）熟练进行工作表的编辑。

4）能准确输入原始数据，会对数据进行编辑。

5）熟练创建、编辑和保存电子表格文件。

6）会设置数据有效性。

7）了解数据保护的作用和操作方法。

8）会进行页面设置、预览和打印文件。

任务 1　认识 Excel 2010 窗口

Excel 2010 窗口与 Word 2010 窗口很类似，启动方法也相同。

【任务要求】

启动 Excel 2010 应用程序，了解 Excel 2010 窗口组成。

【操作步骤】

第 1 步：单击“开始”按钮，在打开的“开始”菜单中选择“所有程序”→Microsoft Office→Microsoft Excel 2010 命令，如图 5-1 所示，将启动 Excel 2010 应用程序。

第 2 步：启动 Excel 2010 应用程序后，即可看到操作界面，如图 5-2 所示。

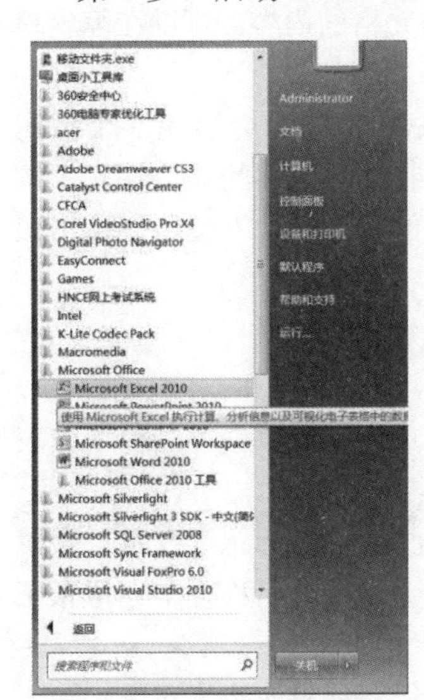

图 5-1　启动 Excel 2010 应用程序

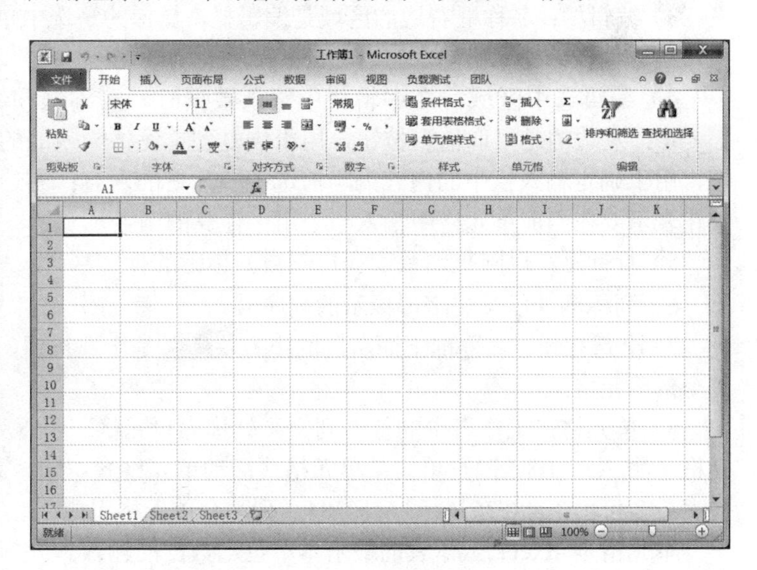

图 5-2　Excel 2010 窗口

Excel 中的文档称为工作簿，是处理和存储数据的文件，每个工作簿包含若干张工作表。工作表是在 Excel 2010 中用于存储和处理数据的主要文档，称为电子表格。工作表由排列成行或列的单元格组成。

Excel 2010 窗口与 Word 2010 窗口的外观与功能基本相同，由系统图标、快速访问工具栏、标题栏、功能区、工作区、状态栏和视图栏等构成。其不同点主要在工作区。

工作区是 Excel 2010 最大的区域，在其中可以进行文档输入、编辑、修改、图片处理等操作，如图 5-3 所示。

工作区包括工作表区、名称框、编辑栏、编辑选中区域、行标题、列标题、全选按钮、单元格及表标签等。

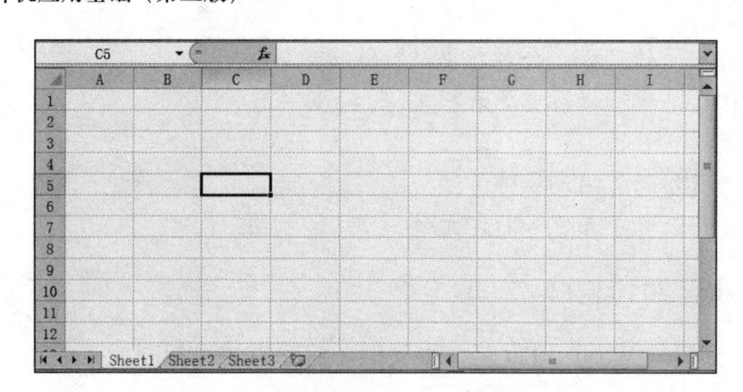

图 5-3 Excel 2010 工作区

1）工作表区：操作界面中最大的区域就是 Excel 2010 的工作表区，也是放置表格数据内容的区域。

2）名称框：位于工作区左上角，如图 5-3 中的 C5 ，用来给一个或一组单元格定义一个名称。

3）编辑栏：名称框右边的区域是编辑栏，显示的是选中单元格的内容。可以在编辑栏中输入、编辑该单元格的内容，如公式或数据等。

4）编辑选中区域：在编辑栏中输入数据时，名称框和编辑栏中间会出现 3 个按钮 ×✓fx：左边的是“取消”按钮，用于恢复到单元格输入前的状态；中间的是“输入”按钮，用于确定输入栏中的内容为当前选中单元格的内容；右边的是“函数”按钮，单击该按钮表示要在当前单元格中输入一个用于计算的函数。

5）行标题：以阿拉伯数字（自然数）标示的行序号。

6）列标题：以英文字母标示的列序号。

7）全选按钮：名称框下面灰色的小方块是全选按钮，单击它可以选中当前工作表的全部单元格。

8）单元格：工作表中的行与列交叉处称为单元格，用“列标题+行标题”表示一个单元格（如 A3、B8 等)。单击某单元格（活动单元格)，其名称会出现在名称框中。每张工作表最多可由 1048576（行）×16384（列）个单元格组成。

单元格是 Excel 工作表的最基本单位，数据的输入和编辑以活动单元格为对象。输入数据前需先选中单元格（活动单元格)，单击单元格可以选中该单元格。

9）表标签 Sheet1 Sheet2 Sheet3 ：位于工作簿窗口底部，用于显示每个工作表的名称和排列工作表。在默认的情况下，一个工作簿由 3 个工作表组成，名称分别是 Sheet1、Sheet2、Sheet3。通过单击工作表标签，可以切换当前工作表（活动工作表)。

一个工作簿中可以包含很多工作表，左下角 4 个三角形按钮是表标签滚动按钮，用来调整多张工作表的显示位置。

任务 2 创建工作簿

【任务要求】

参照图 5-4 的内容，用 Excel 2010 编辑一份学生成绩单，以“学生成绩单.xlsx”为文件名保存到 D:\素材\Excel\任务文件夹中，并设置“学生成绩单.xlsx”的打开密码为 123。

姓名	性别	语文	数学	英语	物理	化学
李想	男	80	87	78	78	79
赵敏生	男	61	58	80	72	95
刘猛	男	85	84	79	66	68
李珍珍	女	89	80	95	95	79
潘晴	女	95	93	88	52	82
李书会	男	86	34	61	75	68
丁秋宜	男	68	72	90	77	73
李海	男	71	80	65	69	89
陈静	女	78	76	78	80	93
邓必勇	男	42	85	84	75	92
钟尔慧	女	78	89	80	90	69
卢植军	男	87	95	93	93	70
于苗苗	女	65	69	89	91	58
孙小炎	女	78	80	93	88	63
张平	男	84	75	92	56	89
郭艳丽	女	80	90	69	69	75
申旺林	女	85	30	56	93	91
雷鸣	男	77	52	80	87	78
买买提	女	93	93	70	79	64
钱进	男	76	78	56	89	91
吕一凡	男	87	78	79	69	90

图 5-4 学生成绩单

【操作步骤】

第 1 步：新建空白工作簿。启动 Excel 2010，选择“文件”→“新建”命令，打开“新建”窗口，如图 5-5 所示。在“可用模板”窗格中选择“空白工作簿”选项，单击“创建”按钮，创建一个空白工作簿。

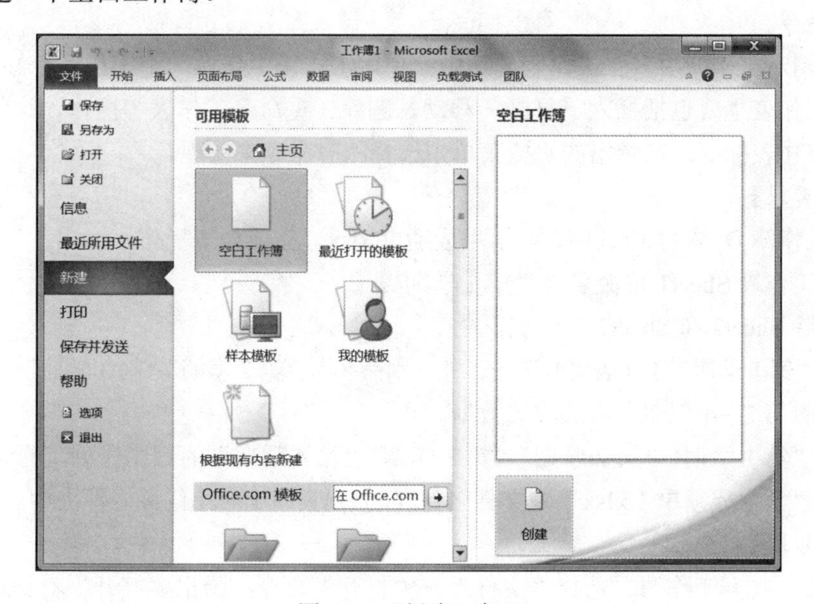

图 5-5 “新建”窗口

第 2 步：输入表格内容。默认情况下，当前工作表为 Sheet1。单击单元格，即可在单元格中输入内容。一个单元格中的内容输入完成后，按 Enter 键跳转到下一行，或按 Tab 键跳转到下一列，或者用键盘方向键进行跳转，也可以单击下一输入位置。

保存工作簿文件的方法与 Word 文档基本相同。

第 3 步：设置打开文件密码。选择“文件”→“保存”或“另存为”命令，弹出“另存为”对话框。单击“工具”下拉按钮，在打开的下拉列表中选择“常规选项”选项，弹

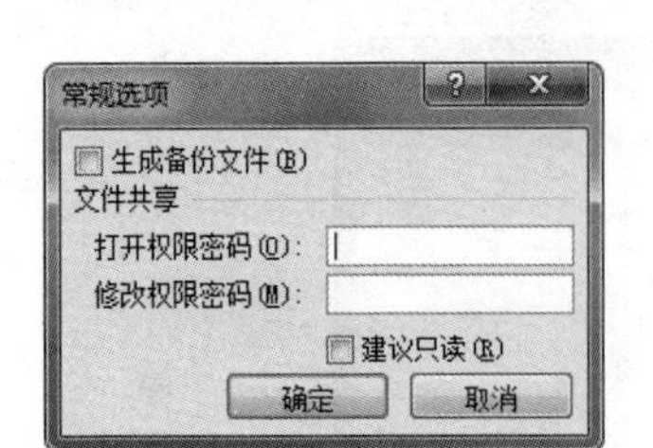

图 5-6 “常规选项”对话框

出“常规选项”对话框，如图 5-6 所示。在“打开权限密码”文本框中输入 123，单击“确定”按钮，即将该文件的打开密码设置为 123。

第 4 步：保存工作簿。在“另存为”对话框的“保存位置”下拉列表中选择 D:\素材\Excel\任务文件夹，在“文件名”文本框中输入“学生成绩单.xlsx”，单击“保存”按钮。

任务 3 管理工作表

在对 Excel 工作表操作之前，必须先选中要操作的工作表。选中工作表的方法如下：

1）选中单张工作表：单击工作表标签。

2）选中相邻的多张工作表：先选中第一张工作表标签，按住 Shift 键，单击最后一张工作表标签。

3）选中不相邻的多张工作表：先选中第一张工作表标签，按住 Ctrl 键，单击其他工作表标签。

4）选中工作簿中所有工作表：右击工作表标签，在弹出的快捷菜单中选择“选定全部工作表”命令。

5）取消对工作簿中多张工作表的选中：单击工作簿中任意一个工作表标签。

管理工作表主要包括插入、复制、移动、删除、重命名工作表等操作，这些操作可以通过右击工作表标签，在弹出的快捷菜单中选择相应命令来实现。

【任务要求】

打开工作簿 D:\素材\Excel\任务\学生成绩单.xlsx，完成如下操作：

1）将工作表 Sheet1 重命名为“第 1 学期”。

2）删除 Sheet2 和 Sheet3 工作表。

3）将“第 1 学期”工作表复制 3 个，并分别命名为“第 2 学期”“第 3 学期”“第 4 学期”。

4）清除第 2～4 学期表内的成绩数据。

5）按“第 1 学期”“第 2 学期”“第 3 学期”“第 4 学期”的顺序排列工作表。

6）以“学生成绩单 1.xlsx”为文件名保存到 D:\素材\Excel\任务文件夹中。

【操作步骤】

第 1 步：打开工作簿。选择“文件”→“打开”命令，弹出“打开”对话框，找到并选择工作簿“学生成绩单.xlsx”，单击“打开”按钮，打开该文件。

第 2 步：重命名工作表。右击工作表标签 Sheet1，如图 5-7 所示，在弹出的快捷菜单中选择“重命名”命令，在工作表标签中输入“第 1 学期”，按 Enter 键。

> **提示**
>
> 在“开始”选项卡的“单元格”组中单击“格式”下拉按钮，在打开的下拉列表中也可以对工作表进行重命名、移动或复制操作。

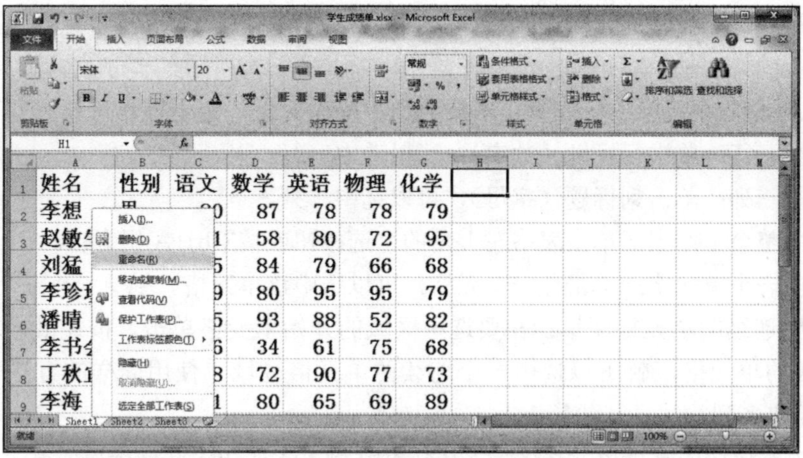

图 5-7　重命名工作表

第 3 步：删除工作表。选中工作表 Sheet2 和 Sheet3，右击所选工作表，在弹出的快捷菜单中选择“删除”命令，将选中的工作表 Sheet2 和 Sheet3 删除。

第 4 步：复制工作表。右击“第 1 学期”工作表标签，在弹出的快捷菜单中选择“移动或复制”命令，弹出“移动或复制工作表”对话框，如图 5-8 所示。选择放置位置，勾选“建立副本”复选框，单击“确定”按钮，该工作表被复制为“第 1 学期（2）”。将新工作表“第 1 学期（2）”重命名为“第 2 学期”。

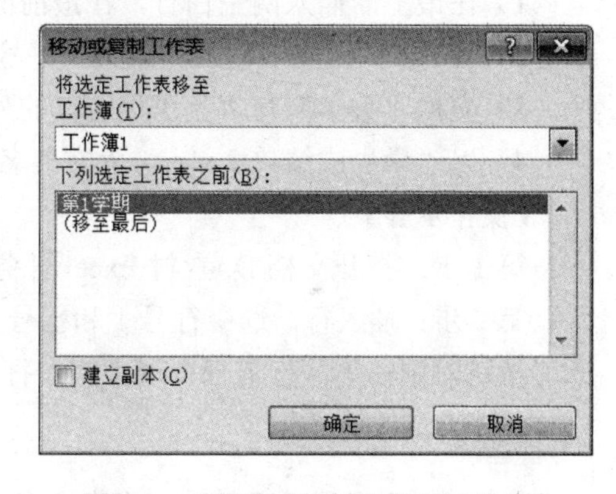

图 5-8　“移动或复制工作表”对话框

第 5 步：重复第 4 步，完成“第 3 学期”和“第 4 学期”工作表的复制与重命名操作。

第 6 步：移动工作表标签。用鼠标直接拖动工作表标签，或者选择右键快捷菜单中的“移动或复制工作表”命令对工作表进行重新排序。

第 7 步：保存文件。选择“文件”→“另存为”命令，弹出“另存为”对话框，以“学生成绩单 1.xlsx”为文件名将其保存到 D:\素材\Excel\任务文件夹中。

提示

复制工作表也可通过在按住 Ctrl 键的同时利用鼠标拖动工作表标签到目标处来完成。

任务 4　插入或删除单元格、行或列

在当前单元格的上方或左侧可以插入空白单元格，同时将同一列中的其他单元格下移或将同一行中的其他单元格右移。同样，可以在一行的上方插入多行和在一列的左侧插入多列，还可以删除单元格、行或列。

插入或删除单元格、行或列是通过在“开始”选项卡的“单元格”组中单击相应按钮实现的。

要插入或删除单元格、行和列，需要先选中操作对象。选中操作对象的方法如下：

1）选中一行：单击行标题（数字），可以选中一行。

2）选中一列：单击列标题（字母），可以选中一列。

3）选中整个工作表：单击表格左上角的全选按钮或按 Ctrl+A 组合键。

4）选中一个单元格：单击任一单元格，可以选中该单元格。

5）选中连续的单元格区域：在要选中区域的开始单元格单击，按住鼠标左键，拖动鼠标到最终的单元格，就可以选中一个连续的单元格区域。使用同样的方法也可以选中连续的多行或多列。

6）选中不连续的多个单元格区域：按住 Ctrl 键，多次在一些欲选单元格上单击，就可以选中一些不连续的多个单元格区域。使用同样的方法可以选中一些不连续的多行、多列，甚至混合选中行、列、单元格区域等。

【任务要求】

打开文档 D:\素材\Excel\任务\学生成绩单 1.xlsx，在“第 1 学期”工作表中完成如下操作：

1）在最上面插入两空白行，在最前面插入一空白列。

2）在 A3 单元格中输入列表头“序号”。

3）交换“数学”与“英语”所在的列。

4）以“学生成绩单 2.xlsx”为文件名保存到 D:\素材\Excel\任务文件夹中。

【操作步骤】

第 1 步：打开文档 D:\素材\Excel\任务\学生成绩单 1.xlsx，选择“第 1 学期”工作表。

第 2 步：插入行。选中行号 1 和行号 2，在“开始”选项卡的“单元格”组中单击“插入”按钮，则在第一行前插入两个空白行，原来所有行的行号将增加 2。

提示

插入的行数取决于选中的行数，插入的列数取决于选中的列数。

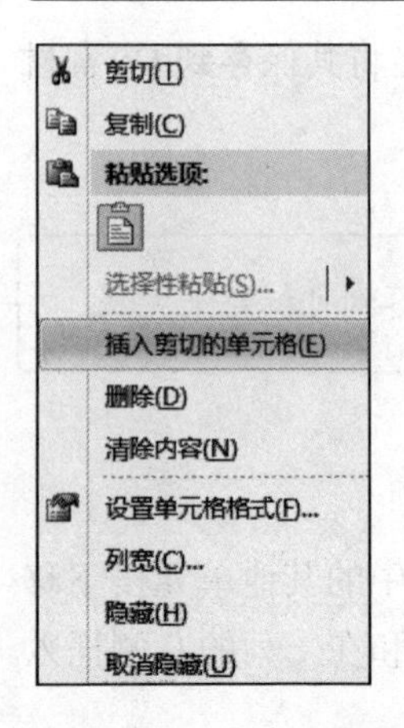

图 5-9　E 列右键菜单

第 3 步：插入列。右击 A 列，在弹出的快捷菜单中选择“插入”命令，将在第 A 列左侧插入一个空白列，即 A 列，插入前的所有列序号将增加 1。在 A3 单元格中输入列表头“序号”。

第 4 步：交换列（移动列）。首先，右击列标题 F（“英语”所在列），在弹出的快捷菜单中选择“剪切”命令；然后，右击列标题 E（“数学”所在列），弹出图 5-9 所示的快捷菜单，选择“插入剪切的单元格”命令，则将“英语”列移动到了“数学”列之前，完成交换“数学”与“英语”成绩所在列的操作。

第 5 步：保存文件。选择“文件”→“另存为”命令，以“学生成绩单 2.xlsx”为文件名将其保存到 D:\素材\Excel\任务文件夹中。

提示

选中单元格、行或列，在“开始”选项卡的“单元格”组中单击“删除”按钮，可以删除单元格、行或列，其后的单元格、行或列将自动前移。

任务 5　输入和编辑数据

若要在工作簿中处理数据，须先在工作簿的单元格中输入数据。

向单元格中输入数据，可以借助于编辑栏或在选中单元格直接输入。输入后，默认的对齐方式是文本（非数值）左对齐、数值右对齐、逻辑值居中。

1. 输入分数

输入分数时，必须在分数前面加数字和空格。例如，输入$\frac{1}{3}$时，应输入“0 空格 1/3”；输入$2\frac{1}{3}$时，应输入“2 空格 1/3”。

2. 输入日期

通常，日期和时间属于数字类型。日期和时间的显示格式有多种，如 1999/5/4、4/5/1999、04/05/1999、4-May-99、一九九九年五月四日等，默认的格式是“年份/月份/日期”。年份可以只输入后两位。两位年份值为 00～29，则表示 2000～2029 年；两位年份值为 30～99，则表示 1930～1999 年。

提示

在“单元格格式”对话框的“数字”选项卡中可设置日期和时间的显示方式。

3. 自动填充功能

（1）数字填充

当某行（列）的数字为等差序列时，Excel 2010 能根据给定的初始值，按照固定的增加量或减少量填充数据。

操作方法：在起始单元格中输入初始值（如果要给定一个步长值，则应在下一个单元格中输入第二个数字）并选中单元格区域，将光标移至该区域右下角的黑色方块（称为填充柄）处，光标将变成小黑“十”字，此时按住鼠标左键，拖动填充柄至所需单元格。

（2）自定义序列填充

如果用右键拖动填充柄，则拖至底部松开时，会弹出一个快捷菜单，如“等差序列”“等比序列”“以值充填”“复制单元格”“以格式填充”“以序列方式填充”等，以便用户选择。

4. 子任务一

【任务要求】

打开文档D:\素材\Excel\任务\学生成绩单2.xlsx，在“第1学期”工作表中，以序列填充的方式在A4～A24单元格中添加字符型序号001～021，在I3单元格中输入“登记日期”，所有登记日期均为“2015年1月10日”。

【操作步骤】

第1步：打开D:\素材\Excel\任务\学生成绩单2.xlsx，选择“第1学期”工作表。

第2步：在A4单元格中输入字符“'001”（注意，在001前加西文单引号，表示是字符001），如图5-10所示，按Enter键。

第3步：填充序号。拖动A4单元格的填充柄至A24单元格，完成序号数据的输入，如图5-11所示。

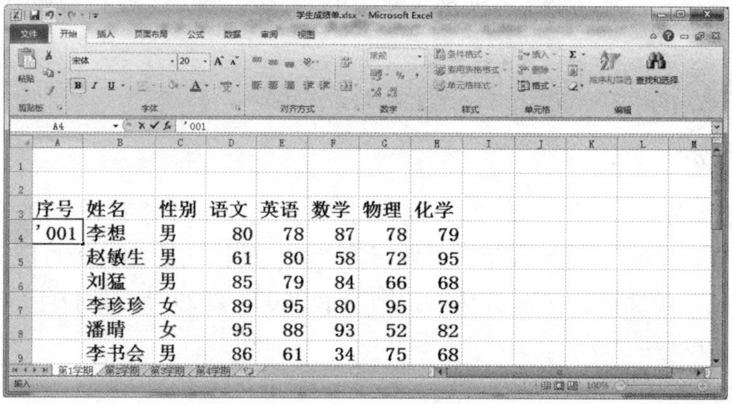

图5-10 输入字符

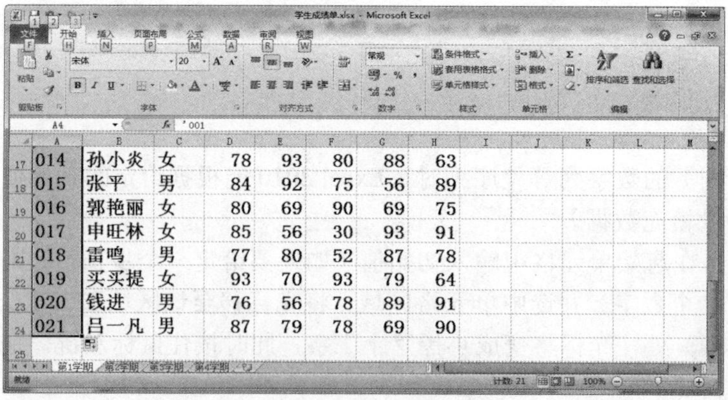

图5-11 填充序号

第4步：输入日期。在I3单元格中输入“登记日期”，在I4单元格中输入“2015年1月10日”。拖动I4单元格填充柄至I24单元格，填充完成后，日期是以序列的方式排列的，如图5-12所示。

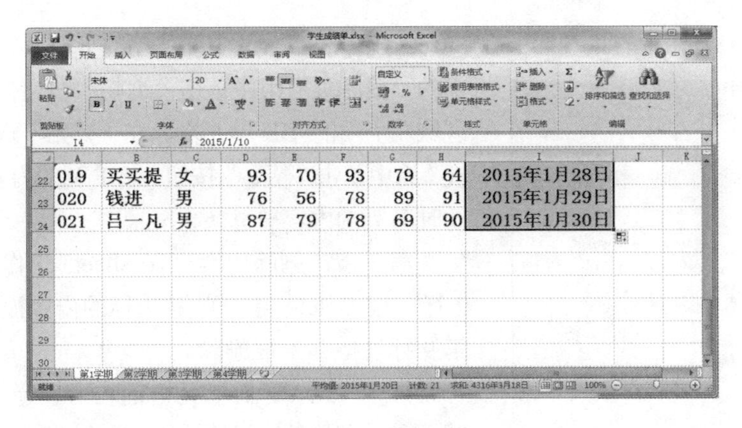

图 5-12 填充日期

此时，可单击填充区域的小标签，展开操作列表，如图 5-13 所示，选择“复制单元格”选项，便可完成所有登记日期均为“2015 年 1 月 10 日”的输入。

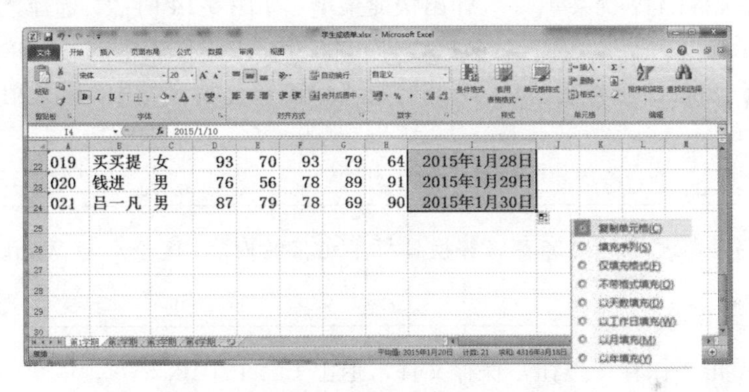

图 5-13 选择“复制单元格”选项

第 5 步：单击“保存”按钮，保存文件，关闭 Excel 2010。

提示

在输入数据 001 时，需先输入英文单引号，以便将单元格格式更改为文本类型，这样，字符数据 001 才不会变成数字 1。对日期进行填充时，要输入两个单元格的内容，以帮助 Excel 2010 找到填充规律。日期和分数输入都用到了斜杠（/），分数前先输入空格，再输入分数。

5. 子任务二

【任务要求】

打开文档 D:\素材\Excel\任务\编辑数据.xlsx，完成如下操作：

1）在 Sheet3 工作表中将 F 列的内容移动到 E 列，删除第 9 行内容。

2）将 Sheet1 工作表中的 A1:G8 单元格区域复制并转置放置到 Sheet2 工作表的从 A2 开始的单元格区域。

【操作步骤】

第 1 步：打开文档 D:\素材\Excel\任务\编辑数据.xlsx。

第 2 步：移动单元格的内容。在 Sheet3 工作表中，选中要移动的 F 列，在“开始”选项卡的“剪贴板”组中单击“剪切”按钮，选中位于粘贴区域左上角的 E1 单元格，在“开始”选项卡的“剪贴板”组中单击“粘贴”按钮，将 F 列的内容移动到 E 列，此时 E 列的内容被替换。

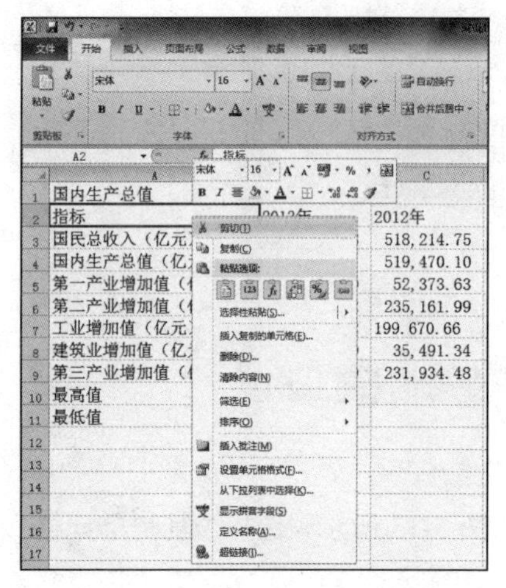

图 5-14　A2 单元格右键快捷菜单

第 3 步：删除内容。在 Sheet3 工作表中，选中第 9 行，按 Delete 键，则第 9 行的内容被删除。注意，第 9 行表格并未被删除。

第 4 步：复制单元格的内容。单击工作表标签 Sheet1，选中要复制的 A1:G8 单元格区域，右击所选区域，在弹出的快捷菜单中选择“复制”命令；在 Sheet2 工作表中，右击位于粘贴区域左上角的 A2 单元格，弹出快捷菜单，如图 5-14 所示。选择“转置粘贴”命令，即可将 Sheet1 工作表中的 A1:G8 单元格区域复制并转置放置到 Sheet2 工作表的从 A2 开始的 A2:H8 单元格区域中，原 A2:H8 单元格区域的内容被替换。

注意

复制或移动单元格的内容都将替换目标单元格的内容，这一点与 Word 2010 是有区别的。

第 5 步：单击“保存”按钮，保存文件，退出 Excel 2010。

任务 6　设置数据有效性

数据有效性用于定义可以在单元格中输入或应该在单元格中输入哪些数据。设置数据有效性后，可以防止用户输入无效数据。当用户尝试在单元格中输入无效数据时，系统会向其发出警告。此外，设计者还可以提供一些消息，以定义期望在单元格中输入的内容，以及帮助用户更正错误的输入。

如图 5-15 所示，可以将部门类型限制为销售、财务、研发和 IT。同样，也可以在工作表中其他位置的单元格区域创建“值列表”。

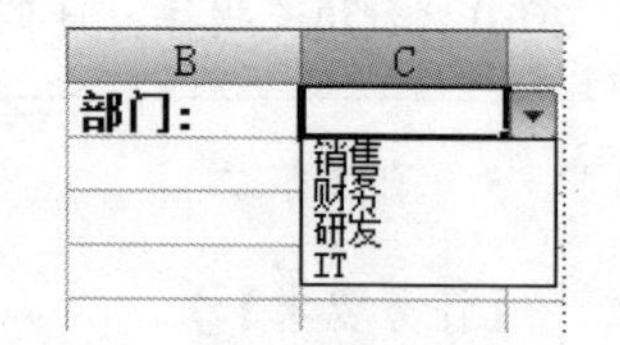

图 5-15　设置数据有效性示例

【任务要求】

打开文档 D:\素材\Excel\任务\采集模板.xlsx，在“在职采集”工作表中完成如下操作：

1）将“身份证号”列的数据有效性设置为 18 位文本，“输入信息”标签的“标题”是“请输入:”，“输入信息”是“18 位整数”。

2）将“出生年月”列的数据有效性设置为起始日期“1959/01/01”，在输入时有提示信息“请输入：大于 1959 年 1 月 1 日的一个日期”。

3）将“性别”列的数据有效性设置为在下拉列表中选择“男”或“女”。

4）将“民族”列的数据有效性设置为从“下拉菜单数据”工作表的“民族”列中选取。

【操作步骤】

第 1 步：打开文档 D:\素材\Excel\任务\采集模板.xlsx，选择“在职采集”工作表。

第 2 步：设置“身份证号”列的数据有效性。选中“身份证号”列，在“数据”选项卡的“数据工具”组中单击“数据有效性”按钮，弹出“数据有效性”对话框，如图 5-16 所示。

第 3 步：选择“设置”选项卡，在“允许”下拉列表中选择“文本长度”选项，“数据有效性”对话框变为图 5-17 所示。在“数据”下拉列表中选择“等于”选项，会显示“长度”文本框，在“长度”文本框中输入 18。

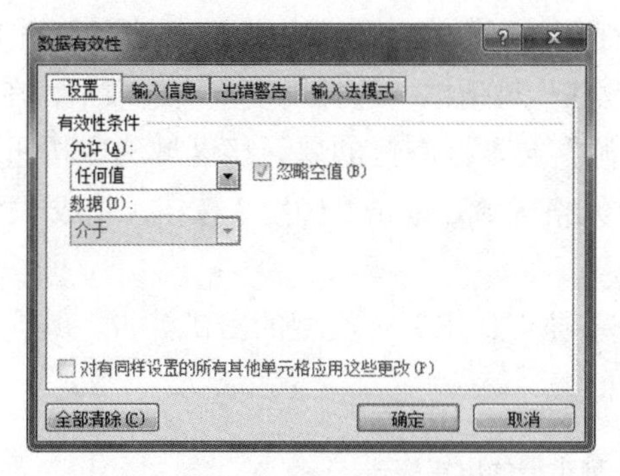

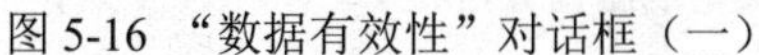
图 5-16 “数据有效性”对话框（一）

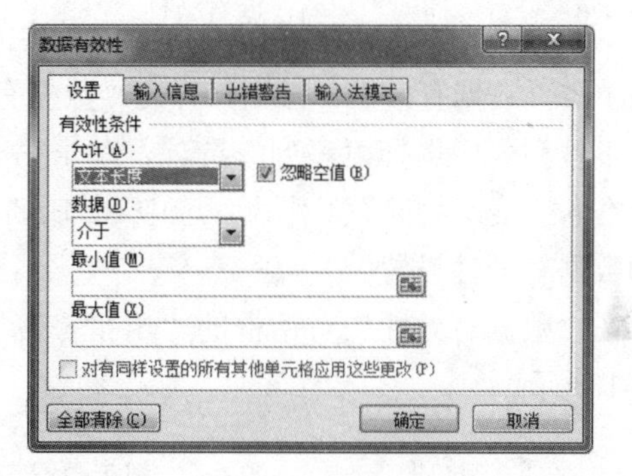

图 5-17 “数据有效性”对话框（二）

第 4 步：选择“数据有效性”对话框中的“输入信息”选项卡，如图 5-18 所示，勾选“选定单元格时显示输入信息”复选框，在“标题”文本框中输入“请输入:”，在“输入信息”文本框中输入“18 位整数”，完成“身份证号”列的数据有效性设置。

第 5 步：设置“出生年月”列的数据有效性。选中“出生年月”列，在“数据”选项卡的“数据工具”组中单击“数据有效性”按钮，弹出“数据有效性”对话框。选择“设置”选项卡，在“允许”下拉列表中选择“日期”选项，在“数据”下拉列表中选择“大于”选项，会显示“开始日期”文本框，在“开始日期”文本框中输入 1959/1/1，如图 5-19 所示；选择“输入信息”选项卡，勾选“选定单元格时显示输入信息”复选框，在“标题”文本框中输入“请输入:”，在“输入信息”文本框中输入“大于 1959 年 1 月 1 日的一个日期”，单击“确定”按钮，完成“出生年月”列的数据有效性设置。

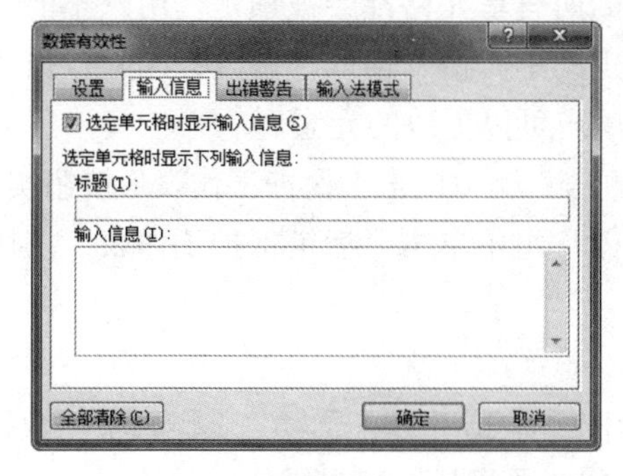

图 5-18 “输入信息”选项卡

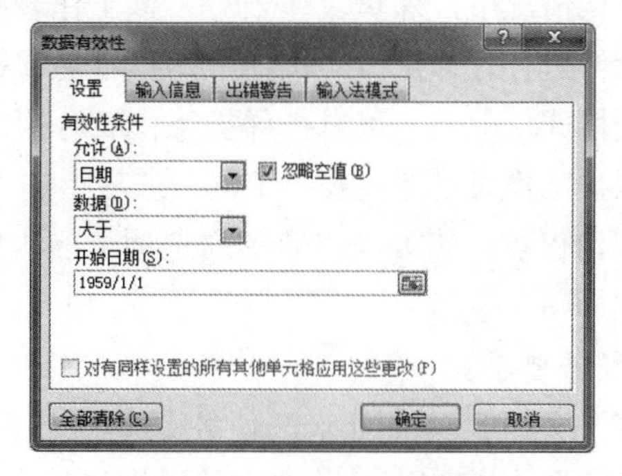

图 5-19 设置有效性条件

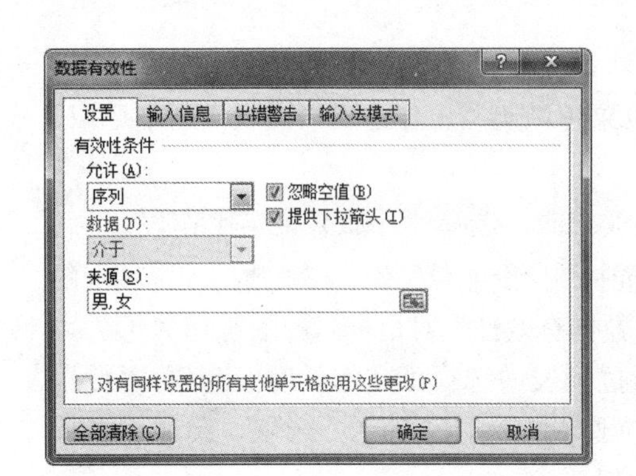

图 5-20 设置“性别”列的数据有效性

第 6 步：设置“性别”列的数据有效性。选中“性别”列，在“数据”选项卡的“数据工具”组中单击“数据有效性”按钮，弹出“数据有效性”对话框。选择“设置”选项卡，在“允许”下拉列表中选择“序列”选项，在“来源”文本框中输入“男,女”(英文逗号)，如图 5-20 所示，单击“确定”按钮，完成“性别”列的数据有效性设置。

第 7 步：设置“民族”列的数据有效性。选中“性别”列，在“数据”选项卡的“数据工具”组中单击“数据有效性”按钮，弹出“数据有效性”对话框。选择“设置”选项卡，在“允许”下拉列表中选择“序列”选项，单击“来源”文本框右侧的单元格区域选取按钮，选择“下拉菜单数据”工作表，选中 B2:B58 单元格区域，单击“确定”按钮，完成“民族”列的数据有效性设置。

在“数据有效性”对话框的“出错警告”选项卡中有 3 种类型的出错警告，其含义如表 5-1 所示。

表 5-1 数据有效性 3 种类型的出错警告

图标	类型	含义
	停止	阻止用户在单元格中输入无效数据。“停止”警告消息具有两个选项：“重试”或“取消”
	警告	在用户输入无效数据时向其发出警告，但不会禁止他们输入无效数据。在出现“警告”警告消息时，可以单击“是”按钮接受无效输入、单击“否”按钮编辑无效输入，或单击“取消”按钮删除无效输入
	信息	通知用户他们输入了无效数据，但不会阻止他们输入无效数据。这种类型的出错警告最为灵活。在出现“信息”警告消息时，可单击“确定”按钮接受无效值，或单击“取消”按钮拒绝无效值

任务 7 保护工作表

要防止用户意外或故意更改、移动或删除重要数据，可以保护某些工作表；也可以根据需要取消工作表的保护。

默认情况下，保护工作表时，该工作表中的所有单元格都会被锁定，用户不能对锁定的单元格进行任何更改。例如，用户不能在锁定的单元格中插入、修改、删除数据或者设置数据格式。但是，可以在保护工作表时指定用户可以更改的元素。

保护工作表是通过在“审阅”选项卡的“更改”组中单击“保护工作表”按钮实现的。若要取消保护，需要在“审阅”选项卡的“更改”组中单击“撤销保护工作表”按钮，输入密码即可。

【任务要求】

打开文档 D:\素材\Excel\任务\销售统计表.xlsx，根据“第 4 季度”工作表中的数据，设置保护密码为 123456，除选定单元格之外，不允许进行其他编辑操作。

【操作步骤】

第 1 步：打开文档 D:\素材\Excel\任务\销售统计表.xlsx，选择“第 4 季度”工作表。

第 2 步：在“审阅”选项卡的“更改”组中单击“保护工作表”按钮，弹出“保护工作表”对话框，设置保护密码为 123456，在“允许此工作表的所有用户进行”列表框中勾选“选定锁定单元格”和“选定未锁定的单元格”复选框，如图 5-21 所示。

第 3 步：单击“保存”按钮，保存文件，退出 Excel 2010。

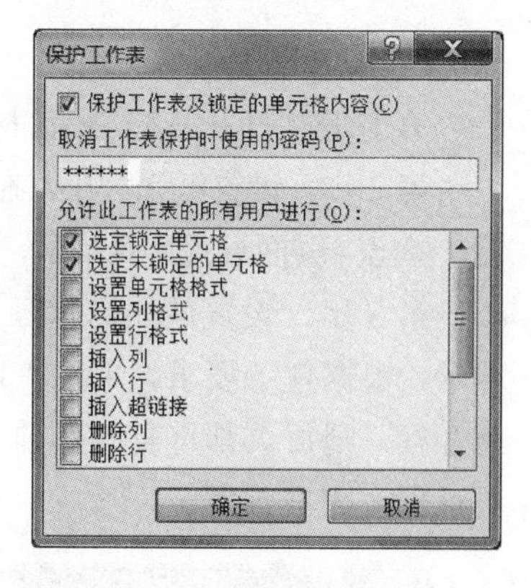

图 5-21 “保护工作表”对话框

任务 8 冻结表头

如果表中的内容比较多，超过一屏时，那么查看第二屏时表头部分就看不到，这样就难以知道每一列数据的含义，给用户带来不便。这时，我们可以将表头冻结起来。

冻结表头就是将表头锁定，使表头始终位于屏幕可视区域。

冻结表头是通过在“视图”选项卡的“窗口”组中单击“冻结窗格”下拉按钮实现的。若要取消冻结，需要在“视图”选项卡的“窗口”组中再次单击“冻结窗格”下拉按钮，在打开的下拉列表中选择“取消冻结窗格”选项。

> **提示**
>
> 冻结拆分窗格，冻结的是当前单元格上方的行和左侧的列。

【任务要求】

打开文档 D:\素材\Excel\任务\销售统计表.xlsx，选择 Sheet2 工作表，冻结前 3 行和 A、B 两列。

【操作步骤】

第 1 步：打开文档 D:\素材\Excel\任务\销售统计表.xlsx，选择 Sheet2 工作表。

第 2 步：选中 C4 单元格，在“视图”选项卡的“窗口”组中单击“冻结窗格”按钮，在打开的下拉列表中选择“冻结拆分窗格”选项，即可冻结前 3 行和 A、B 两列。

第 3 步：单击“保存”按钮，保存文件，退出 Excel 2010。

任务 9 打印工作表

当工作表全部录入、排版完成以后，就可以把工作表打印出来了。

打印工作表之前，最好先进行预览以确保它符合所需的外观。在 Excel 2010 中预览工作表时，它会在视图中打开。在此视图中，用户可以在打印之前更改页面设置和布局。

【任务要求】

打开文档 D:\素材\Excel\任务\销售统计表.xlsx，设置 “全年统计”工作表并打印输出，设置打印纸张为 B5、纸张“横向”，在每一页中重复打印前 3 行作为表头内容。

【操作步骤】

第 1 步：打开文档 D:\素材\Excel\任务\销售统计表.xlsx，选择 “全年统计” 工作表。

第 2 步：设置纸张大小。在“页面布局”选项卡的“页面设置”组中单击对话框启动器按钮，弹出“页面设置”对话框，设置纸张大小为 B5，选中“横向”单选按钮，如图 5-22 所示。

第 3 步：设置顶端标题行。在图 5-22 所示的“页面设置”对话框中选择“工作表”选项卡，根据任务要求，单击“顶端标题行”右侧的单元格区域选取按钮，拖动鼠标选中前 3 行，则每页都重复打印前 3 行，如图 5-23 所示，单击“确定”按钮，关闭“页面设置”对话框，完成设置。

图 5-22 设置纸张大小

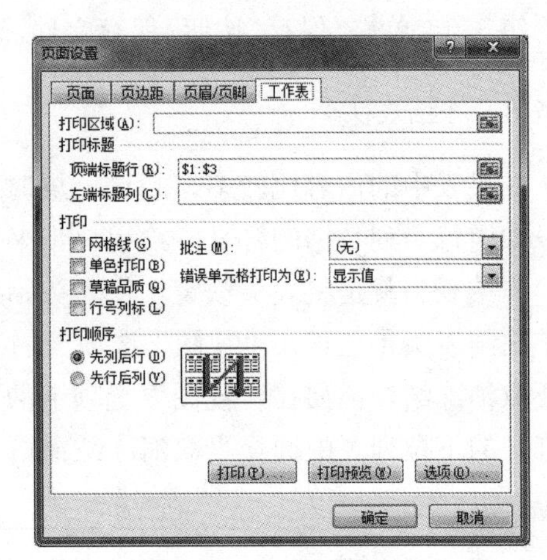

图 5-23 设置顶端标题行

第 4 步：选择“文件”→“打印”命令，打开“打印”界面，可预览打印效果，如图 5-24 所示。

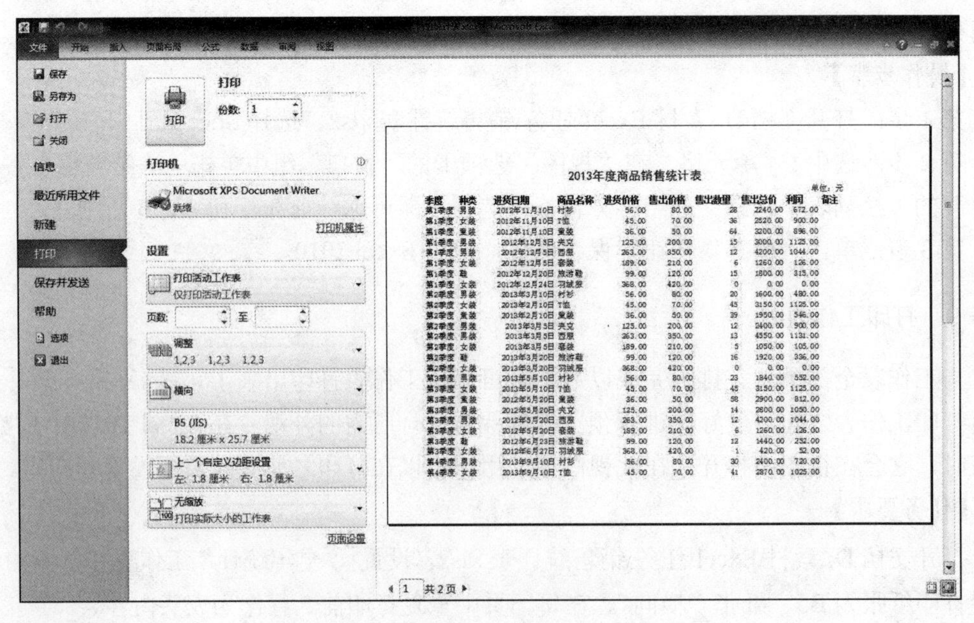

图 5-24 打印预览

第 5 步：单击“打印”按钮，则文件被送往打印机进行打印。

项目小结

使用 Excel 可以创建工作簿（电子表格集合）。本项目介绍了 Excel 2010 操作界面及其基本操作。熟练地运用自动填充功能完成数据输入是灵活运用 Excel 2010 的基础，学会保存、打开、关闭 Excel 工作簿，完成插入或删除单元格等编辑操作。通过设置数据的有效性，可以提醒并规避输入错误数据。

项目训练

1．启动和退出 Excel 2010，熟悉工作表的操作界面。

2．制作本班学生信息表，内容包括“姓名”“性别”“寝室号”“联系方式”等，以“学生信息表.xlsx”为文件名保存到自己的学号文件夹中。

3．打开文档 D:\素材\Excel\项目训练\LX51-01.xlsx，完成如下操作：

（1）将 Sheet1 工作表重命名为“一月”。

（2）将“一月”工作表复制 3 个，并分别命名为“二月”“三月”“一季度”。

（3）按“一月”“二月”“三月”“一季度”工作表的顺序排列。

（4）在最后插入一张“四月”工作表。

（5）删除 Sheet2 和 Sheet3 工作表。

4．打开文档 D:\素材\Excel\项目训练\LX51-02.xlsx，完成如下操作：

（1）将标题中的“三年”改为“四年”，将表头中的 2001 年改为 2011 年。

（2）在 C 列和 D 列之间插入一个新列，输入 2012 年的销售额。其中，北京分公司为 3011，上海分公司为 3400，广州分公司为 3700。

（3）删除“四年合计”列的合计值。

（4）交换北京分公司和广州分公司所在的行。

（5）将销售表左侧序号列中的 A3:A7 单元格区域删除，其他内容依次左移。

5．打开文档 D:\素材\Excel\项目训练\LX51-03.xlsx，完成如下操作：

（1）分别向 B4、B5、…、B9 单元格中输入字符 002、003、…、007。

（2）职业均为“学生”。

（3）“办公自动化”以上均为“Internet 应用”。

（4）日期均为“2014 年 6 月 8 日”。

（5）在 D11 单元格中输入分数 2/7。

（6）在“名次”列分别填充数字 1、2、…。

6．打开文档 D:\素材\Excel\项目训练\LX51-04.xlsx，选择“在职采集”工作表，完成如下操作：

（1）将“手机号”列的数据有效性设置为 11 位文本，“输入信息”标签的“标题”是“请输入:”，“输入信息”是“11 位整数”。

（2）将“参加工作日期”列的数据有效性设置为起始日期 1970/01/01，在输入时有提示信息“请输入：大于1970年1月1日的一个日期”。

（3）将“户口性质”列的数据有效性设置为在下拉列表中选择“城镇”或“农村”。

（4）将“文化程度”列的数据有效性设置为从“下拉菜单数据”工作表的“文化程度”列中选取。

7．打开文档D:\素材\Excel\项目训练\LX51-05.xlsx，设置文件保护密码为123。设置取消工作表保护时使用的密码为123，除选定单元格之外，不允许进行其他编辑操作。

8．打开文档D:\素材\Excel\项目训练\LX51-06.xlsx，完成如下操作：

（1）冻结第一行（上）表头内容。

（2）取消冻结窗口。

（3）冻结第一行（上）表头和A、B两列。

9．打开文档D:\素材\Excel\项目训练\LX51-07.xlsx，完成如下操作：

（1）只打印A、B、C共3列内容。

（2）打印工作表的选中区域。

（3）打印带单元格网格线的工作表。

（4）使工作表中的数据居中打印。

（5）设置在每一页中重复打印第一行作为表头内容。

项目2　设置工作表格式

项目要点

1）设置行高、列宽，隐藏行或列操作。

2）设置数据格式操作。

3）设置文本对齐方式操作。

4）设置边框与单元格填充操作。

5）条件格式的应用操作。

6）套用表格格式。

1）熟练设置行高与列宽。

2）熟练设置工作表单元格格式。

3）会使用条件格式。

4）会套用表格格式。

任务1　调整行高与列宽

通过调整行高或列宽，可以改变表格的结构。

在工作表中，列宽默认为 8.38 个字符，也可以将列宽指定为 0～255 字符。如果将列宽设置为 0，则隐藏该列。行高默认为 14.25 磅，也可以将行高指定为 0～409 磅（1 磅≈0.035cm）。如果将行高设置为 0，则隐藏该行。

拖动列标题的边框可以改变列宽。在工作表上拖动列标题的边框来调整列宽时，将出现屏幕提示，显示以字符表示的宽度并在括号内显示像素数。

拖动行标题的边框可以改变行高。在工作表上拖动行标题的边框来调整行高时，将出现屏幕提示，显示以点表示的高度并在括号内显示像素数。

要精确设置行高与列宽，需要使用右键快捷菜单或在“开始”选项卡的“单元格”组中单击“格式”下拉按钮。

【任务要求】

打开文档 D:\素材\Excel\任务\订货表.xlsx，对工作表 Sheet1 完成如下操作：

1）设置标题行字体为“华文新魏”，字号为 20，加粗；设置表格中的其他内容的字号为 14。

2）设置标题行行高为 40，其他行行高为 20。

3）将 A 列列宽调整为 12，将 B:H 列列宽调整为 9，设置 D 列为“自动调整列宽”。

4）隐藏“销售额”所在的 H 列。

【操作步骤】

第 1 步：打开文档 D:\素材\Excel\任务\订货表.xlsx，选择 Sheet1 工作表。

第 2 步：设置字体。选中标题行 1，在“开始”选项卡的“字体”组中设置字体为“华文新魏”，字号为 20，单击“加粗”按钮；选中 A2:H13 单元格区域，设置“字号”为 14。

第 3 步：设置行高。选中第一行并在行标题 1 上右击，在弹出的快捷菜单中选择“行高”命令，弹出“行高”对话框，如图 5-25 所示，在“行高”文本框中输入 40，单击“确定”按钮。选中 A2:H13 单元格区域，右击选中区域，在弹出的快捷菜单中选择“行高”命令，弹出“行高”对话框，在“行高”文本框中输入 20，单击“确定”按钮。

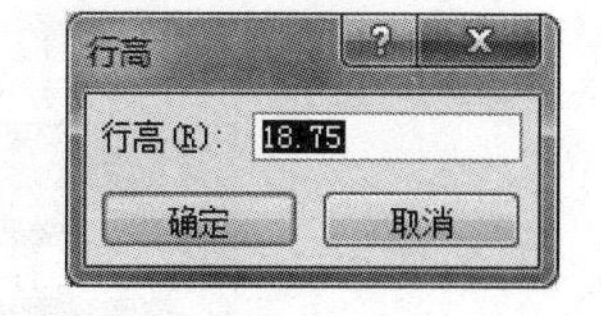

图 5-25　“行高”对话框

第 4 步：设置列宽。选中第 A 列，在列标题 A 上右击，在弹出的快捷菜单中选择“列宽”命令，弹出“列宽”对话框，在“列宽”文本框中输入 12，单击“确定”按钮；选中 B:H 列，在选中的列标题上右击，在弹出的快捷菜单中选择“列宽”命令，弹出“列宽”对话框，在“列宽”文本框中输入 9，单击“确定”按钮。

第 5 步：自动调整列宽。选中第 D 列，单击“开始”选项卡“单元格”组中的“格式”下拉按钮，打开下拉列表，如图 5-26 所示，选择“自动调整列宽”选项。

> **提示**
>
> 若要快速自动调整工作表中的所有列宽或行高，则单击“全选”按钮，然后双击任意两个列标题间的边界或任意两个行标题间的边界。

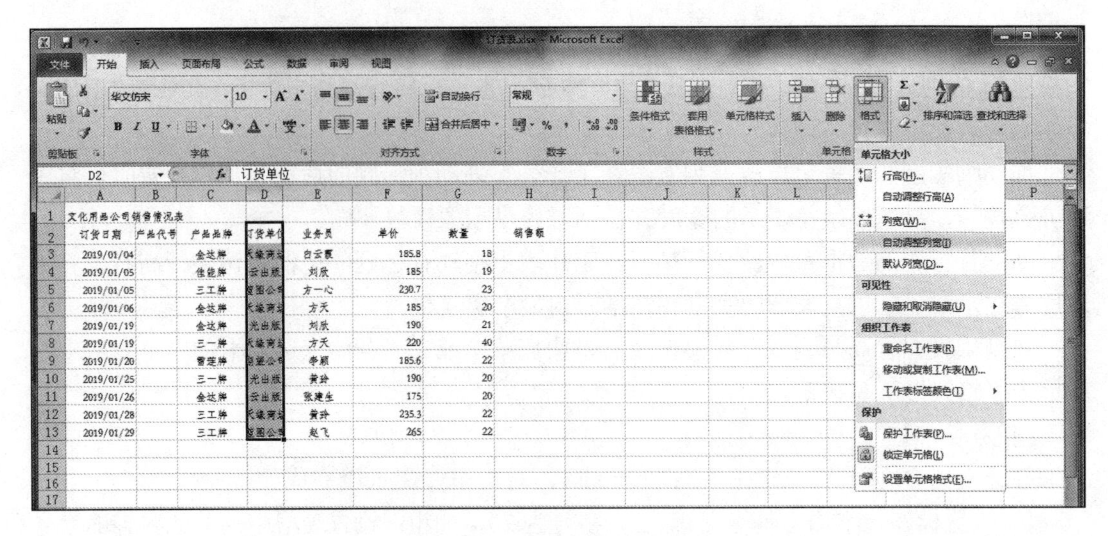

图 5-26 “格式”下拉列表

第 6 步：隐藏 H 列。右击 H 列，在弹出的快捷菜单中选择“隐藏”命令即可隐藏 H 列。

提示

取消隐藏的列或行：选中工作表中的所有列或行，右击，在弹出的快捷菜单中选择“取消隐藏”命令，则显示被隐藏的列或行。

第 7 步：单击“保存”按钮，保存文件，退出 Excel 2010。

任务 2 设置数据格式

若要设置某个单元格的数字格式，可右击该单元格，在弹出的快捷菜单中选择“设置单元格格式”命令，弹出图 5-27 所示的“设置单元格格式”对话框，在该对话框中可以进行不同数字格式的选择。

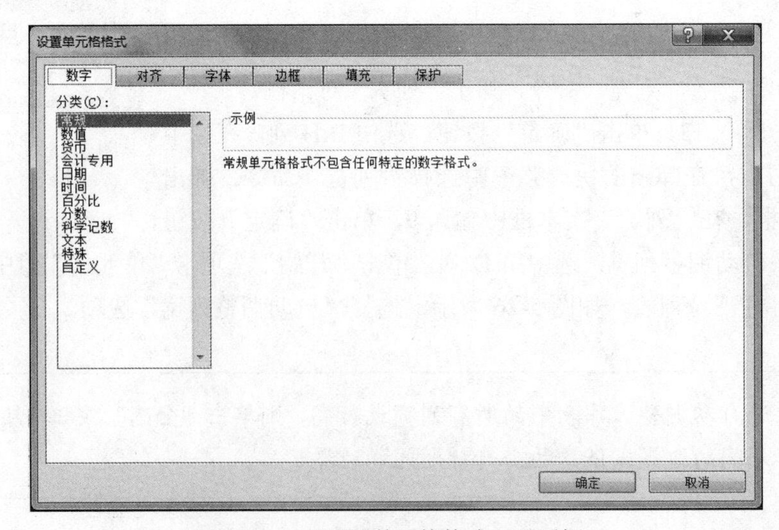

图 5-27 “设置单元格格式”对话框

提示

在“开始”选项卡“单元格”组中单击“格式”下拉按钮，在打开的下拉列表中选择“设置单元格格式”选项，也会弹出“设置单元格格式”对话框。

1）“常规”格式。“常规”格式是输入数字时 Excel 2010 应用的默认数字格式。多数情况下，采用“常规”格式的数字以输入的方式显示。然而，如果单元格的宽度不够显示整个数字，则“常规”格式会用小数点对数字进行四舍五入。“常规”格式还对较大的数字（12 位或更多位）使用科学计数（指数）表示法。如果单元格宽度继续减小（如 40 像素），则显示“####”，此时只要增大单元格宽度就可以正确显示出数字。

2）“数值”格式。“数值”格式用于数字的一般表示，可指定要使用的小数位数、是否使用千位分隔符及如何显示负数。如果某一数字小数点右侧的位数大于所设置的小数位数，该数字将按用户的设置进行四舍五入。“数值”格式还可将负数以红色（赤字）、带负号（-）等多种形式显示。

3）“货币”格式。“货币”格式用于一般货币值并显示带有数字的默认货币符号，可对小数位数、是否添加货币符号和负数的显示格式进行设置。

4）“会计专用”格式。“会计专用”格式也用于货币值，但是它会在一列中对齐货币符号和数字的小数点。

5）“日期”格式。若是在一个“常规”格式的单元格内输入日期，则输入与显示的结果完全相同。例如，输入“1999-8-30”，则显示“1999-8-30”，因为它不包含任何特定的日期格式。若设置了单元格的“日期”格式，则输入的内容将按设置的格式转换。此时，若输入了不合理的日期（如“1996/12/38”），则不进行转换（非日期）。

如果将包含数字（称为序列数）的单元格设置为“日期”格式，则 Excel 2010 会以 1900 年为起点、365 天为单位，将其转换为日期。例如，序列数 3650 转换后的日期为 1909 年 12 月 28 日。

6）“时间”格式。如果在“常规”格式的单元格内输入时间，则输入与显示的结果完全相同。如果事先或事后为单元格设置了“时间”格式，则输入“12:30”后将显示“12:30pm”或“12 时 30 分”等。

7）“百分比”格式。如果输入前单元格为“常规”格式，若在输入的数字后加上“%”，则自动将所在单元格设置为“百分比”格式。如果将任何一个数字格式的单元格设置为“百分比”格式，则 Excel 2010 会将单元格中的数值乘以 100，并以百分比的形式显示。

8）“分数”格式。“分数”格式根据所指定的分数类型以分数形式显示数字。

9）“科学计数”格式。如果输入前单元格为“常规”格式，可以直接以科学计数格式进行输入。例如，要输入“10 的 3 次方”，可以直接输入“1.0e+3”，其中 e（或 E）表示 10，e 前面的部分是指数的小数部分，e 后是正指数时为加号，负指数时为减号，加减号后的数字决定指数的位数。

如果将单元格设置为“科学计数”格式，则 Excel 2010 可以自动进行转换。例如，在空白的科学计数格式单元格中输入 7000000，按 Enter 键后自动显示为“7.00e+06”，其中整数部分的小数位数是事先确定的。

10）“文本”格式。如果在“常规”格式的单元格中输入文字或文字与数字混合，则 Excel 2010 自动将其作为文本显示（左对齐）与处理（不参与 SUM 等运算）。如果输入的是数字且事后将单元格设置为“文本”格式，则 Excel 2010 仅将其作为文本显示（靠左放置）；但在进行加减、自动求和及用 SUM 公式计算时，Excel 2010 仍将它视为数字。只有输入前将单元格设置为“文本”格式，Excel 2010 不仅将其作为文本显示（靠左放置），而且使用 SUM 公式计算时将它视为文本加以忽略。

11）“特殊”格式。“特殊”格式将数字显示为邮政编码、电话号码或社会保险号码。

12）“自定义”格式。“自定义”格式可修改现有数字格式代码的副本。使用此格式可以创建自定义数字格式并将其添加到数字格式代码的列表中。

提示

输入身份证号等由数字构成的文本时，应事先将空单元格设置为“文本”格式，然后在带格式的单元格中输入数字。

【任务要求】

打开文档 D:\素材\Excel\任务\订货表.xlsx，对 Sheet2 工作表完成如下操作：

1）设置 A3:A13 单元格区域为“日期”格式，显示格式形如“2001 年 3 月 14 日”。

2）B3:B13 单元格区域为“文本”格式，“产品代号”按品牌依次为 1001、2001、3001、4001、5001。

3）将 F3:F13 单元格区域设置为“货币”格式，保留 2 位小数。最终设置效果如图 5-28 所示。

文化用品公司销售情况表

订货日期	产品代号	产品品牌	订货单位	业务员	单价	数量
########	2001	金达牌	天缘商场	白云霞	¥185.80	18
########	1001	佳能牌	白云出版社	刘欣	¥185.00	19
########	3001	三工牌	蓝图公司	方一心	¥230.70	23
########	2001	金达牌	天缘商场	方天	¥185.00	20
########	2001	金达牌	星光出版社	刘欣	¥190.00	21
########	4001	三一牌	天缘商场	方天	¥220.00	40
########	5001	雪莲牌	期望公司	李颖	¥185.60	22
########	4001	三一牌	星光出版社	黄玲	¥190.00	20
########	2001	金达牌	白云出版社	张建生	¥175.00	20
########	3001	三工牌	天缘商场	黄玲	¥235.30	22
########	3001	三工牌	蓝图公司	赵飞	¥265.00	22

图 5-28 最终设置效果

【操作步骤】

第 1 步：打开文档 D:\素材\Excel\任务\订货表.xlsx，选择 Sheet2 工作表。

第2步：设置单元格格式。选中A3:A13单元格区域，在“开始”选项卡的“数字”组中单击对话框启动器按钮，弹出“设置单元格格式”对话框，如图5-27所示。在“数字”选项卡的“分类”列表框中选择“日期”选项，在“类型”列表框中选择“*2001年3月14日”，单击“确定”按钮，完成日期格式设置。

第3步：选中B3:B13单元格区域，在“开始”选项卡的“数字”组中单击对话框启动器按钮，弹出“设置单元格格式”对话框，在“数字”选项卡中的“分类”列表框中选择“文本”选项，单击“确定”按钮，完成文本格式设置。在“产品代号”列中按品牌依次输入1001、2001、3001、4001、5001。

第4步：选中F3:F13单元格区域，在“开始”选项卡的“数字”组中单击对话框启动器按钮，弹出“设置单元格格式”对话框，在“数字”选项卡的“分类”列表框中选择“货币”选项，设置“小数位数”为2，单击“确定”按钮，完成货币格式设置。

第5步：单击“保存”按钮，保存文件，退出Excel 2010。

任务3 设置文本对齐方式

文本对齐方式包括水平对齐、垂直对齐、缩进、方向等。其中“方向”可更改所选单元格中文本的方向，也可设置所选单元格中文本旋转的度数。

文本控制包括自动换行、缩小字体填充和合并单元格。

1. 子任务一

【任务要求】

打开文档D:\素材\Excel\课程表.xlsx，对“初一”工作表完成如下操作：

1）将A1单元格中的“课程表”设置为“黑体”、20、“加粗”“蓝色”。

2）将表格标题设置水平对齐为“跨列居中”，垂直对齐为“居中”。

3）将A3:A6和A7:A10单元格区域分别合并居中，文字方向竖排。最终设置效果如图5-29所示。

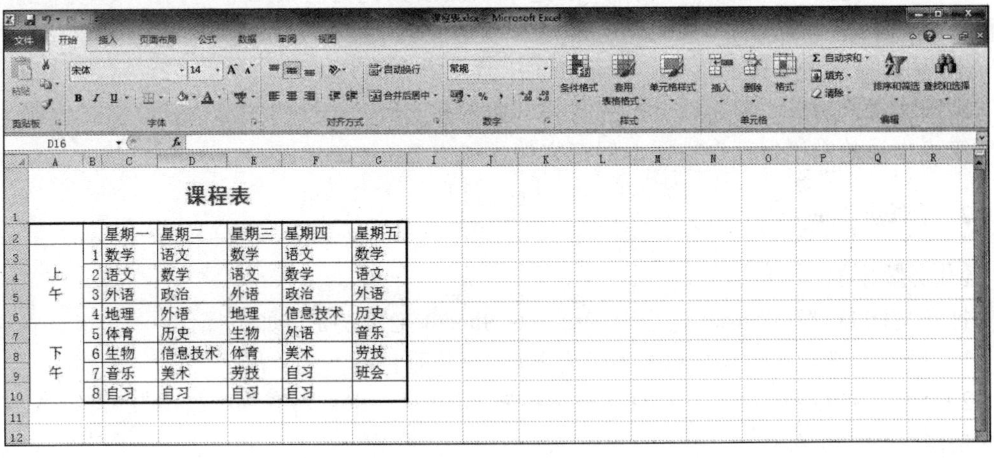

课程表

		星期一	星期二	星期三	星期四	星期五
上午	1	数学	语文	数学	语文	数学
	2	语文	数学	语文	数学	语文
	3	外语	政治	外语	政治	外语
	4	地理	外语	地理	信息技术	历史
下午	5	体育	历史	生物	外语	音乐
	6	生物	信息技术	体育	美术	劳技
	7	音乐	美术	劳技	自习	班会
	8	自习	自习	自习	自习	

图5-29 最终设置效果

【操作步骤】

第 1 步：设置标题字体。打开文档 D:\素材\Excel\课程表.xlsx，选择“初一”工作表。

第 2 步：选中 A1 单元格，在“开始”选项卡的“字体”组中，设置字体为“黑体”，字形为“加粗”，字号为 20，字体颜色为“蓝色”。

第 3 步：设置标题的对齐方式。选中标题所在的 A1:G1 单元格区域，在“开始”选项卡的“对齐方式”组中单击对话框启动器按钮，弹出“设置单元格格式”对话框，如图 5-30 所示，在“对齐”选项卡中设置水平对齐为“跨列居中”，垂直对齐为“居中”，单击“确定”按钮，完成设置。

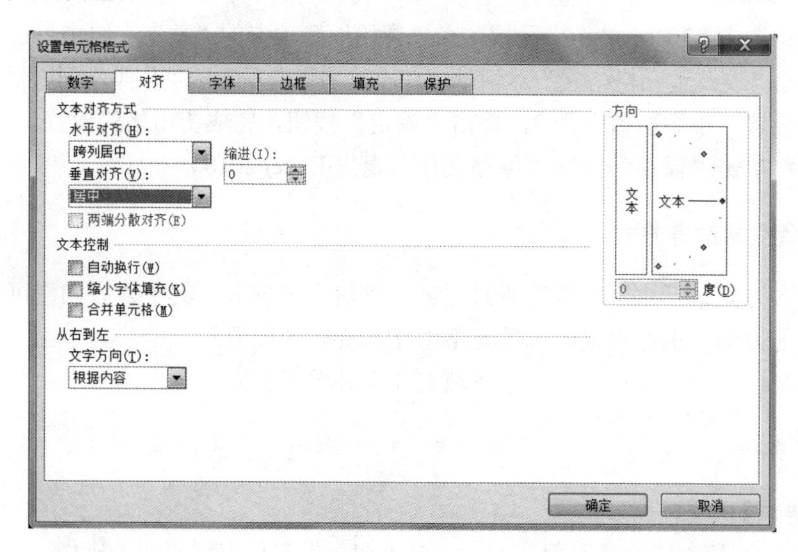

图 5-30 “设置单元格格式”对话框

第 4 步：设置 A3:A6 单元格区域。选中 A3:A6 单元格区域，在“开始”选项卡的“对齐方式”组中单击“合并后居中”按钮；在图 5-30 所示的“设置单元格格式”对话框中选择“对齐”选项卡，在“方向”框中单击竖排的“文本”，单击“确定”按钮。

第 5 步：设置 A7:A10 单元格区域。选中 A3:A6 单元格区域，在“开始”选项卡的“剪贴板”组中单击“格式刷”按钮，单击 A7 单元格，即可将 A7:A10 单元格区域设置为与 A7:A10 单元格区域一样的格式，即合并居中且文字方向竖排。

利用格式刷可以实现字体、对齐方式、边框和底纹、数字格式等单元格格式设置。

第 6 步：单击“保存”按钮，保存文件，退出 Excel 2010。

2. 子任务二

【任务要求】

打开文档 D:\素材\Excel\订货表.xlsx，对 Sheet3 工作表完成如下操作：

1）设置表格标题的水平对齐为“合并居中”，垂直对齐为“居中”。

2）设置 A2:G2 单元格区域的水平对齐为“居中”，垂直对齐为“居中”；设置 A2:G13 单元格区域为“左对齐”。

3）将 A2:A13 单元格区域设置为缩小字体填充。最终设置效果如图 5-31 所示。

文化用品公司销售情况表

订货日期	产品代号	产品品牌	订货单位	业务员	单价	数量
2019年1月4日	2001	金达牌	天缘商场	白云霞	¥185.80	18
2019年1月5日	1001	佳能牌	白云出版社	刘欣	¥185.00	19
2019年1月5日	3001	三工牌	蓝图公司	方一心	¥230.70	23
2019年1月6日	2001	金达牌	天缘商场	方天	¥185.00	20
2019年1月19日	2001	金达牌	星光出版社	刘欣	¥190.00	21
2019年1月19日	4001	三一牌	天缘商场	方天	¥220.00	40
2019年1月20日	5001	雪莲牌	期望公司	李颖	¥185.60	22
2019年1月25日	4001	三一牌	星光出版社	黄玲	¥190.00	20
2019年1月26日	2001	金达牌	白云出版社	张建生	¥175.00	20
2019年1月28日	3001	三工牌	天缘商场	黄玲	¥235.30	22
2019年1月29日	3001	三工牌	蓝图公司	赵飞	¥265.00	22

图 5-31　最终设置效果

【操作步骤】

第 1 步：打开文档 D:\素材\Excel\订货表.xlsx，选择 Sheet3 工作表。

第 2 步：设置标题的对齐方式。选中表格标题所在的 A1:G1 单元格区域，在“开始”选项卡的“对齐方式”组中单击对话框启动器按钮，弹出“设置单元格格式”对话框，选择“对齐”选项卡，设置文本对齐方式的水平对齐为“跨列居中”，垂直对齐为“居中”，勾选“合并单元格”复选框如图 5-32 所示，单击“确定”按钮，完成设置。

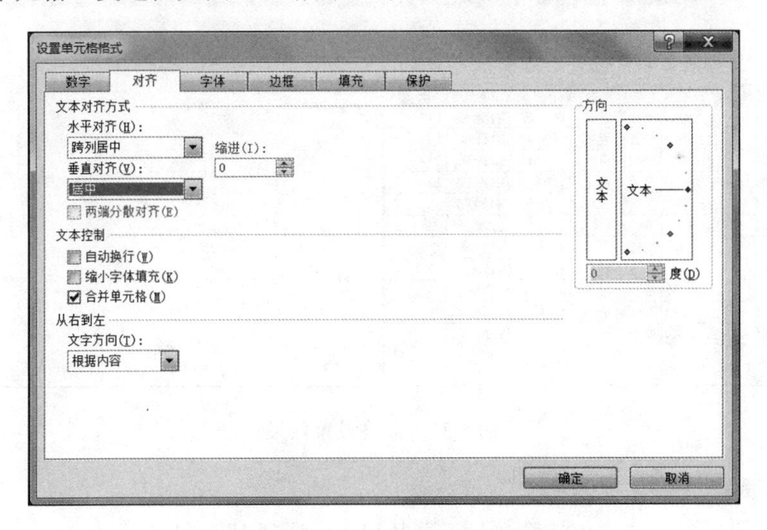

图 5-32　“设置单元格格式”对话框

第 3 步：设置表头标题的对齐方式。选中表头标题所在的 A2:G2 单元格区域，在“开始”选项卡的“对齐方式”组中单击对话框启动器按钮，弹出“设置单元格格式”对话框，选择“对齐”选项卡，设置文本对齐方式的水平对齐为“居中”，垂直对齐为“居中”，单击“确定”按钮，完成设置。

第 4 步：设置左对齐。选中 A2:G13 单元格区域，在“开始”选项卡的“对齐方式”组中单击“左对齐”按钮。

第 5 步：设置缩小字体填充。选中 A2:A13 单元格区域，在“开始”选项卡的“对齐方式”组中单击对话框启动器按钮，弹出“设置单元格格式”对话框，选择“对齐”选项卡，勾选“缩小字体填充”复选框，单击“确定”按钮，完成设置。

在某些单元格设置了缩小字体填充后，当改变列宽时，可看到字体的缩小效果。

第 6 步：单击“保存”按钮，保存文件，退出 Excel 2010。

任务 4　设置边框与单元格填充

使用预定义的边框样式，可以在单元格或单元格区域周围快速添加边框。如果预定义的单元格边框不符合要求，则可以创建自定义边框。

可以通过使用纯色或特定图案来填充单元格。

【任务要求】

打开文档 D:\素材\Excel\订货表.xlsx，对 Sheet4 工作表完成如下操作：

1）为 A2:G13 单元格区域添加蓝色双线的外边框，内部区域用黑色单线分隔。

2）将表头标题的背景设置为“浅绿色”。最终设置效果如图 5-33 所示。

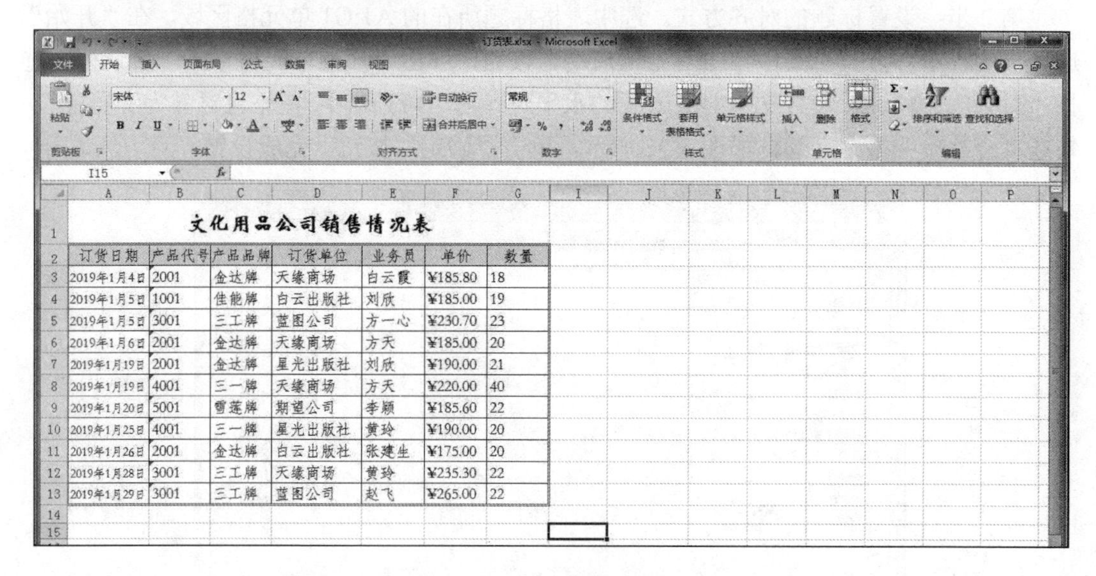

文化用品公司销售情况表

订货日期	产品代号	产品品牌	订货单位	业务员	单价	数量
2019年1月4日	2001	金达牌	天缘商场	白云霞	¥185.80	18
2019年1月5日	1001	佳能牌	白云出版社	刘欣	¥185.00	19
2019年1月5日	3001	三工牌	蓝图公司	方一心	¥230.70	23
2019年1月6日	2001	金达牌	天缘商场	方天	¥185.00	20
2019年1月19日	2001	金达牌	星光出版社	刘欣	¥190.00	21
2019年1月19日	4001	三一牌	天缘商场	方天	¥220.00	40
2019年1月20日	5001	雪莲牌	期望公司	李颖	¥185.60	22
2019年1月25日	4001	三一牌	星光出版社	黄玲	¥190.00	20
2019年1月26日	2001	金达牌	白云出版社	张建生	¥175.00	20
2019年1月28日	3001	三工牌	天缘商场	黄玲	¥235.30	22
2019年1月29日	3001	三工牌	蓝图公司	赵飞	¥265.00	22

图 5-33　最终设置效果

【操作步骤】

第 1 步：打开文档 D:\素材\Excel\订货表.xlsx，选择 Sheet4 工作表。

第 2 步：设置单元格边框。选中 A2:G13 单元格区域，在图 5-32 所示的“设置单元格格式”对话框中选择“边框”选项卡，如图 5-34 所示。在“线条”选项组的“样式”列表框中选择“双线”选项，在“颜色”下拉列表中选择“蓝色”选项，在“预置”选项组中单击“外边框”按钮；在“线条”选项组的“样式”列表框中选择“单线”选项，在“颜色”下拉列表中选择“自动”选项，在“预置”选项组中单击“内部”按钮。单击“确定”按钮，完成单元格边框设置。

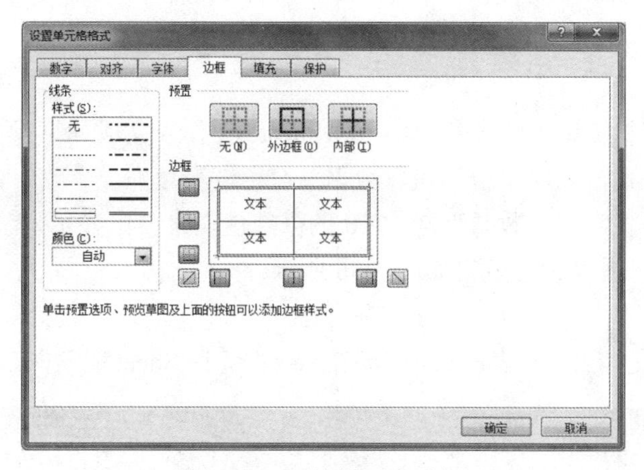

图 5-34　“边框”选项卡

提示

若再次单击“边框”按钮，将取消相应框线。

第 3 步：设置单元格填充。选中表头标题所在的 A2:G2 单元格区域，在图 5-32 所示的“设置单元格格式”对话框中选择“填充”选项卡，在“背景色”选项组中选择“浅绿色”选项，如图 5-35 所示。单击“确定”按钮，完成单元格填充设置。

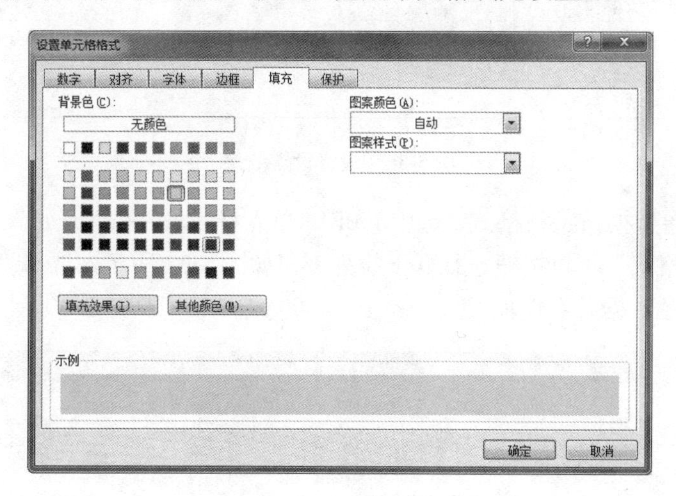

图 5-35　“填充”选项卡

第 4 步：单击“保存”按钮，保存文件，关闭 Excel。

任务 5　条件格式化

条件格式是指如果满足了给定的条件，则 Excel 2010 可以使用数据条、颜色刻度和图标集来直观地显示满足条件的单元格上，突出显示所关注的单元格或单元格区域。

使用条件格式可以直观地查看和分析数据、发现关键问题及识别模式和趋势。

在创建条件格式时，只能引用同一工作表上的其他单元格。

条件格式设置是通过在“开始”选项卡的“样式”组中单击“条件格式”下拉按钮实

现的。

【任务要求】

打开文档 D:\素材\Excel\订货表.xlsx，对 Sheet5 工作表完成如下操作：

1）利用条件格式，为“单价”设置数据条蓝色渐变填充。

2）利用条件格式，将“数量”超过 30 的以红色文字突出显示，“数量”低于 20 的以蓝色加粗突出显示。最终设置效果如图 5-36 所示。

【操作步骤】

第 1 步：打开文档 D:\素材\Excel\订货表.xlsx，选择 Sheet5 工作表。

文化用品公司销售情况表

订货日期	产品代号	产品品牌	订货单位	业务员	单价	数量
2019年1月4日	2001	金达牌	天缘商场	白云霞	¥185.80	18
2019年1月5日	1001	佳能牌	白云出版社	刘欣	¥185.00	19
2019年1月5日	3001	三工牌	蓝图公司	方一心	¥230.70	23
2019年1月6日	2001	金达牌	天缘商场	方天	¥185.00	20
2019年1月19日	2001	金达牌	星光出版社	刘欣	¥190.00	21
2019年1月19日	4001	三一牌	天缘商场	方天	¥220.00	40
2019年1月20日	5001	雪莲牌	期望公司	李颖	¥185.60	22
2019年1月25日	4001	三一牌	星光出版社	黄玲	¥190.00	20
2019年1月26日	2001	金达牌	白云出版社	张建生	¥175.00	20
2019年1月28日	3001	三工牌	天缘商场	黄玲	¥235.30	22
2019年1月29日	3001	三工牌	蓝图公司	赵飞	¥265.00	22

图 5-36　最终设置效果

第 2 步：设置数据条条件格式。选中 F3:F13 单元格区域，在“开始”选项卡的“样式”组中单击“条件格式”下拉按钮，打开下拉列表，如图 5-37 所示，选择“数据条”→“渐变填充”→“蓝色数据条”选项。

文化用品公司销售情况表

订货日期	产品代号	产品品牌	订货单位	业务员	单价	数量
2019年1月4日	2001	金达牌	天缘商场	白云霞	¥185.80	18
2019年1月5日	1001	佳能牌	白云出版社	刘欣	¥185.00	19
2019年1月5日	3001	三工牌	蓝图公司	方一心	¥230.70	23
2019年1月6日	2001	金达牌	天缘商场	方天	¥185.00	20
2019年1月19日	2001	金达牌	星光出版社	刘欣	¥190.00	21
2019年1月19日	4001	三一牌	天缘商场	方天	¥220.00	40
2019年1月20日	5001	雪莲牌	期望公司	李颖	¥185.60	22
2019年1月25日	4001	三一牌	星光出版社	黄玲	¥190.00	20
2019年1月26日	2001	金达牌	白云出版社	张建生	¥175.00	20
2019年1月28日	3001	三工牌	天缘商场	黄玲	¥235.30	22
2019年1月29日	3001	三工牌	蓝图公司	赵飞	¥265.00	22

突出显示单元格规则(H)
项目选取规则(T)
数据条(D)
色阶(S)
图标集(I)
新建规则(N)...
清除规则(C)
管理规则(R)...
渐变填充
实心填充
其他规则(M)...

图 5-37　“条件格式”下拉列表

第 3 步：设置突出显示条件格式。选中 G3:G13 单元格区域，在“开始”选项卡的“样式”组中单击“条件格式”下拉按钮，在打开的下拉列表中选择“突出显示单元格规则”→“大于”选项，弹出“大于”对话框，如图 5-38 所示。在“为大于以下值的单元格设置格式”文本框中输入 30，在“设置为”下拉列表中选择“红色文本”选项，单击“确定”按钮。

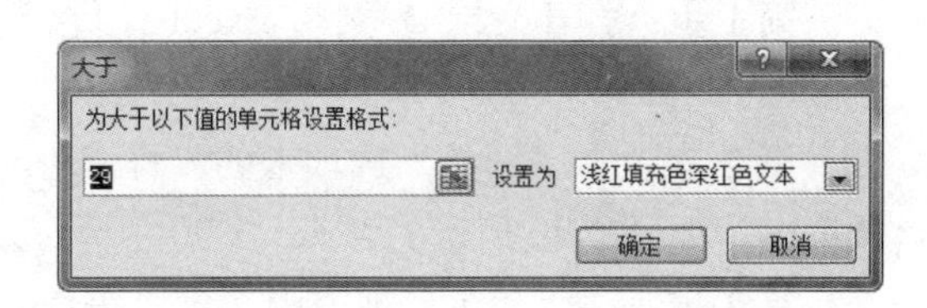

图 5-38 “大于”对话框

第 4 步：再次选中 G3:G13 单元格区域，在“开始”选项卡的“样式”组中单击“条件格式”下拉按钮，在打开的下拉列表中选择“突出显示单元格规则”→“小于”选项，弹出“小于”对话框，“为小于以下值的单元格设置格式”文本框中输入 20，在“设置为”下拉列表中选择“自定义格式”选项，弹出“设置单元格格式”对话框，选择“字体”选项卡，设置字形为“加粗”，颜色为“蓝色”。单击“确定”按钮，返回“小于”对话框，单击“确定”按钮，完成设置。

第 5 步：单击“保存”按钮，保存文件，退出 Excel 2010。

任务 6 套用表格格式

Excel 为用户提供了多种工作表格式。套用这些格式，既可以使工作表变得更美观，又可以节省时间，提高工作效率。

套用表格格式是通过在“开始”选项卡的“样式”组中单击“套用表格式”下拉按钮完成的。

【任务要求】

打开文档 D:\素材\Excel\订货表.xlsx，在 Sheet7 工作表中，将 A2:G13 单元格区域套用表格格式“表样式浅色 2”。最终设置效果如图 5-39 所示。

文化用品公司销售情况表

订货日期	产品代号	产品品牌	订货单位	业务员	单价	数量
2019年1月4日	2001	金达牌	天缘商场	白云霞	¥185.80	18
2019年1月5日	1001	佳能牌	白云出版社	刘欣	¥185.00	19
2019年1月5日	3001	三工牌	蓝图公司	方一心	¥230.70	23
2019年1月6日	2001	金达牌	天缘商场	方天	¥185.00	20
2019年1月19日	2001	金达牌	星光出版社	刘欣	¥190.00	21
2019年1月19日	4001	三一牌	天缘商场	方天	¥220.00	40
2019年1月20日	5001	雪莲牌	期望公司	李颖	¥185.60	22
2019年1月25日	4001	三一牌	星光出版社	黄玲	¥190.00	20
2019年1月26日	2001	金达牌	白云出版社	张建生	¥175.00	20
2019年1月28日	3001	三工牌	天缘商场	黄玲	¥235.30	22
2019年1月29日	3001	三工牌	蓝图公司	赵飞	¥265.00	22

图 5-39 最终设置效果

【操作步骤】

第 1 步：打开文档 D:\素材\Excel\订货表.xlsx，选择 Sheet7 工作表，选中 A2:G13 单元格区域。

第 2 步：在“开始”选项卡的“样式”组中单击“套用表格格式”下拉按钮，打开下拉列表，如图 5-40 所示。

第 3 步：在“浅色”列表中选择“表样式浅色 2”选项，完成设置。

第 4 步：单击“保存”按钮，保存文件，退出 Excel 2010。

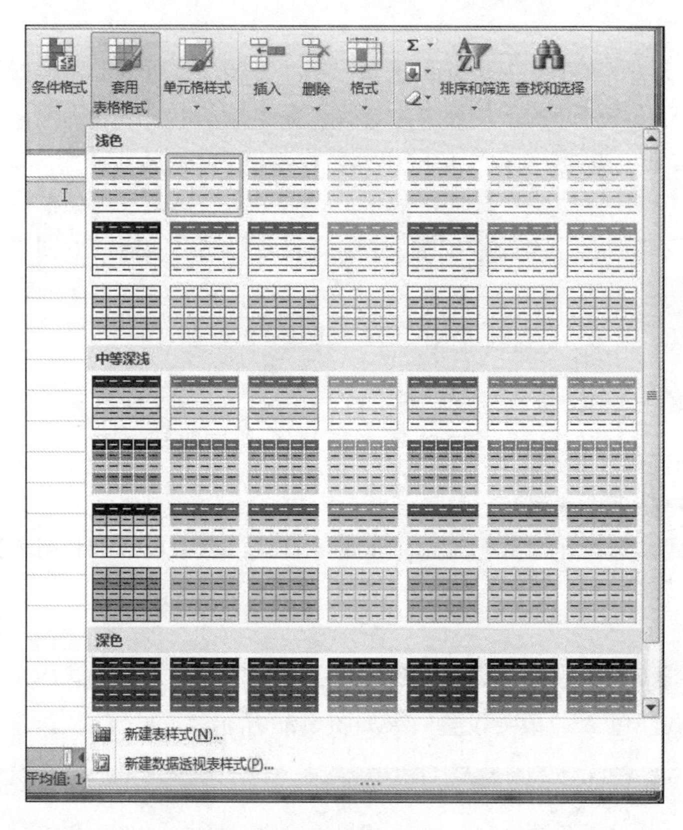

图 5-40　“套用表格格式”下拉列表

项目小结

利用单元格格式设置，可以使表格更加美观，数据更加清晰。本项目主要介绍了工作表单元格格式的设置方法，包括单元格的边框和底纹的设置，文字的润色，行高、列宽的调整，对齐方式的设置及单元格的合并。

项目训练

1．打开文档 D:\素材\Excel\项目训练\LX52-01.xlsx，完成如下操作：

（1）将 Sheet1 工作表的标题所在第一行的行高设置为 20。

（2）将 Sheet1 工作表的 D 列列宽调整为 10。

（3）将 Sheet1 工作表的 E 列设置为“自动调整列宽”。

（4）将 Sheet2 工作表中隐藏的行和列显示出来。

（5）分别隐藏 Sheet2 工作表中“合计”数据所在的行和列。

2．打开文档 D:\素材\Excel\项目训练\LX52-02.xlsx，完成如下操作：

（1）将 E2 单元格中的日期改为“×年×月×日”格式。

（2）将数据区中的所有数字设为英文 Arial 字体。

（3）将利润率以百分数形式表示，并保留 3 位小数。

（4）将销售额、成本、利润设为货币格式，且不带货币符号。

3．打开文档 D:\素材\Excel\项目训练\LX52-03.xlsx，完成如下操作：

（1）将标题文字“销售指标统计表”相对销售数据区（A1:E1）居中显示。

（2）将 D2 单元格中的内容居右显示。

（3）将行列表头内容居中显示。

（4）将利润数值缩小字体填充。

4．打开文档 D:\素材\Excel\项目训练\LX52-04.xlsx，完成如下操作：

（1）将标题文字改为白色并加深蓝色填充。

（2）为行、列表头加浅绿色填充，居中。

（3）为 A3:E8 单元格区域加双线外边框，内部则用单线分隔。

5．打开文档 D:\素材\Excel\项目训练\LX52-05.xlsx，完成如下操作：

（1）为 E3 单元格加上批注“三年销售额合计”。

（2）当各经销处年销售在 40000 元以下时，单元格显示黄底红字；当各经销处年销售在 40000～50000 元时，单元格显示蓝底黄字。

（3）将图片 D:\素材\Excel\项目训练\背景.jpg 设置为工作表背景。

项目 3　计　　算

项目要点

1）单元格引用。

2）使用公式。

3）使用常用函数。

技能目标

1）熟练使用单元格的相对引用和绝对引用。

2）熟悉函数的组成，理解参数的含义并能正确选择函数参数。

3）熟练运用公式进行计算。

4）熟练运用函数。

任务 1　公式的使用

公式是工作表中进行数值计算的等式。公式可以进行以下操作：执行计算、返回信息、操作其他单元格的内容、测试条件等。公式始终以等号（=）开头。

1. 公式的组成

公式是以等号（=）开始的。例如，公式“=5+2*3”表示 5 加上 2 乘以 3 的积，结果等于 11。

公式有一定的输入格式，一般由函数、单元格引用、常量和运算符几部分组成。

1）=：告诉 Excel 输入的是公式而不是正文。

2）单元格引用：直接输入或单击公式中要引用的单元格区域。

3）常量：直接输入公式中的数字或文本值。

4）运算符：指出所执行的运算，在 Excel 公式中可使用以下运算符。

① 算术运算符：包括加号（+）、减号（-）、乘号（*）、除号（/）、乘方（^）（脱字号）、百分号（%）。算术运算符连接数值型数据，用于完成数值运算，其结果是一个数值。

② 比较运算符：包括大于（>）、小于（<）、大于或等于（>=）、小于或等于（<=）、不等于（<>）、等于（=）。比较运算符用于比较两个相同类型数据的大小，其结果是逻辑值 True 或 False。

③ 文本运算符（&）：将两个文本值连接为一个文本。

④ 单元格引用运算符：包括英文冒号（:）和英文逗号（,）。其中，“:”用于连接两个单元格，表示从左上单元格至右下单元格的一个矩形单元格区域；“,”用于连接两个单元格区域，相当于“并”运算。

输入公式时可以从工作表中选中单元格区域，也可以直接输入，要保证其正确性。

2. 输入公式的步骤

1）将光标定位在欲输入公式的单元格中。

2）输入一个等号（=），表示输入的是公式。

3）输入一个运算量。

4）输入一个运算符。

5）输入下一个运算量。

6）按照需要重复步骤 4）和步骤 5），以完成公式的输入。

3. 复制公式

利用“复制”和“粘贴”命令，把含有公式的原始单元格的取值位置关系复制到新的单元格中，从而快速建立有规律的公式。复制公式也称为公式的相对引用。

提示

利用填充柄可分别在 4 个方向上拖动，以实现公式的复制操作。其中，向左拖动减少 1 列，向右拖动增加 1 列；向上拖动减少 1 行，向下拖动增加 1 行。

4. 在公式中使用单元格引用

单元格引用用于标示工作表上的单元格或单元格区域，并指明公式中所使用数据的位置。Excel 2010 默认的是 A1 引用样式，即单元格的“列标+行号”模式。

单元格引用包括相对引用、绝对引用和混合引用。

（1）相对引用

相对引用是基于包含公式和引用单元格的相对位置而言的。如果公式所在单元格的位置改变，引用也随之改变。如果多行或多列地复制公式，引用会自动调整。默认情况下，新公式使用相对引用。相对引用的使用方式如表 5-2 所示。

表 5-2　相对引用的使用方式

若要引用	请使用
A 列和 10 行交叉处的单元格	A10
在 A 列和 10 行到 20 行之间的单元格区域	A10:A20
在 15 行和 B 列到 E 列之间的单元格区域	B15:E15
5 行中的全部单元格	5:5
5 行到 10 行之间的全部单元格	5:10
H 列中的全部单元格	H:H
H 列到 J 列之间的全部单元格	H:J
A 列到 E 列和 10 行到 20 行之间的单元格区域	A10:E20

（2）绝对引用

单元格中的绝对引用（如$A$1）总是用固定位置引用单元格。符号“$”的作用是固定行或列。若“$”在行标题前，则该行固定不变；若“$”在列标题前，则该列固定不变。如果公式所在单元格的位置改变，绝对引用将保持不变（如$A$1 固定指定 A1 单元格）。

（3）混合引用

混合引用具有绝对列和相对行，或是绝对行和相对列。绝对引用列（列不变）采用$A1、$B2 等形式，绝对引用行（行不变）采用 A$1、B$2 等形式。

表 5-3 概述了 C1 单元格（引用了单元格）向下复制到 C2 单元格或向右下复制到 D3 单元格时，C2 或 D3 单元格中公式的运算结果。

表 5-3　单元格引用示例

<table>
<tr><th>表格的部分内容</th><th>C1 单元格中的引用</th><th colspan="2">C1 单元格复制到 C2 单元格的运算结果（列不变，行增 1）</th><th colspan="2">C1 单元格复制到 D3 单元格的运算结果（列增 1，行增 2）</th></tr>
<tr><td rowspan="4"> A B C D
1 4 7
2 5 8
3 6 9</td><td>=$A$1（绝对列和绝对行）</td><td>4</td><td>=A1（列不变，行不变）</td><td>4</td><td>=A1（列不变，行不变）</td></tr>
<tr><td>=A$1（相对列和绝对行）</td><td>4</td><td>=A1（列不变，行不变）</td><td>7</td><td>=B1（列增 1，行不变）</td></tr>
<tr><td>=$A1（绝对列和相对行）</td><td>5</td><td>=A2（列不变，行增 1）</td><td>6</td><td>=A3（列不变，行增 2）</td></tr>
<tr><td>=A1（相对列和相对行）</td><td>5</td><td>=A2（列不变，行增 1）</td><td>9</td><td>=B3（列增 1，行增 2）</td></tr>
</table>

（4）单元格引用时的表示

1）同一工作表中单元格的引用表示。在同一工作表中引用单元格时，可以使用列标题和行标题引用单元格区域，如A1单元格或H4:I4单元格区域可直接引用。

在同一工作表中引用单元格区域时，也可使用该单元格区域的名称。例如，公式“=SUM(一季度销售额)”要比公式“=SUM(C20:C30)”更容易理解，其中“一季度销售额”是C20:C30单元格区域的名称。

提示

在一个工作表中命名的单元格区域名称可以在同一工作簿中的所有工作表中直接引用。公式中使用名称可使公式的含义更容易理解。

2）同一工作簿中单元格的引用表示。引用同一工作簿中其他工作表中的单元格区域时，需要在单元格区域前加前缀“'工作表名称'!”。例如，在同一工作簿的“第1学期”工作表中引用了“第2学期”工作表的H4:I4单元格区域，则表示为“'第2学期'!H4:I4”。

3）不同工作簿中单元格的引用表示。引用其他工作簿的工作表中用列标题和行标题表示的单元格区域时，需要在该单元格区域前加前缀“'[文件名]工作表名!”。例如，在SC5_05.xlsx工作簿中使用了公式“='[SC5_03.xlsx]一班'!$D$4”，表示引用了SC5_03.xlsx工作簿中“一班”工作表的D4单元格。

【任务要求】

打开文档D:\素材\Excel\任务\公式.xlsx，利用公式进行以下计算：

1）在Sheet1工作表中计算所有学生的总分与平均分。

2）在Sheet2工作表中计算中印增长率之差，计算公式为“中印增长率之差=中国－印度”。

3）在Sheet3工作表中计算销售金额，计算公式为“销售金额=单价×销售数量”。

4）在Sheet4工作表中计算金额，计算公式为“金额=实用×水费单价”。

【操作步骤】

第1步：打开文档D:\素材\Excel\任务\公式.xlsx。

第2步：计算第一个学生的总分。在Sheet1工作表中，选中放置结果的J3单元格，输入公式“=C3+D3+E3+F3+G3+H3+I3”，如图5-41所示。按Enter键，得到计算结果612，活动单元格跳转至下一行。

第3步：计算其他学生的总分。选中J3单元格，向下拖动填充柄至J13单元格，将原始单元格的取值位置关系复制到新的单元格中（公式中单元格的相对引用），得到其他学生的总分，如图5-42所示。

第4步：计算第一个学生的平均分。选中放置结果的K3单元格，输入公式“=J3/7”，按Enter键，得到计算结果。选中K3单元格，在“开始”选项卡的“剪贴板”组中单击“复制”按钮；再选中目标单元格区域J4:J13，在“开始”选项卡的“剪贴板”组中单击“粘贴”按钮，完成K3单元格中公式的复制（单元格的相对引用），得到所有学生的平均分。

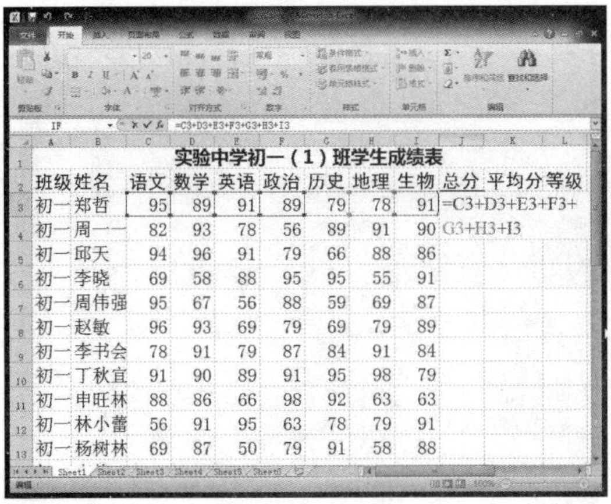

班级	姓名	语文	数学	英语	政治	历史	地理	生物	总分	平均分	等级
初一	郑哲	95	89	91	89	79	78	91	=C3+D3+E3+F3+G3+H3+I3		
初一	周一一	82	93	78	56	89	91	90			
初一	邱天	94	96	91	79	66	88	86			
初一	李晓	69	58	88	95	95	55	91			
初一	周伟强	95	67	56	88	59	69	87			
初一	赵敏	96	93	69	79	69	79	89			
初一	李书会	78	91	79	87	84	91	84			
初一	丁秋宜	91	90	89	91	95	98	79			
初一	申旺林	88	86	66	98	92	63	63			
初一	林小蕾	56	91	95	63	78	79	91			
初一	杨树林	69	87	50	79	91	58	88			

图 5-41 输入求和公式

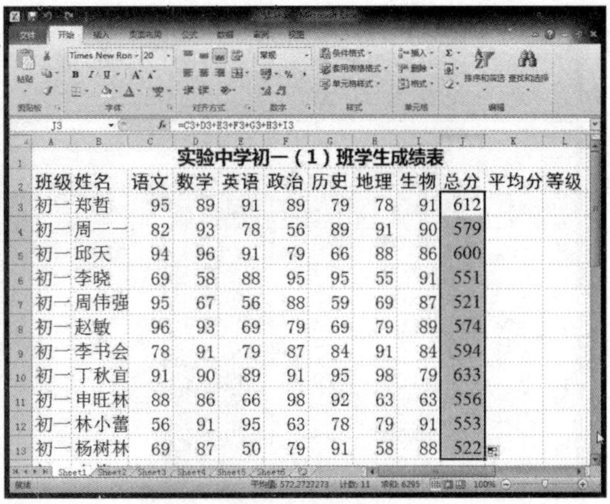

班级	姓名	语文	数学	英语	政治	历史	地理	生物	总分	平均分	等级
初一	郑哲	95	89	91	89	79	78	91	612		
初一	周一一	82	93	78	56	89	91	90	579		
初一	邱天	94	96	91	79	66	88	86	600		
初一	李晓	69	58	88	95	95	55	91	551		
初一	周伟强	95	67	56	88	59	69	87	521		
初一	赵敏	96	93	69	79	69	79	89	574		
初一	李书会	78	91	79	87	84	91	84	594		
初一	丁秋宜	91	90	89	91	95	98	79	633		
初一	申旺林	88	86	66	98	92	63	63	556		
初一	林小蕾	56	91	95	63	78	79	91	553		
初一	杨树林	69	87	50	79	91	58	88	522		

图 5-42 总分计算结果

第 5 步：计算中印增长率之差。在 Sheet2 工作表中，选中放置 2010 年计算结果的 B9 单元格，按照公式“中印增长率之差=中国-印度”，输入“=”，单击 B8 单元格（选择 B8 单元格），输入“-”，单击 B7 单元格，按 Enter 键，得到计算结果。选中 B9 单元格，向右拖动填充柄至 G9 单元格，将原始单元格的取值位置关系复制到新的单元格中。计算结果如图 5-43 所示。

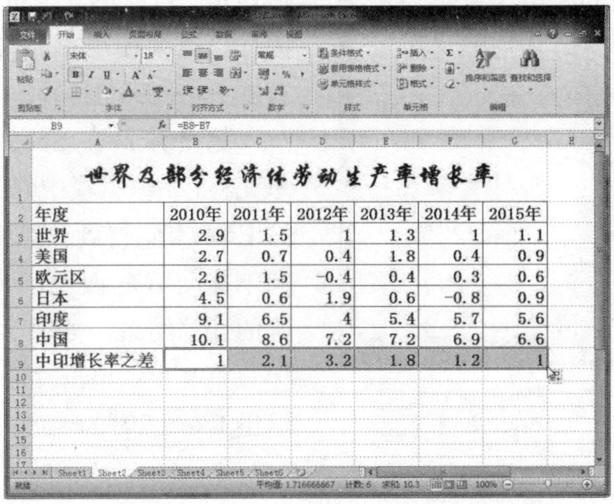

世界及部分经济体劳动生产率增长率

年度	2010年	2011年	2012年	2013年	2014年	2015年
世界	2.9	1.5	1	1.3	1	1.1
美国	2.7	0.7	0.4	1.8	0.4	0.9
欧元区	2.6	1.5	-0.4	0.4	0.3	0.6
日本	4.5	0.6	1.9	0.6	-0.8	0.9
印度	9.1	6.5	4	5.4	5.7	5.6
中国	10.1	8.6	7.2	7.2	6.9	6.6
中印增长率之差	1	2.1	3.2	1.8	1.2	1

图 5-43 中印增长率之差计算结果

第 6 步：计算销售金额。在 Sheet3 工作表中，选中放置产品 A 计算结果的 E3 单元格，按照公式“销售金额=单价×销售数量”，输入“=”，单击 C3 单元格，输入“*”，单击 D3 单元格，按 Enter 键，得到计算结果。选中 E3 单元格，向下拖动填充柄至 E10 单元格，计算结果如图 5-44 所示。

第 7 步：计算金额。在 Sheet4 工作表中，选中放置单元房 101 计算结果的 E3 单元格，按照公式“金额=实用×水费单价”，输入“=”，单击 D3 单元格，输入“*”，单击水费单价 H2 单元格，按 Enter 键，得到计算结果。选中 E3 单元格，向下拖动填充柄至 E11 单元格，计算结果如图 5-45 所示。

产品销售情况表

序号	产品	单价	销售数量	销售金额
1	A	35.00	38	1330
2	B	15.00	23	345
3	C	25.00	18	450
4	D	25.00	14	350
5	E	15.00	27	405
6	F	30.00	29	870
7	G	20.00	51	1020
8	H	20.00	46	920
9	I	30.00	32	960
10	J	20.00	26	520

图 5-44　销售金额计算结果

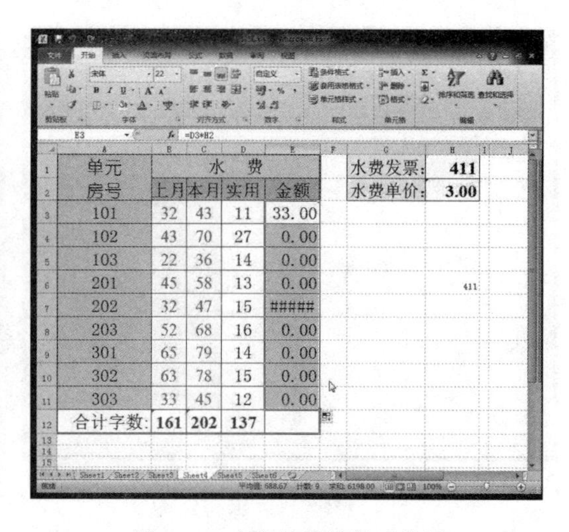

单元房号	水费 上月	本月	实用	金额
101	32	43	11	33.00
102	43	70	27	0.00
103	22	36	14	0.00
201	45	58	13	0.00
202	32	47	15	#####
203	52	68	16	0.00
301	65	79	14	0.00
302	63	78	15	0.00
303	33	45	12	0.00
合计字数:	161	202	137	

水费发票: 411
水费单价: 3.00

图 5-45　金额计算结果（错误）

单元房号	水费 上月	本月	实用	金额
101	32	43	11	33.00
102	43	70	27	81.00
103	22	36	14	42.00
201	45	58	13	39.00
202	32	47	15	45.00
203	52	68	16	48.00
301	65	79	14	42.00
302	63	78	15	45.00
303	33	45	12	36.00
合计字数:	161	202	137	

水费发票: 411
水费单价: 3.00

图 5-46　金额计算结果（正确）

从图 5-45 中可以看出计算结果出错，原因是计算公式“E3=D3*H2”复制到 E4 单元格时变成了“E4=D4*H3”，而实际计算公式应该是“=D4*H2”，即水费单价不应该变化。因此，需要使用单元格的绝对引用，即利用公式“E3=D3*H$2”。

第 8 步：在 Sheet4 工作表中，单击 E3 单元格，在编辑栏中修改公式为“=D3*H$2”，按 Enter 键，得到计算结果。选中 E3 单元格，向下拖动填充柄至 E11 单元格，便可得到正确的计算结果，如图 5-46 所示。

第 9 步：单击“保存”按钮，保存文件，退出 Excel 2010。

注意

复制公式时，可能存在拖动方向错误导致计算无意义，拖动定位不准确导致计算隐含错误，拖动过程中选取位置不符合要求导致计算错误。总之，计算过程中的问题大部分是由于单元格的引用错误引起的。

任务 2　函数的使用

使用 Excel 2010 的内置函数可以执行大量操作和计算。

1. 函数的一般结构

函数的一般结构为“函数名（参数）”，即函数的结构以系统规定的函数名称开始，后面是左圆括号、以英文逗号分隔的参数和右圆括号。如果函数以公式的形式出现，应在函数名称前面输入等号（=）。

括号中的参数可以是数字、文本、形如 True 或 False 的逻辑值、数组、形如#N/A 的错误值或单元格引用，也可以是常量、公式或其他函数。给定的参数必须能产生有效的值。

有关函数的含义和参数要求，可参阅 Excel 2010 提供的帮助信息。

2. 几个常用函数

Excel 2010 提供的函数可以完成绝大多数实际工作所需要的数据处理，但因为其提供的函数太多，无法一一详细介绍，因此这里仅介绍一些常用函数。

（1）SUM 函数

功能：对给定的所有参数进行求和运算。

调用格式：

```
SUM（Number1[,Number2]…）
```

（2）AVERAGE 函数

功能：对给定的所有参数进行求平均值运算。

调用格式：

```
AVERAGE（Number1[,Number2]…）
```

（3）MAX 函数

功能：对给定的所有参数求其中的最大值。

调用格式：

```
MAX（Number1[,Number2]…）
```

（4）MIN 函数

功能：对给定的所有参数求其中的最小值。

调用格式：

```
MIN（Number1[,Number2]…）
```

以上函数说明：Number1 是必需的，是求和的第一个数值参数；Number2 可选，是求和的第二个数值参数；最多可以到第 255 个数值参数。

（5）IF 函数

功能：如果指定条件的计算结果为 True，IF 函数将返回一个值；如果该条件的计算结果为 False，则返回另一个值。

调用格式：

```
IF（Logical_test, [Value_if_True], [Value_if_False]）
```

说明：参数 Logical_test 是任何计算结果值为 True 或 False 的表达式。当 Logical_test 的值为 True 时，以 Value_if_True 的计算结果作为函数值返回；当 Logical_test 的值为 False 时，以 Value_if_False 的计算结果作为函数值返回。

（6）COUNT 函数

功能：计算包含数字的单元格及参数列表中数字的个数。

调用格式：

```
COUNT（Value1 [,Value2]…）
```

说明：参数 Value1 必需，指要计算其中数字的个数的第一个项、单元格引用或区域；Value2 可选，指要计算其中数字的个数的其他项、单元格引用或区域。最多可包含 255 个参数。这些参数可以包含或引用各种类型的数据，但只有数字类型的数据才被计算在内。

（7）TRIMMEAN 函数

功能：返回数据集的内部平均值。TRIMMEAN 函数先从数据集的头部和尾部除去一定百分比的数据点，然后求平均值。当希望在分析中剔除一部分数据的计算时，可以使用此函数。

调用格式：

```
TRIMMEAN（Array, Percent）
```

说明：参数 Array 必需，指需要进行整理并求平均值的数组或数值区域。参数 Percent 必需，指计算时要除去的数据点的比例。例如，Percent=0.2，在 20 个数据点的集合中就要除去 4 个数据点（20×0.2），即头部除去 2 个，尾部除去 2 个。

注意

函数的所有内容都要在西文格式下输入，其中函数参数要用单元格名称代替。单元格名称既可以输入，也可以用鼠标选定。

3. 子任务一

【任务要求】

打开文档 D:\素材\Excel\成绩表.xlsx，在“初一”工作表中使用函数，计算所有学生的总分、平均分和各门课程的等级，此处的等级规则为总分大于 600 分为 A，否则为 B；计算所有课程的最高分和最低分。最终计算结果如图 5-47 所示。

实验中学初一（1）班学生成绩表

班级	姓名	语文	数学	英语	政治	历史	地理	生物	总分	平均分	等级
初一	郑哲	95	89	91	89	79	78	91	612	87.43	A
初一	周一一	82	93	78	56	89	91	90	579	82.71	B
初一	邱天	94	96	91	79	66	88	86	600	85.71	B
初一	李晓	69	58	88	95	95	55	91	551	78.71	B
初一	周伟强	95	67	56	88	59	69	87	521	74.43	B
初一	赵敏	96	93	69	79	69	79	89	574	82	B
初一	李书会	78	91	79	87	84	91	84	594	84.86	B
初一	丁秋宜	91	90	89	91	95	98	79	633	90.43	A
初一	申旺林	88	86	66	98	92	63	63	556	79.43	B
初一	林小蕾	56	91	95	63	78	79	91	553	79	B
初一	杨树林	69	87	50	79	91	58	88	522	74.57	B
初一	李静	79	89	69	58	88	63	60	506	72.29	B
初一	张明明	85	84	86	66	54	89	69	533	76.14	B
初一	王舒霞	86	79	94	84	69	75	79	566	80.86	B
初一	吕一凡	79	69	90	63	78	79	58	516	73.71	B
单科最高分：		96	96	95	98	95	98	91			
单科最低分：		56	58	50	56	54	55	58			

图 5-47　最终计算结果

【操作步骤】

第 1 步：打开文档 D:\素材\Excel\成绩表.xlsx，选择“初一”工作表。

第 2 步：利用“自动求和”计算总分。选中 C3:J17 单元格区域，在“开始”选项卡的“编辑”组中单击“自动求和”按钮Σ，完成所有学生的总分计算，结果如图 5-48 所示。

实验中学初一（1）班学生成绩表

班级	姓名	语文	数学	英语	政治	历史	地理	生物	总分	平均分	等级
初一	郑哲	95	89	91	89	79	78	91	612		
初一	周一一	82	93	78	56	89	91	90	579		
初一	邱天	94	96	91	79	66	88	86	600		
初一	李晓	69	58	88	95	95	55	91	551		
初一	周伟强	95	67	56	88	59	69	87	521		
初一	赵敏	96	93	69	79	69	79	89	574		
初一	李书会	78	91	79	87	84	91	84	594		
初一	丁秋宜	91	90	89	91	95	98	79	633		
初一	申旺林	88	86	66	98	92	63	63	556		
初一	林小蕾	56	91	95	63	78	79	91	553		
初一	杨树林	69	87	50	79	91	58	88	522		
初一	李静	79	89	69	58	88	63	60	506		
初一	张明明	85	84	86	66	54	89	69	533		
初一	王舒霞	86	79	94	84	69	75	79	566		
初一	吕一凡	79	69	90	63	78	79	58	516		
单科最高分:											
单科最低分:											

图 5-48　总分计算结果

第 3 步：计算平均分。选中 K3 单元格，在“开始”选项卡的“编辑”组中单击“自动求和”Σ下拉按钮，打开下拉列表，如图 5-49 所示。

第 4 步：选择“平均值”选项，如图 5-50 所示，可以看到选择了函数“=AVERAGE(C3:J3)”，函数的默认参数为 C3:J3。此时拖动鼠标选择正确的参数 C3:I3，按 Enter 键，得到 K3 单元格的计算结果。选中 K3 单元格，拖动 K3 单元格的填充柄至 K17 单元格，得到所有学生的平均分计算结果。

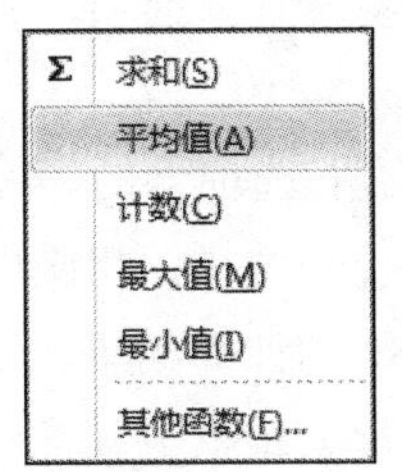

图 5-49　“自动求和”下拉列表

实验中学初一（1）班学生成绩表

班级	姓名	语文	数学	英语	政治	历史	地理	生物	总分	
初一	郑哲	95	89	91	89	79	78	91	612	=AVERAGE(C3:J3
初一	周一一	82	93	78	56	89	91	90	579	
初一	邱天	94	96	91	79	66	88	86	600	
初一	李晓	69	58	88	95	95	55	91	551	
初一	周伟强	95	67	56	88	59	69	87	521	
初一	赵敏	96	93	69	79	69	79	89	574	
初一	李书会	78	91	79	87	84	91	84	594	
初一	丁秋宜	91	90	89	91	95	98	79	633	
初一	申旺林	88	86	66	98	92	63	63	556	
初一	林小蕾	56	91	95	63	78	79	91	553	
初一	杨树林	69	87	50	79	91	58	88	522	
初一	李静	79	89	69	58	88	63	60	506	
初一	张明明	85	84	86	66	54	89	69	533	
初一	王舒霞	86	79	94	84	69	75	79	566	
初一	吕一凡	79	69	90	63	78	79	58	516	
单科最高分:										

图 5-50　默认函数

第 5 步：利用 IF 函数计算等级。选中放置结果的 L3 单元格，单击编辑栏左侧的“插入函数”按钮fx，弹出“插入函数”对话框，如图 5-51 所示。

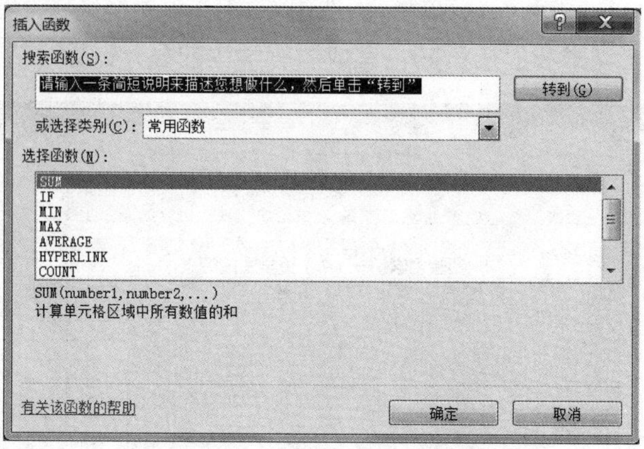

图 5-51 “插入函数”对话框

第 6 步：在“或选择类别”下拉列表中选择“全部”选项，在“选择函数”列表框中找到并选择 IF 函数，单击“确定”按钮，弹出“函数参数”对话框，如图 5-52 所示，分别填写 Logical_test、Value_if_true、Value_if_falsed 这 3 个参数，即 J3>600、A 和 B。

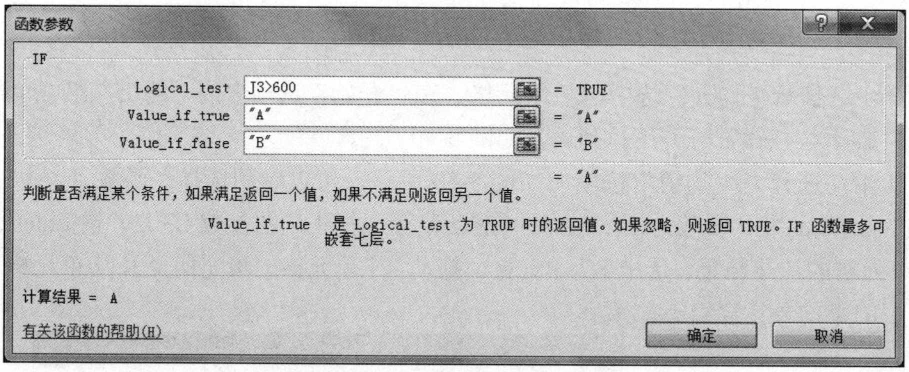

图 5-52 “函数参数”对话框

第 7 步：单击“确定”按钮，得到计算结果。选中 L3 单元格拖拉 L3 单元格的填充柄至 L17 单元格，得到所有学生的成绩等级。

第 8 步：计算所有单科最高分。选中 C3:I17 单元格区域，在“开始”选项卡的“编辑”组中单击“自动求和”Σ下拉按钮，在打开的下拉列表中选择“最大值”选项，完成所有学生的单科最高分计算，结果如图 5-53 所示。

第 9 步：计算语文的单科最低分。选中 C19 单元格，在“开始”选项卡的“编辑”组中单击“自动求和”Σ下拉按钮，在打开的下拉列表中选择“最小值”选项，将函数默认参数 C3:C18 修改为正确的参数 C3:C17，按 Enter 键，得到 C19 单元格的计算结果。选中 C19 单元格，拖动 C19 单元格的填充柄至 I19 单元格，得到所有学生的单科最低分计算结果。

第 10 步：单击“保存”按钮，保存文件，退出 Excel 2010。

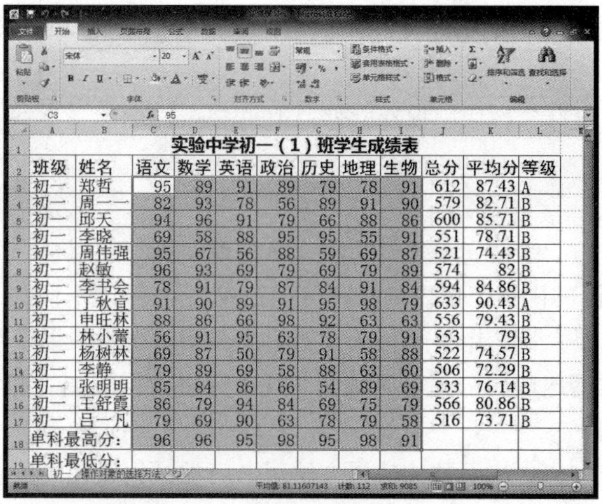

实验中学初一（1）班学生成绩表

班级	姓名	语文	数学	英语	政治	历史	地理	生物	总分	平均分	等级
初一	郑哲	95	89	91	89	79	78	91	612	87.43	A
初一	周一一	82	93	78	56	89	91	90	579	82.71	B
初一	邱天	94	96	91	79	66	88	86	600	85.71	B
初一	李晓	69	58	88	95	95	55	91	551	78.71	B
初一	周伟强	95	67	56	88	59	69	87	521	74.43	B
初一	赵敏	96	93	69	79	69	79	89	574	82	B
初一	李书会	78	91	79	87	84	91	84	594	84.86	B
初一	丁秋宜	91	90	89	91	95	98	79	633	90.43	A
初一	申旺林	88	86	66	98	92	63	63	556	79.43	B
初一	林小蕾	56	91	95	63	78	79	91	553	79	B
初一	杨树林	69	87	50	79	91	58	88	522	74.57	B
初一	李静	79	89	69	58	88	63	60	506	72.29	B
初一	张明明	85	84	86	66	54	89	69	533	76.14	B
初一	王舒霞	86	79	94	84	69	75	79	566	80.86	B
初一	吕一凡	79	69	90	63	78	79	58	516	73.71	B
单科最高分：		96	96	95	98	95	98	91			
单科最低分：											

图 5-53 单科最高分计算结果

4. 子任务二

【任务要求】

打开文档 D:\素材\Excel\公式与函数.xlsx，利用函数或公式，在“成绩统计表”工作表中计算“最终成绩”，计算规则为去掉一个最高分，去掉一个最低分，取其他分数的平均分，计算结果如图 5-54 所示。

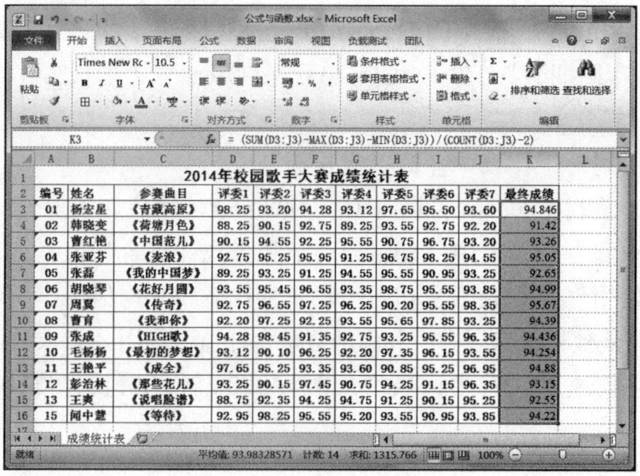

K3 = (SUM(D3:J3)-MAX(D3:J3)-MIN(D3:J3))/(COUNT(D3:J3)-2)

2014年校园歌手大赛成绩统计表

编号	姓名	参赛曲目	评委1	评委2	评委3	评委4	评委5	评委6	评委7	最终成绩
01	杨宏星	《青藏高原》	98.25	93.20	94.28	93.12	97.65	95.50	93.60	94.846
02	韩晓变	《荷塘月色》	88.25	90.15	92.75	89.25	93.55	92.75	92.20	91.42
03	曹红艳	《中国范儿》	90.15	94.55	92.25	95.55	90.75	96.75	93.20	93.26
04	张亚芬	《麦浪》	92.75	95.25	95.95	91.25	96.75	98.25	94.55	95.05
05	张磊	《我的中国梦》	89.25	93.25	91.25	94.55	95.55	90.95	93.25	92.65
06	胡晓琴	《花好月圆》	93.55	95.45	96.55	93.35	98.75	95.55	93.85	94.99
07	周翼	《传奇》	92.75	96.55	97.25	96.25	90.20	95.55	98.35	95.67
08	曹育	《我和你》	92.20	97.25	92.25	93.55	95.65	97.85	93.25	94.39
09	张成	《HIGH歌》	94.28	98.45	91.35	92.75	93.25	95.55	96.35	94.436
10	毛杨杨	《最初的梦想》	93.12	90.10	96.25	92.20	97.35	96.15	93.55	94.254
11	王艳平	《成全》	97.65	95.25	93.35	93.60	90.85	95.25	96.95	94.88
12	彭治林	《那些花儿》	93.25	90.15	97.45	90.75	94.25	91.15	96.35	93.15
13	王爽	《说唱脸谱》	88.75	92.35	94.25	94.75	91.25	90.15	95.25	92.55
15	闻中慧	《等待》	92.95	98.25	95.55	95.20	93.55	90.95	93.85	94.22

图 5-54 最终成绩计算结果

【操作步骤】

第 1 步：打开文档 D:\素材\Excel\公式与函数.xlsx，选择“成绩统计表”工作表。

第 2 步：选中 K3 单元格，输入公式“=(SUM(D3:J3)−MAX(D3:J3)−MIN(D3:J3))/(COUNT(D3:J3)−2)”，得到第一位参赛选手的最终成绩。其中 COUNT(D3:J3)用于计算分数的个数。

使用函数 TRIMMEAN(D3:J3,2/COUNT(D3:J3))也可以计算最终成绩，其中 2/COUNT(D3:J3)表示从 COUNT(D3:J3)个数中除去 2 个（一高一低）后的比例。

第 3 步：选中 K3 单元格拖动 K3 单元格的填充柄至 K15 单元格，得到其他选手的最终成绩。

第 4 步：单击“保存”按钮，保存文件，退出 Excel 2010。

项目小结

公式是单元格中的一些值、单元格引用、名称或运算符的组合，可生成新的值。使用 Excel 2010 中功能广泛的内置工作表函数库可以完成大量操作或计算。

在公式和函数中要大量运用单元格的绝对引用和相对引用，以便得到需要公式计算的值或数据。熟练而灵活地运用公式与函数，实现单元格数据的加工和计算，是运用 Excel 2010 必须具备的技能。

学生掌握工作表中公式与函数的使用方法后，应尝试创建使用嵌套函数的公式，即一个公式使用了一个函数，再将该函数的结果用在另一个函数中。

项目训练

1．打开文档 D:\素材\Excel\项目训练\LX53-01.xlsx，完成如下操作：

（1）在“课时计算”工作表中，先计算 F2 单元格[=授课班数×课时(每班)]，再复制公式求 F3～F9 单元格。

（2）在“飞行时间”工作表中，先计算 E7 单元格(=到港时间-离港时间)，再利用填充柄求所有航次飞机的飞行时间。

（3）在“经营费用”工作表中的 D4:D14 单元格区域计算“比上年增长额”，计算公式为“本期发生额-上年同期数”；在 E4:E14 单元格区域计算“增长%”，计算公式为“比上年增长额/上年同期数”。

（4）在“绝对引用”工作表中计算“增长额”。

2．打开文档 D:\素材\Excel\项目训练\LX53-02.xlsx，完成如下操作：

（1）在“自动求和”工作表中，利用自动求和公式计算合计值。

（2）在“函数使用”工作表中，利用函数求合计值和平均值。

（3）在“公式与函数”工作表中，利用函数求合计值，利用公式求增长额(=2013 年-2012 年)，利用函数求增长速度。其中，当增长额>30000 时，增长速度为“快速”，否则为“一般”。

项目 4　数 据 处 理

项目要点

1）排序操作。

2）构造高级筛选条件，筛选操作。

3）分类汇总操作。

技能目标

1）能熟练对表格中的数据进行排序。

2）能熟练对表格中的数据进行筛选。

3）会使用分类汇总。

数据必须加以处理才能变成有用的信息。Excel 2010 中提供了数据库管理功能，保存在工作表内的数据都是按照相应的列和行存储的。这种数据结构再加上 Excel 2010 提供的有关处理数据库的命令和函数，使 Excel 2010 具备了组织和管理大量数据的能力，用途非常广泛。

在查询、排序或汇总数据时，Excel 2010 会自动将数据清单视作数据库。数据清单是包含相关数据的一系列工作表的数据行。数据表的一列称为一个字段，列标题称为字段名。数据表的一行称为一条记录。

任务 1 排序

排序的依据称为关键字。Excel 2010 是根据关键字的值（对应单元格中的数据）进行升序排序或降序排序的。数据排序实际上就是将参加排序的数据行按照关键字的值重新调整其先后顺序。

对数据进行排序是数据处理不可缺少的组成部分。对数据进行排序有助于快速直观地显示数据并更好地理解数据，有助于组织并查找所需数据和做出更有效的决策。

在 Excel 2010 中排序时可以指定是否区分英文字母的大小写。如果区分大小写，在升序时，小写字母排列在大写字母之后。Excel 2010 对汉字进行排序时主要是根据汉语拼音的字母。Excel 2010 排序时使用如下规则：

1）数值从最小的负数到最大的正数排序。

2）文本和数字文本按 0～9、A～Z、a～z 的顺序排序。

3）逻辑值 False 排在 True 之前。

4）所有错误值的优先级相同。

5）空格排在最后。

排序条件随工作簿一起保存，这样每当打开工作簿时，Excel 2010 都会对表（而不是单元格区域）重新应用排序。

如果是按照表格第一列排序，则在“数据”选项卡的“排序和筛选”组中，单击“升序”按钮 升序(S) 或“降序”按钮 降序(O) 即可。

而对一般的数据区域排序，其操作方法如下：先选择参加排序的单元格区域，然后在“数据”选项卡的“排序和筛选”组中单击“排序”按钮，弹出“排序”对话框，如图 5-55 所示，分别选择相关选项，单击“确定”按钮，完成排序。

Excel 2010 默认的是按列排序，即对一列或多列中的数据按文本（升序或降序）、数字（升序或降序）及日期和时间（升序或降序）进行排序，还可以按自定义序列（如大、中和小）或格式（包括单元格颜色、字体颜色或图标集）进行排序。

Excel 2010 也可以按行进行排序。在图 5-55 所示的“排序”对话框中，单击“选项”按钮，弹出“排序选项”对话框，如图 5-56 所示，在“方向”选项组中选中“按行排序”单选按钮，单击“确定”按钮即可。

如果按汉字排序，还可以在图 5-56 所示的“排序选项”对话框中选中按“笔划排序”单选按钮。

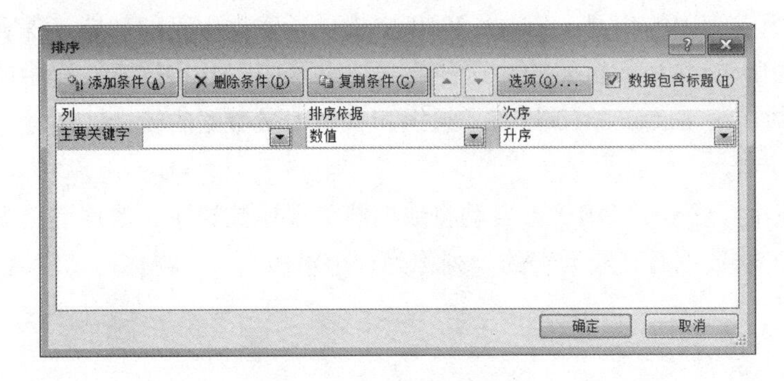

图 5-55 “排序”对话框

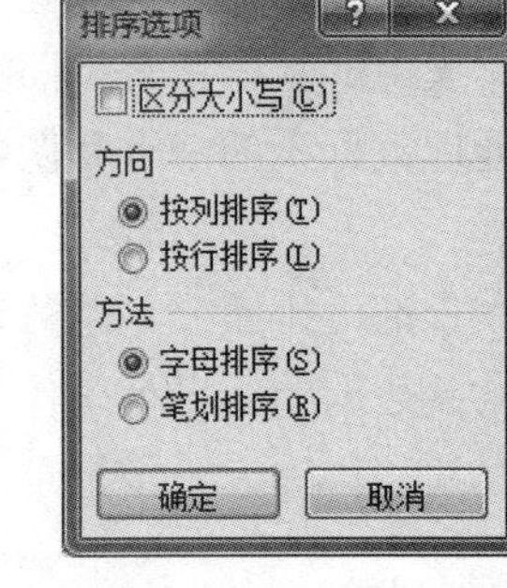

图 5-56 “排序选项”对话框

【任务要求】

打开文档 D:\素材\Excel\工资表.xlsx，完成如下操作：

1）将“排序”工作表中的数据按“部门名称”以升序方式排序，“部门名称”相同时按“姓名”以升序方式排序，排序结果如图 5-57 所示。

2）在“按行排序”工作表中，将 B2:E9 单元格区域按行进行排序，依据第 2 行按“笔划排序”升序排序，排序结果如图 5-58 所示。

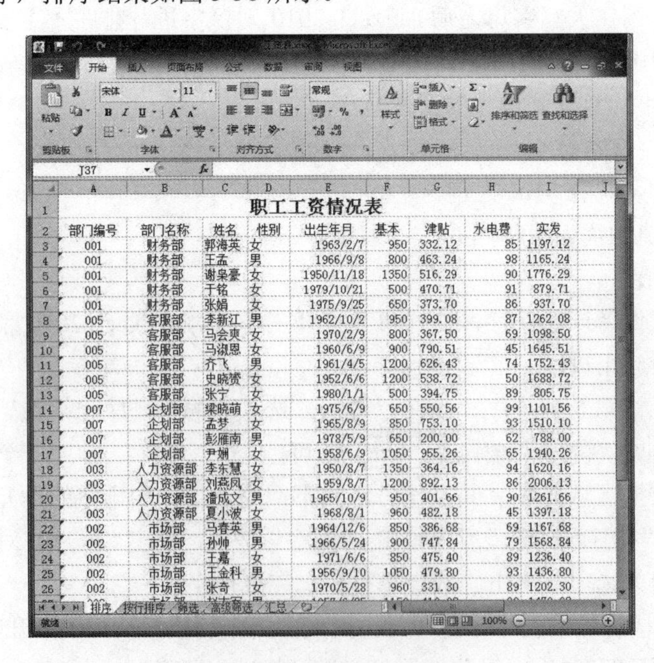

职工工资情况表

部门编号	部门名称	姓名	性别	出生年月	基本	津贴	水电费	实发
001	财务部	郭海英	女	1963/2/7	950	332.12	85	1197.12
001	财务部	王孟	男	1966/9/8	800	463.24	98	1165.24
001	财务部	谢枭豪	女	1950/11/18	1350	516.29	90	1776.29
001	财务部	于铭	女	1979/10/21	500	470.71	91	879.71
001	财务部	张娟	女	1975/9/25	650	373.70	86	937.70
005	客服部	李新江	男	1962/10/2	950	399.08	87	1262.08
005	客服部	马会爽	女	1970/2/9	800	367.50	69	1098.50
005	客服部	马淑恩	女	1960/6/9	900	790.51	45	1645.51
005	客服部	齐飞	男	1961/4/5	1200	626.43	74	1752.43
005	客服部	史晓赟	女	1952/6/6	1200	538.72	50	1688.72
005	客服部	张宁	女	1980/1/1	500	394.75	89	805.75
007	企划部	梁晓萌	女	1975/6/9	650	550.56	99	1101.56
007	企划部	孟梦	女	1965/8/9	850	753.10	93	1510.10
007	企划部	彭雁南	男	1978/5/9	650	200.00	62	788.00
007	企划部	尹姗	女	1958/6/9	1050	955.26	65	1940.26
003	人力资源部	李东慧	女	1950/8/7	1350	364.16	94	1620.16
003	人力资源部	刘燕凤	女	1959/8/7	1200	892.13	86	2006.13
003	人力资源部	潘成文	男	1965/10/9	950	401.66	90	1261.66
003	人力资源部	夏小波	女	1968/8/1	960	482.18	45	1397.18
002	市场部	马春英	男	1964/12/6	850	386.68	69	1167.68
002	市场部	孙帅	男	1966/5/24	900	747.84	79	1568.84
002	市场部	王嘉	女	1971/6/6	850	475.40	89	1236.40
002	市场部	王金科	男	1956/9/10	1050	479.80	93	1436.80
002	市场部	张奇	女	1970/5/28	960	331.30	89	1202.30

图 5-57 按列排序结果

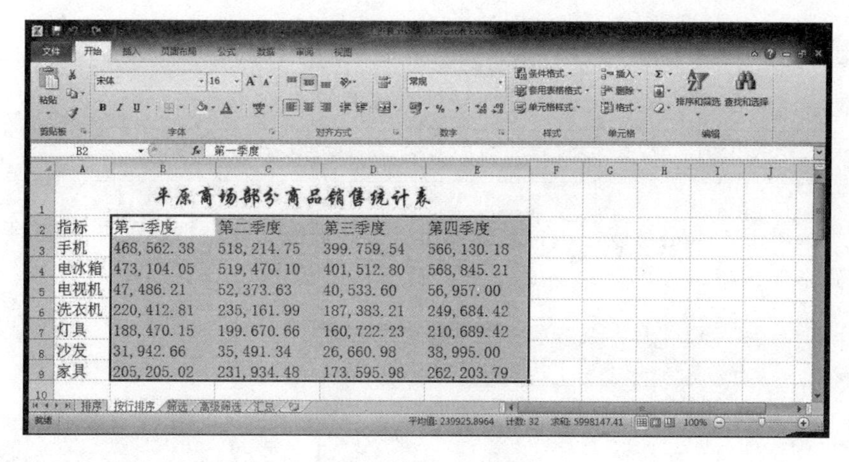

	A	B	C	D	E
1	平原商场部分商品销售统计表				
2	指标	第一季度	第二季度	第三季度	第四季度
3	手机	468,562.38	518,214.75	399.759.54	566,130.18
4	电冰箱	473,104.05	519,470.10	401,512.80	568,845.21
5	电视机	47,486.21	52,373.63	40,533.60	56,957.00
6	洗衣机	220,412.81	235,161.99	187,383.21	249,684.42
7	灯具	188,470.15	199.670.66	160,722.23	210,689.42
8	沙发	31,942.66	35,491.34	26,660.98	38,995.00
9	家具	205,205.02	231,934.48	173.595.98	262,203.79

图 5-58　按行排序结果

【操作步骤】

第 1 步：打开文档 D:\素材\Excel\工资表.xlsx。

第 2 步：设置按列排序。在“排序”工作表中选中 A2:I37 单元格区域，在“数据”选项卡的“排序和筛选”组中单击“排序”按钮，弹出“排序”对话框，如图 5-59 所示。

注意

选取的排序区域必须是完整的数据行，而不能只是某些列。

如果选择的数据区域为单列，会弹出“排序提醒”对话框，如图 5-60 所示。此时选中“扩展选定区域”单选按钮，可以重新为所有需要排序的数据行排序。

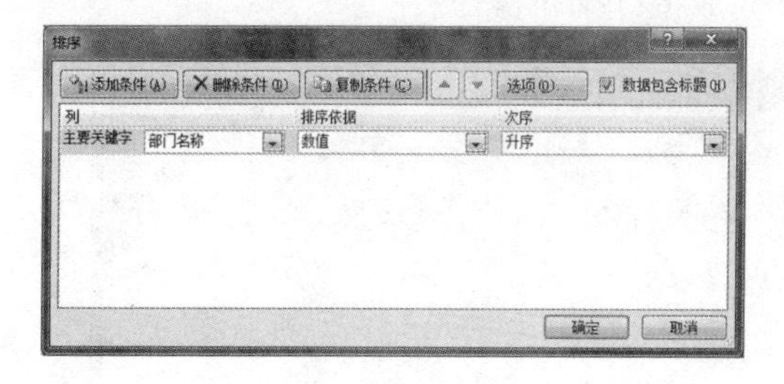

图 5-59　“排序”对话框

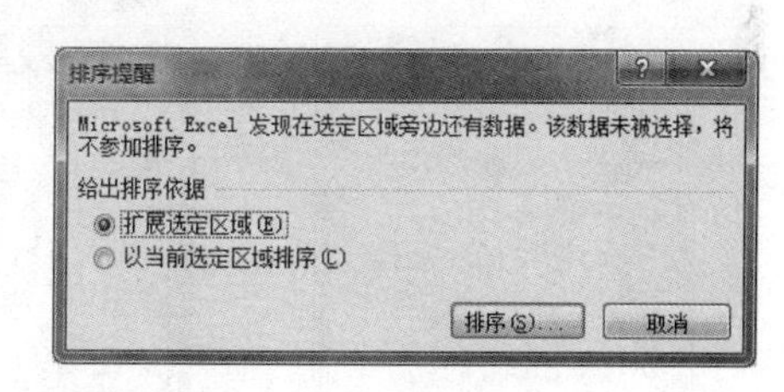

图 5-60　“排序提醒”对话框

提示

在“开始”选项卡的“编辑”组中单击“排序和筛选”下拉按钮，在打开的下拉列表中选择“自定义排序”选项，也可以弹出“排序”对话框。

第 3 步：在“排序”对话框中设置排序依据。勾选“数据包含标题”复选框，将主要关键字设置为“部门名称”，次序为“升序”；单击“添加条件”按钮，设置次要关键字为“姓名”，次序为“升序”，如图 5-61 所示。

注意

关键字是文本类型时，需要先检查所有数据是否存储为文本，删除所有前导空格；关键字是数字类型时，需要先检查所有数字是否都是数字类型的。

第 4 步：单击“确定”按钮，有时会弹出“排序提醒”对话框，如图 5-62 所示，可直接单击“确定”按钮。

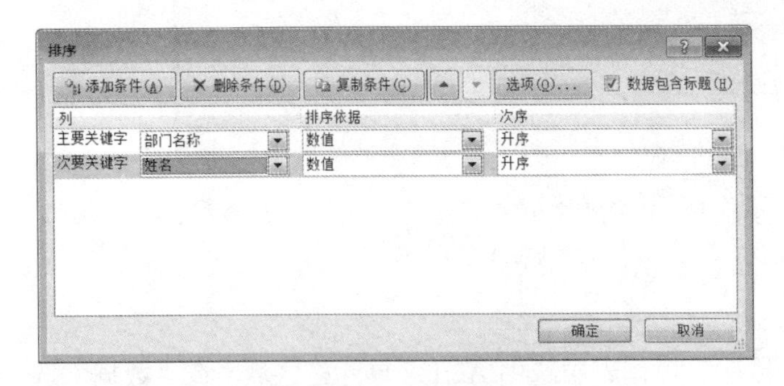

图 5-61　设置排序依据

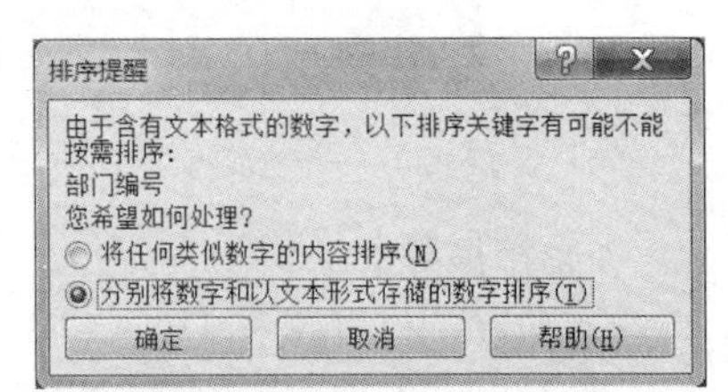

图 5-62　“排序提醒”对话框

第 5 步：设置按行排序。在“按行排序”工作表中选中 B2:E9 单元格区域，在“数据”选项卡的“排序和筛选”组中单击“排序”按钮，弹出“排序”对话框。单击“选项”按钮，弹出“排序选项”对话框，如图 5-63 所示。在“方向”选项组中，选中“按行排序”单选按钮，在“方法”选项组中选中“笔划排序”单选按钮，单击“确定”按钮。

第 6 步：再次回到“排序”对话框，将“主要关键字”设置为“行 2”，“次序”为“升序”，如图 5-64 所示，单击“确定”按钮，完成按行排序操作。

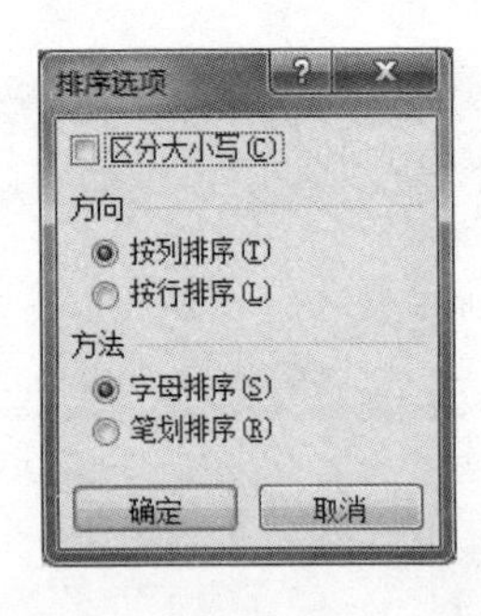

图 5-63　“排序选项”对话框

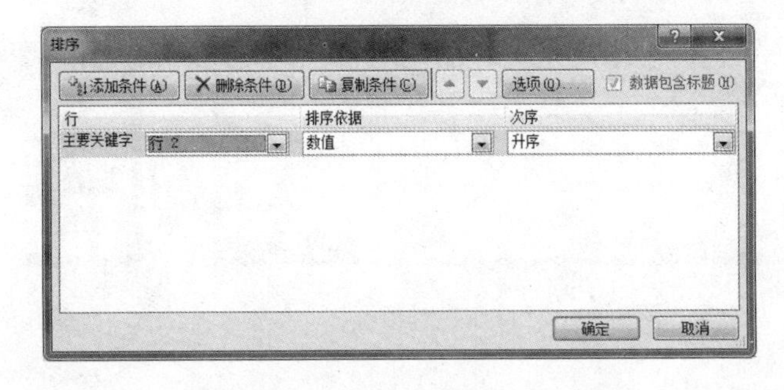

图 5-64　设置排序依据

第 7 步：单击“保存”按钮，保存文件，退出 Excel 2010。

提示

如果已按单元格颜色或字体颜色手动或有条件地设置了单元格区域或表列的格式，那么也可以按这些颜色进行排序。

任务 2　筛选

数据筛选就是隐藏不符合筛选条件的记录（行），仅显示符合筛选条件的记录。通过筛选数据，可以快速且方便地查找和使用单元格区域或表列中数据的子集。

在繁杂的数据中，要剔除无用的数据，就需要对数据库的数据进行筛选。数据的筛选是数据库应用中较常用的操作之一。Excel 2010 有较强的数据筛选能力，用户可以对数据进行筛选，也可以通过高级筛选进行更复杂的数据处理。

筛选过的数据仅显示满足指定条件的行，并隐藏不希望显示的行。筛选数据后，对于筛选过的数据的子集，不需要重新排列或移动就可以复制、查找、编辑、设置格式、制作图表和打印。

筛选器是累加的，这意味着每个追加的筛选器都基于当前筛选器，从而进一步减少了所显示数据的子集。也就是说，使用“查找和替换”对话框搜索筛选数据时，将只搜索所显示的数据，而不搜索未显示的数据。若要搜索所有数据，应先清除所有筛选。

使用自动筛选可以创建 3 种筛选类型：按值列表、按格式或按条件筛选。对于每个单元格区域或列表来说，这 3 种筛选类型是互斥的。例如，不能既按单元格颜色又按数字列表进行筛选。

注意

因为筛选是“含头（列标题）取值”，所以选择设置筛选数据区域时，必须注意包含表头信息。

筛选操作是通过在“数据”选项卡的“排序和筛选”组中单击“筛选”按钮来实现的。

筛选操作完成后，列标题中的下拉按钮表示已启用但尚未应用筛选，而“筛选”按钮则表示已应用筛选。

【任务要求】

打开文档 D:\素材\Excel\工资表.xlsx，在“筛选”工作表中，筛选出“部门名称”为“销售部”中“实发”大于 1500 元的工资记录，筛选结果如图 5-65 所示。

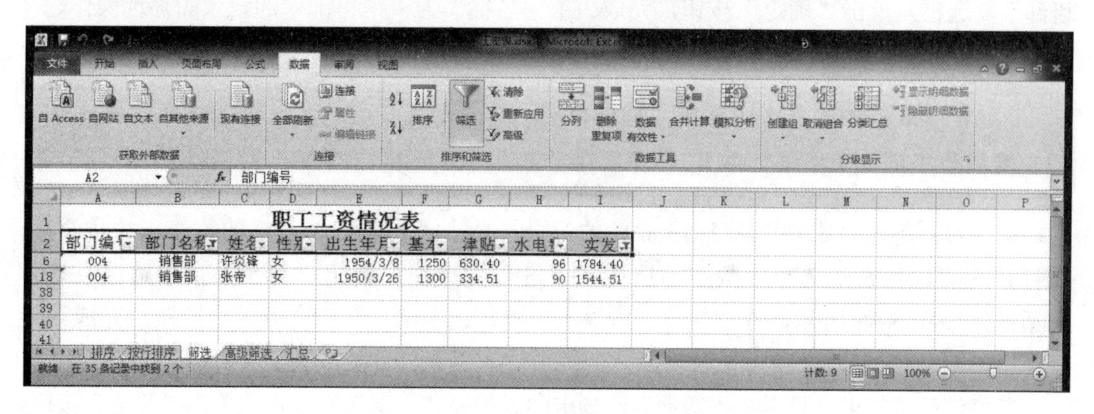

图 5-65　筛选结果

【操作步骤】

第 1 步：打开文档 D:\素材\Excel\工资表.xlsx。

第 2 步：选中表头区域。在“筛选”工作表中选中表头区域 A2:I2。

第 3 步：筛选。在“数据”选项卡的“排序和筛选”组中单击“筛选”按钮，在表头区域每个单元格内都会出现筛选下拉按钮▼，如图 5-66 所示。

职工工资情况表

部门编号	部门名称	姓名	性别	出生年月	基本	津贴	水电费	实发
005	客服部	史晓赟	女	1952/6/6	1200	538.72	50	1688.72
006	项目部	胡洪静	女	1952/6/24	1350	277.46	86	1541.46
001	财务部	王孟	男	1966/9/8	800	463.24	98	1165.24
004	销售部	许炎锋	女	1954/3/8	1250	630.40	96	1784.40
001	财务部	于铭	女	1979/10/21	500	470.71	91	879.71
001	财务部	张娟	女	1975/9/25	650	373.70	86	937.70
002	市场部	孙帅	男	1966/5/24	900	747.84	79	1568.84
002	市场部	王嘉	女	1971/6/6	850	475.40	89	1236.40
006	项目部	李辉玲	女	1978/9/9	630	378.81	77	931.81
007	企划部	尹娴	女	1958/6/9	1050	955.26	65	1940.26
003	人力资源部	刘燕凤	女	1959/8/7	1200	892.13	86	2006.13
005	客服部	张宁	女	1980/1/1	500	394.75	89	805.75
003	人力资源部	潘成文	男	1965/10/9	950	401.66	90	1261.66
001	财务部	郭海英	女	1963/2/7	950	332.12	85	1197.12
003	人力资源部	夏小波	女	1968/8/1	960	482.18	45	1397.18
004	销售部	张帝	女	1950/3/26	1300	334.51	90	1544.51
006	项目部	王玮	女	1972/11/5	960	340.31	79	1221.31
004	销售部	刘亚静	男	1969/8/9	890	377.21	66	1201.21
002	市场部	马春英	男	1964/12/6	850	386.68	69	1167.68

图 5-66 筛选界面

注意

在“开始”选项卡的“编辑”组中单击“排序的筛选”下拉按钮，在打开的下拉列表中选择“筛选”选项，也可以出现相同的筛选界面。

第 4 步：筛选“部门名称”为“销售部”的记录。单击“部门名称”单元格的筛选下拉按钮▼，打开“部门名称”筛选列表，如图 5-67 所示，取消勾选“全选”复选框，勾选“销售部”复选框，单击“确定”按钮，完成“部门名称”为“销售部”的记录的筛选操作。

提示

直接单击某单元格的筛选下拉按钮▼，然后在其筛选列表中勾选欲筛选的数据（默认为字段值等于该数据），即可实现“等于”筛选操作。

第 5 步：筛选“实发”大于 1500 元的记录。单击“实发”单元格的筛选下拉按钮▼，在打开的筛选列表中选择“数字筛选”→“等于”选项，弹出“自定义自动筛选方式”对话框，如图 5-68 所示，在“大于”文本框中输入 1500，单击“确定”按钮，完成筛选操作。

若撤销筛选结果，只需在“数据”选项卡的“排序和筛选”组中再次单击“筛选”按钮。

第 6 步：单击“保存”按钮，保存文件，退出 Excel 2010。

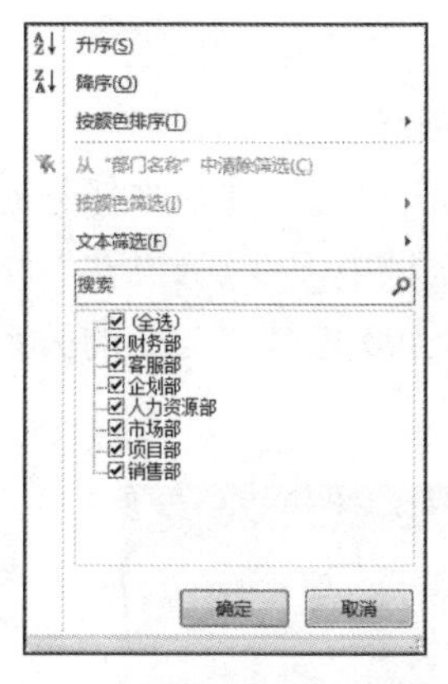

图 5-67　“部门名称”筛选列表

图 5-68　“自定义自动筛选方式”对话框

任务 3　高级筛选

如果要筛选的数据需要复杂条件，则可以使用“高级筛选”对话框。高级筛选必须先构造高级筛选条件。

构造高级筛选条件，需要在要筛选的工作表的空白位置处输入所要筛选的条件。在输入筛选条件时应注意：

1）筛选条件的表头标题需要和数据表中对应的表头标题完全一致。

2）在筛选的条件行中，输入在同一行的条件，表示这些条件是“与”的关系（必须同时满足条件）。

3）在筛选的条件行中，输入在不同行的条件，表示这些条件是“或”的关系（只需满足一个条件）。

高级筛选是通过在“数据”选项卡的“排序和筛选”组中单击“高级”按钮实现的。

【任务要求】

打开文档 D:\素材\Excel\工资表.xlsx，在“高级筛选”工作表中，利用高级筛选方式筛选出所有基本工资在 1000 元以上或津贴在 400 元以上，且性别为女的职工记录，在原有区域显示筛选结果，结果如图 5-69 所示。

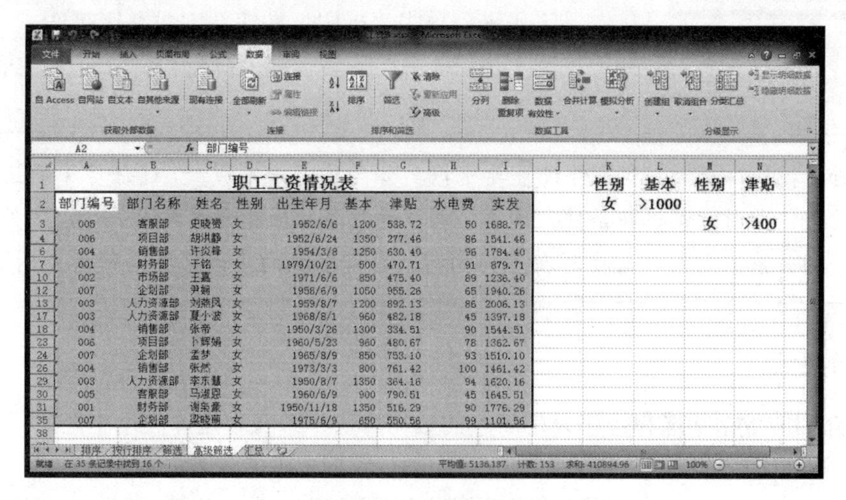

图 5-69　高级筛选效果

【操作步骤】

第 1 步：打开文档 D:\素材\Excel\工资表.xlsx，选择 “高级筛选”工作表。

第 2 步：构造高级筛选条件。可任意选择一空白区域填写高级筛选条件。本任务的高级筛选条件填写在空白区域 K1:N3 处，如图 5-70 所示。该条件区域中，性别=“女”和基本>1000 是“与”的关系（处在同一行上），性别=“女”和津贴>400 也是“与”的关系，两个“与”的运算结果则是“或”的关系（处在不同行上）。

职工工资情况表

部门编号	部门名称	姓名	性别	出生年月	基本	津贴	水电费	实发
005	客服部	史晓赟	女	1952/6/6	1200	538.72	50	1688.72
006	项目部	胡洪静	女	1952/6/24	1350	277.46	86	1541.46
001	财务部	王孟	男	1966/9/8	800	463.24	98	1165.24
004	销售部	许炎锋	女	1954/3/8	1250	630.40	96	1784.40
001	财务部	于铭	女	1979/10/21	500	470.71	91	879.71
001	财务部	张娟	女	1975/9/25	650	373.70	86	937.70
002	市场部	孙帅	男	1966/5/24	900	747.84	79	1568.84
002	市场部	王嘉	女	1971/6/6	850	475.40	89	1236.40
006	项目部	李辉玲	女	1978/9/9	630	378.81	77	931.81
007	企划部	尹桐	女	1958/6/9	1050	955.26	65	1940.26
003	人力资源部	刘燕凤	女	1959/8/7	1200	892.13	86	2006.13
005	客服部	张宁	女	1980/1/1	500	394.75	89	805.75
003	人力资源部	潘成文	男	1965/10/9	950	401.66	90	1261.66
001	财务部	郭海英	女	1963/2/7	950	332.12	85	1197.12
003	人力资源部	夏小波	女	1968/8/1	960	482.18	45	1397.18
004	销售部	张帝	女	1950/3/26	1300	334.51	90	1544.51

性别	基本	性别	津贴
女	>1000		
		女	>400

图 5-70 构造筛选条件

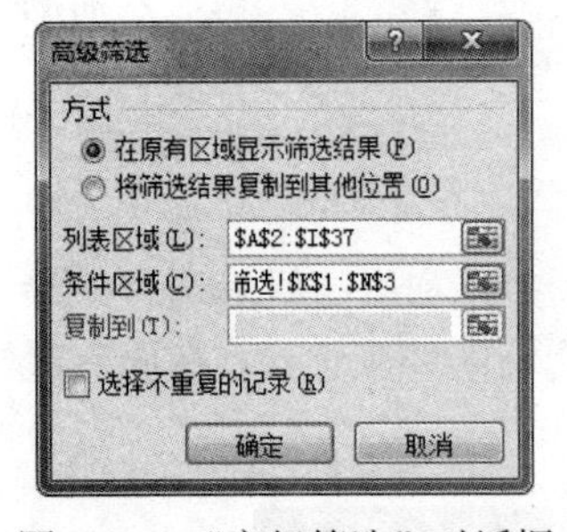

图 5-71 “高级筛选”对话框

第 3 步：高级筛选。选中要筛选的 A2:I37 单元格区域，在“数据”选项卡的“排序和筛选”组中单击“高级”按钮，弹出“高级筛选”对话框，如图 5-71 所示。其中，“方式”选项组表示筛选结果放置的位置，这里选择默认即可；“列表区域”是筛选范围，这里选择 A2:I37；“条件区域”是筛选条件所在的区域，这里选择 K1:N3。

第 4 步：单击“确定”按钮，完成高级筛选。

第 5 步：单击“保存”按钮，保存文件，退出 Excel 2010。

注意

在进行高级筛选时，其条件设置要根据具体的要求来完成。上述任务中所进行的筛选是若干条件同时满足，即条件之间是“与”的关系，条件要写在同一行。若条件之间是“或”的关系，则条件需要写在不同的行。条件区域的字段名要与列标题同名。

任务 4 分类汇总

前面介绍的数据筛选和排序只是简单的数据库操作。在数据库应用中还有一种重要的操作，即对数据的分类汇总。Excel 2010 可自动计算列表中的分类汇总和总计值。当插入自动分类汇总时，Excel 2010 将分级显示列表，以便为每个分类汇总显示和隐藏明细数据行。

由于分类汇总对数据的结构及内容本身都有较高的要求，因此在分类汇总之前应该首先整理数据。其操作的基本原则如下：

1）分类原则：需要分类处理的项目必须单开一列，并设置字段列的名称。

2）数据原则：凡是需要汇总的列，该列的表格数据区内不允许存在空白单元格，否则将在分类过程中将被遗漏。

3）格式原则：表格数据区中每一列数据的格式应该统一，否则将影响统计结果。

4）操作原则：先按照关键字排序（分类），再汇总。

分类汇总操作是通过在“数据”选项卡的“分级显示”组中单击“分类汇总”按钮来实现的。

【任务要求】

打开文档 D:\素材\Excel\工资表.xlsx，在“汇总”工作表中，按部门汇总“实发”工资的总和，汇总结果显示在数据下方，如图 5-72 所示，分别用一级分类显示、二级分类显示和三级分类显示。

【操作步骤】

第 1 步：打开文档 D:\素材\Excel\工资表.xlsx，选择汇总工作表。

第 2 步：分类。选中 A2:I37 单元格区域，先按部门进行升序排序操作。

职工工资情况表

部门编号	部门名称	姓名	性别	出生年月	基本	津贴	水电费	实发
001	财务部	王孟	男	1966/9/8	800	463.24	98	1165.24
001	财务部	于铭	女	1979/10/21	500	470.71	91	879.71
001	财务部	张娟	女	1975/9/25	650	373.70	86	937.70
001	财务部	郭海英	女	1963/2/7	950	332.12	85	1197.12
001	财务部	谢象豪	女	1950/11/18	1350	516.29	90	1776.29
	财务部 汇总							5956.06
005	客服部	史晓菁	女	1952/6/6	1200	538.72	50	1688.72
005	客服部	张宁	女	1980/1/1	500	394.75	89	805.75
005	客服部	齐飞	男	1961/4/5	1200	626.43	74	1752.43
005	客服部	李新江	男	1962/10/2	950	399.08	87	1262.08
005	客服部	马淑恩	女	1960/6/9	900	790.51	45	1645.51
005	客服部	马会爽	女	1970/2/9	800	367.50	69	1098.50
	客服部 汇总							8252.99
007	企划部	尹姗	女	1958/6/9	1050	955.26	65	1940.26
007	企划部	孟梦	女	1965/8/9	850	753.10	93	1510.10
007	企划部	梁晓萌	女	1975/6/9	650	550.56	99	1101.56
007	企划部	彭雁楠	男	1978/5/9	650	200.00	62	788.00
	企划部 汇总							5339.92
003	人力资源部	刘燕凤	女	1959/8/7	1200	892.13	86	2006.13
003	人力资源部	潘成文	男	1965/10/9	950	401.66	90	1261.66
003	人力资源部	夏小波	女	1968/8/1	960	482.18	45	1397.18
003	人力资源部	李东慧	女	1950/8/7	1350	364.16	94	1620.16
	人力资源部 汇总							6285.13

图 5-72　分类汇总结果

第 3 步：汇总。在“数据”选项卡的“分级显示”组中单击“分类汇总”按钮，弹出“分类汇总”对话框，如图 5-73 所示。在“分类字段”下拉列表中选择“部门名称”选项，在“汇总方式”下拉列表中选择“求和”选项，在“选定汇总项”列表框中勾选需要汇总的列，即“实发”复选框。单击“确定”按钮，完成分类汇总，结果如图 5-72 所示（三级分类显示）。

第 4 步：三级分类显示中，在其左侧提供了概要。单击概要中的分级按钮 1 2 3，将分别显示一级分类数据、二级分类数据或三级分类数据；单击 + 或 - 按钮，可创建汇总报表，这样可以隐藏明细数据，而只显示汇总。图 5-74 所示为单击分级显示符号 2 后的显示结果。

图 5-73 “分类汇总”对话框

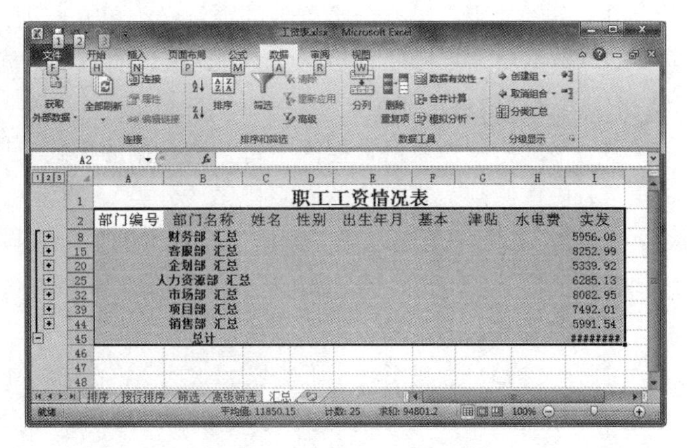

图 5-74 二级显示分类汇总结果

若撤销分类汇总结果，则需要选中已汇总区域 A2:I45，在图 5-73 所示的“分类汇总”对话框中单击“全部删除”按钮。

第 5 步：单击“保存”按钮，保存文件，退出 Excel 2010。

提示

除了利用分类汇总进行上述任务中的求和外，还可以选择其他汇总方式，如求平均值、最大值、最小值、计数等。

项目小结

对数据进行排序是数据分析不可缺少的组成部分。对数据进行排序有助于快速直观地显示数据并更好地理解数据，组织并查找所需数据，最终做出更有效的决策。

通过筛选数据，只显示满足条件的数据行，可以快速且方便地查找所需数据的子集。对单元格区域或表中的数据进行筛选后，就可以重新应用筛选以获得最新的结果，或者清除筛选以重新显示所有数据。

使用分类汇总，可以运用求和、求平均值、计数等汇总方式对分类值进行计算。“分类汇总”命令还会分级显示列表，以便可以显示和隐藏每个分类汇总的明细行。

项目训练

1．打开文档 D:\素材\Excel\项目训练\LX54-01.xlsx，按“产品”进行“升序”排序，当“产品”相同时，再按“日期”进行“升序”排序。

2．打开文档 D:\素材\Excel\项目训练\LX54-02.xlsx，完成以下操作：

（1）在“筛选”工作表中，筛选出 2012 年销售额在 40000 元以上的记录。取消筛选状态，恢复原始表格数据。

（2）在“筛选”工作表中，筛选出 2013 年销售额在 40000 元以下或销售额在 50000 元以上的记录。

（3）在“高级筛选”工作表中进行高级筛选，筛选出年龄在 20～40（不包括 20 和 40）岁的回族研究生，或者满族的大专生，或者大学本科生。

3．打开文档 D:\素材\Excel\项目训练\LX54-03.xlsx，在“分类汇总”工作表中完成以下操作：

（1）按“部门”进行“计数”汇总。

（2）取消汇总，恢复原始数据。

（3）按“部门”对工资表中除“级别”以外的其他工资指标进行“求平均值”汇总。

项目 5　数 据 分 析

项目要点

1）创建图表，进行图表设置。

2）创建和应用数据透视表。

技能目标

1）会创建与编辑数据图表，了解常见图表的功能和使用方法，会设置图表格式。

2）会创建数据透视表，会使用数据透视表或数据透视图进行数据分析。

任务 1　创建图表

图表用于以图形形式显示数值数据系列，可使用户更容易理解大量数据及不同数据系列之间的关系。

使用图表是数据分析工作中最常用的手段，借助图表的扩展能力突出显示数据间的关系。图表是与生成它的工作表数据相链接的，因此，工作表数据发生变化时，图表也将自动更新。

Excel 2010 支持多种类型的图表，可帮助用户使用对受众有意义的方式来显示数据。创建图表或更改现有图表时，可以从各种图表类型（如柱形图或饼图）及其子类型（如三维图表中的堆积柱形图或饼图）中进行选择。用户也可以通过在图表中使用多种图表类型来创建组合图。

图表中包含许多元素，默认情况下会显示其中一部分元素，而其他元素可以根据需要添加。通过将图表元素移到图表中的其他位置、调整图表元素的大小或者更改格式，可以更改图表元素的显示。另外还可以删除不希望显示的图表元素。

图 5-75 所示为一个三维柱形图表，其中：

① 图表区：整个图表及其全部元素。

② 绘图区：在二维图表中，是指通过轴来界定的区域，包括所有数据系列；在三维图

表中，同样是指通过轴来界定的区域，包括所有数据系列、分类名、刻度线标志和坐标轴标题。

③ 数据系列：在图表中绘制的相关数据点，这些数据源自数据表的行或列。图表中的每个数据系列具有唯一的颜色或图案并且在图表的图例中表示。可以在图表中绘制一个或多个数据系列。注意：饼图只有一个数据系列。

④ 横（分类）和纵（值）坐标轴：界定图表绘图区的线条，用作度量的参照框架。y 轴通常为垂直坐标轴并包含数据，x 轴通常为水平坐标轴并包含分类。数据沿着横坐标轴和纵坐标轴绘制在图表中。

⑤ 图例：一个方框，用于标识为图表中的数据系列或分类指定的图案或颜色。

⑥ 图表标题：说明性的文本，可以自动与坐标轴对齐或在图表顶部居中。

⑦ 数据标签：可以用来标示数据系列中数据点的详细信息的单个数据点或值。

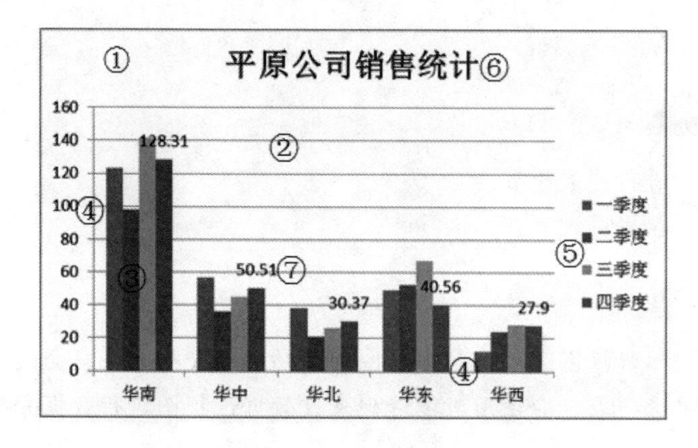

图 5-75　三维柱形图表

提示

将鼠标指针停留在图表项上时，会显示图表的提示信息以说明该图表项的名称。

【任务要求】

打开文档 D:\素材\Excel\图表.xlsx，在“柱形图”工作表中完成如下操作：

1）将“柱形图”工作表的数据制作成三维簇状柱形图的图表，用来显示市场部的每位职工实发工资收入高低情况。

2）图表标题为“市场部职工工资情况图”。

3）横坐标轴为“姓名”。

4）图表放置在当前工作表 A14:H30 单元格区域中。

5）图表区背景填充为“水滴”。

图表效果如图 5-76 所示。

【操作步骤】

第 1 步：打开文档 D:\素材\Excel\图表.xlsx，选择“柱形图”工作表。

第 2 步：选择图表的数据区域。单击 B2 单元格，按住 Ctrl 键，依次选取 B8:B13、E2 和 E8:E13 3 个数据区域。

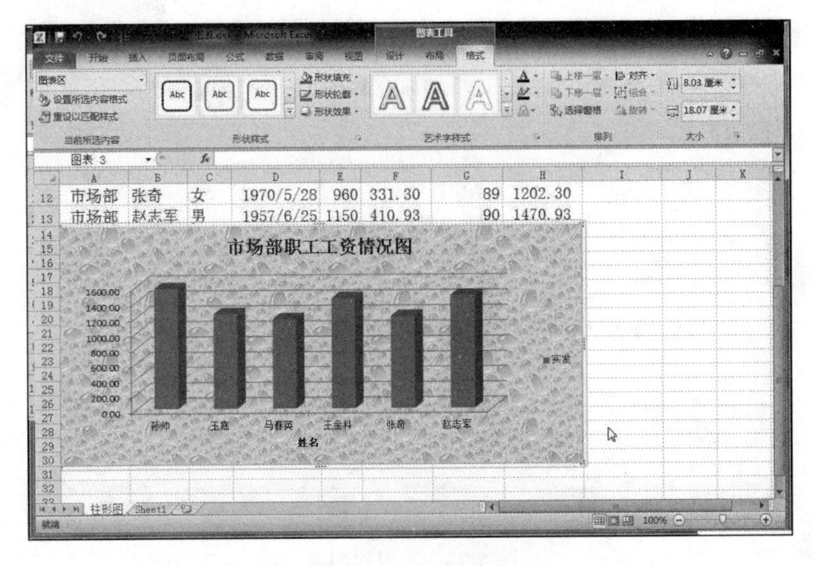

图 5-76 图表效果

数据区域包括“市场部”的职工姓名及相对应的“市场部”的实发工资，本任务中选择 B2、B8:B13、H2 与 H8:H13 共 4 个数据区域，如图 5-77 所示，选择不连续数据区域的操作需要配合 Ctrl 键。

职工工资情况表

部门名称	姓名	性别	出生年月	基本	津贴	水电费	实发
项目部	李辉玲	女	1978/9/9	630	378.81	77	931.81
项目部	王玮	女	1972/11/5	960	340.31	79	1221.31
项目部	卜辉娟	女	1960/5/23	960	480.67	78	1362.67
项目部	邢易	女	1981/2/25	600	325.00	90	835.00
项目部	李云飞	男	1969/5/4	960	728.76	89	1599.76
市场部	孙帅	男	1966/5/24	900	747.84	79	1568.84
市场部	王嘉	女	1971/6/6	850	475.40	89	1236.40
市场部	马春英	男	1964/12/6	850	386.68	69	1167.68
市场部	王金科	男	1956/9/10	1050	479.80	93	1436.80
市场部	张奇	女	1970/5/28	960	331.30	89	1202.30
市场部	赵志军	男	1957/6/25	1150	410.93	90	1470.93

图 5-77 选择数据区域

第 3 步：插入图表。在“插入”选项卡的“图表”组中单击“柱形图”下拉按钮，在打开的下拉列表中选择“三维柱形图”→“三维簇状柱形图”选项，生成三维簇状柱形图图表，如图 5-78 所示。

同时，在功能区中将出现“图表工具”的“设计”“布局”“格式”3 个选项卡，利用这些选项卡提供的命令按钮，可进行更改图表类型、切换行/列数据、选择图表布局、更改图表样式等操作。

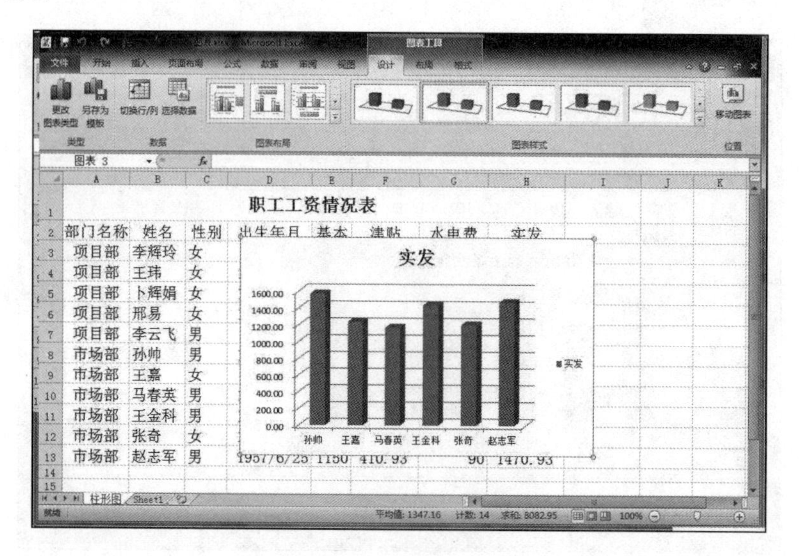

图 5-78 生成的图表

第 4 步：设置图表标题。在默认的图表标题“实发”处更改标题，内容为“市场部职工工资情况图”。

第 5 步：设置坐标轴名称。在“图表工具-布局”选项卡的“标签”组中单击“坐标轴标题”下拉按钮，在打开的下拉列表中选择“主要横坐标轴标题”→“坐标轴下方标题”选项，在图表的“坐标轴标题”处设置主要横坐标轴标题为“姓名”，如图 5-79 所示。

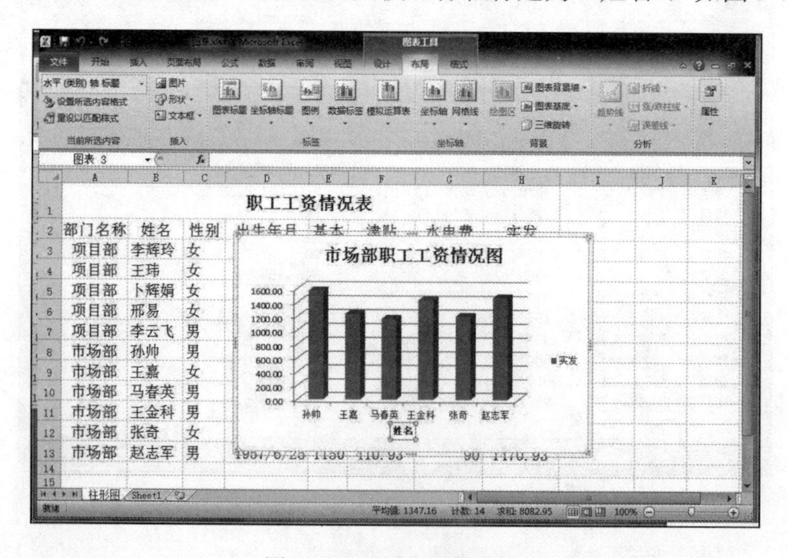

图 5-79 设置坐标轴名称

第 6 步：移动图表位置。拖动图表，将其放置于 A14:H30 单元格区域内，如图 5-80 所示。

第 7 步：设置图表区背景。在“图表工具-格式”选项卡的“形状样式”组中单击“形状填充”下拉按钮，在打开的下拉列表中选择“纹理”→“水滴”选项。

第 8 步：单击“保存”按钮，保存文件，退出 Excel 2010。

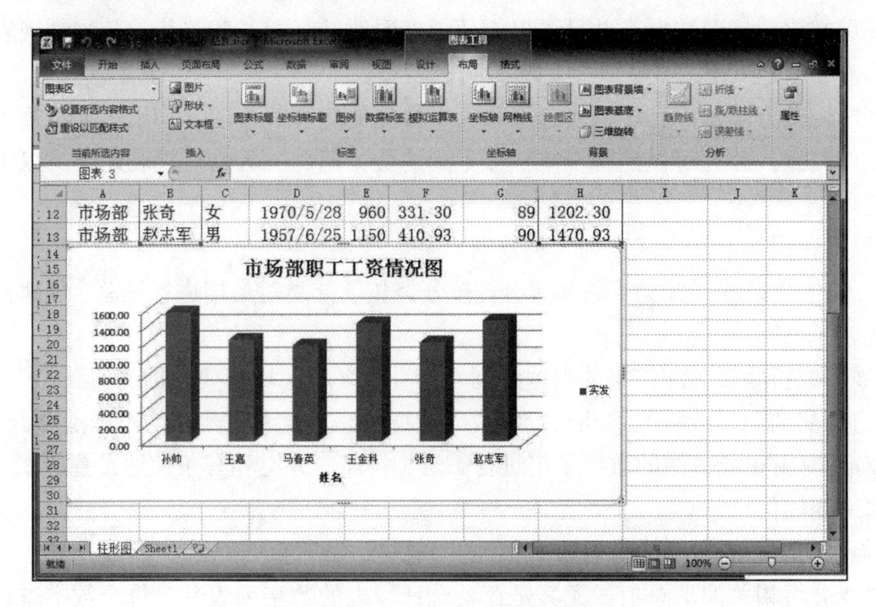

图 5-80　移动位置后的柱形图

提示

右击图表，在弹出的快捷菜单中选择“设置表区域格式”命令，弹出“设置图表区格式”对话框，如图 5-81 所示，在该对话框中可以进行图表区格式的设置。

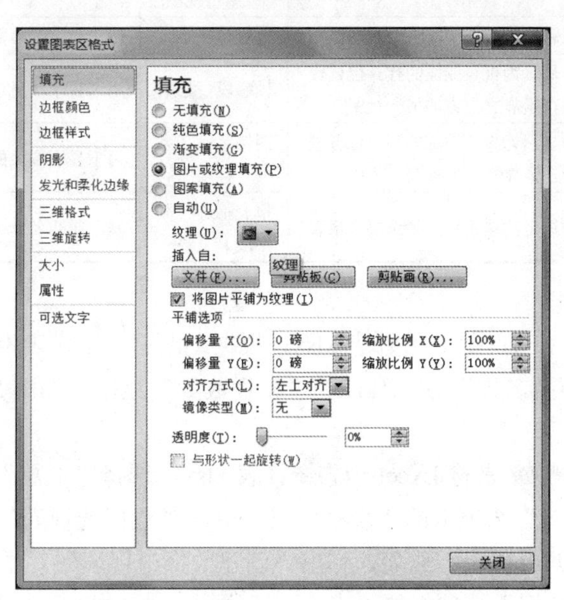

图 5-81　“设置图表区格式”对话框

任务 2　创建数据透视表

使用数据透视表可以汇总、分析、浏览和提供摘要数据；使用数据透视图可以在数据透视表中可视化此摘要数据，并且可以方便地查看比较、模式和趋势。数据透视表和数据透视图都能使用户做出有关企业中关键数据的决策。

数据透视表方法是一种可以快速汇总大量数据的交互式方法。使用数据透视表可以深入分析数值数据，并且可以回答一些预计不到的数据问题。数据透视表是针对以下用途特别设计的：

1）以多种用户友好方式查询大量数据。

2）对数值数据进行分类汇总和聚合，按分类和子分类对数据进行汇总，创建自定义计算和公式。

3）展开或折叠要关注结果的数据级别，查看感兴趣区域摘要数据的明细。

4）将行移动到列或将列移动到行（或“透视”），以查看源数据的不同汇总。

5）对最有用和最关注的数据子集进行筛选、排序、分组和有条件地设置格式，使用户能够关注所需的信息。

6）提供简明、有吸引力并且带有批注的联机报表或打印报表。

如果要分析相关的汇总值，尤其是在要合计较大的数字列表并对每个数字进行多种比较时，通常使用数据透视表。要创建数据透视表，首先要确定数据表的数据源，并计划数据透视表的组成部分，如表 5-4 所示。

表 5-4　数据透视表（图）中的字段

数据透视表	说明	数据透视图	说明
数值	用于显示汇总数值数据	数值	用于显示汇总数值数据
行标签	用于将字段显示为报表侧面的行。位置较低的行嵌套在紧靠它上方的另一行中	轴字段（类别）	用于将字段显示为图表中的轴
列标签	用于将字段显示为报表顶部的列。位置较低的列嵌套在紧靠它上方的另一列中	图例字段（系列）标签	用于显示图表的图例中的字段
报表筛选（页字段）	基于报表筛选定的选定项来筛选整个报表	报表筛选（页字段）	基于报表筛选定的选定项来筛选整个报表

【任务要求】

打开文档 D:\素材\Excel\销售统计表.xlsx，根据“汇总”工作表中的数据建立数据透视表，显示“种类”“商品名称”“进货日期”“售货数量”数据，如图 5-82 所示。

【操作步骤】

第 1 步：打开文档 D:\素材\Excel\销售统计表.xlsx，选择“汇总”工作表。

第 2 步：在“插入”选项卡的“表格”组中单击“数据透视表”下拉按钮，在弹出的下拉列表中选择“数据透视表”选项，弹出“创建数据透视表”对话框，如图 5-83 所示。在“请选择要分析的数据”选项组的“表/区域”框中，拖动鼠标选择 A3:J35 单元格区域；在“选择放置数据透视表的位置”选项组中选中“新工作表”单选按钮。

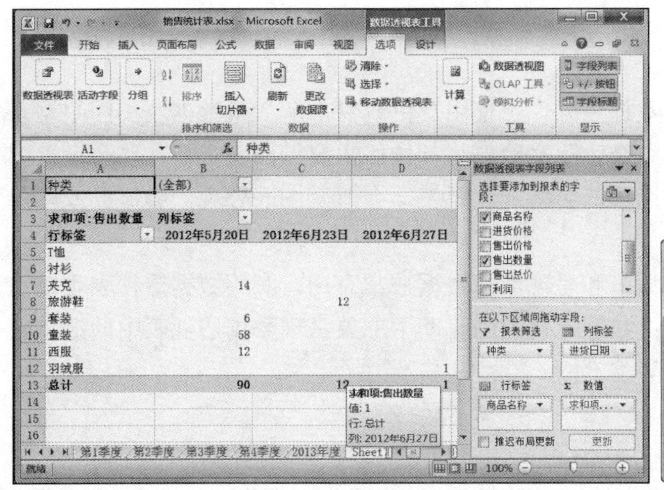

图 5-82　数据透视表

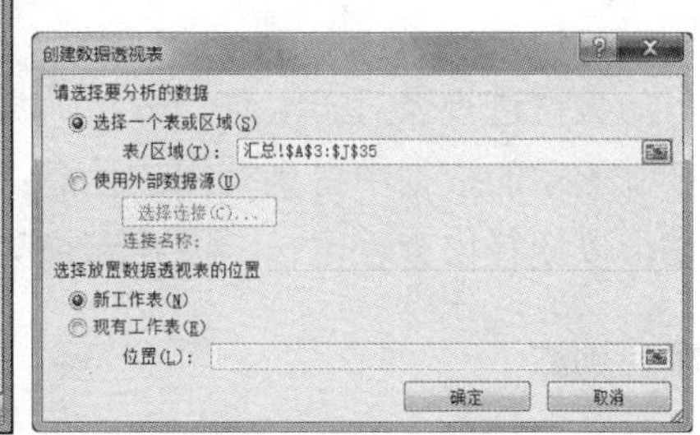

图 5-83　“创建数据透视表”对话框

如果想要将数据透视表放置到已有工作表，则需选中“现有工作表”单选按钮，然后单击要存放位置的左上角单元格。

第 3 步：单击“确定”按钮，进入页面布局窗口，如图 5-84 所示。此时，可以使用数据透视表字段列表来添加字段。如果要更改数据透视表或数据透视图，可以使用该字段列表来重新排列和删除字段。

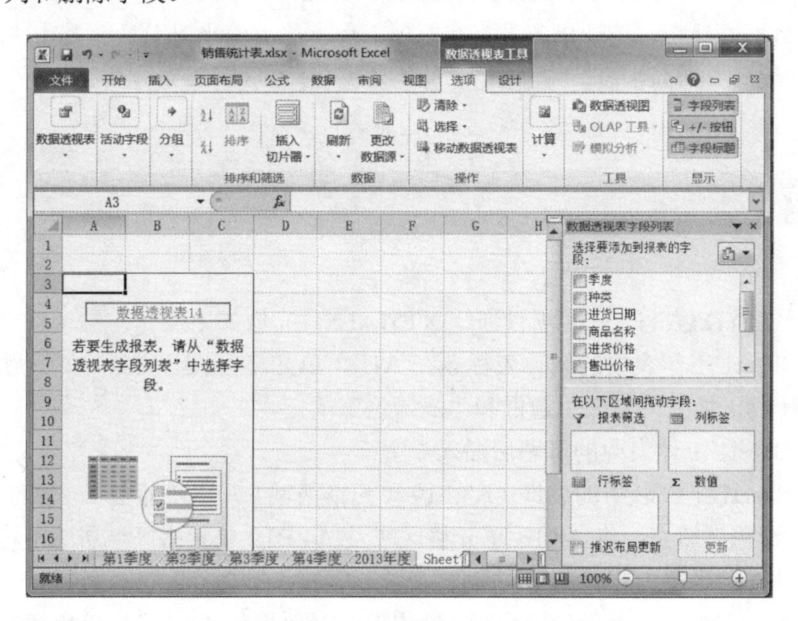

图 5-84　页面布局窗口

第 4 步：根据任务要求，将“种类”字段拖动至“报表筛选”字段处，将“商品名称”字段拖动至“行标签”字段处，将“进货日期”字段拖动至“列标签”字段处，将“售货数量”字段拖动至“数值”字段处，得到数据透视表结果。

第 5 步：单击“保存”按钮，保存文件，退出 Excel 2010。

项目小结

图表用于以图形形式显示数值数据系列，可使用户更容易理解大量数据及不同数据系列之间的关系。通过训练，学生应结合实际案例熟练制作所需要的图表类型，要会设置图表标题、坐标轴、数据标签等图表选项，会格式化图表，会改变图表外观，会添加或删除图标数据。

数据透视表对于汇总、分析、浏览和呈现汇总数据非常有用，利用数据透视表可以从杂乱无章的数据中得到有用的信息；数据透视图则有助于形象呈现数据透视表中的汇总数据，以便轻松查看比较、模式和趋势。

项目训练

1．打开文档 D:\素材\Excel\项目训练\LX55-01.xlsx，完成如下操作：

（1）在 Sheet1 工作表中，使用分公司、四季度的两列数据创建一个三维饼图，并对图表进行更改标题、图例选取等练习。

（2）在 Sheet2 工作表中，使用 A2:E7 单元格区域的数据，创建一个簇状水平圆柱图，设置图例置于“右上”，图表区填充“银波荡漾”渐变效果，图表放置在 A10:F16 单元格区域。

2．打开文档 D:\素材\Excel\项目训练\LX5_16.xlsx，以“工作量统计表”工作表为数据源建立一个数据透视表，统计出各员工在每项工程上的工作小时总数。其中“员工”为行字段，“工程编号”为列字段，“工作小时”为数据项，“日期”为分页。

综 合 训 练

操作题

1．打开文档 D:\素材\Excel\项目训练\XT51.xlsx，完成如下操作：

（1）将 Sheet1 工作表中的统计表标题在 A1:F1 单元格区域合并居中，标题字体为“隶书”，字号为 18，加上“蓝色”边框和“浅绿色”填充。

（2）在 Sheet1 工作表中的标题后插入一空行。

（3）将 Sheet1 工作表中的表格（A3:F19 单元格区域）加上“蓝色”单实线内框、双线外边框，“浅绿色”填充；将 A3:F3 单元格区域及 A4:B19 单元格区域居中；将 C4:C19 单元格区域字体颜色设置为“紫色”，右对齐。

（4）计算 Sheet1 工作表中的销售额（销售额=定价×销售量），设置销售额为“数值型”，保留 2 位小数，使用千位分隔符样式。

（5）在 Sheet1 工作表中的“销售业绩”一列中，利用 IF 函数表示出商品销售量大于 60 为“良好”，否则为“一般”。

（6）在 Sheet1 工作表中，以“商品名”为主要关键字进行升序排序，以“销售量”为次要关键字进行降序排序。

（7）将 Sheet1 工作表更名为“销售统计表”，删除 Sheet3 和 Sheet4 工作表。

（8）在 Sheet2 工作表中，从 A3:C19 单元格区域中筛选出“电脑”销售量大于 50 的记录。

（9）以原名保存文件到自己的学号姓名文件夹中。

2．打开文档 D:\素材\Excel\项目训练\XT52.xlsx，完成如下操作：

（1）计算出 Sheet1 工作表中各类消费品的平均消费。在 Sheet4 工作表中，利用 INT 函数计算出 E4 单元格的整数值，结果放置到 K4 单元格中；利用函数在 B3:B13 单元格区域计算“最高值”，结果放置到 B14 单元格中。

（2）将 Sheet1 工作表中统计表中的标题在 A1:F1 单元格区域跨列居中，标题字体为“隶书”，字号为 18，字体颜色设置为“红色”。

（3）将 Sheet1 工作表中的数值区域 C3:F14 设置为 2 位小数，右对齐，A14:B14 单元格区域左对齐，其他单元格居中。

（4）将 Sheet1 工作表中的所有列设置为自动调整列宽。

（5）删除 Sheet2 工作表中的“电视”所在的 G 列。

（6）在 Sheet2 工作表中，按“地区”进行分类汇总，统计各个地区的消费和。

（7）在 Sheet3 工作表中，利用分离型三维饼图展示“东北”各地区的“食品”（B2:C6 单元格区域）消费情况。图表标题为“部分城市食品消费水平抽样调查”，图例放置于底部。图表放置在 G2:K13 单元格区域中，图表区填充为“纯浅蓝色”。设置图表标题字体为“隶书”，字号为 12。

（8）在 Sheet4 工作表中，为 B3:E13 单元格区域设置条件格式，将数据不小 95 的单元格字体设置为红色加粗，并将数据小于 85 的单元格字体设置为蓝色加粗。

（9）将 Sheet4 工作表中的数据区域 A2:E13 复制并转置放置到 Sheet5 工作表的 A2 开始的单元格区域。

（10）以原名保存文件到自己的学号姓名文件夹中。

模块 6

PowerPoint 2010

PowerPoint 2010是一款功能强大的演示文稿制作工具，使用它可以制作适应不同需求的幻灯片，如产品展示、学术演讲、论文答辩、项目论证、会议演讲、公司介绍等。演讲者可以把演讲的内容以提纲的形式展示给观众，这样可以提高工作效率，起到事半功倍的效果。

项目1　演示文稿的基本操作

项目要点

1）认识 PowerPoint 2010 窗口。

2）创建并保存演示文稿操作。

3）幻灯片的添加、复制、移动、删除等编辑操作。

4）放映幻灯片操作。

技能目标

1）熟悉 PowerPoint 2010 的操作界面，理解演示文稿的基本概念。

2）会使用多种方法新建演示文稿。

3）熟练幻灯片的添加、复制、移动、删除等操作。

4）会保存、打开演示文稿。

5）会使用不同的视图方式浏览演示文稿。

6）会播放幻灯片，会根据播放要求选择播放时鼠标指针的效果、切换幻灯片方式。

任务1　认识 PowerPoint 2010 窗口

与启动 Word 2010 相似，单击“开始”按钮，在打开的“开始”菜单中选择“所有程序”→Microsoft Office→Microsoft Office PowerPoint 2010 命令，即可打开图 6-1 所示的 PowerPoint 2010 普通视图窗口。

从图6-1可以看出，PowerPoint 2010普通视图窗口与Word 2010非常相似，其顶部的菜单栏（功能区）也与Word 2010基本相同，所不同的是Power Point 2010的窗口由“大纲”选项卡、“幻灯片”选项卡和备注窗格组成，幻灯片内容都处在占位符中。

Power Point 2010的普通视图是主要的编辑视图，可用于撰写和设计演示文稿。

1. 普通视图的工作区域

（1）幻灯片窗格

幻灯片窗格显示的是当前幻灯片的大视图，它是编辑幻灯片内容的场所。在幻灯片”窗格中，可以为当前幻灯片添加文本，插入图片、表格、SmartArt 图形、图表、图形对象、文本框、电影、声音、超链接和设置动画等。

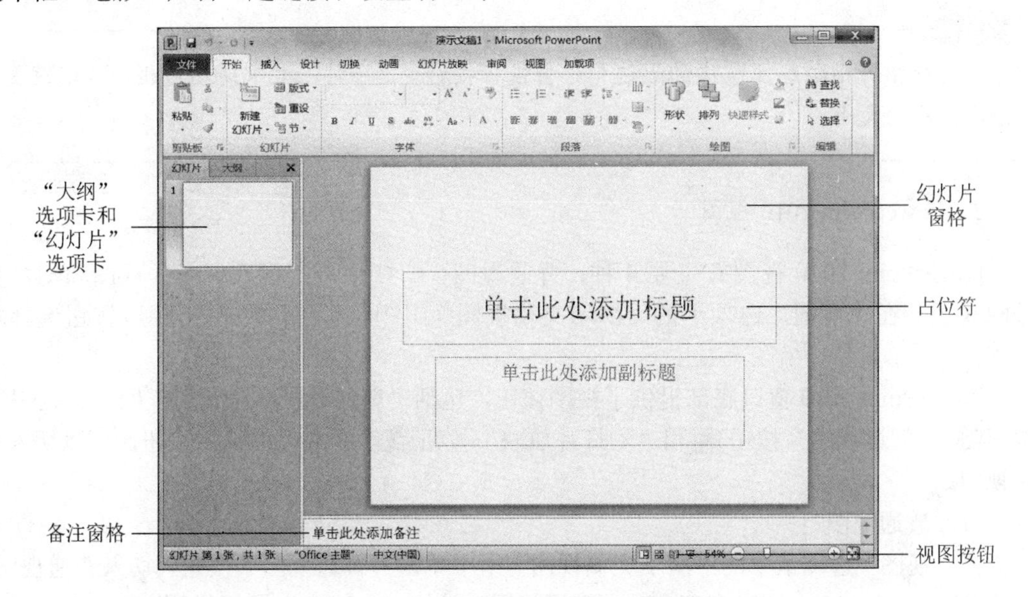

图6-1 PowerPoint 2010普通视图窗口

占位符：幻灯片上的占位符是带有虚线或阴影线边缘的框，绝大部分幻灯片版式中有这种框。在这些框内可以放置标题、正文、图表、表格和图片等。占位符可以像文本框一样进行移动、调整大小或删除。

单击占位符边框，将选中该占位符。按Delete键或使用鼠标右键快捷菜单，均可删除已选中的占位符。

（2）“大纲”选项卡和“幻灯片”选项卡

PowerPoint 2010普通视图的左窗格包含“大纲”选项卡和“幻灯片”选项卡。

1）“大纲”选项卡。此区域是撰写内容的理想场所。在这里可以捕获灵感，计划如何表述它们，并能移动幻灯片和文本。“大纲”选项卡以大纲形式显示幻灯片文本。

2）“幻灯片”选项卡。它显示的是幻灯片窗格中每个完整幻灯片的缩略图。使用缩略图能方便地遍历演示文稿，并观看任何设计更改的效果。在这里还可以轻松地重新排列、添加或删除幻灯片。

注意

鼠标指针指向“大纲”选项卡及“幻灯片”选项卡的窗格与幻灯片窗格的分隔条时，鼠标指针将变为⟛，此时左右拖动⟛可以改变两个窗格的大小，也可以显示或隐藏左窗格。

（3）备注窗格

备注窗格可以为当前幻灯片添加注释，并在放映演示文稿时进行参考。该注释在放映幻灯片时不会出现，可以用作打印形式的参考资料，也可以让观众在网页上看到，或者在演示者视图中查阅。

注意

鼠标指针指向备注窗格的上边框，当鼠标指针变为⇳时，上下拖动边框，可以改变备注窗格的大小。

2. PowerPoint 2010 视图

PowerPoint 2010 视图有主要 4 种：普通视图、幻灯片浏览视图、阅读视图和幻灯片放映视图。在“视图”选项卡的“演示文稿视图”组中，可以通过单击相应按钮选择相应视图。

PowerPoint 2010 窗口底部提供了视图按钮，包括“普通视图”按钮、“幻灯片浏览”按钮、“阅读视图”按钮和“幻灯片放映”按钮，单击这些视图按钮，可以切入相应视图。

（1）普通视图

在“视图”选项卡中的“演示文稿视图”组中单击“普通视图”按钮，切入普通视图；单击 PowerPoint 2010 窗口右下角的“普通视图”按钮，也可切入普通视图。图 6-1 所示就是普通视图。

在备注窗格中输入备注，该窗格位于普通视图中幻灯片窗格的下方。但是如果要以整页格式查看和使用备注，需在“视图”选项卡“演示文稿视图”组中单击“备注页”按钮。该视图分为上、下两部分，上面是幻灯片，下面是一个用于输入备注内容的文本框。

（2）幻灯片浏览视图

在“视图”选项卡的“演示文稿视图”组中单击“幻灯片浏览”按钮，切入幻灯片浏览视图。幻灯片浏览视图是以缩略图形式显示幻灯片的视图。

在幻灯片浏览视图的屏幕上，可以同时看到演示文稿中所有按顺序以缩略图形式排列的幻灯片。此时可以通过鼠标调整幻灯片的次序或进行插入、复制、删除幻灯片等操作。

（3）阅读视图

阅读视图用于用自己的计算机查看演示文稿的效果。如果要更改演示文稿，可随时从阅读视图切换至某个其他视图。

（4）幻灯片放映视图

幻灯片放映视图以全屏方式播放幻灯片，就像实际的演示一样。在此视图中看到的演示文稿就是观众将要看到的效果。用户可以看到在实际演示中，图形、计时、影片、动画效果（给文本或对象添加的特殊视觉或声音效果）和切换效果的状态。

在 PowerPoint 2010 窗口右下角单击“幻灯片放映”按钮，将从当前幻灯片开始放映幻灯片。

若要退出幻灯片放映视图，应按 Esc 键。

> **提示**
>
> 在 PowerPoint 2010 窗口中，通过单击视图按钮，可以在各视图之间进行切换。

任务 2 创建演示文稿

创建演示文稿一般需要以下基本步骤：

1）确定要表达的内容，在纸上写出或打好腹稿，其内容能够真正表达主题。

2）大致安排每张幻灯片的内容：文字、表格、图片、动画，以及各幻灯片之间的链接关系。

3）进入 PowerPoint 2010 环境，创建一个空演示文稿，根据幻灯片的主题和内容选择背景或主题。

4）按照主题及规划的内容制作该演示文稿中的每张幻灯片。

有多种方法可创建新的演示文稿：使用已安装的主题创建演示文稿，根据已安装的样本模板创建新演示文稿，也可以在空白幻灯片上创建演示文稿。

> **注意**
>
> 在创建演示文稿期间，可以随时使用“帮助”功能来获取 PowerPoint 2010 的有关帮助。选择“文件”→“帮助”命令或按 F1 键都可以打开“PowerPoint 帮助”窗口。

1. 使用样本模板创建演示文稿

PowerPoint 2010 模板是可以另存为.potx 文件的若干张幻灯片的图案或蓝图。模板可以包含版式、主题颜色、主题字体、主题效果和背景样式，甚至还可以包含内容。

用户可以创建自己的自定义模板，然后存储、重用它们；也可以获取多种不同类型的 PowerPoint 2010 内置模板。PowerPoint 2010 提供的内置模板包含各种不同主题的演示文稿示例，用户一般都能找到合适的模板。这些模板可以决定演示文稿的设计格式，在完成演示文稿的创建以后添加或修改内容。若模板中的样式都不合适，则可以用空演示文稿从零开始制作演示文稿。

> **提示**
>
> 模板是指一个或多个文件，其中所包含的结构和工具构成了已完成文件的样式和页面布局等元素。可以将模板作为起点，快速而轻松地创建自己的演示文稿。

若要创建基于样本模板的演示文稿，可以选择“文件”→“新建”命令，打开新建演示文稿界面，在“可用的模板和主题”窗格中选择“样本模板”选项。

【任务要求】

利用 PowerPoint 2010 的内置模板创建“powerpoint 2010 简介”演示文稿，并将其保存到 D:\素材\PPT\任务文件夹中。

【操作步骤】

第 1 步：启动 PowerPoint 2010，选择“文件”→“新建”命令，打开新建演示文稿界面，如图 6-2 所示。

第 2 步：在“可用的模板和主题”窗格中选择“样本模板”选项，打开“样本模板”列表，如图 6-3 所示。

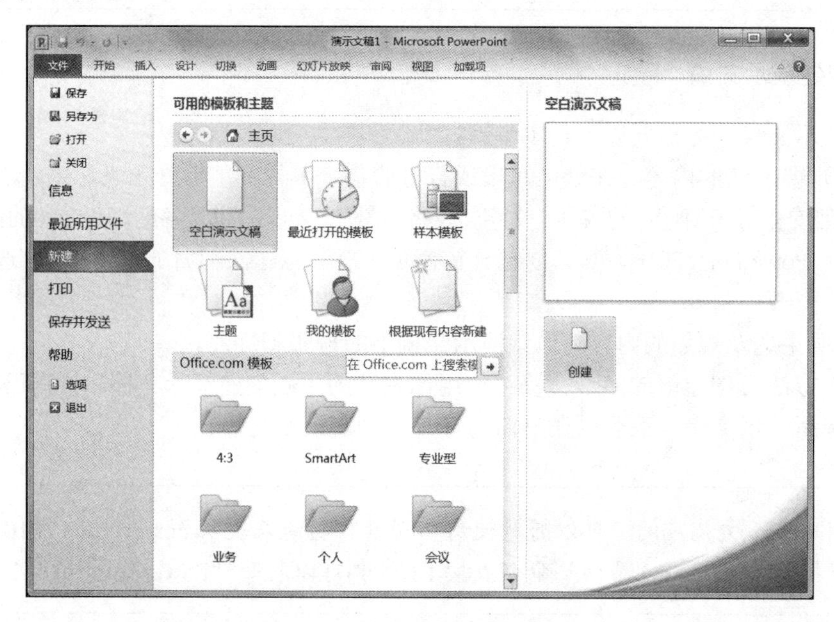

图 6-2　新建演示文稿窗口

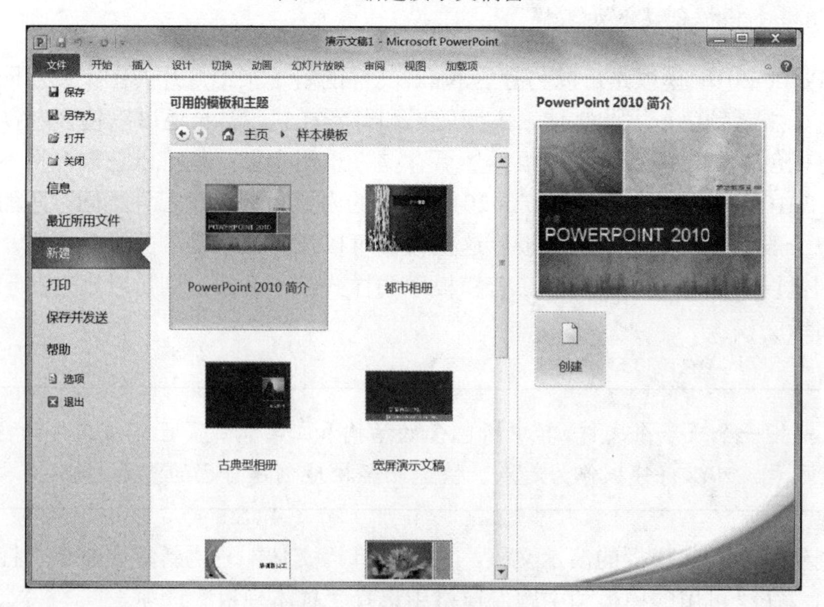

图 6-3　“样本模板”列表

第 3 步：选择所要创建演示文稿的模板，这里选择“Power Point 2010 简介”。

第 4 步：单击“创建”按钮，即可创建应用该模板的演示文稿，并默认“幻灯片”选项卡显示第 1 张幻灯片，如图 6-4 所示。

第 5 步：单击“保存”按钮，弹出图 6-5 所示的“另存为”对话框，选择保存位置为 D:\素材\PPT\任务，在“文件名”文本框中输入“powerpoint 2010 简介”，单击“保存”按钮，则该演示文稿即以“powerpoint 2010 简介.pptx”为文件名保存在 D:\素材\PPT\任务文件夹中。

图 6-4　应用“PowerPoint 2010 简介”样本模板的演示文稿

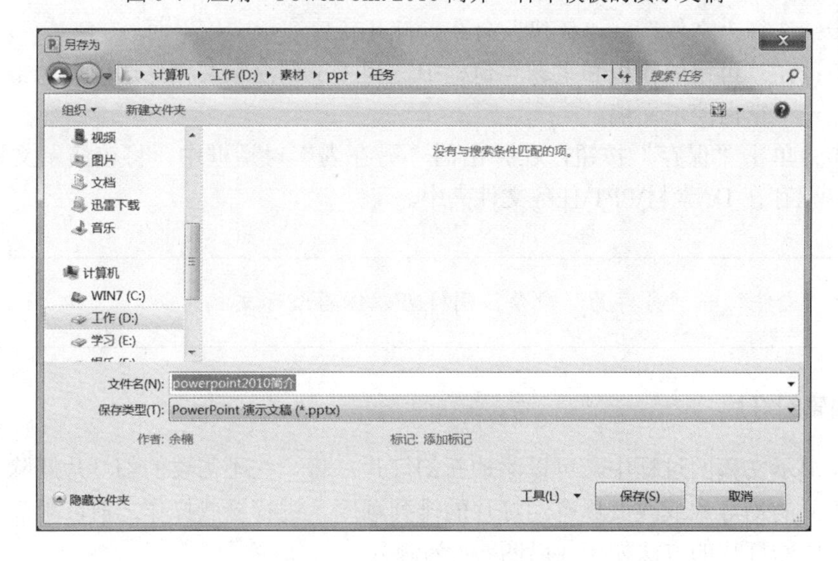

图 6-5　“另存为”对话框

知识扩展

PowerPoint 2010 的文件格式有以下几种：

1）.pptx：Office PowerPoint 2010 演示文稿。

2）.potx：作为模板的演示文稿，可用于对将来的演示文稿进行格式设置。

3）.ppt：可以在早期版本的 PowerPoint（从 97 版到 2003 版）中打开的演示文稿。

4）.pot：可以在早期版本的 PowerPoint（从 97 版到 2003 版）中打开的模板。

5）.pps：始终在幻灯片放映视图而不是普通视图中打开的演示文稿。

6）.sldx：独立幻灯片文件。

提示

利用 PowerPoint 2010 的内置模板自动生成演示文稿后，用户可以根据需要输入文本内容，取代那些自动生成的模型文本。

2. 建立空白演示文稿

默认情况下，PowerPoint 2010 启动时将空白演示文稿模板应用于新演示文稿。

空白演示文稿是 PowerPoint 2010 中最简单、最普通的模板。首次开始使用 PowerPoint 2010 时，空白演示文稿是一种很好的模板，因为它比较简单且可以适用于多种演示文稿类型。

【任务要求】

建立空白演示文稿，以 kong.pptx 为文件名保存到 D:\素材\PPT\任务文件夹中。

【操作步骤】

第 1 步：选择“文件”→“新建”命令，打开新建演示文稿界面。

第 2 步：在“可用的模板和主题”窗格中选择“空白演示文档”选项，单击“创建”按钮，创建一个空白演示文稿。

第 3 步：单击“保存”按钮，在弹出的“另存为”对话框中，将该演示文稿命名为 kong.pptx，保存在 D:\素材\PPT\任务文件夹中。

提示

选择“文件”→“另存为”命令，同样可以保存演示文稿。

任务 3　编辑幻灯片

在制作演示文稿的过程中，可以添加新幻灯片，将一些不需要的幻灯片删除，也可以复制一张相同的幻灯片或改变原有幻灯片的排列顺序。进行这些操作之前，都需要先选中幻灯片。选中幻灯片的方法如下（以图 6-4 为例）：

1）选中单张幻灯片：单击欲选幻灯片缩略图，可选中该幻灯片。

2）选中连续多张幻灯片：单击一张幻灯片缩略图，按住 Shift 键，再单击要选中的最后一张幻灯片缩略图。

3）选中非连续多张幻灯片：按住 Ctrl 键，依次单击需要选中的幻灯片缩略图。

1. 添加新幻灯片

PowerPoint 2010 允许用户向演示文稿中插入新幻灯片，新添加的幻灯片放在当前幻灯片之后。

在插入新幻灯片时，PowerPoint 2010 提供了多种自动版式（缩略图）供用户选择。添加新幻灯片的方法如下：

方法 1：选中幻灯片插入位置，在“开始”选项卡的“幻灯片”组中单击“新建幻灯片”按钮，即可在选中幻灯片后插入一张新的幻灯片（与选中的幻灯片版式相同）。

方法 2：选中幻灯片插入位置后，在“开始”选项卡的“幻灯片”组中单击“新建幻灯片”下拉按钮，在打开的下拉列表中选择一个幻灯片缩略图或选择“重用幻灯片”选项。

方法 3：右击已选中的某张幻灯片，在弹出的快捷菜单中选择“新建幻灯片”命令。

2. 复制和粘贴幻灯片

在 PowerPoint 中，可以将一张或多张幻灯片从一个演示文稿复制到同一演示文稿的某一位置，或复制到其他演示文稿，可以指定新幻灯片的主题。

复制和粘贴幻灯片的方法如下：

1）选中要复制的幻灯片。

2）右击已选中的幻灯片，在弹出的快捷菜单中选择“复制”命令。

3）在目标演示文稿中的“幻灯片”选项卡中选中复制幻灯片插入点前面的幻灯片，右击，在弹出的快捷菜单中选择“粘贴”命令。

提示

要保留复制的幻灯片的原始设计，需要单击“粘贴”选项中的“保留源格式”按钮。

3. 更改幻灯片的顺序

更改幻灯片的顺序是指将一张或多张幻灯片从一个位置移动到同一演示文稿的另一位置。

更改幻灯片的顺序的方法：选中要移动的幻灯片，将它们拖动到新位置即可。

提示

利用“剪切”幻灯片，然后定位幻灯片移动的位置，再“粘贴”，也可以实现移动幻灯片的操作。

4. 删除幻灯片

删除幻灯片是指将一张或多张幻灯片从演示文稿中删除。

删除幻灯片的方法：右击要删除的幻灯片，在弹出的快捷菜单中选择“删除幻灯片”

命令即可。

【任务要求】

打开 D:\素材\PPT\任务\信息大赛.pptx，完成如下操作：

1）在第 3 张幻灯片后插入一张空白幻灯片。

2）在第 4 张幻灯片后插入 D:\素材\PPT\任务\SC5-1.pptx 的第 2 张幻灯片，并保留源格式。

3）将第 8 张幻灯片移动到第 9 张幻灯片之后。

4）将第 3 张幻灯片复制到最后。

5）删除第 10 张和第 11 张幻灯片。

【操作步骤】

第 1 步：选中幻灯片。打开 D:\素材\PPT\任务\信息大赛.pptx，在“幻灯片”选项卡中单击要插入新幻灯片之前的幻灯片，这里选中第 3 张幻灯片，如图 6-6 所示。

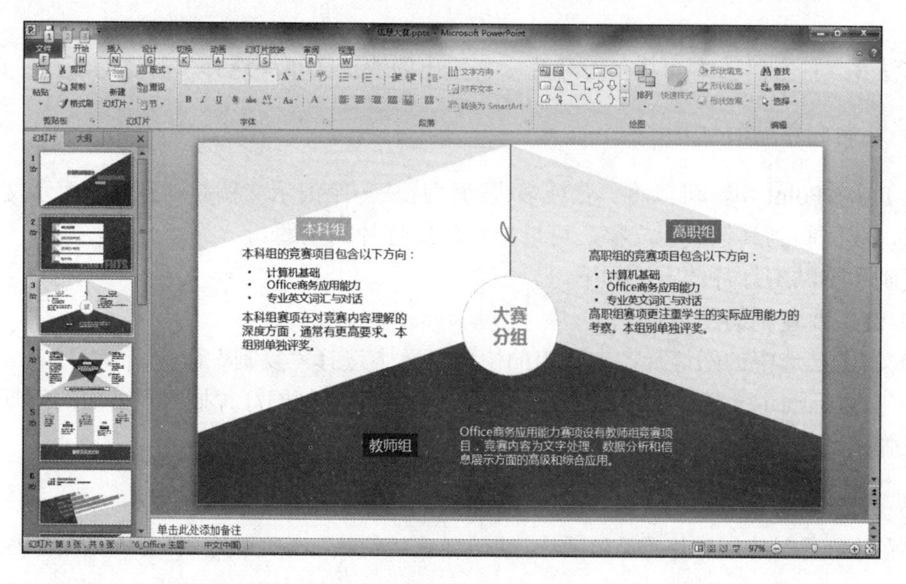

图 6-6　选定第 3 张幻灯片

第 2 步：插入新幻灯片。在“开始”选项卡的“幻灯片”组中单击“新建幻灯片”按钮，便插入一张与选中幻灯片具有相同布局的空幻灯片。

> **提示**
>
> 右击第 3 张幻灯片，在弹出的快捷菜单中选择“新建幻灯片”命令，也可以插入一张与选中幻灯片具有相同布局的空幻灯片。

在“开始”选项卡的“幻灯片”组中单击“新建幻灯片”下拉按钮，在打开的下拉列表中包含了新建幻灯片版式库，显示了各种可用幻灯片布局的缩略图，如图 6-7 所示。缩略图名称标示了为新幻灯片设计每个布局的内容，显示彩色图标的占位符可以包含文本或对象，用户可以单击图标自动插入对象，如 SmartArt 图形和剪贴画等。单击新幻灯片所需的布局，便可将该布局应用到新幻灯片中。

第 3 步：插入来自其他演示文稿的幻灯片。选中第 4 张幻灯片，在“开始”选项卡的“幻灯片”组中单击“新建幻灯片”下拉按钮，在打开的下拉列表中选择“重用幻灯片”选项，即在窗口右侧打开“重用幻灯片”窗格，单击“浏览”按钮，选择“D:\素材\PPT\任务\SC5-1.pptx”，如图 6-8 所示。

图 6-7　新建幻灯片版式库

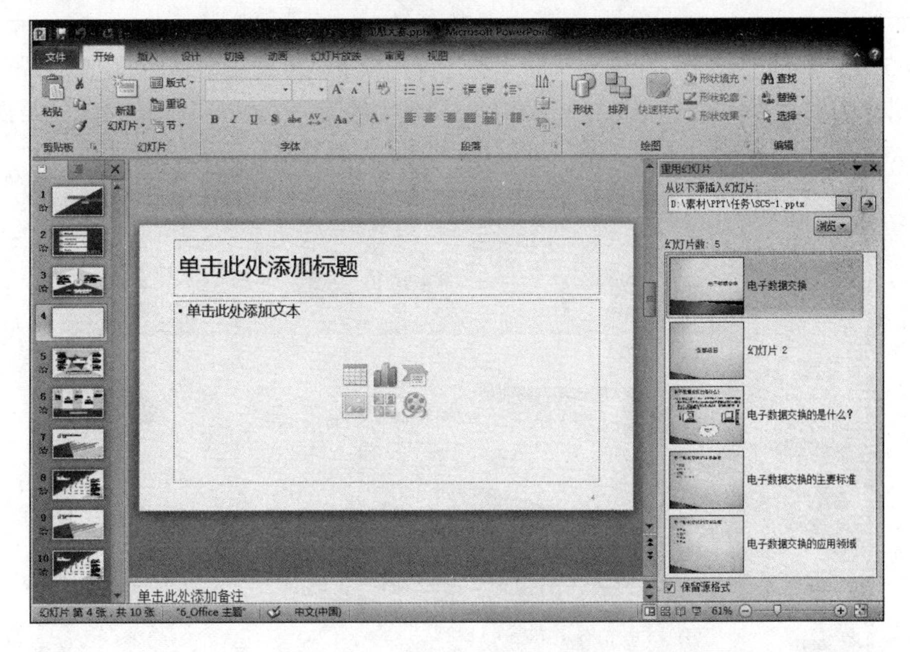

图 6-8　“重用幻灯片”窗格

第 4 步：勾选“保留源格式”复选框，只需单击第 2 张幻灯片，便可将其插入在第 4 张幻灯片之后，如图 6-9 所示。

单击“重用幻灯片”窗格中的“关闭”按钮，关闭“重用幻灯片”窗格。

图 6-9　新插入的幻灯片

提示

也可用复制的方法将需要插入的幻灯片添加进去。

第 5 步：移动幻灯片。在图 6-9 的“幻灯片选项卡”中选中要移动的幻灯片，这里选中第 8 张幻灯片，按住鼠标左键上下拖动，拖动时出现的一个水平长条的直线就是插入点，将插入点定位在第 9 张幻灯片之后，如图 6-10 所示，放开鼠标，完成移动。

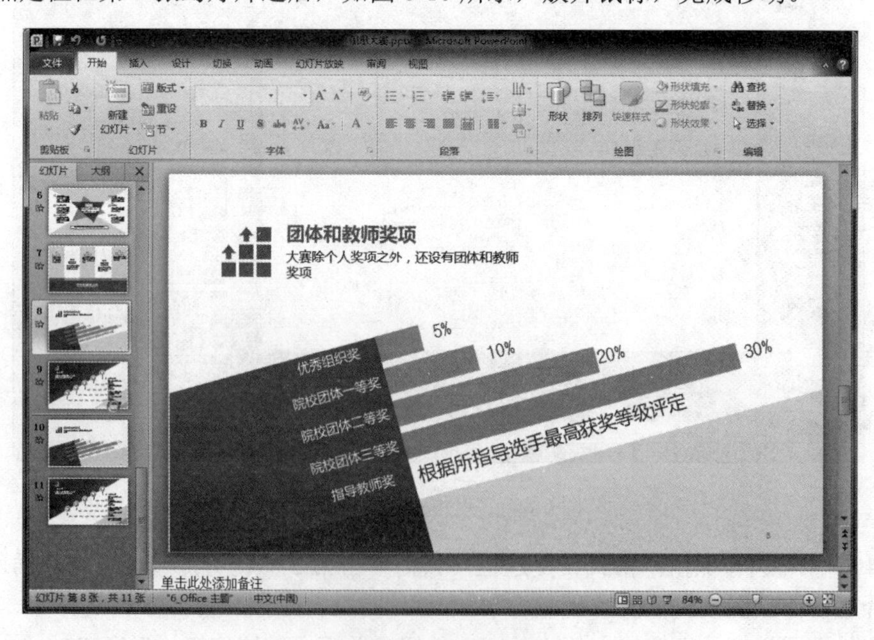

图 6-10　移动幻灯片

提示

选中幻灯片，用剪切和粘贴方法也可以实现幻灯片的移动操作。

第 6 步：复制幻灯片。选中要复制的第 3 张幻灯片（源幻灯片），右击，在弹出的快捷菜单中选择“复制”命令，将鼠标指针移到到要粘贴的位置（目标位置），这里选中最后一张幻灯片，即第 11 张幻灯片，右击，在弹出的快捷菜单中选择“粘贴”命令，则将第 3 张幻灯片复制到最后，成为第 12 张幻灯片。

第 7 步：删除幻灯片。选中要删除的幻灯片，这里选中第 10 张幻灯片，按住 Shift 键，单击第 11 张幻灯片，即可同时选中第 10 张和第 11 张幻灯片，按 Delete 键直接删除（或右击，在弹出的快捷菜单中选择“删除幻灯片”命令，完成删除操作）。

第 8 步：单击“保存”按钮，保存文件，退出 PowerPoint 2010。

提示

利用“剪切”按钮也可以删除已选中的幻灯片。删除幻灯片后，其后的幻灯片将自动向前排列。

任务 4 放映幻灯片

幻灯片放映是向观众放映演示文稿。幻灯片放映视图会占据整个计算机屏幕，这与观众在大屏幕上看到的演示文稿效果完全一样，此时可以看到图形、计时、电影、动画效果和切换效果在实际演示中的具体效果。

在“幻灯片放映”选项卡的“开始放映幻灯片”组中单击相应放映按钮或单击演示文稿窗口右下角的“幻灯片放映”按钮都可以放映幻灯片。

【任务要求】

打开 D:\素材\PPT\任务\信息大赛.pptx，完成如下操作：

1）播放演示文稿“信息大赛.pptx”。

2）在幻灯片之间切换：转到下一张幻灯片、转到上一张幻灯片、转到指定的第 7 张幻灯片。

3）改变鼠标指针为红色笔。

4）结束放映。

【操作步骤】

第 1 步：打开“信息大赛.pptx”演示文稿，单击演示文稿窗口右下角的“幻灯片放映”按钮，或在“幻灯片放映”选项卡的“开始放映幻灯片”组中单击“从头开始”按钮，开始放映幻灯片。

按 Space 键、Enter 键或单击将转到下一张幻灯片；右击，在弹出的快捷菜单中选择“下一张”命令，也将转到下一张幻灯片。按 Backspace 键或右击播放的幻灯片，在弹出的快捷菜单中选择“上一张”命令，将转到上一张幻灯片。

第 2 步：转到指定的幻灯片。右击，在弹出的快捷菜单中选择“定位至幻灯片”命令，打开图 6-11 所示的幻灯片编号及标题，选择所需的第 7 张幻灯片，将转到指定的第 7 张幻灯片。

第 3 步：改变鼠标指针。右击当前播放画面，在弹出的快捷菜单中选择“指针选项”→“笔”命令，如图 6-12 所示，便将鼠标指针设置为“笔”。

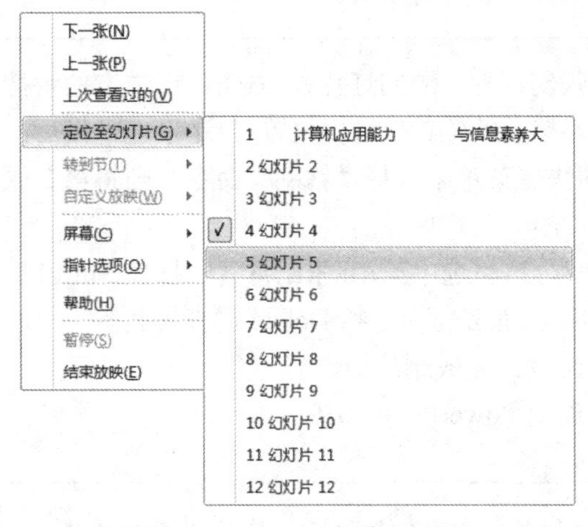

图 6-11　幻灯片编号及标题

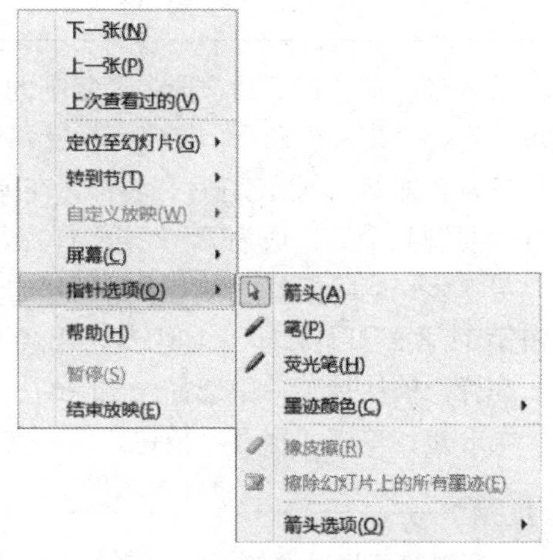

图 6-12　“指针选项”级联菜单

提示

将鼠标指针设置为“笔”或“荧光笔”后，就可以使用鼠标左键在放映的幻灯片上涂画，此时只能用键盘或鼠标右键播放幻灯片。

第 4 步：改变墨迹颜色。在图 6-12 所示的快捷菜单中选择“指针选项”→“墨迹颜色”命令，打开图 6-13 所示的鼠标指针“墨迹颜色”级联菜单，选择“红色”颜色块。

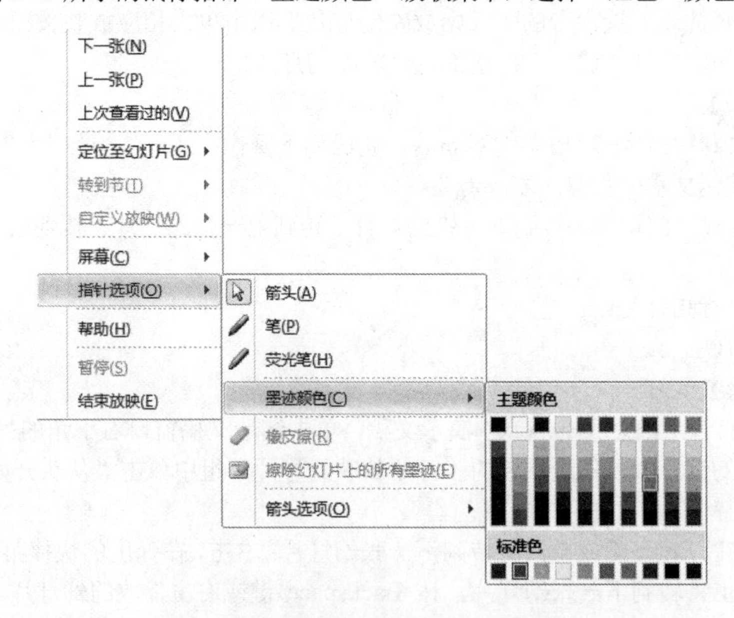

图 6-13　鼠标指针“墨迹颜色”级联菜单

第 5 步：在播放幻灯片时，按 Esc 键或右击，在弹出的快捷菜单中选择“结束放映”命令，将结束幻灯片放映。

提示

结束幻灯片放映时，系统将提示用户“是否保留墨迹注释？”，若选择保留，系统将保存该墨迹所形成的图形。

项目小结

在 PowerPoint 2010 中，可以使用文本、图形、照片、视频、动画和更多方法来设计具有视觉震撼力的演示文稿。创建、保存、打开、关闭演示文稿，是使用 PowerPoint 2010 的基础。

普通视图是主要的编辑视图，各种视图间可以切换。

要会对幻灯片进行添加、复制、移动、删除等编辑操作。

会灵活运用演示文稿的放映技巧。

项目训练

1．利用 PowerPoint 2010 的内置模板创建“小测验短片”演示文稿，以 XCY.pptx 为文件名保存到自己的学号文件夹中。

2．打开 D:\素材\PPT\项目训练\LX61-01.pptx，完成如下操作：

（1）在第 3 张幻灯片后插入一张“标题和内容”幻灯片。

（2）在第 4 张幻灯片后插入素材文件 D:\素材\PPT\任务\SC5-1.pptx 的第 3 张幻灯片。

（3）删除第 6 张和第 7 张幻灯片。

（4）复制第 3 张幻灯片，并将其副本放置到最后。

（5）将第 8 张幻灯片移到第 7 张幻灯片之前。

3．打开 D:\素材\PPT\项目训练\LX61-02.pptx，完成如下操作：

（1）在放映期间练习转到下一张幻灯片、转到上一张幻灯片、转到指定的幻灯片。

（2）切换到白屏。

（3）改变鼠标指针“墨迹颜色”为“蓝色”。

（4）结束播放时保存墨迹注释。

项目 2　修饰幻灯片

项目要点

1）添加或编辑文本操作。

2）添加图片操作。

3）添加图表操作。

4）添加 SmartArt 图形操作。

5）添加声音、视频操作。

6）添加日期和编号操作。

技能目标

1）熟练添加文字，设置文字、复制文字格式。

2）熟练插入、编辑图形、剪贴画、图表、艺术字等对象。

3）会在幻灯片中插入图片、音频、视频等外部对象。

4）会在幻灯片中建立表格与图表。

任务1 添加文本

在幻灯片中，只能将文本添加到幻灯片的占位符、形状、文本框等区域中。

1. 添加文本框

文本框是一种可移动、可调整大小的文字或图形容器。使用文本框，可以在一页上放置数个文字块，或使文字按与文档中其他文字不同的方向排列。使用文本框可将文本放置在幻灯片上的任何位置。例如，可以将文本框放置在图片旁来为图片添加标题。

（1）添加文本框

在幻灯片上添加文本框的操作方法如下：

1）在“插入”选项卡的“文本”组中单击“文本框”下拉按钮，在打开的下拉列表中选择“横排文本框”或“垂直文本框”选项。

2）在幻灯片上拖动鼠标指针，绘制文本框。

3）单击文本框内容处，在文本框中出现插入点，此时可以在文本框中直接输入或粘贴文本，也可以编辑文本。

（2）选中文本框

如果要删除、移动或复制文本框，则需要先选中文本框。选中文本框的方法如下：

1）单击文本框的边框，在文本框四周则会出现句柄，表示选中了该文本框。

2）按住 Ctrl 键，再单击其他文本框，可以选中多个文本框。

注意

文本框及文本的编辑、格式设置方法与 Word 2010 中的相关操作相同。

2. 在占位符中添加正文或标题文本

幻灯片版式包含以各种形式组合的文本和对象（表、图表、图等）占位符，可以在文本和对象占位符中输入标题、副标题和正文文本。

要在幻灯片上的占位符中添加正文或标题文本，需要在文本占位符中单击，然后输入或粘贴文本即可。

提示

输入文本时，PowerPoint 2010 会自动将超出占位符宽度的部分换到下一行，而按 Enter 键则开始新自然段文本行的输入。如果文本的大小超过占位符的大小，PowerPoint 2010 会在用户输入文本时以递减方式减小字体大小和行间距，以使文本适应占位符的大小。

3. 将文本添加到形状中

可以在正方形、圆形、批注框和箭头总汇等形状中输入文本。在形状中输入文本时，文本会附加在形状上并随形状一起移动和旋转。

1）添加作为形状组成部分的文本：应先选中形状，然后输入或粘贴文本。

2）添加独立于形状的文本：应先添加一个文本框，然后输入或粘贴文本。

【任务要求】

打开 D:\素材\PPT\任务\信息大赛.pptx，完成如下操作：

1）将第 1 张幻灯片的标题设置为“华文琥珀”；将标题占位符边框设置为黄色双线，线宽“4.5 磅”，填充色设置为主题颜色“灰色-25%，背景 2”。

2）在第 4 张幻灯片中删除“内容”占位符；在标题占位符中输入“注意”，添加横排文本框，并输入“区分组别”，设置其字号为 32。

【操作步骤】

第 1 步：打开“D:\素材\PPT\任务\信息大赛.pptx”。

第 2 步：设置字体。在“幻灯片选项卡”中选中第 1 张幻灯片，则幻灯片标志反白显示。在幻灯片窗格中选中标题占位符，在“开始”选项卡的“字体”组中单击“字体”下拉按钮，在打开的下拉列表中选择“华文琥珀”选项，完成标题字体格式设置。

提示

在“开始”选项卡的“字体”组中单击对话框启动器按钮，弹出“字体”对话框，如图 6-14 所示，在该对话框中也可以进行字体格式的相关设置。

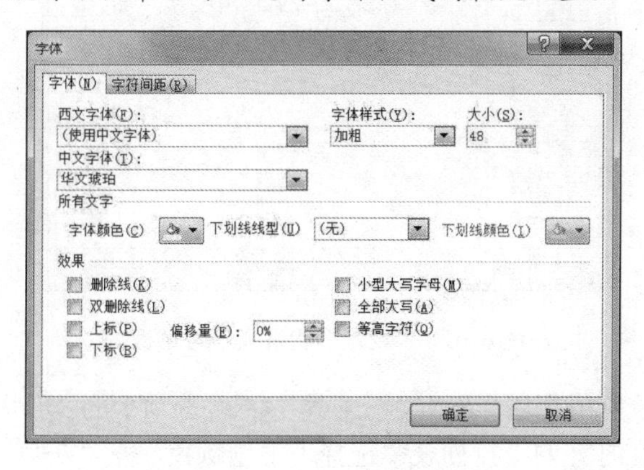

图 6-14 “字体”对话框

第 3 步：设置占位符边框颜色。选中标题外框，在“绘图工具-格式”选项卡“形状样式”组中单击“形状轮廓”下拉按钮，如图 6-15 所示，在打开的下拉列表中选择“标准色”→“黄色”色块。

第 4 步：设置占位符边框线条形状及宽度。在“绘图工具-格式”选项卡的“形状样式”组中单击“形状轮廓”下拉按钮，在打开的下拉列表中选择“粗细”→“其他线条”选项，弹出“设置形状格式”对话框，如图 6-16 所示。在“线型”选项卡中单击“复合类型”下拉按钮，在打开的下拉列表中选择“双线”选项，设置宽度为“4.5 磅”，单击“关闭”按钮。

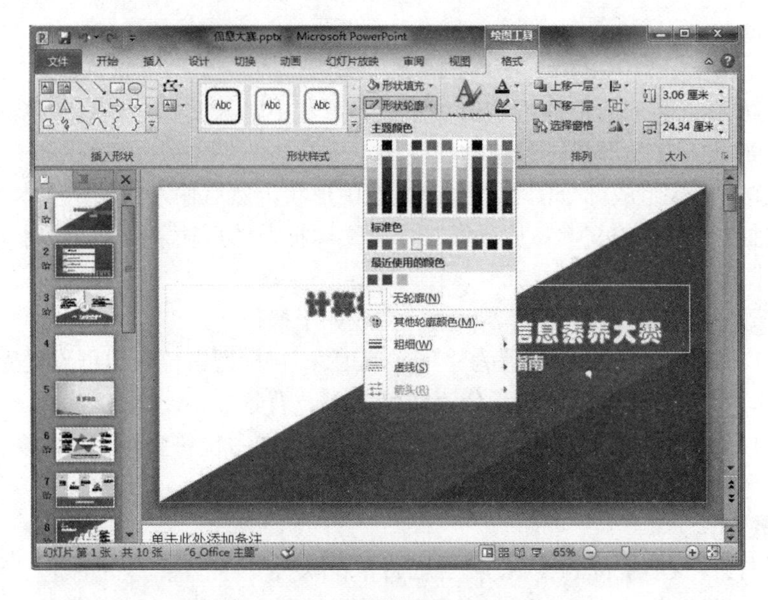

图 6-15　“形状轮廓”下拉列表

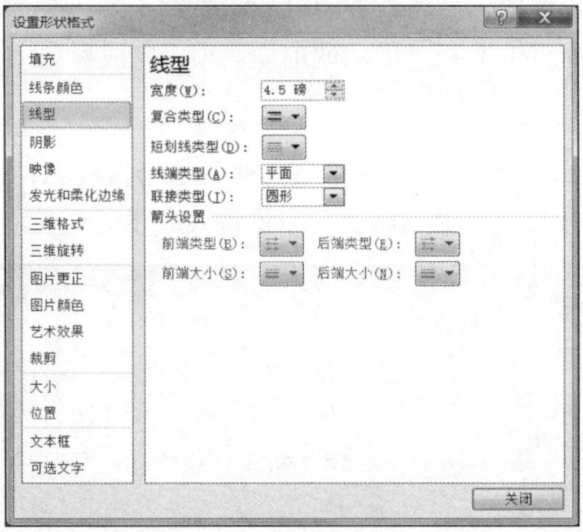

图 6-16　“设置形状格式”对话框

第 5 步：设置占位符填充色。在“绘图工具-格式”选项卡的“形状样式”组中单击“形状填充”下拉按钮，在打开的下拉列表中选择“主题颜色”→“灰色-25%，背景 2”选项，完成标题占位符填充色的设置，效果如图 6-17 所示。

第 6 步：删除占位符。选中第 4 张幻灯片，选择“内容”占位符，按 Delete 键。

第 7 步：在标题占位符中输入文字。选中第 4 张幻灯片，选择“标题”占位符，输入“注意”。

第 8 步：添加文本框。选中第 4 张幻灯片，在“插入”选项卡的“文本”组中单击“文本框”下拉按钮，在打开的下拉列表中选择“横排文本框”选项，在幻灯片上拖动鼠标指针，绘制文本框，输入“区分组别”。选中文本框，在“开始”选项卡的“字体”组中单击“字号”下拉按钮，选择 32 选项，完成设置。

第 9 步：单击“保存”按钮，保存文件，退出 PowerPoint 2010。

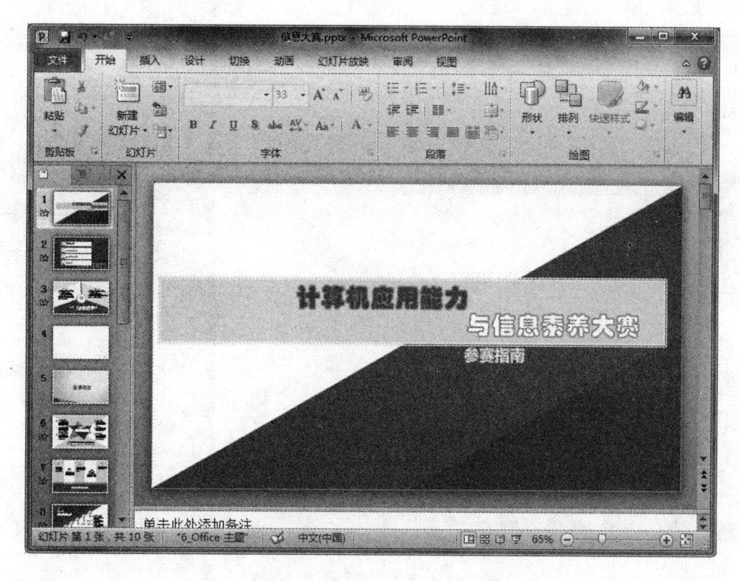

图 6-17 标题占位符填充色设置效果

通过“绘图工具-格式”选项卡还可以对所选对象的大小、排列等进行相关设置。

任务 2 添加图片

在幻灯片中插入图片可以使幻灯片内容更加形象生动。这里的图片是广义的，可以来自文件、剪贴画、形状，也可以来自扫描仪或数码照相机。

在“插入”选项卡的“图像”组中单击相关的插图按钮，可以向幻灯片中添加图片、剪贴画等内容；单击“屏幕截图”下拉按钮，可以插入使用屏幕剪辑工具选择窗口的一部分。

选中图片后，可以单击“绘图工具-格式”选项卡的相关组中的按钮，对图片大小、对比度、样式等进行设置。

【任务要求】

打开 D:\素材\PPT\任务\信息大赛.pptx，完成如下操作：

1）在第 4 张幻灯片中插入剪贴画“conputer，conputer，females…”，设置剪贴画的高度为“4 厘米”。

2）在第 4 张幻灯片中插入图片 D:\素材\PPT\任务\TU6-1.jpg，删除图片背景，调整大小，并移动到合适的位置。

【操作步骤】

第 1 步：打开 D:\素材\PPT\任务\信息大赛.pptx，选中第 4 张幻灯片。

第 2 步：插入剪贴画。在“插入”选项卡的“插图”组中单击“剪贴画”按钮，打开“剪贴画”窗格，如图 6-18 所示，单击“搜索”按钮。在“剪贴画”窗格中找到并单击剪贴画“conputer，conputer，females…”，即可插入该剪贴画，再将其移动到合适的位置。

此时，“剪贴画”窗格仍为打开状态，可以继续插入其他的剪贴画。当所需的剪贴画插入完毕后，关闭“剪贴画”窗格。

图 6-18 “剪贴画”窗格

第 3 步：设置剪贴画格式。单击选中已插入的剪贴画，在“图片工具-格式”选项卡的“大小”组的“高度”数值框中输入“4 厘米”，则剪贴画高度被设置为“4 厘米”。

第 4 步：插入来自文件的图片。在“插入”选项卡的“图像”组中单击“图片”按钮，弹出“插入图片”对话框，选择路径 D:\素材\PPT\任务，选择要插入的图片文件 TU6-1.jpg，单击“插入”按钮，图片即被插入第 4 张幻灯片中。

第 5 步：删除背景。选中图片，在“图片工具-格式”选项卡的“调整”组中单击“删除背景”按钮，背景颜色会变为梅红色。然后，在“背景消除”选项卡的“关闭”组中单击“保留更改”按钮，完成背景删除操作，如图 6-19 所示。

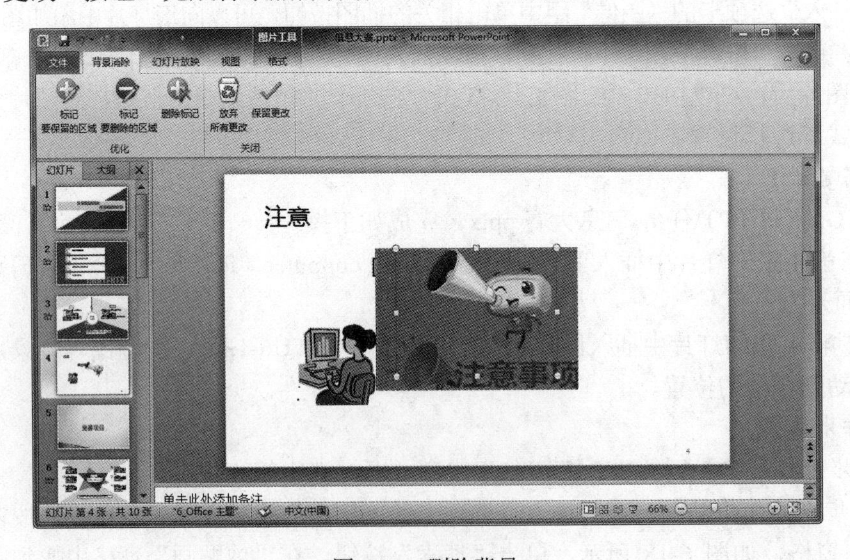

图 6-19 删除背景

第 6 步：使用鼠标调整图片尺寸和位置，单击“保存”按钮，保存文件，退出 PowerPoint 2010。

注意

在“图片工具-格式”选项卡的“大小”组中单击对话框启动器按钮，弹出如图 6-20 所示的“设置图片格式”对话框，在该对话框可以设置图片、图形、剪贴画等的大小、旋转、位置、填充等。

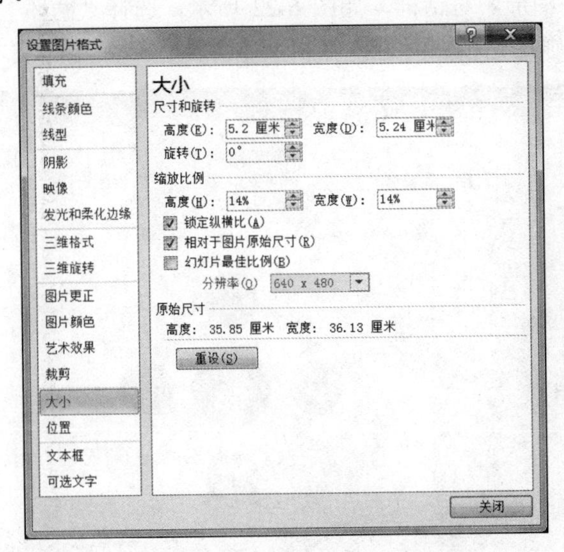

图 6-20　“设置图片格式”对话框

提示

在“插入”选项卡的“图像”组中单击“相册”按钮，能够创建相册。相册也是 PowerPoint 演示文稿。

任务 3　创建 SmartArt 图形

SmartArt 图形是信息的视觉表示形式。可以通过从多种不同布局中进行选择来创建 SmartArt 图形，从而快速、轻松、有效地传达信息。

通过使用 SmartArt 图形，可以创建组织结构图并将其包括在工作表、演示文稿或 Word 文档中。组织结构图以图形方式表示组织的管理结构，一般包括一个组织的主要成员和从属关系。

要轻松快捷地创建组织结构图，可以在组织结构图中输入或粘贴文本，然后让这些文本自动定位和排列。使用 SmartArt 图形和其他新功能只需单击几下鼠标，即可创建具有设计师水准的插图。

1. 创建组织结构图

【任务要求】

打开 D:\素材\PPT\任务\信息大赛.pptx，删除第 5 张幻灯片的文本框，在第 5 张幻灯片上建立一个有关竞赛项目的“射线循环”组织结构图，效果如图 6-21 所示。

【操作步骤】

第 1 步：打开 D:\素材\PPT\任务\信息大赛.pptx，选中第 5 张幻灯片。

第 2 步：删除文本框。选中文本框“竞赛项目”，按 Delete 键，完成删除操作。

第 3 步：插入 SmartArt 图形。在“插入”选项卡的“插图”组中单击 SmartArt 按钮，弹出“选择 SmartArt 图形”对话框，如图 6-22 所示，选择“循环”选项卡，选择“射线循环”图形，单击“确定”按钮，进入输入文本界面，输入相应文本。

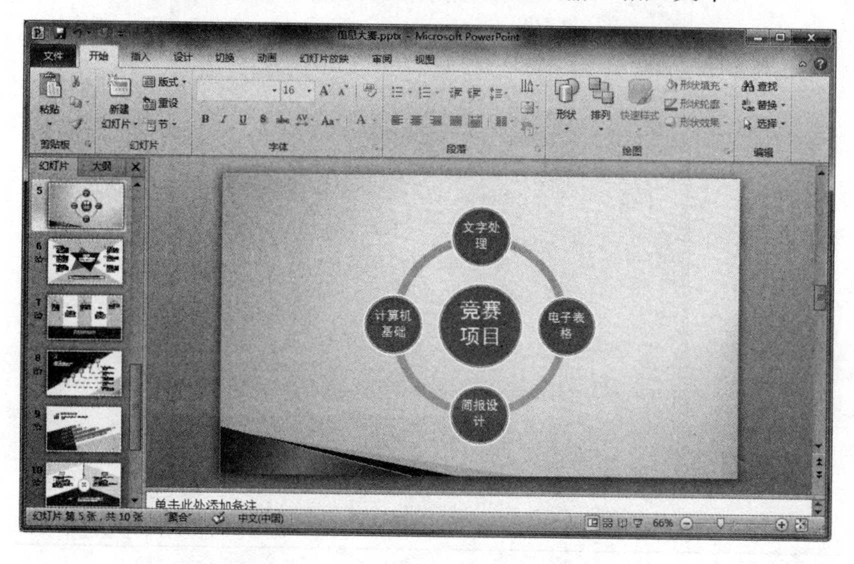

图 6-21 “射线循环”组织结构图

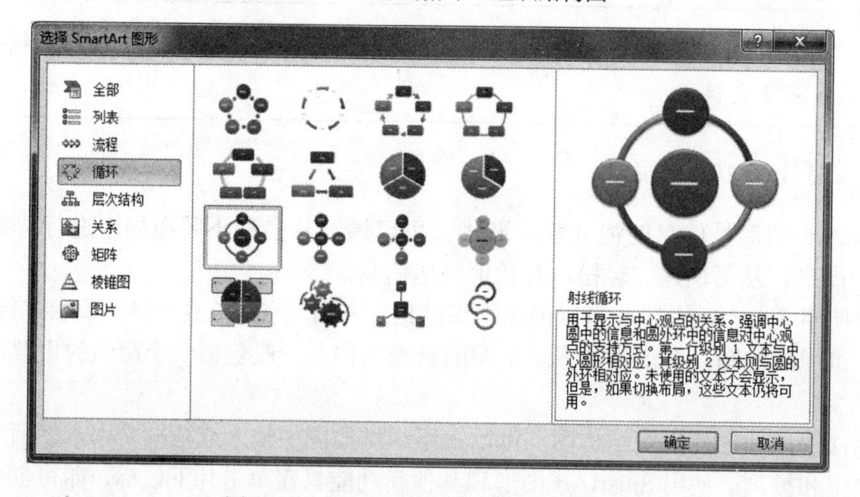

图 6-22 “选择 SmartArt 图形”对话框

注意

如果看不到文本窗格，则单击 SmartArt 图形。在“SmartArt 工具-设计”选项卡的“创建图形”组中单击“文本窗格”按钮（切换键）即可。

第 4 步：单击“保存”按钮，保存文件，退出 PowerPoint 2010。

2. 向组织结构图添加形状

【任务要求】

打开 D:\素材\PPT\任务\信息大赛.pptx，更改第 5 张幻灯片中的组织结构图，添加 2 个形状，最终设置效果如图 6-23 所示。

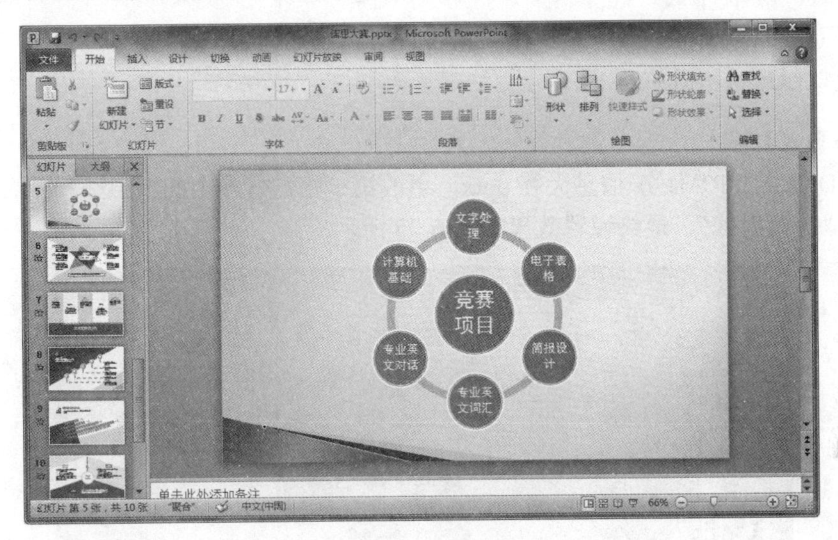

图 6-23　最终设置效果

【操作步骤】

第 1 步：打开 D:\素材\PPT\任务\信息大赛.pptx，选中第 5 张幻灯片。

第 2 步：在所选框的同一级别插入一个框。选中要向其添加形状的 SmartArt 图形中最接近新形状添加位置的现有形状的框“简报设计”，在“SmartArt 工具-设计”选项卡的“创建图形”组中单击“添加形状”下拉按钮，在打开的下拉列表中选择“在后面添加形状”选项，将添加同级别的形状，然后输入“专业英文词汇”，如图 6-24 所示。

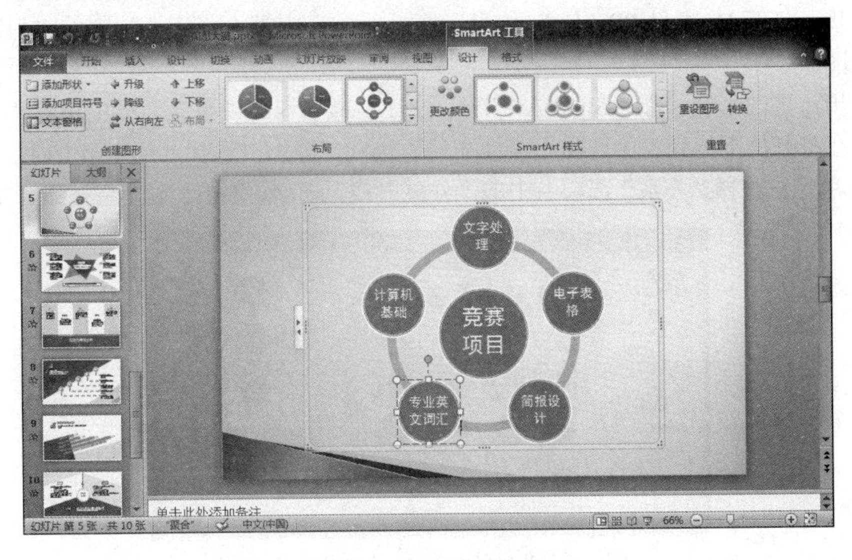

图 6-24　添加形状效果

第 3 步：重复第 2 步的操作，再添加 1 个同级别的形状，然后输入“专业英文对话”。

第 4 步：单击“保存”按钮，保存文件，退出 PowerPoint 2010。

选中某个 SmartArt 形状，按 Delete 键，将删除被选中的形状。

3. 更改组织结构图布局

【任务要求】

打开 D:\素材\PPT\任务\信息大赛.pptx，更改第 5 张幻灯片中的组织结构图布局为“关系”中的“分离射线”，最终设置效果如图 6-25 所示。

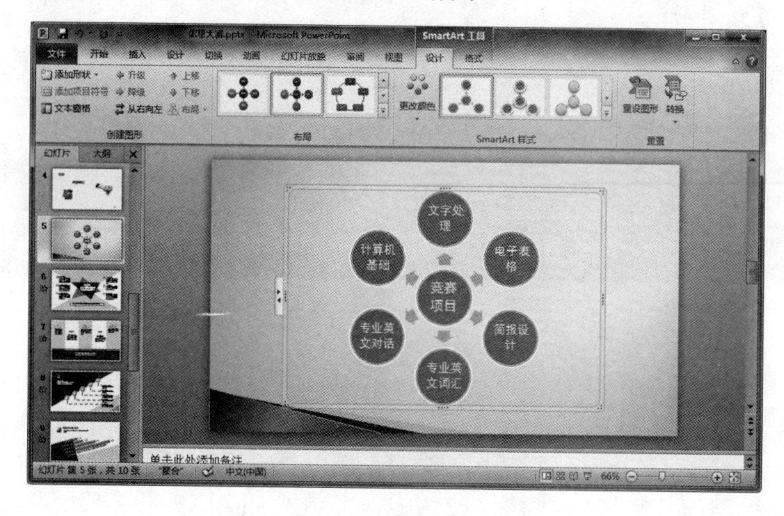

图 6-25 最终设置效果

【操作步骤】

第 1 步：打开 D:\素材\PPT\任务\信息大赛.pptx，选中第 5 张幻灯片中的“射线循环”组织结构图。

第 2 步：更改形状。在“SmartArt 工具-设计”选项卡的“布局”组中单击“其他”下拉按钮，在打开的下拉列表中选择“其他布局”选项，弹出“选择 SmartArt 图形”对话框，如图 6-26 所示，选择“关系”选项卡中的“分离射线”选项，单击“确定”按钮，完成操作。

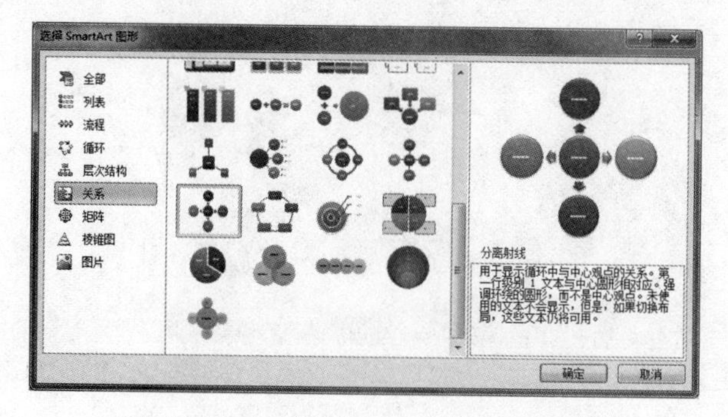

图 6-26 “选择 SmartArt 图形”对话框

第 3 步：单击“保存”按钮，保存文件，退出 PowerPoint 2010。

4. 向组织结构图应用 SmartArt 样式

SmartArt 样式是线型、棱台或三维等各种效果的组合，可应用于 SmartArt 图形中的形状，以创建独特且具专业设计效果的外观。

【任务要求】

打开 D:\素材\PPT\任务\信息大赛.pptx，更改第 5 张幻灯片中的组织结构图样式为“卡通”，最终设置效果如图 6-27 所示。

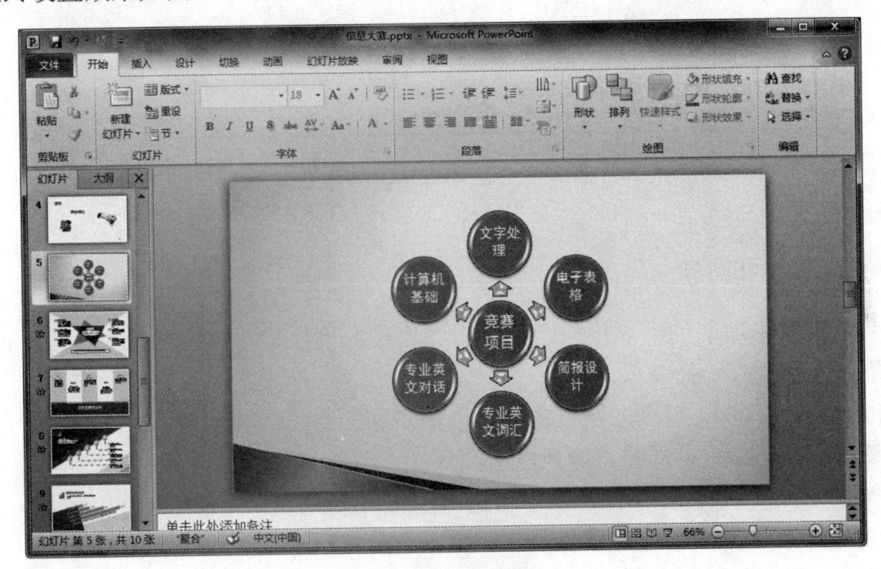

图 6-27　最终设置效果

【操作步骤】

第 1 步：打开 D:\素材\PPT\任务\信息大赛.pptx，选中第 5 张幻灯片。

第 2 步：应用 SmartArt 样式。选中 SmartArt 图形，在“SmartArt 工具-设计”选项卡的“SmartArt 样式”组中，将鼠标指针置于某个缩略图上时，可以看到 SmartArt 样式对 SmartArt 图形的影响，并显示样式名称。单击“其他”下拉按钮，打开下拉列表，如图 6-28 所示，选择“卡通”样式。

> **提示**
>
> 在“SmartArt 工具-设计”选项卡的“SmartArt 样式”组中单击“其他”下拉按钮，在打开的下拉列表中将显示更多的 SmartArt 样式选项，用户可根据需要进行选择。

第 3 步：单击“保存”按钮，保存文件，退出 PowerPoint 2010。

> **提示**
>
> 选中 SmartArt 图形，在“SmartArt 工具-设计”选项卡的 “SmartArt 样式”组中单击“更改颜色”下拉按钮，在打开的下拉列表中将显示更多的颜色选项，通过选择，可以实现更改组织结构图颜色的操作。

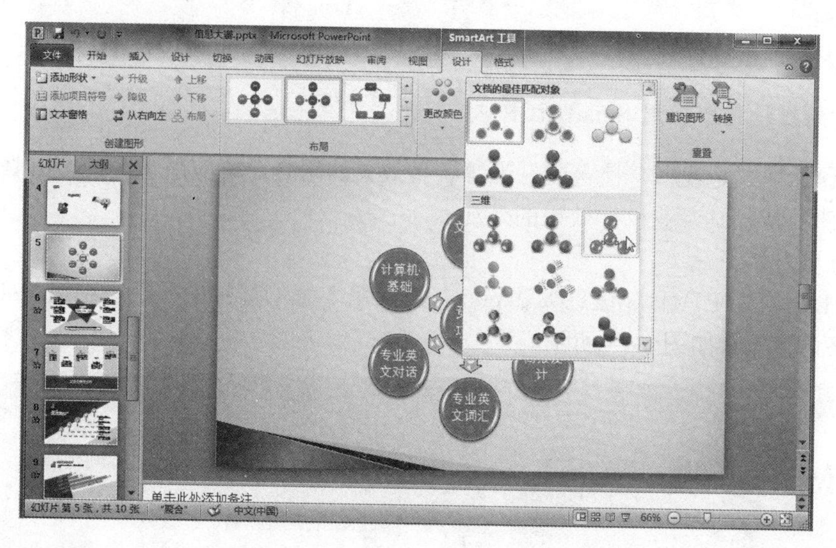

图 6-28 “Smart Art 样式”下拉列表

任务 4 添加表格和图表

在“插入”选项卡的“表格”组中单击“表格”下拉按钮，通过在打开的下拉列表中进行选择，可以插入一张表格。

在 PowerPoint 2010 中可以插入多种数据图表和图形，如柱形图、折线图、饼图、条形图、面积图、散点图、股价图、曲面图、圆环图、气泡图和雷达图等。

在“插入”选项卡的“插图”组中单击“图表”按钮，可以向幻灯片中添加一个图表。

【任务要求】

打开 D:\素材\PPT\任务\信息大赛.pptx，在第 8 张幻灯片后添加一张版式为“空白”的幻灯片，在该空白幻灯片上创建一个表格，表格数据如图 6-29 所示。利用该表格数据创建一个图表类型为“三维饼图”的图表，如图 6-29 所示。

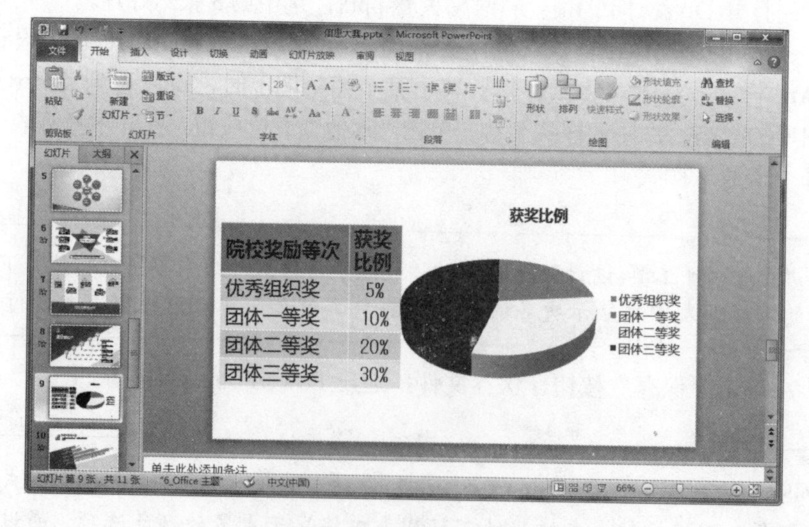

图 6-29 插入的表格及图表

【操作步骤】

第 1 步：打开 D:\素材\PPT\任务\信息大赛.pptx。

第 2 步：插入一张版式为“空白”的幻灯片。选中第 8 张幻灯片，在“开始”选项卡的“幻灯片”组中单击“新建幻灯片”下拉按钮，打开新建幻灯片版式库，找到并单击“空白”版式，便插入一张版式为“空白”的幻灯片。

第 3 步：插入表格。选中第 9 张幻灯片，在“插入”选项卡的“表格”组中单击“表格”下拉按钮，在打开的下拉列表中拖动选择 2×5 的表格，输入数据，创建一个 2 列 5 行的表格，列宽调整，效果如图 6-30 所示。

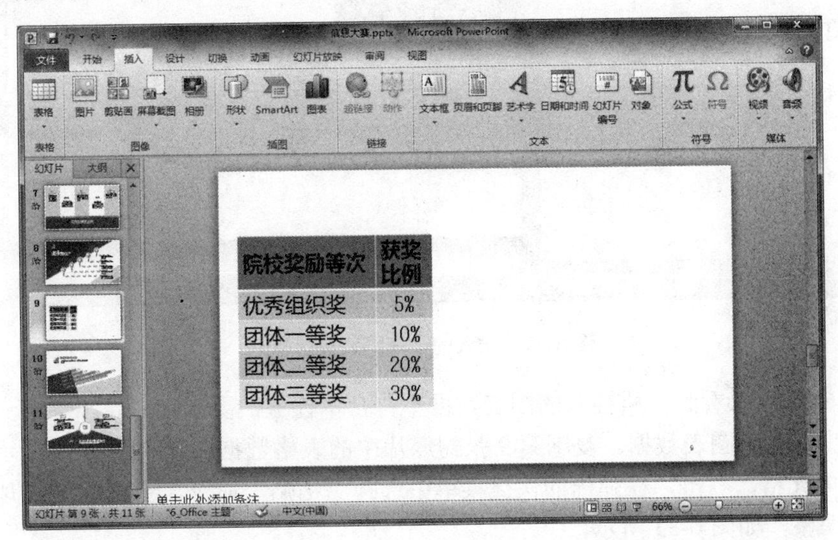

图 6-30　插入的表格

第 4 步：插入图表。选中第 9 张幻灯片，在“插入”选项卡的“插图”组中单击“图表”按钮，弹出“插入图表”对话框，如图 6-31 所示。

图 6-31　“插入图表”对话框

注意

将光标移动到图表缩略图时将显示图表名称。

第 5 步：选择“饼图”中的“三维饼图”，单击“确定”按钮，插入一个图 6-32 所示的图表，图表的默认数据出现在 Excel 表格中。

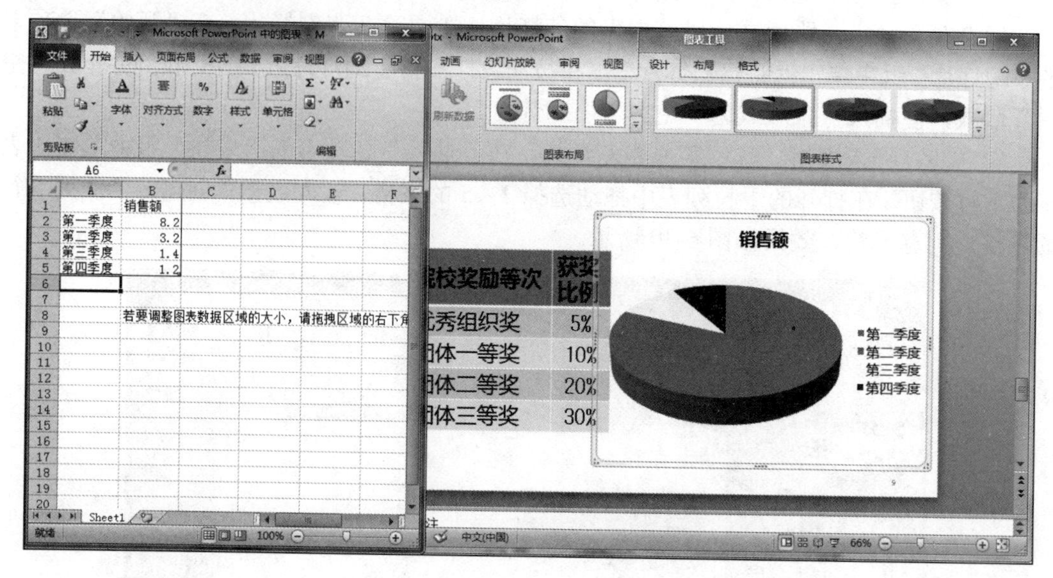

图 6-32　插入的“三维饼图”图表

由图 6-32 可以看到，所插入的图表数据不符合本任务的要求。

第 6 步：更改图表数据。复制第 9 张幻灯片中的表格数据，选中图 6-32 所示 Excel 表格的 A1 单元格，右击，在弹出的快捷菜单中选择“粘贴”命令，更改图表数据，同时图表也随之调整，如图 6-33 所示。

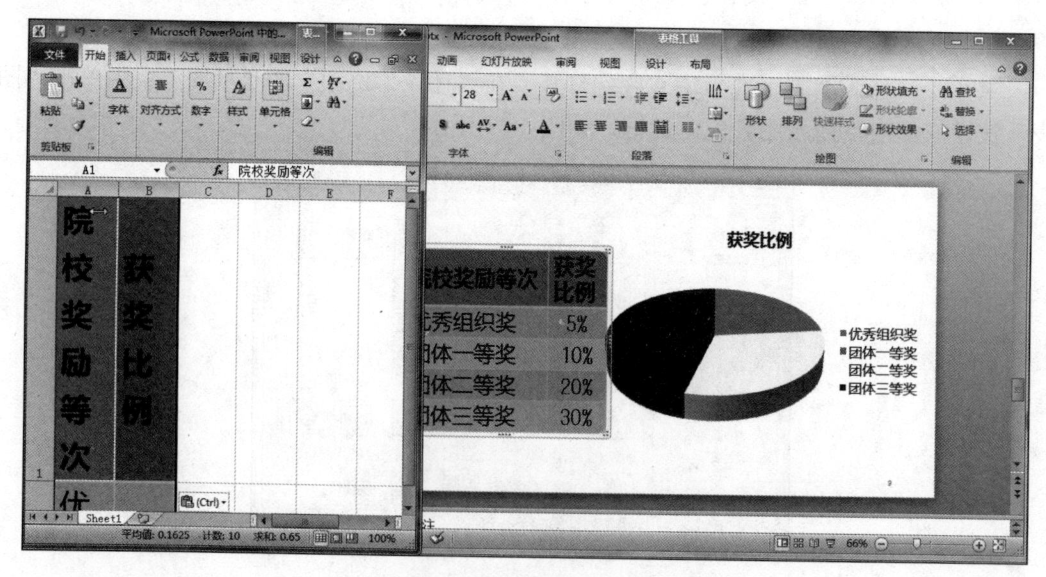

图 6-33　更改图表数据

第 7 步：单击“保存”按钮，保存文件，退出 PowerPoint 2010。

提示

若要了解向图表添加或更改的内容，可在“图表工具-设计”“图表工具-布局”“图表工具-格式”选项卡中，查看各选项卡上提供的组和选项。如果未显示“图表工具”选项卡，则单击图表内的任何位置将其激活。

任务 5　添加声音

在幻灯片上插入声音时，幻灯片上将显示一个表示所插入声音文件的图标。若要在演示时播放声音，可以将声音设置为在显示幻灯片时自动开始播放、在单击时开始播放、在一定的时间延迟后自动开始播放或作为动画序列的一部分播放，还可以播放 CD 中的音乐或向演示文稿添加旁白。

可以通过计算机、网络或 Microsoft 剪辑管理器中的文件添加声音；也可以自己录制声音，将其添加到演示文稿中；或者使用 CD 中的音乐。

添加声音是通过在“插入”选项卡的“媒体”组中单击“音频”按钮实现的。

【任务要求】

打开 D:\素材\PPT\任务\信息大赛.pptx，在第 5 张幻灯片中插入声音文件 D:\素材\PPT\任务\zhizu.wma。

【操作步骤】

第 1 步：打开 D:\素材\PPT\任务\信息大赛.pptx，选中第 5 张幻灯片。

第 2 步：插入音频文件。在“插入”选项卡的“媒体”组中单击“音频”下拉按钮，打开“音频”下拉列表。

第 3 步：在“音频”下拉列表中可以选择“文件中的音频”“剪贴画音频”等选项，这里选择“文件中的音频”选项，弹出“插入音频”对话框，如图 6-34 所示。根据声音文件所在的位置，选择路径 D:\素材\PPT\任务，选择文件 zhizu.wma。

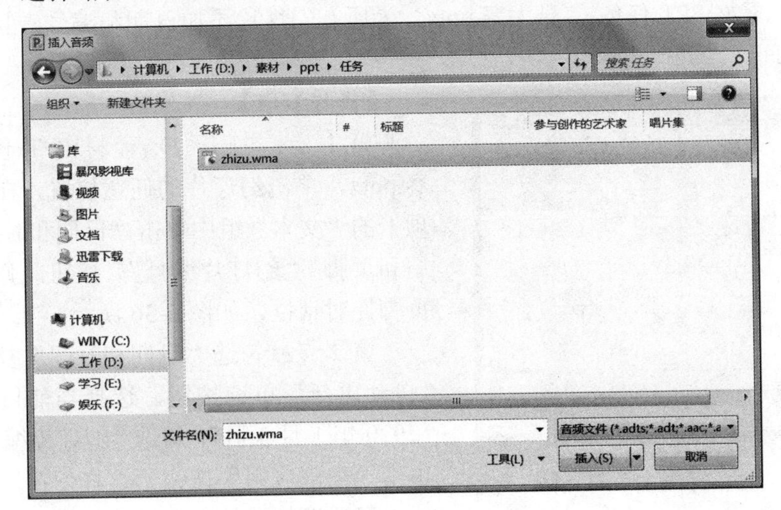

图 6-34　“插入音频”对话框

第 4 步：单击“插入”按钮，幻灯片中会出现小喇叭及播放按钮，如图 6-35 所示。

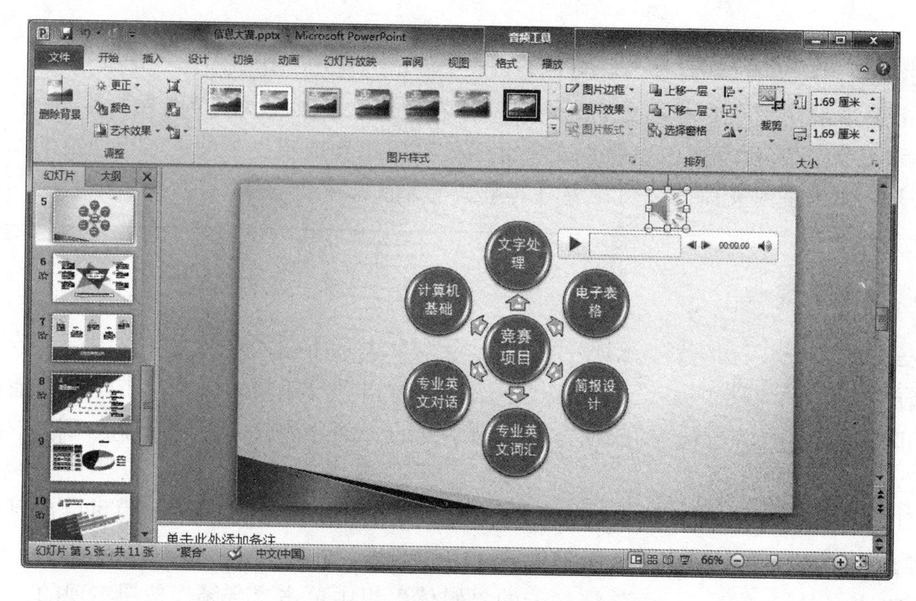

图 6-35　插入音频后的幻灯片

第 5 步：单击“保存”按钮，保存文件，退出 PowerPoint 2010。

任务 6　添加日期和编号

可以在演示文稿中添加幻灯片编号、备注页编号及日期和时间等。

选中幻灯片的占位符或文本框，在“插入”选项卡的“文本”组中单击“幻灯片编号”或“日期和时间”按钮，可以在幻灯片的占位符或文本框中添加幻灯片编号或日期和时间。

若要向不包含占位符或文本框的幻灯片中添加幻灯片编号或日期和时间，则可以向页脚添加幻灯片编号或日期和时间。

【任务要求】

打开 D:\素材\PPT\任务\信息大赛.pptx，为所有幻灯片添加日期和编号，且能够自动更新日期和时间。

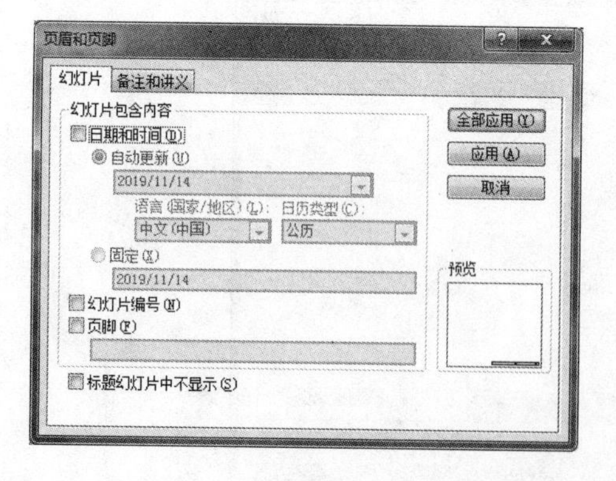

图 6-36　“页眉和页脚”对话框

【操作步骤】

第 1 步：打开 D:\素材\PPT\任务\信息大赛.pptx，单击幻灯片的任意位置，在“插入”选项卡的“文本”组中单击“日期和时间”（或“页眉和页脚”“幻灯片编号”）按钮，弹出“页眉和页脚”对话框，如图 6-36 所示。

第 2 步：勾选“日期和时间”复选框，选中“自动更新”单选按钮，选择当前日期格式，如“2020 年 1 月 3 日”，勾选“幻灯片编号”复选框，单击“全部应用”按钮。这样便在所有幻灯片中插入了日期和时间及幻灯片编号，且日期和时间能够自动更新。此时，在每一张幻灯片的页脚处均可看到日期和时间。

第 3 步：单击“保存”按钮，保存文件，退出 PowerPoint 2010。

项目小结

创建演示文稿后，可以在幻灯片中输入和编辑文字，可以插入图片、图表、艺术字、对象、声音等内容，也可以对插入的内容进行格式设置等操作。

学生应掌握幻灯片中对象的添加与设置，如图片、剪贴画、图表、SmartArt 图形、声音与视频、日期与编号等。

熟练进行幻灯片内容的添加和格式设置是制作演示文稿的必备技能。

项目训练

1．打开 D:\素材\PPT\项目训练 LX62-01.pptx，完成如下操作：

（1）将第 1 张幻灯片的标题设置为“微软雅黑”、48、“左对齐”，字体颜色为“红色”。

（2）将标题占位符的边框设置为“蓝色”，线宽“3 磅”，填充色为“黄色”。

2．打开 D:\素材\PPT\项目训练\LX62-02.pptx，在第 3 张幻灯片的图片占位符中插入 D:\素材\PPT\项目训练中的 flower.jpg，设置图片高度为“6 厘米”，宽度为“20 厘米”。

3．打开 D:\素材\PPT\任务\项目训练\LX62-03.pptx，完成如下操作：

（1）在幻灯片的最后添加一张版式为“标题与内容”的新幻灯片。

（2）该幻灯片标题为“业绩图表”，内容处添加一个“三维簇状柱形图”，数据为第 2 张幻灯片表格中的数据。

4．打开 D:\素材\PPT\项目训练\LX62-04.pptx，参照第 2 张幻灯片，创建 SmartArt 图形，在第 3 张幻灯片中制作新生入学报到的流程图。

5．打开 D:\素材\PPT\项目训练\LX62-05.pptx，在第 2 张幻灯片中插入视频文件 D:\素材\PPT\项目训练\disney.wmv。

6．打开 D:\素材\PPT\项目训练\LX62-06.pptx，在所有幻灯片中插入编号，能够自动更新，且标题幻灯片不显示。

项目 3 设计幻灯片

项目要点

1）设置幻灯片背景操作。

2）应用文档主题操作。

3）设计幻灯片母版操作。

4）添加和应用幻灯片版式操作。

技能目标

1）会设置幻灯片背景、配色方案。

2）会应用文档主题。

3）会使用幻灯片母版。

4）熟练更换幻灯片版式，会添加幻灯片版式。

任务1 设置幻灯片背景

通过更改幻灯片的颜色、阴影、图案或者纹理，可以改变幻灯片的背景，但是每张幻灯片或者母版上只能使用一种背景类型。更改背景时，可以将这项改变应用于当前幻灯片、所有幻灯片或幻灯片母版。

设置幻灯片背景是通过在“设计”选项卡的“背景”组中单击“背景样式”下拉按钮实现的。

【任务要求】

打开 D:\素材\PPT\任务\信息大赛.pptx，将第 4 张幻灯片的背景设置为纯色“灰色-25%，背景 2，深色 25%”。

【操作步骤】

第 1 步：打开 D:\素材\PPT\任务\信息大赛.pptx，选中第 4 张幻灯片，在“设计”选项卡的“背景”组中单击“背景样式”下拉按钮，打开下拉列表，可以在其中选择一种背景，如图 6-37 所示。

图 6-37 “背景样式”下拉列表

> **提示**
>
> 若单击“背景样式”下拉列表中一种背景，该背景将应用于所有幻灯片；右击，在弹出的快捷菜单中选择“应用于所选幻灯片”命令，可将所选背景应用于所选幻灯片。

第 2 步：选择“设置背景格式”选项，弹出“设置背景格式”对话框，在“填充”选项卡中选中“纯色填充”单选按钮。单击“颜色”下拉按钮，打开下拉列表，如图 6-38 所示，此处选择“灰色-25%，背景 2，深色 25%”色块，单击“关闭”按钮。

第 3 步：单击“保存”按钮，保存文件，退出 PowerPoint 2010。

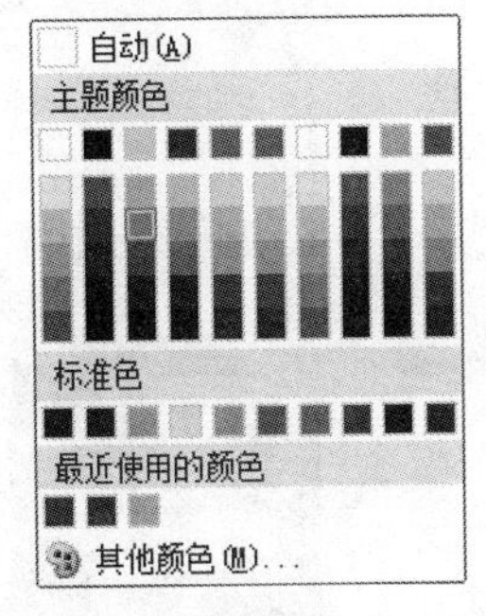

图 6-38　“颜色”下拉列表

> **提示**
>
> 在“设置背景格式”对话框中，可以进行纯色填充、渐变填充、图片或纹理填充等背景设置。

任务 2　应用主题

文档主题是一套统一的设计元素和配色方案，是为文档提供的一套完整的格式集合，其中包括主题颜色（配色方案的集合）、主题文字（标题文字和正文文字的格式集合）和相关主题效果（如线条或填充效果的格式集合）。利用文档主题，可以非常容易地创建具有专业水准、设计精美、美观时尚的文档。

PowerPoint 2010 提供了多种设计主题，包含协调配色方案、背景、字体样式和占位符位置。使用预先设计的主题，可以轻松快捷地更改演示文稿的整体外观。主题颜色包含 4 种文本和背景颜色、6 种强调文字颜色和 2 种超链接颜色。主题字体包含标题字体和正文字体。

主题操作主要有应用文档主题、自定义文档主题和保存文档主题。

要自定义文档主题，可以从更改已使用的颜色、字体或线条及填充效果开始。对一个或多个这样的主题组件所做的更改将立即影响活动文档中已经应用的样式。如果要将这些更改应用到新文档，需要将它们另存为自定义文档主题。

主题操作是通过在“设计”选项卡的“主题”组中单击相关按钮实现的。

【任务要求】

打开 D:\素材\PPT\任务\信息大赛.pptx，完成如下操作：

1）仅将第 2 张幻灯片应用内置的“跋涉”主题。

2）自定义主题颜色的“文字/背景-深色 1（T）”为“黑色，背景 1，淡色 50%”，保存自定义主题颜色为“我的主题颜色”。

【操作步骤】

第 1 步：打开 D:\素材\PPT\任务\信息大赛.pptx。

第 2 步：应用主题。选中第 2 张幻灯片，在“设计”选项卡的“主题”组中单击“其他”下拉按钮，打开“所有主题”下拉列表，找到“跋涉”主题。右击该主题缩略图，弹出快捷菜单，如图 6-39 所示，选择“应用于选定幻灯片”命令，则将第 2 张幻灯片应用了内置的“跋涉”主题。

> **提示**
>
> 在“设计”选项卡的“主题”组中，将光标移动到主题缩略图时将显示该主题名称。

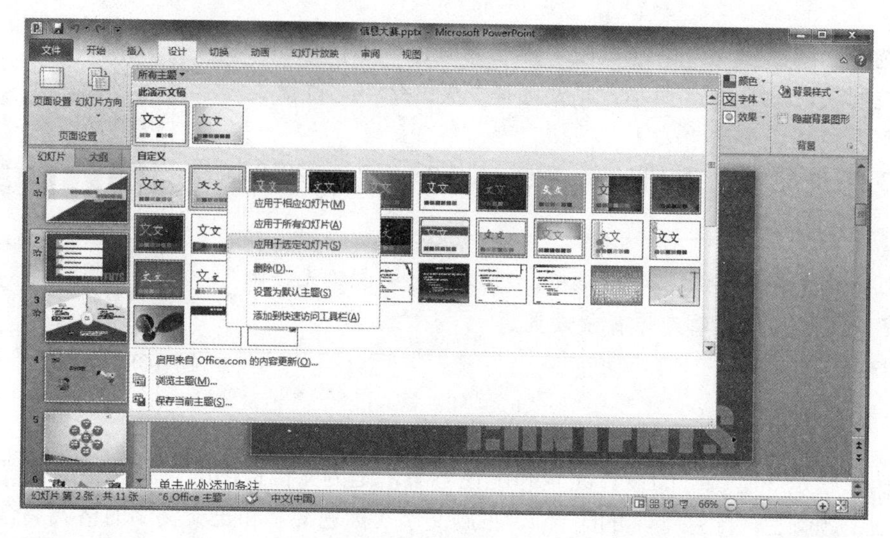

图 6-39　“所有主题”下拉列表及右键快捷菜单

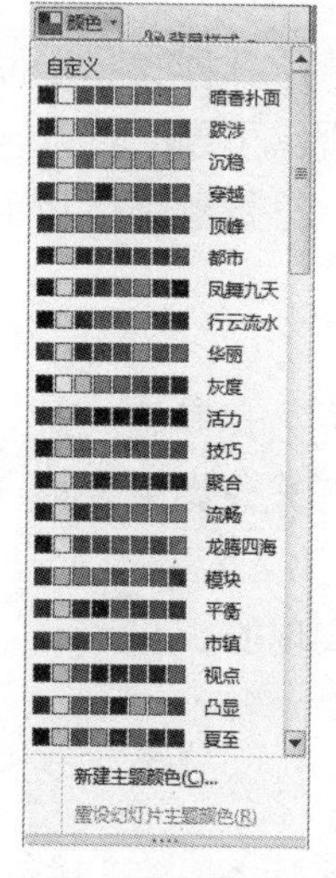

图 6-40　“颜色”下拉列表

提示

应用其他主题。在“所有主题”下拉列表中选择“浏览主题”选项，可以选择本地存放的主题文件，并应用该主题。

第 3 步：自定义主题颜色。在“设计”选项卡的“主题”组中单击“颜色”下拉按钮，打开下拉列表，如图 6-40 所示。

第 4 步：选择“新建主题颜色”选项，弹出“新建主题颜色”对话框，如图 6-41 所示。

第 5 步：在“主题颜色”选项组中选择要更改的主题颜色元素对应的选项，选择要使用的颜色。在“文字/背景-深色 1（T）”下拉列表中选择“黑色，背景 1，淡色 50%”选项，如图 6-42 所示，并在“名称”文本框中输入“我的主题颜色”，单击“保存”按钮。

图 6-41　“新建主题颜色”对话框

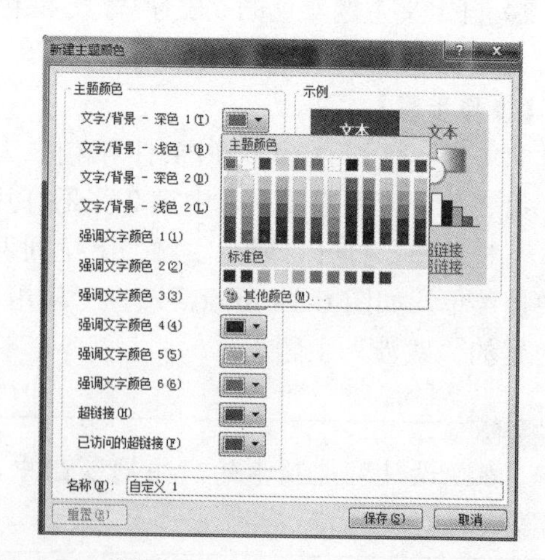

图 6-42　选择“黑色，背景 1，淡色 50%”选项

提示

在“示例”中可以看到所做更改的效果。

第 6 步：单击“保存”按钮，保存文件，退出 PowerPoint 2010。

任务 3 设计幻灯片母版

幻灯片母版是幻灯片层次结构中的顶层幻灯片，用于存储有关演示文稿的主题和幻灯片版式的信息，包括背景、颜色、字体、效果、占位符大小和位置，文本和对象在幻灯片上的放置位置、文本和对象占位符的大小、文本样式、背景、颜色主题、效果和动画等。幻灯片母版控制了应用该母版的所有幻灯片。

每个演示文稿至少包含一个幻灯片母版。修改和使用幻灯片母版的主要优点是可以对演示文稿中的每张幻灯片（包括以后添加到演示文稿中的幻灯片）进行统一的样式更改。使用幻灯片母版时，由于无须在多张幻灯片上输入相同的信息，因此节省了时间。

每个幻灯片母版都包含若干个标准的版式集或自定义的版式集。

注意

更改母版的版式，所有应用该母版版式的幻灯片将随之改变。

由于幻灯片母版影响整个演示文稿的外观，因此在创建和编辑幻灯片母版或相应版式时将在“幻灯片母版”视图下操作。

【任务要求】

打开 D:\素材\PPT\任务\信息大赛.pptx，完成如下操作：

1）添加一组幻灯片母版。

2）将“6_office 主题幻灯片母版，由幻灯片 1-2……使用”的母版的“标题字体（中文）”设置为“华文行楷”，设置文本占位符的一级项目符号为“◆”，字号设置为 24。

【操作步骤】

第 1 步：打开 D:\素材\PPT\任务\信息大赛.pptx。

第 2 步：进入母版视图。在“视图”选项卡的“母版视图”组中单击“幻灯片母版”按钮，打开幻灯片母版视图，如图 6-43 所示。

其中，左窗格中第 1 张显示的是幻灯片母版，向右缩进的是该母版包含的若干个版式。

第 3 步：添加幻灯片母版。在“幻灯片母版”选项卡的“编辑母版”组中单击“插入幻灯片母版”按钮，即添加了一组幻灯片母版。此时再添加新幻灯片时，可以选择新增加的母版版式。

第 4 步：更改母版字体。在左窗格的母版版式缩略图上缓慢移动鼠标指针，将显示应用该版式的幻灯片编号。这里选中第 1 个母版，将看到“6_office 主题幻灯片母版，由幻灯片 1-2……使用”的缩略图。

第 5 步：在右窗格中选中母版标题样式占位符，在“开始”选项卡的“字体”组中单击“字体”下拉按钮，在打开的下拉列表中选择“华文行楷”选项。

第 6 步：设置文本占位符的一级段落。选中文本占位符的一级段落，在“开始”选项卡的“段落”组中单击“项目符号”下拉按钮，在打开的下拉列表中选择“项目符号和编号”选项，弹出“项目符号和编号”对话框，单击“自定义”按钮，设置其项目符号为“◆”。在“开始”选项卡的“字体”组中单击“字号”下拉按钮，在打开的下拉列表中选择 24 选项。至此，以上母版设置将应用到使用该母版的所有幻灯片，效果如图 6-44 所示。

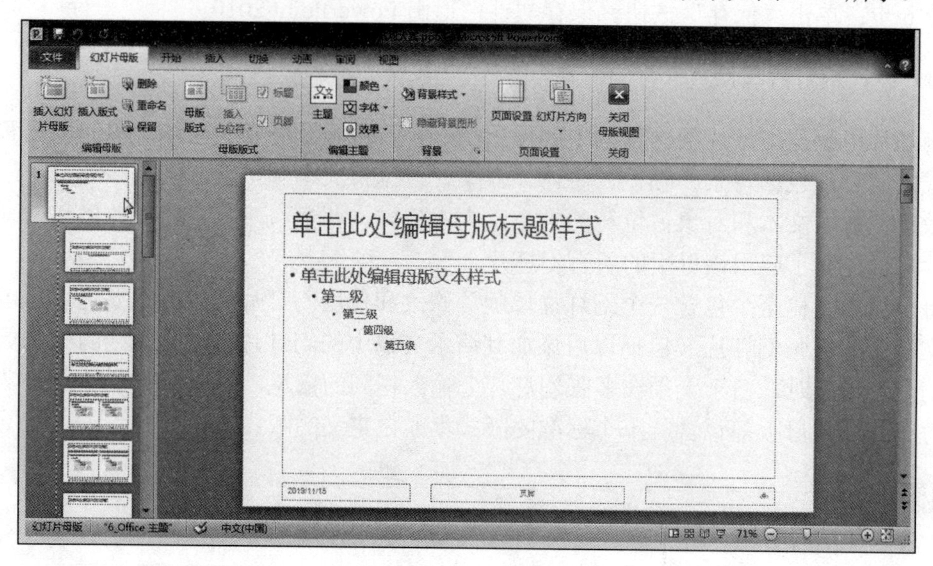

图 6-43　幻灯片母版视图

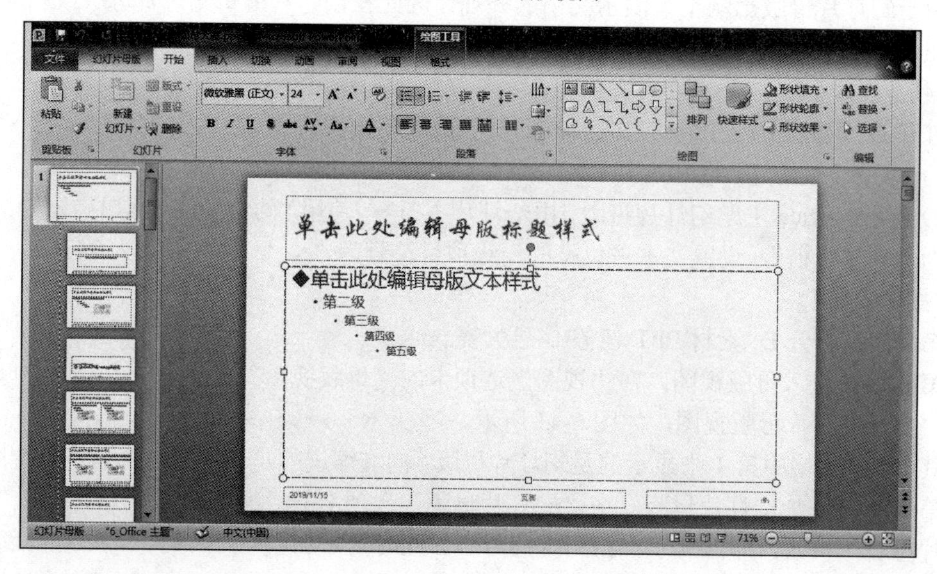

图 6-44　更改标题及文本格式的幻灯片母版

第 7 步：关闭母版视图。在“幻灯片母版”选项卡的“关闭”组中单击“关闭母版视图”按钮，关闭母版视图，返回幻灯片视图。

返回幻灯片视图后，可以看到使用该母版的幻灯片的标题和文本字体都已按母版设置自动进行了调整。

注意

对母版的设置仅影响到使用该母版的幻灯片。

任务 4　应用幻灯片版式

幻灯片版式是一种版式指南，告诉 PowerPoint 2010 在特定幻灯片上使用哪些占位符并将其放在什么位置。幻灯片版式可包含文本占位符，也可包含图形、图表、表格和其他元素。创建带有占位符的新幻灯片后，通过单击一个占位符，可以打开插入该类对象所需的控件。

幻灯片版式操作主要有新建版式和添加新幻灯片时选择版式，以及幻灯片更换（应用）版式。

新建幻灯片版式是在幻灯片母版中进行的。创建新幻灯片时，用户可以从 PowerPoint 2010 中预先设计好的幻灯片版式中进行选择，也可以在创建幻灯片之后修改其版式。

将幻灯片应用一个新版式时，所有文本和对象都保留在幻灯片中，这需要重新排列它们以适应新版式。

【任务要求】

打开 D:\素材\PPT\任务\信息大赛.pptx，完成如下操作：

1）利用母版，添加一个标题和图片版式，并命名为“标题与图片”。

2）在第 3 张幻灯片后插入一张幻灯片，其版式为“标题与图片”，标题文本为“图片欣赏”，并将 D:\素材\PPT\任务\TU6-2.jpg 插入图片占位符中。

4）将第 3 张幻灯片的版式更改为“仅标题”。

【操作步骤】

第 1 步：打开 D:\素材\PPT\任务\信息大赛.pptx。

第 2 步：添加版式。在“视图”选项卡的“母版视图”组中单击“幻灯片母版”按钮，打开幻灯片母版视图。在“幻灯片母版”选项卡的“编辑母版”组中单击“插入版式”按钮，插入一个含有标题占位符的“自定义版式”，如图 6-45 所示。

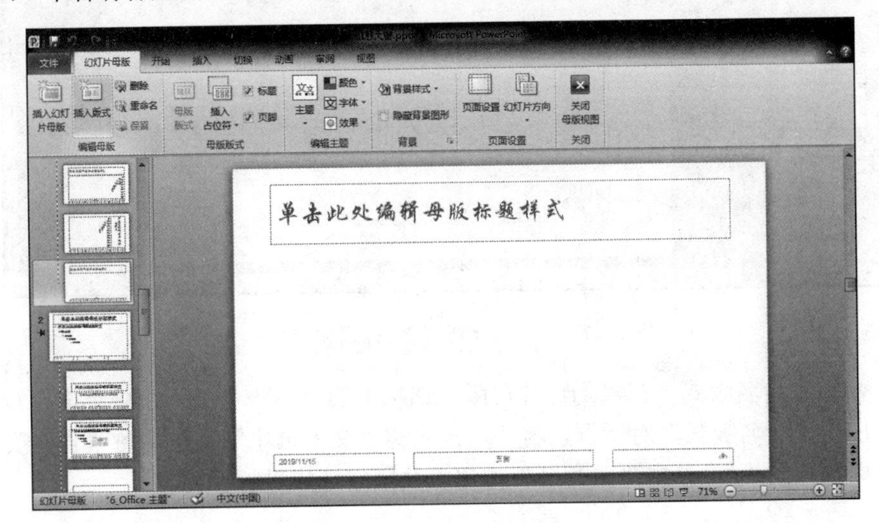

图 6-45　插入一个“自定义版式”

第 3 步：添加占位符。在“幻灯片母版”选项卡的“母版版式”组中单击“插入占位符”下拉按钮，打开下拉列表，如图 6-46 所示。

第 4 步：选择所需的占位符类型“图片”，单击版式幻灯片上的某个位置，然后拖动鼠标绘制图片占位符，则在母版中添加了一个“自定义版式”（标题和图片），如图 6-47 所示。

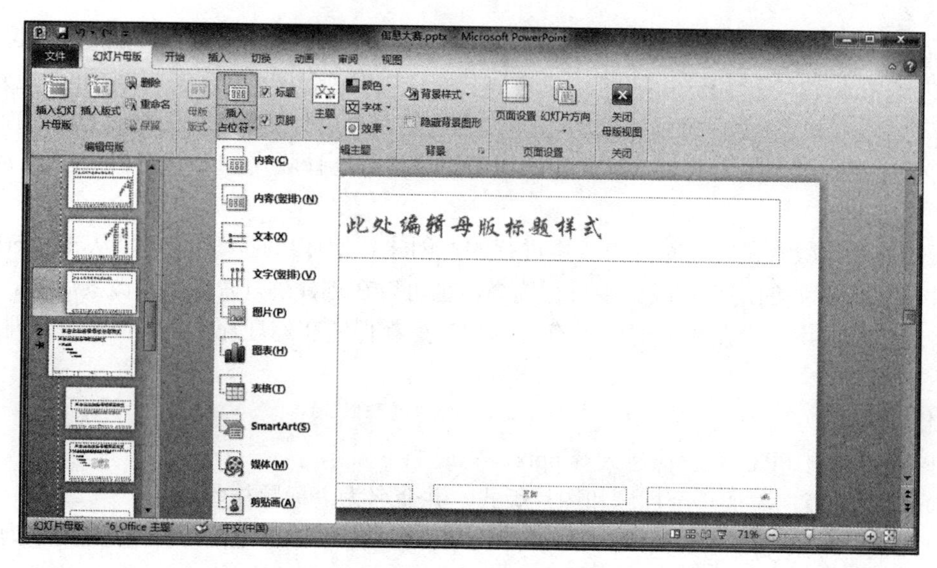

图 6-46 “插入占位符”下拉列表

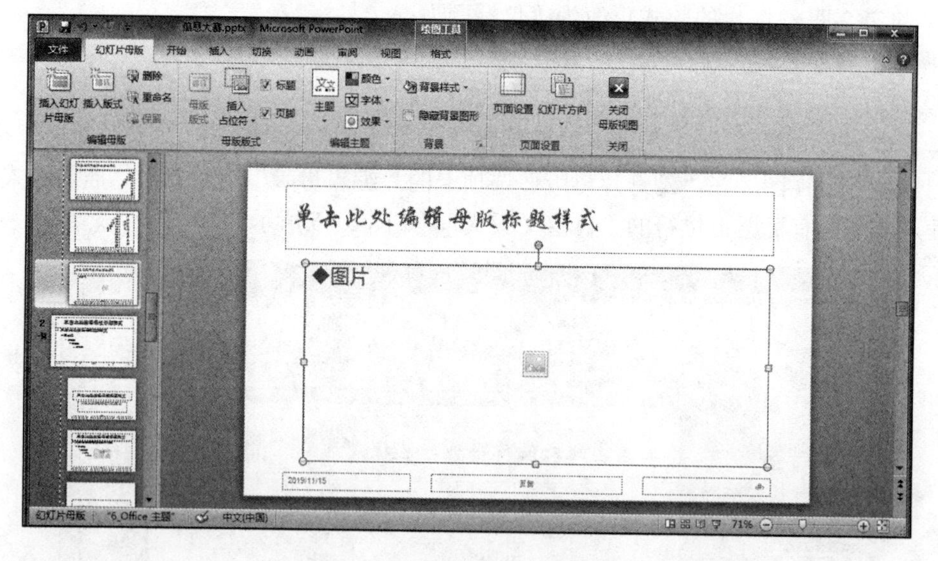

图 6-47 “自定义版式”（标题和图片）

第 5 步：重命名版式。在“幻灯片母版”选项卡的“编辑母版”组中单击“重命名”命令，弹出“重命名版式”对话框，将“版式名称“文本框中默认的名称“自定义版式”更改为“标题与图片”，单击“重命名”按钮，关闭幻灯片母版视图。

注意

在修改幻灯片母版下的一个或多个版式时，实质上是在修改该幻灯片母版。每个幻灯片版式的设置方式都不同，然而与给定幻灯片母版相关联的所有版式均包含相同主题（配色方案、字体和效果）。

第 6 步：插入“标题与图片”版式的新幻灯片。选中第 3 张幻灯片，在“开始”选项卡的“幻灯片”组中单击“新建幻灯片”下拉按钮，在打开的下拉列表中选择“标题与图片”版式，则在第 3 张幻灯片后新建了一张幻灯片，如图 6-48 所示。

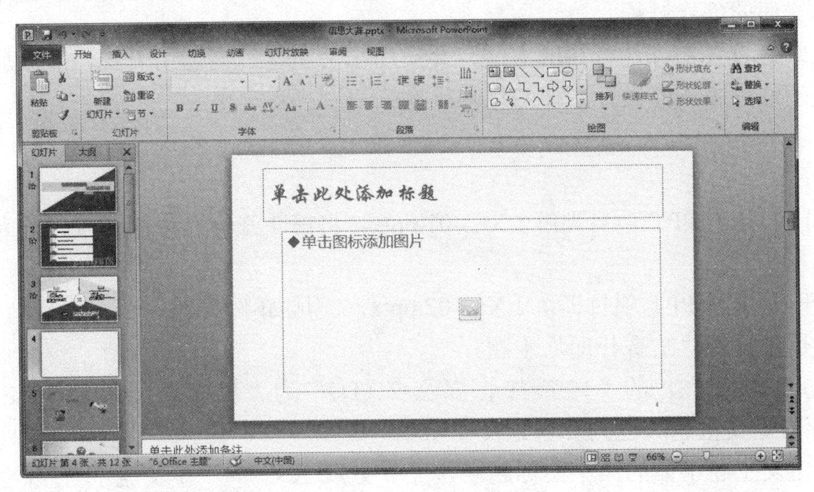

图 6-48　新建的“标题与图片”幻灯片

第 7 步：在标题占位符中输入“图片欣赏”。单击图片占位符中的图片按钮，在弹出的对话框中选择插入的图片为 D:\素材\PPT\任务\TU6-2.jpg，完成插入图片操作，如图 6-49 所示。

图 6-49　输入文字并插入图片

第 8 步：更换幻灯片版式。选中第 3 张幻灯片，在“开始”选项卡的“幻灯片”组中单击“版式”下拉按钮，在打开的下拉列表中选择“仅标题”版式，即实现了幻灯片版式的更换。

第 9 步：单击“保存”按钮，保存文件，退出 PowerPoint 2010。

项目小结

PowerPoint 2010 提供了多种设计主题，包含协调配色方案、背景、字体样式和占位符位置。使用预先设计的主题，可以轻松快捷地更改演示文稿的整体外观。主题颜色包含 4 种文本和背景颜色、6 种强调文字颜色和 2 种超链接颜色。使用主题可以简化专业设计师水准的演示文稿的创建过程。

学生应掌握设置幻灯片背景的方法，会应用相关主题，会运用版式，能添加并修改母版，能完成幻灯片版式的设计，使幻灯片风格统一，色彩丰富。

项目训练

1．打开 D:\素材\PPT\项目训练\LX63-01.pptx，将第 2 张幻灯片的背景设置为纹理效果中的“信纸”。

2．打开 D:\素材\PPT\项目训练\LX63-02.pptx，完成如下操作：

（1）应用内置的“暗香扑面”主题。

（2）自定义主题颜色的“文字/背景-深色 2（D）”为“蓝-灰，强调文字颜色 5，深色 50%”，保存自定义主题颜色为“自定义主题颜色 2”。

（3）自定义主题字体的“中文标题字体（中文）（A）”为“华文琥珀”，保存自定义主题字体为“自定义主题字体 2”。

3．打开 D:\素材\PPT\项目训练 LX63-03.pptx，完成如下操作：

（1）设置幻灯片母版（由幻灯片 1～4 使用）的“标题字体（中文）”为“方正姚体”，“正文字体（中文）”为“楷体 GB2312”。

（2）新增加一个幻灯片母版。

4．打开 D:\素材\PPT\项目训练\ LX63-04.pptx，完成如下操作：

（1）新建“图片与标题”版式。

（2）将第 3 张幻灯片的版式设置为“图片与标题”。

（3）将图片 D:\素材\PPT\项目训练\flower.jpg 插入图片占位符中。

5．打开 D:\素材\PPT\项目训练\LX63-05.pptx，应用主题 D:\素材\PPT\项目训练\pot.potx。

项目 4　放映幻灯片

项目要点

1）创建超链接操作。

2）自定义动画效果操作。

3）设置幻灯片的切换效果操作。

4）设置幻灯片放映操作。

技能目标

1）会创建超链接，熟练设置幻灯片之间及与外部文件的超链接。

2）熟练设置幻灯片对象的动画效果。

3）熟练设置并合理选择幻灯片之间的切换效果。

4）会设置演示文稿的放映方式，会对演示文稿打包，生成可独立播放的演示文稿文件。

创作演示文稿的最终目的是将其放映给观众观看，而如何在放映幻灯片时实现知识点的超链接，如何在演示文稿的放映中设计出赏心悦目的动画效果将是本项目解决的问题。

任务 1　创建超链接

超链接是从一张幻灯片到另一张幻灯片、自定义放映、网页、电子邮件地址或文件（如 Word 文档等）的链接。超链接本身可能是文本或对象，如图片、图形、形状或艺术字等；而超链接到的对象可以是幻灯片、文件、动作、网址等。

> **提示**
>
> 超链接只有在放映幻灯片时才能进入超链接到的对象，如另一张幻灯片、网页、E-mail 地址或文件等。

使用“插入”选项卡“链接”组中的相关按钮可以创建超链接，利用动作按钮也可以创建超链接。

右击超链接点，在弹出的快捷菜单中选择“取消超链接”命令，可以删除超链接。

【任务要求】

打开 D:\素材\PPT\任务\信息大赛.pptx，完成如下操作：

1）在第 7 张幻灯片的“计算机基础”上建立超链接，单击该文本框时，将跳转到文件 D:\素材\PPT\任务\基础模块.docx。

2）在所有幻灯片上插入文本框，文本内容为“转到第 1 张”，并在该文本框上插入动作使其超链接到第 1 张幻灯片。

【操作步骤】

第 1 步：打开 D:\素材\PPT\任务\信息大赛.pptx。

第 2 步：插入超链接。选中第 7 张幻灯片，选中“计算机基础”文本框，在“插入”选项卡的“链接”组中单击“超链接”按钮，弹出“插入超链接”对话框。在“查找范围”下拉列表中选择所要超链接的文件（或在地址栏中直接输入 D:\素材\PPT\任务\基础模块.docx），如图 6-50 所示，单击“确定”按钮，完成超链接的创建。

在图 6-50 中：

1）若要超链接 URL 或文件，可通过“现有文件或网页”选项选择所需的 URL 或文件。

2）若选择“本文档中的位置”选项，则可以在列表中选择希望转到的幻灯片。

3）若需指定当鼠标指针在超链接上停留时显示的提示信息，需单击“屏幕提示”按钮，在弹出的“设置超链接屏幕提示”文本框中输入所需提示文本内容。

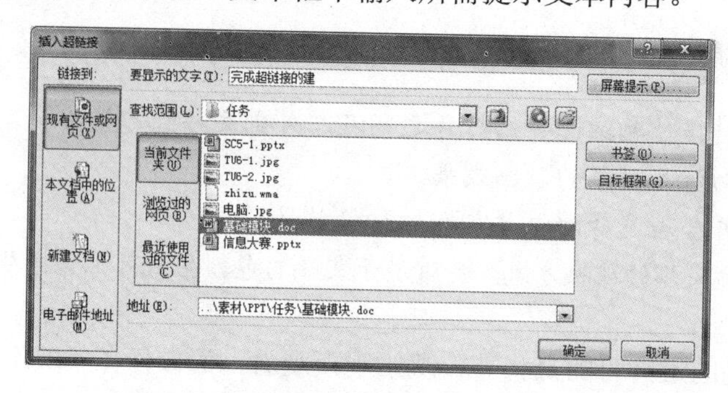

图 6-50　插入超链接

提示

利用母版可以为使用该母版的所有幻灯片添加相同的元素，如图片、超链接等。

第 3 步：设置超链接“动作”。在“视图”选项卡的“母版视图”组中单击“幻灯片母版”按钮，进入幻灯片母版视图。选中第 1 张母版“6_office 主题幻灯片母版，由幻灯片 1-2……使用”的母版，在“插入”选项卡的“文本”组中单击“文本框”下拉按钮，在打开的下拉列表中选择“横排文本框“选项，插入一个横排文本框，输入内容“转到第 1 张”。选中该文本框，在“插入”选项卡的“链接”组中单击“动作”按钮，弹出图 6-51 所示的“动作设置”对话框。

第 4 步：选中“超链接到”单选按钮，在“超链接到”下拉列表中选择“第一张幻灯片”选项，如图 6-52 所示，单击“确定”按钮。

第 5 步：在“幻灯片母版”选项卡的“关闭”组中单击“关闭母版视图”按钮，关闭母版视图。

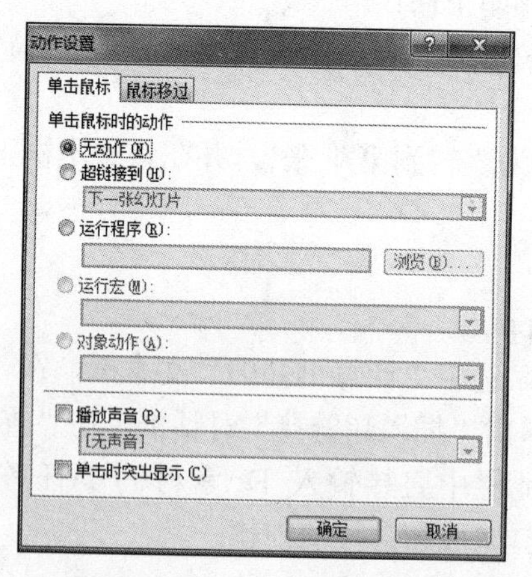

图 6-51　“动作设置”对话框

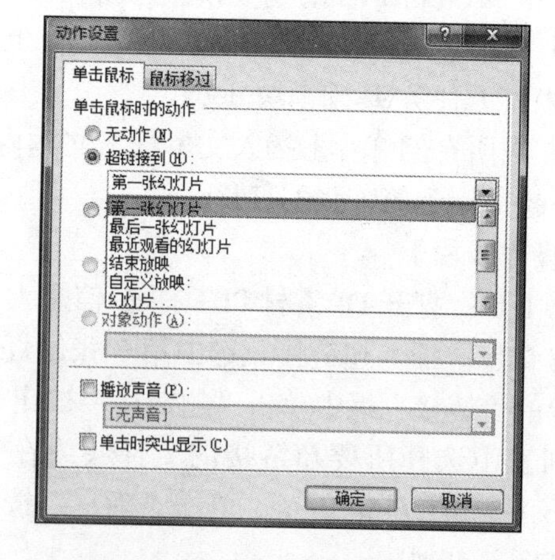

图 6-52　“动作设置”对话框

此时可以看到，使用该母版的所有幻灯片的右下角都插入了超链接到第 1 张幻灯片的超链接（文本框），如图 6-53 所示。

放映幻灯片时，单击超链接，可以打开其超链接对象。

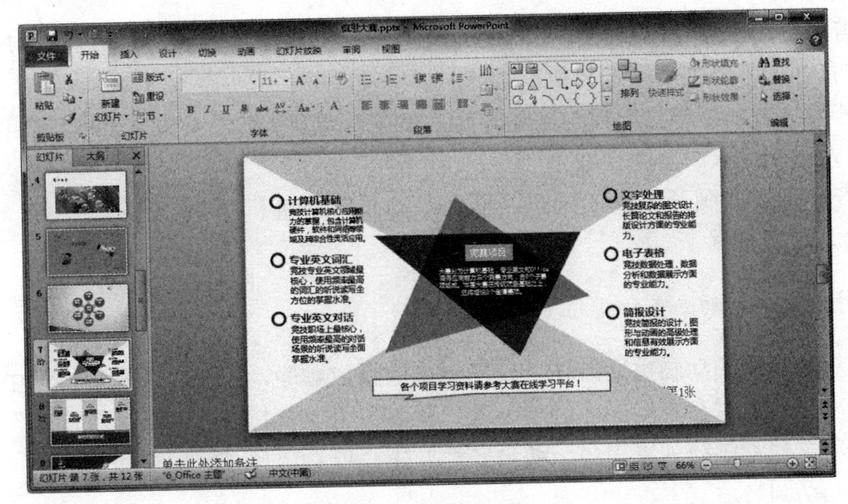

图 6-53 插入超链接

第 6 步：单击“保存”按钮，保存文件，退出 PowerPoint 2010。

任务 2 设置动画效果

若要将注意力集中在要点、控制信息流及提高观众对演示文稿的兴趣上，使用动画是一种好方法。

通过设置幻灯片中的文本、图形、图像、图表和其他对象的动画和声音效果，可以突出重点、控制信息的流程，并提高演示文稿的趣味性。

1. 设置动画效果

动画效果的设置方法：选中幻灯片中的文本、图形、图像、图表和其他对象，在“动画”选项卡的“动画”组中单击“其他”按钮，在打开的下拉列表中选择所需要的动画选项即可。

PowerPoint 2010 中有以下 4 种不同类型的动画效果：

1）进入效果：可以使对象逐渐淡入焦点、从边缘飞入幻灯片或者跳入视图中等。

2）退出效果：包括使对象飞出幻灯片、从视图中消失或者从幻灯片中旋出。

3）强调效果：包括使对象缩小或放大、更改颜色或沿着其中心旋转。

4）动作路径：指定对象沿所选择的路径移动。

可以单独使用任何一种动画，也可以将多种动画效果组合在一起。例如，可以对一行文本应用“飞入”进入效果及“放大/缩小”强调效果，使它在从左侧飞入的同时逐渐放大。

2. 为动画设置效果选项

若要为动画设置效果选项，需在“动画”选项卡的“动画”组中单击“效果选项”下拉按钮，在打开的下拉列表中选择所需的效果。

3. 为动画设置计时

可以为动画指定开始、持续时间或者延迟计时。

1）若要为动画设置开始计时，需在“动画”选项卡的“计时”组中单击“开始”下拉按钮，在打开的下拉列表中选择所需的计时。

2）若要设置动画将要运行的持续时间，需在“动画”选项卡的“计时”组中的“持续时间”文本框中输入所需的秒数。

3）若要设置动画开始前的延时，需在“动画”选项卡的“计时”组中的“延迟”文本框中输入所需的秒数。

4. 对列表中的动画重新排序

若要对列表中的动画重新排序，改变动画的播放顺序，需在“动画窗格”中选中要重新排序的动画，然后在“动画”选项卡的“计时”组中选择“对动画重新排序”→“向前移动”选项，使动画在列表中另一动画之前发生；或者选择“向后移动”选项，使动画在列表中另一动画之后发生。

【任务要求】

打开 D:\素材\PPT\任务\信息大赛.pptx，完成如下操作：

1）将第 4 张幻灯片的标题动画效果设置为“进入”效果“自右侧”飞入。

2）将第 4 张幻灯片的图片动画效果设置为“动作路径”的“弧形”，效果为“向右”。

3）将第 1 张幻灯片的文本框的动画效果设置为“百叶窗”方式、“垂直”方向进入。

4）在第 1 张幻灯片中，设置标题的动画效果为“强调”方式的“跷跷板”、鼠标“单击时”、中速（2s），延迟时间为“2 秒”，播放时声音为“风铃”。

5）调整第 1 张幻灯片的动画播放顺序为“标题”“文本”。

【操作步骤】

第 1 步：打开 D:\素材\PPT\任务\信息大赛.pptx。

第 2 步：设置文本动画。单击第 4 张幻灯片，选中标题框，在“动画”选项卡的“高级动画”组中单击“添加动画”下拉按钮，打开图 6-54 所示的下拉列表，选择“进入”→“飞入”选项。

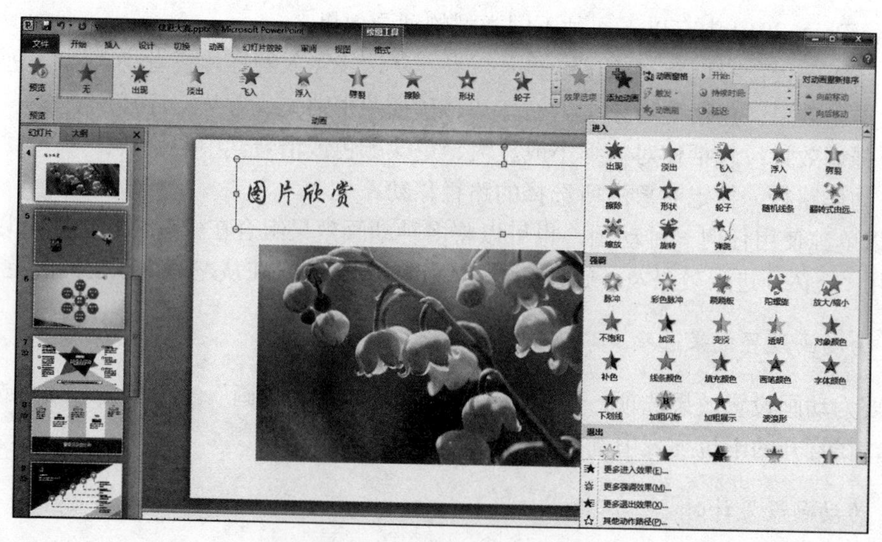

图 6-54 “添加动画”下拉列表

提示

在“动画”选项卡的“动画”组中单击“其他”下拉按钮，也可以打开图 6-54 所示的下拉列表。

第 3 步：设置动画效果。在“动画”选项卡的“动画”组中单击“效果选项”下拉按钮，如图 6-55 所示，在打开的下拉列表中选择“自右侧”选项，则将该文本的动画效果设置成“进入”效果“自右侧”飞入。

图 6-55　“效果选项”下拉列表

第 4 步：设置图片动画。单击第 4 张幻灯片，选中图片对象，在“动画”选项卡的“高级动画”组中单击“添加动画”下拉按钮，打开图 6-56 所示的下拉列表，选择“动作路径”→“弧形”选项。在“动画”选项卡的“动画”组中单击“效果选项”下拉按钮，在打开的下拉列表中选择“向右”选项。

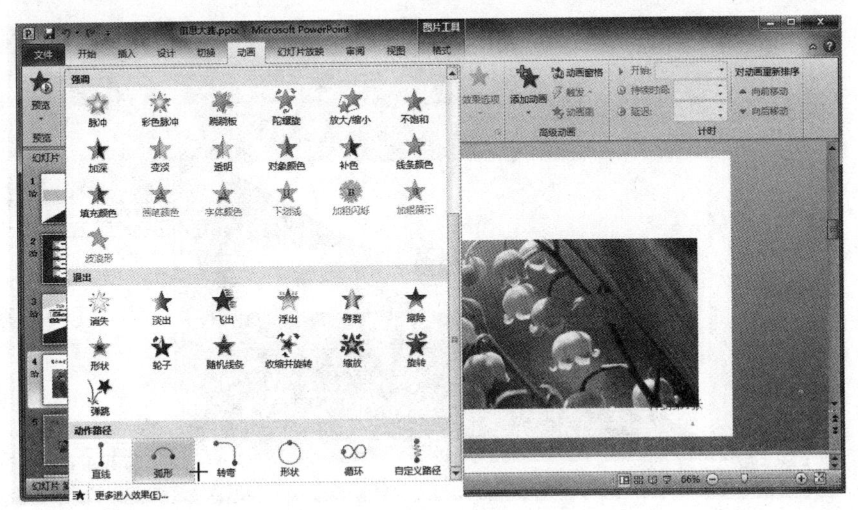

图 6-56　“添加动画”下拉列表

第 5 步：设置文本动画。选中第 1 张幻灯片中的文本框，在“动画”选项卡的“动画”组中单击“其他”下拉按钮，在打开的下拉列表中选择“更多进入效果”选项，弹出“更改进入效果”对话框，如图 6-57 所示。选择“百叶窗”选项，单击“确定”按钮。在“动画”选项卡的“动画”组中单击“效果选项”下拉按钮，在打开的下拉列表中选择“垂直”选项。

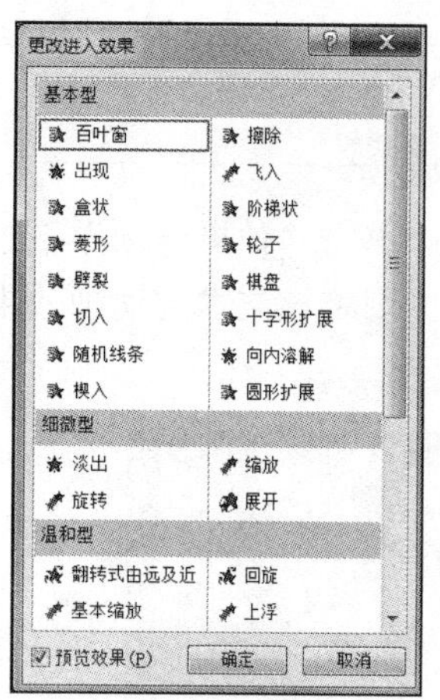

图 6-57 “更改进入效果”对话框

第 6 步：设置文本动画。选中第 1 张幻灯片中的标题框，在“动画”选项卡的“动画”组中单击“其他”下拉按钮，在打开的下拉列表中选择“强调”→“跷跷板”选项。在“动画”选项卡的“计时”组中单击“开始”下拉按钮，在打开的下拉列表中选择“单击时”选项；在“持续时间”数值框中选择或输入 2（中速）；在“延迟”框中选择或输入 2。

第 7 步：设置播放声音。选中第 1 张幻灯片中的标题框，在“动画”选项卡的“动画”组中单击对话框启动器按钮，弹出图 6-58 所示的“跷跷板”对话框，在“声音”下拉列表中选择“风铃”选项，单击“确定”按钮。

提示

单击图 6-58 中的“动画文本”下拉按钮，在打开的下拉列表中可以选择“整批发送”“按字/词”“按字母”播放动画文本。

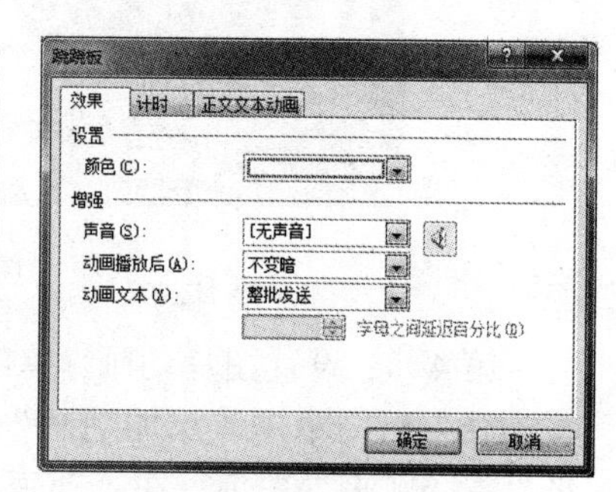

图 6-58 “跷跷板”对话框

第 8 步：调整动画顺序。选中第 1 张幻灯片中的标题框，在“动画”选项卡的“高级动画”组中单击“动画窗格”按钮，打开图 6-59 所示的“动画”窗格，可以看到目前动画的播放顺序是“文本框”“标题”。

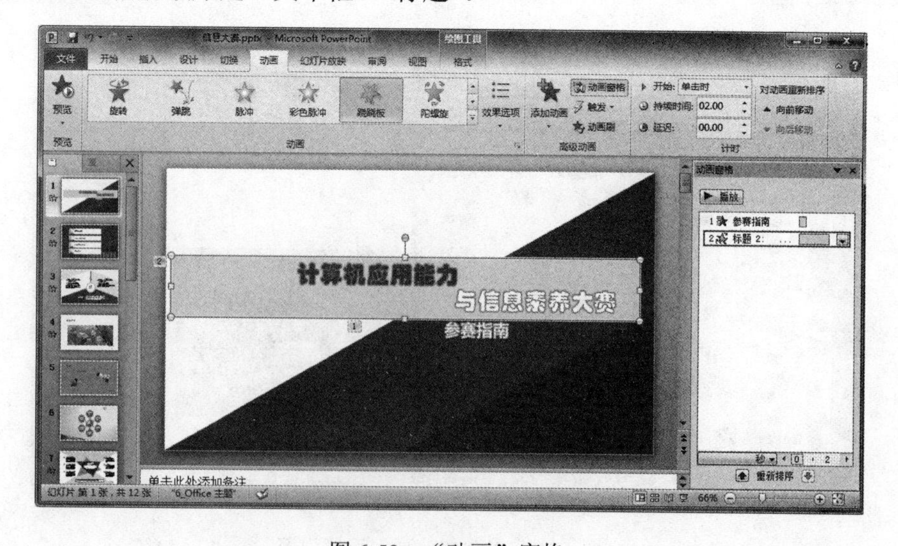

图 6-59 “动画”窗格

提示

选中要改变动画顺序的对象，单击“重新排序”按钮⬆或⬇，以便在列表中上下移动对象，改变动画顺序。

第 9 步：选中幻灯片中的标题框，在“动画窗格”中单击“重新排序”左侧的升序按钮⬆，将其调整到最上边，调整完成后效果如图 6-60 所示。

提示

选中要改变动画顺序的对象，在“动画”选项卡的“计时”组中单击“向前移动”按钮或“向后移动”按钮，也可以改变动画的播放顺序。

第 10 步：单击“保存”按钮，保存文件，退出 PowerPoint 2010。

提示

在“动画”选项卡的“预览”组中单击“预览”按钮，可以测试动画效果，以便调整。

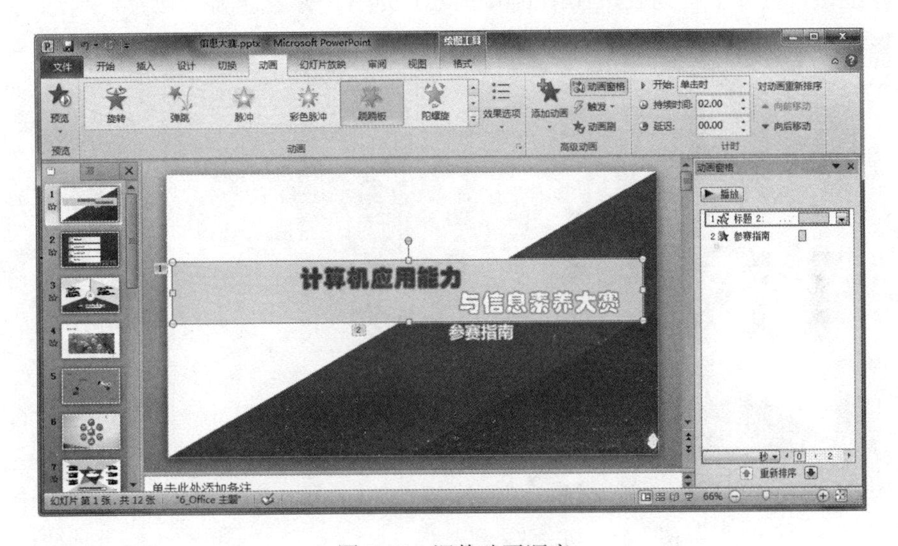

图 6-60　调整动画顺序

任务 3　切换幻灯片

幻灯片切换效果是指在幻灯片放映视图中从一个幻灯片移到下一个幻灯片时出现的类似动画的效果。PowerPoint 2010 可以控制每个幻灯片切换效果的速度、添加声音，甚至可以对切换效果的属性进行自定义。

由一张幻灯片切换到另一张幻灯片时，切换效果提供了多种不同的技巧。将下一张幻灯片显示到屏幕上，淡入、擦除、渐隐及其他种种特殊效果能产生非常好的播放效果。

幻灯片间的切换效果是在“切换”选项卡的“切换到此幻灯片”组中设置的。

注意

切换效果设置的是幻灯片之间切换时的动画效果，而动画效果设置的是幻灯片中文本或图片等对象的动画效果。

【任务要求】

打开 D:\素材\PPT\任务\信息大赛.pptx，完成如下操作：

1）设置所有幻灯片的切换效果为“从左下部”的“涟漪”，在“声音”下拉列表中选择“风铃”。

2）设置每张幻灯片放映时在屏幕上停留的时间间隔为 1s。

【操作步骤】

第 1 步：打开 D:\素材\PPT\任务\信息大赛.pptx。

第 2 步：设置切换效果。选中任一张幻灯片，在“切换”选项卡的“切换到此幻灯片”组中单击“其他”下拉按钮，打开下拉列表，如图 6-61 所示，单击要用于该幻灯片的幻灯片切换效果缩略图“涟漪”。

第 3 步：设置效果选项。在“切换”选项卡的“切换到此幻灯片”组中单击“效果选项”下拉按钮，打开下拉列表，如图 6-62 所示，选择“从左下部”选项。

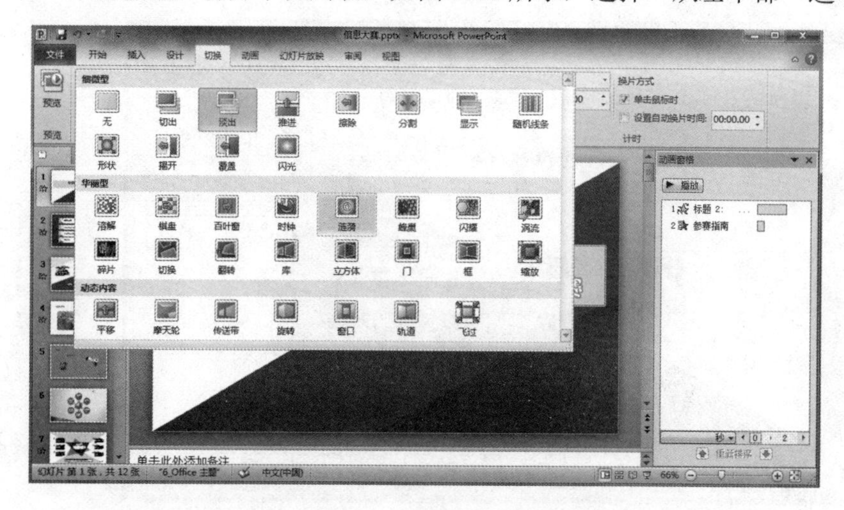

图 6-61　切换效果列表

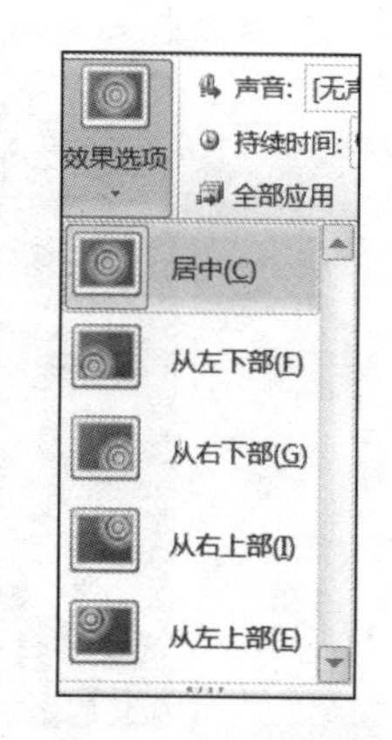

图 6-62　“效果选项”下拉列表

第 4 步：在“切换”选项卡的“计时”组中单击“声音”下拉按钮，在打开的下拉列表中选择“风铃”选项；在“持续时间”数值框中输入 1，单击“全部应用”按钮，完成所有幻灯片切换效果的设置。

第 5 步：单击“保存”按钮，保存文件，退出 PowerPoint 2010。

提示

幻灯片切换效果的当前设置默认为应用到当前幻灯片上。若希望每张幻灯片的切换效果均不同，需逐张进行设置。

任务 4　设置幻灯片放映

展示演示文稿最好的方法是幻灯片放映。幻灯片放映的显著优点是可以增加切换效果，展示幻灯片上对象的动画效果。幻灯片放映可以交互方式演示，也可人工控制进片、倒片等。

在默认情况下，PowerPoint 2010 会按照预设的演讲者放映方式来放映幻灯片，但放映过程需要人工控制。在 PowerPoint 2010 中还有两种放映方式，一种是观众自行浏览，另一种是展台浏览。

可以通过“设置放映方式”对话框指定放映范围，在该对话框中也可以指定全屏幕放映、循环放映、观众自行浏览放映等放映类型。

【任务要求】

打开 D:\素材\PPT\任务\信息大赛.pptx，完成如下操作：

1）设置幻灯片的放映方式为从第 1 张到第 6 张幻灯片手动换片。

2）设置幻灯片的放映方式为从第 1 张到第 6 张幻灯片循环放映，按 Esc 键终止放映。

【操作步骤】

第 1 步：打开 D:\素材\PPT\任务\信息大赛.pptx。

第 2 步：在“幻灯片放映”选项卡的“设置”组中单击“设置幻灯片放映”按钮，弹出“设置放映方式”对话框，如图 6-63 所示。

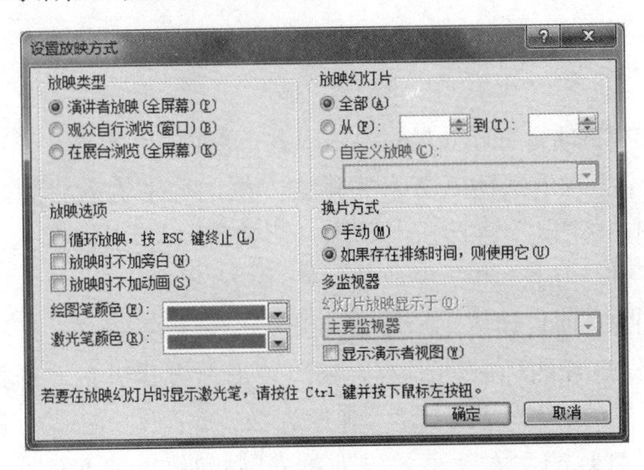

图 6-63　“设置放映方式”对话框

“设置放映方式”对话框中有以下 3 种放映类型：

1）演讲者放映（全屏幕）：最常用的放映方式，在放映过程中以全屏显示幻灯片。演讲者能控制幻灯片的放映，暂停演示文稿，添加会议细节，还可以录制旁白。

2）观众自行浏览（窗口）：可以在标准窗口中放映幻灯片。在放映幻灯片时，可以拖动右侧的滚动条，或滚动鼠标滚轮来实现幻灯片的放映。

3）在展台浏览（全屏幕）：在展台浏览是 3 种放映类型中最简单的方式，这种方式将自动全屏放映幻灯片，并且循环放映演示文稿。在放映过程中，除了通过超链接或动作按钮来进行切换以外，其他功能都不能使用，如果要停止放映，只能按 Esc 键来终止。

第 3 步：在图 6-63 所示的“换片方式”选项组中选中“手动”单选按钮；在“放映幻灯片”选项组中选中“从”单选按钮，并设置为从 1 到 6，完成幻灯片的放映方式为从第 1 张到第 6 张手动换片的设置。

第 4 步：在图 6-63 所示的“放映选项”选项组中勾选“循环放映，按 ESC 键终止”复选框，完成设置。

第 5 步：单击“保存”按钮，保存文件，退出 PowerPoint 2010。

项目小结

在 PowerPoint 2010 中，超链接可以是从一张幻灯片到同一演示文稿中另一张幻灯片的链接，也可以是从一张幻灯片到不同演示文稿中另一张幻灯片、电子邮件地址、网页或文件的链接。灵活地创建和使用超链接，能够旁征博引，达到比较好的演示效果。

动画是给文本或对象添加的特殊视觉或声音效果。可以将演示文稿中的文本、图片、形状、表格、SmartArt 图形和其他对象制作成动画，赋予它们进入、退出、大小或颜色变化甚至移动等视觉效果。

只有熟练进行幻灯片动画效果设置，才能够使幻灯片变得更加生动、形象，吸引人的眼球。一个幻灯片能不能动起来，动得好不好看，关键在于设计者的设计思路，以及对演示文稿制作工具的全面掌控能力。

幻灯片切换效果是在演示期间从一张幻灯片移到下一张幻灯片时在幻灯片放映视图中出现的动画效果，可以控制切换效果的速度，添加声音，甚至还可以对切换效果的属性进行自定义。

项目训练

1．打开 D:\素材\PPT\项目训练\LX64-01.pptx，完成如下操作：

（1）在所有幻灯片的右下角插入 2 个横排文本框，分别输入“测验首页”“退出”。

（2）为插入的文本框建立超链接，当单击“测验首页”超链接时，转到第 1 张幻灯片。

（3）单击“退出”按钮时，将结束放映。

2．打开 D:\素材\PPT\项目训练\LX64-02.pptx，完成如下操作：

（1）设置第 2 张幻灯片的标题动画效果为“菱形”方式进入，开始设置为“上一动画之后”，方向为“缩小”，速度为“慢速”，延迟为 2s。

（2）设置第 3 张幻灯片的文本动画效果为单击鼠标时，“百叶窗”方式进入，方向为“水平”，速度为“快速”，播放时的声音为“风铃”，动画文本为“整批发送”。

（3）为第 4 张幻灯片的椭圆图片添加动作路径：单击时“螺旋向右”移动，持续时间为 3s。

3．打开 D:\素材\PPT\项目训练\LX64-03.pptx，将所有幻灯片的切换效果设置为“自左侧”“棋盘”，自动换片时间为 2s。

综 合 训 练

操作题

1．完成如下操作：

（1）利用样本模板创建“宽屏演示文稿”，以 KP.pptx 为文件名保存。

（2）在第 3 张幻灯片后添加一张“内容与标题”版式的幻灯片。

（3）将第 5 张幻灯片移动到第 7 张幻灯片之后。

（4）删除第 9 张幻灯片。

（5）将第 4 张幻灯片的标题设置为“宽屏测试”，设置标题字体为“华文彩云”，字号为 60，字形为“倾斜”。将标题边框设置为蓝色单线，线宽“3 磅”，底纹为“黄色”。

（6）在第 4 张幻灯片的剪贴画占位符中插入任一剪贴画，设置其高度为“5 厘米”，图片效果为“三维旋转”中的“倾斜右上”，将幻灯片红色的空占位符删除。

（7）在第 2 张幻灯片的右下角添加一个文本框，内容为“第 1 张”，利用动作按钮将其设置为单击该文本框时超链接到“第 1 张幻灯片”。

（8）将第 3 张幻灯片的版式设置为“比较”。

（9）将第 3 张幻灯片右侧的蝴蝶图片设置动画效果为“进入”，“自右侧”“飞入”方式，从“上一动画之后”播放，持续时间为 3s（慢速）。

（10）设置所有幻灯片的切换效果为“自左侧擦除”方式，持续时间为 3s（慢速），换页方式为单击鼠标时，声音为“风铃”。

2．打开 D:\素材\PPT\项目训练\XT62.pptx，完成如下操作：

（1）将所有幻灯片应用“暗香扑面”主题。

（2）利用幻灯片母版，设置母版标题的字体为“华文行楷”。

（3）在第 1 张幻灯片前插入“仅标题”版式的幻灯片，输入标题内容“唐诗欣赏”，设置标题文字为“华文琥珀”、66，字体颜色为“蓝色”。

（4）将标题为“月下独酌”的第 5 张幻灯片的版式设置为“垂直排列标题与文本”。

（5）在第 5 张幻灯片上添加图片 D:\素材\PPT\项目训练\libai.jpg，图片缩放比例为 150%。

（6）设置第 5 张幻灯片图片的动画效果为“强调”“跷跷板”；诗歌文本动画效果为“进入”“旋转”“按段落”，声音为“打字机”。

（7）将第 4 张幻灯片的文本框“返回”超链接到“第 1 张幻灯片”。

（8）将所有幻灯片的背景设置为“纹理”，填充“蓝色面巾纸”。

（9）设置所有幻灯片的切换为“形状”切换，效果为“菱形”，持续时间为 3s（快速）、换页方式为单击鼠标时。

（10）在所有幻灯片中添加页脚，内容为“日期和时间”（能自动更新），显示幻灯片编号，标题幻灯片不显示。

参 考 文 献

陈家佳，刘进，谢青，等，2015．大学计算机基础实践教程[M]．北京：科学出版社．

丁春晖，王金社，2015．计算机应用基础案例教程[M]．北京：科学出版社．

教育部考试中心，2013．全国计算机等级考试二级教程 MS OFFICE 高级应用（2013 年版）[M]．北京：高等教育出版社．

晋玉星，2014．计算机应用基础[M]．北京：科学出版社．

熊江，吴元斌，刘井波，2015．大学计算机应用教程[M]．北京：科学出版社．